电子信息学科基础课程系列教材

教育部高等学校电工电子基础课程教学指导委员会推荐教材

数字信号处理教程

（第2版）

姚天任 编著

清华大学出版社
北 京

内 容 简 介

本书系统介绍数字信号处理最基本的理论、概念和方法。第 1 章介绍离散时间信号和离散时间系统的基本理论；第 2 章讨论 DFT 的原理及快速算法；第 3 章介绍 FIR 和 IIR 数字滤波器的基本结构以及有限字长效应；第 4 章介绍 FIR 数字滤波器的主要设计方法；第 5 章介绍 IIR 数字滤波器的主要设计方法。所有算法和设计方法都强调了 MATLAB 的应用。

本书强调基本概念、基本理论和基本方法，注意突出重点、分散难点，强调理论联系实际，并配有较丰富的例题和习题，适合作为教材，也便于自学。

本书可作为高等学校电子信息类、自动化类、计算机类等理工科专业的教材，也适合作为这些专业的科研人员和工程技术人员的参考书。

图书在版编目(CIP)数据

数字信号处理教程/姚天任编著. —2 版. —北京：清华大学出版社，2018(2023.7重印)
(电子信息学科基础课程系列教材)
ISBN 978-7-302-49253-5

Ⅰ. ①数…　Ⅱ. ①姚…　Ⅲ. ①数字信号处理－高等学校－教材　Ⅳ. ①TN911.72

中国版本图书馆 CIP 数据核字(2018)第 002516 号

责任编辑：文　怡
封面设计：常雪影
责任校对：白　蕾
责任印制：朱雨萌

出版发行：清华大学出版社
网　　址：http://www.tup.com.cn，http://www.wqbook.com
地　　址：北京清华大学学研大厦 A 座　　**邮　　编**：100084
社 总 机：010-83470000　　**邮　　购**：010-62786544
投稿与读者服务：010-62776969，c-service@tup.tsinghua.edu.cn
质量反馈：010-62772015，zhiliang@tup.tsinghua.edu.cn
课件下载：http://www.tup.com.cn，010-83470236
印 装 者：三河市君旺印务有限公司
经　　销：全国新华书店
开　　本：185mm×260mm　　**印　　张**：21.75　　**字　　数**：487 千字
版　　次：2012 年 1 月第 1 版　2018 年 2 月第 2 版　　**印　　次**：2023 年 7 月第 5 次印刷
定　　价：65.00 元

产品编号：072170-02

《电子信息学科基础课程系列教材》
丛书序

电子信息学科是当今世界上发展最快的学科，作为众多应用技术的理论基础，对人类文明的发展起着重要的作用。它包含诸如电子科学与技术、电子信息工程、通信工程和微波工程等一系列子学科，同时涉及计算机、自动化和生物电子等众多相关学科。对于这样一个庞大的体系，想要在学校将所有知识教给学生已不可能。以专业教育为主要目的的大学教育，必须对自己的学科知识体系进行必要的梳理。本系列丛书就是试图搭建一个电子信息学科的基础知识体系平台。

目前，中国电子信息类学科高等教育的教学中存在着如下问题：

(1) 在课程设置和教学实践中，学科分立，课程分立，缺乏集成和贯通；

(2) 部分知识缺乏前沿性，局部知识过细、过难，缺乏整体性和纲领性；

(3) 教学与实践环节脱节，知识型教学多于研究型教学，所培养的电子信息学科人才不能很好地满足社会的需求。

在新世纪之初，积极总结我国电子信息类学科高等教育的经验，分析发展趋势，研究教学与实践模式，从而制定出一个完整的电子信息学科基础教程体系，是非常有意义的。

根据教育部高教司2003年8月28日发出的[2003]141号文件，教育部高等学校电子信息与电气信息类基础课程教学指导分委员会(基础课分教指委)在2004—2005两年期间制定了"电路分析""信号与系统""电磁场""电子技术"和"电工学"5个方向电子信息科学与电气信息类基础课程的教学基本要求。然而，这些教学要求基本上是按方向独立开展工作的，没有深入开展整个课程体系的研究，并且提出的是各课程最基本的教学要求，针对的是"2＋X＋Y"或者"211工程"和"985工程"之外的大学。

同一时期，清华大学出版社成立了"电子信息学科基础教程研究组"，历时3年，组织了各类教学研讨会，以各种方式和渠道对国内外一些大学的EE(Electronic Engineering，电子电气)专业的课程体系进行收集和研究，并在国内率先推出了关于电子信息学科基础课程的体系研究报告《电子信息学科基础教程2004》。该成果得到教育部高等学校电子信息与电气学科教学指导委员会的高度评价，认为该成果"适应我国电子信息学科基础教学的需要，有较好的指导意义，达到了国内领先水平"，"对不同类型院校构建相关学科基础教学平台均有较好的参考价值"。

在此基础上，由我担任主编，筹建了"电子信息学科基础课程系列教材"编委会。编委会多次组织部分高校的教学名师、主讲教师和教育部高等学校教学指导委员会委员，进一步探讨和完善《电子信息学科基础教程2004》研究成果，并组织编写了这套"电子信息学科基础课程系列教材"。

在教材的编写过程中，我们强调了“基础性、系统性、集成性、可行性”的编写原则，突出了以下特点：

(1) 体现科学技术领域已经确立的新知识和新成果。

(2) 学习国外先进教学经验，汇集国内最先进的教学成果。

(3) 定位于国内重点院校，着重于理工结合。

(4) 建立在对教学计划和课程体系的研究基础之上，尽可能覆盖电子信息学科的全部基础。本丛书规划的14门课程，覆盖了电气信息类如下全部7个本科专业：

- 电子信息工程
- 通信工程
- 电子科学与技术
- 计算机科学与技术
- 自动化
- 电气工程与自动化
- 生物医学工程

(5) 课程体系整体设计，各课程知识点合理划分，前后衔接，避免各课程内容之间交叉重复，目标是使各门课程的知识点形成有机的整体，使学生能够在规定的课时数内，掌握必需的知识和技术。各课程之间的知识点关联如下图所示：

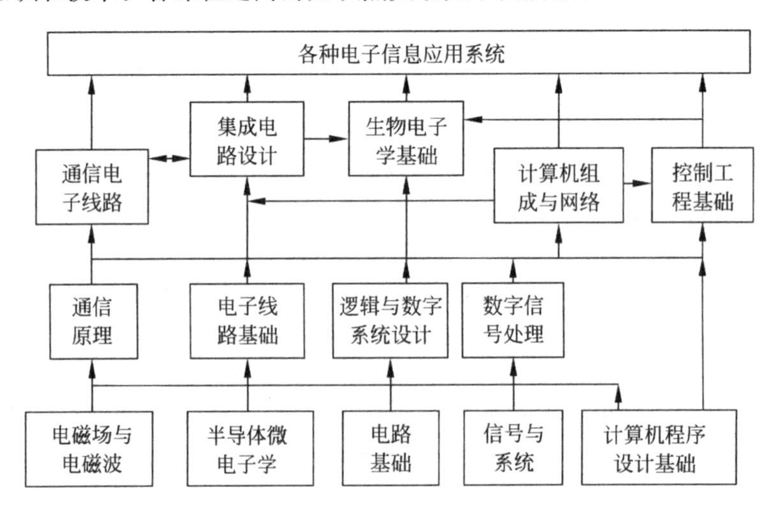

即力争将本科生的课程限定在有限的与精选的一套核心概念上，强调知识的广度。

(6) 以主教材为核心，配套出版习题解答、实验指导书、多媒体课件，提供全面的教学解决方案，实现多角度、多层面的人才培养模式。

(7) 由国内重点大学的精品课主讲教师、教学名师和教指委委员担任相关课程的设计和教材的编写，力争反映国内最先进的教改成果。

我国高等学校电子信息类专业的办学背景各不相同，教学和科研水平相差较大。本系列教材广泛听取了各方面的意见，汲取了国内优秀的教学成果，希望能为电子信息学科教学提供一份精心配备的搭配科学、营养全面的“套餐”，能为国内高等学校教学内容和课程体系的改革发挥积极的作用。

然而，对于高等院校如何培养出既具有扎实的基本功，又富有挑战精神和创造意识的社会栋梁，以满足科学技术发展和国家建设发展的需要，还有许多值得思考和探索的问题。比如，如何为学生营造一个宽松的学习氛围？如何引导学生主动学习，超越自己？如何为学生打下宽厚的知识基础和培养某一领域的研究能力？如何增加工程方法训练，将扎实的基础和宽广的领域才能转化为工程实践中的创造力？如何激发学生深入探索的勇气？这些都需要我们教育工作者进行更深入的研究。

提高教学质量，深化教学改革，始终是高等学校的工作重点，需要所有关心我国高等教育事业人士的热心支持。在此，谨向所有参与本系列教材建设工作的同仁致以衷心的感谢！

本套教材可能会存在一些不当甚至谬误之处，欢迎广大的使用者提出批评和意见，以促进教材的进一步完善。

2008年1月

第2版前言

本书第1版是《电子信息学科基础课程系列教材》之一《数字信号处理(简明版)》。在近年来的教学实践过程中，普遍觉得这个版本强调基础，内容精练，无论是深度还是广度，都比较适合作为普通高等院校本科生的教材。相对于第1版，修订后的第2版的内容变动较少，主要纠正了第1版中的一些错误，并对部分文字做了修改。

作者

2017年10月

第1版前言

本书适合作为信息与通信工程、自动化、计算机、电子科学与技术、测控技术与仪表、生物医学工程、雷达、声纳等理工科专业的本科生教材，也适合作为从事这些专业的科学研究和工程技术工作的人员的参考书。学习本书之前，读者需具有信号与线性系统的基础知识。

信息科学是研究信息的获取、传输、处理和应用的科学。数字化、网络化和智能化是信息技术发展的方向，其中数字化是网络化和智能化的基础。因此，数字信号处理成为信息科学中内容异常丰富、发展非常迅速和应用十分广泛的一门学科。作为本科生的一门重要专业基础课，数字信号处理课程应当把数字信号处理学科的基础理论、基本概念和基本方法作为重点内容。这些内容主要包括离散时间信号和离散时间系统的时域和频域分析方法，离散傅里叶变换及其快速算法，以及数字滤波器的设计等理论，这些正是本书的主要内容。学习完本书后，读者就有条件进一步学习有关的更高深的研究生课程。

考虑到与“信号与线性系统”课程内容的衔接，本书没有重复其中有关连续时间信号和系统的理论，只是重点复习并深化解释了离散时间信号和系统理论中的某些重要概念，如基型信号、数字频率、循环卷积、频谱混叠、离散时间系统的因果性和稳定性等概念。此外，特别强调了正弦序列和复指数序列的离散时间傅里叶变换在理论和实际应用中的重要作用。

作为数字信号处理两大支柱之一的 DFT，它不仅是重要的理论成果，而且已经成为线性滤波、谱分析、相关分析等应用领域的重要工具。本书重点阐述了 DFT 的物理意义、DFT 的幅度和频率、几种傅里叶分析方法之间的联系等重要概念，对矩形序列的 DFT 进行了详细分析，对加窗截断在 DFT 中引起的频谱泄漏现象和序列补零对 DFT 的影响等问题进行了详细讨论。DFT 的重要性，不仅由于它能够成功地对离散时间信号和系统进行频域描述和分析，而且还由于它具有许多行之有效的快速计算方法，其中应用最为广泛的一类方法就是 FFT。本书对 FFT 的算法原理及其 MATLAB 实现进行了详细介绍。

作为数字信号处理另一重要支柱的数字滤波器，不仅具有重要的理论意义，而且具有实际的应用价值，因此本书用了三章篇幅进行讨论。第 3 章全面介绍 FIR 和 IIR 滤波器的各种结构，详细讨论滤波器实现中的有限字长效应问题。第 4 章介绍 FIR 数字滤波器的各种实用设计方法。第 5 章介绍 IIR 数字滤波器的主要设计方法。

第1版前言

本书的主要特点是强调基本概念、基础理论和基本方法，注意突出重点和分散难点，注意理论与实际的结合。本书通过大量例题和习题介绍了如何利用 MATLAB 解决实际应用问题。

限于作者水平，书中不妥甚至错误之处在所难免，希望读者不吝赐教。

作　者

2011 年 6 月

于华中科技大学

目录

目录

目录

目录

目录

第  章 概论

0.1 离散时间信号和数字信号

信号携带着信息，它是信息的表现形式，而信息则是信号包含的内容。实际应用中，需要采集、分析、处理和应用各种各样的信号。在广播、电视、通信、雷达、声呐、遥控和遥测、计算机、机械振动、天文、气象、地球物理、地质勘探、地震、生物医学以及经济等领域中，都有各自需要处理、传输、储存和利用的信号，各种信号无处不在，无时不有。

信号可以是一个或多个自变量的函数，分别称为一维或多维信号。在信息和通信工程领域，最常遇到的信号是以时间为自变量的一维信号(例如语音信号、音乐信号和数据信号)，以平面空间位置坐标为自变量的二维信号(例如静止图像信号)，以平面空间位置坐标和时间为自变量的三维信号(例如活动图像信号或称视频信号)，还有控制信号和信令信号等其他信号。

在大多数应用中，一维信号的自变量是时间，但也可以是其他物理量，例如位移或距离。在以时间为自变量的一维信号中，根据时间自变量是连续的或离散的，可以把信号分成连续时间信号和离散时间信号两大类。

连续时间信号的振幅可以是连续的，也可以是离散的。振幅离散的连续时间信号在时间上是连续的，而振幅只可以在有限个量化值中取值，因此这种信号具有阶梯形状的波形。振幅连续的连续时间信号称为模拟信号。实际应用中，"连续时间信号"与"模拟信号"这两个名词可以互相通用，它们经常指的是同一类信号。本书较多采用"连续时间信号"，并用 $x(t)$ 表示；只有当与"数字信号"相提并论时才用"模拟信号"，并用 $x_a(t)$ 来表示，这里下标"a"表示"模拟"。

离散时间信号的振幅只在离散时间点(或离散瞬间)有值，因此，离散时间信号实际上是一个数值序列(简称为序列)，序列的元素就是信号在离散时间点的振幅值。离散时间信号用序列符号 $x(n)$ 表示，这里 n 是整数自变量，它是序列中元素的下标，说明元素在序列中的位置。只有 n 为整数时 $x(n)$ 才有定义，这是一个重要概念。离散时间信号的每个振幅值(即序列的每个元素)，可以是未被量化的连续变量，因而是无限精确的；也可以是量化了的离散变量(通常称为量化变量，实际上它是一组量化值)，因而是有限精度的。前者(即振幅连续取值的离散时间信号)称为取样数据信号(简称为取样信号)，可以理解为在离散时间对模拟信号的取样；后者(即振幅离散取值的离散时间信号)称为数字信号。在实际应用中，只有在同时涉及量化前后的信号表示时，才需要区分离散时间信号的振幅值是否被量化，而在大多数情况下，"离散时间信号"与"数字信号"通常指的是同一类信号。关于离散时间信号的理论也适用于数字信号，所以这两个名词无须严格区分。习惯上，"离散时间信号"多用于理论问题的讨论，而"数字信号"多用于工程设计和软、硬件实现。本书将统一用 $x(n)$ 表示离散时间信号或数字信号。在需要区分序列的振幅值是否被量化的时候，将用 $x(n)$ 表示未被量化的序列，而用 $\hat{x}(n)$ 表示量化了的序列。

图 0-1 示出的是连续时间信号和离散时间信号的例子。其中，图 0-1(a)是时间和振幅都连续的模拟信号；图 0-1(b)是时间离散而振幅连续的取样信号；图 0-1(c)中的黑点是

时间和振幅都离散的数字信号；图 0-1(d)是时间连续而振幅离散的量化(阶梯)信号，它是将数字信号的每个振幅量化值在每个取样间隔中保持恒定得到的。图 0-1(a)和图 0-1(d)属于连续时间信号，而图 0-1(b)和图 0-1(c)属于离散时间信号。

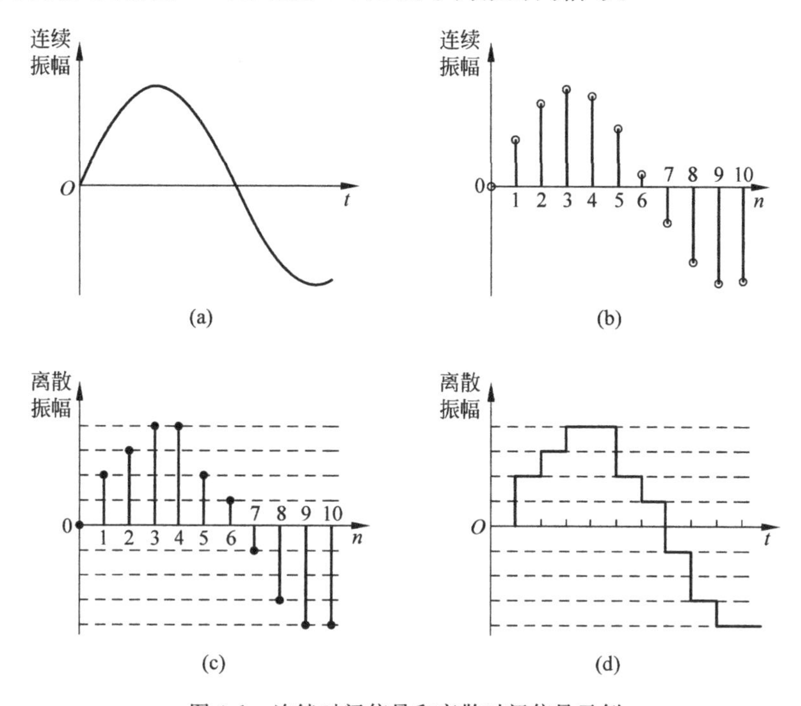

图 0-1　连续时间信号和离散时间信号示例

0.2　数字信号处理

信号处理的含义较广，涉及信号及其携带的信息的表示、处理和传输。例如，减小噪声和干扰以增强有用信号，通过某种处理从信号中提取某种信息(例如从语音信号中获得一句话或一个字)，在一张照片中辨识一个人，将雷达回波信号中的目标信号进行分类等，这些都属于信号处理的内容。

数字信号处理是指用数字序列或符号序列表示信号，并用数值计算方法对这些序列进行处理的理论、技术和方法，以及数字信号处理算法的软件和硬件实现。此外，数字信号处理也涉及数字传输。有人按照任务把数字信号处理分成信号分析和信号处理两类，前者包括信号的谱分析、特征参数检测和估计，后者包括滤波、变换和信号合成。其实，数字信号处理的目的无非是削弱信号中的多余内容，滤除混杂在有用信号中的噪声和干扰，以利于检测和估计信号的特征参数，或将信号变换成易于分析、辨识和利用的形式。所以信号分析和信号处理两方面任务的关系非常密切且很难清楚划分，而且这种分类不一定会给学科发展带来什么好处，因而强行把信号分析和信号处理加以区分没有多少实际意义。

实际应用中遇到最多的是模拟信号。为了对模拟信号进行数字处理，首先需要用A/D转换器将模拟信号转换成数字信号。经过数字处理后，有时又需要用D/A转换器将处理结果还原成模拟信号。这个数字信号处理过程的原理可以用图0-2来说明。图中，前置滤波器的主要作用是防止由于取样可能带来的频谱混叠失真，因此称为反混叠失真滤波器；后置滤波器的主要作用是平滑D/A转换器输出信号的阶梯效果，因此称为平滑滤波器。

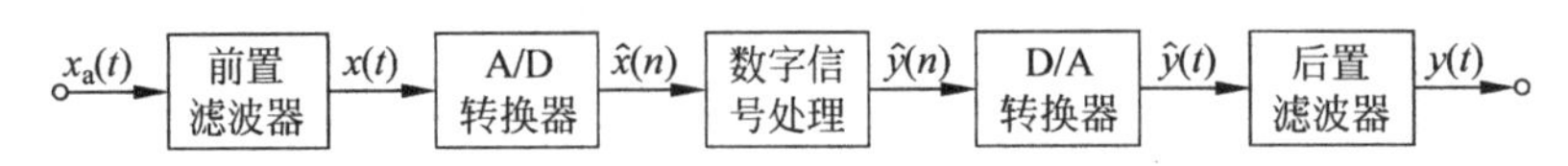

图0-2　对模拟信号进行数字处理的原理图

A/D转换过程包括对模拟信号的取样和量化，并转换成为二进制数等3个步骤。取样速率应当满足不失真重建信号的条件(即取样定理)的要求；量化限幅电平必须与输入模拟信号的动态范围相适应，量化字长(用于表示量化电平的二进制数的位数或比特数)应该满足离散振幅的精度或分辨率的要求。图0-3用实例说明了A/D转换器的输入模拟信号(虚线)、取样信号(空心圆点)和输出数字信号(黑点)之间的关系。这里假设用3位二进制码表示离散振幅的8个量化电平，图中每个量化电平数值下面括号中是二进制码字。由二进制码字组成的数据流(或码流)用二进制脉冲序列表示，图中用正和负脉冲分别表示二进制数的0和1。为了表示离散振幅的符号，还需要在每个二进制码的前面增加一个符号位。

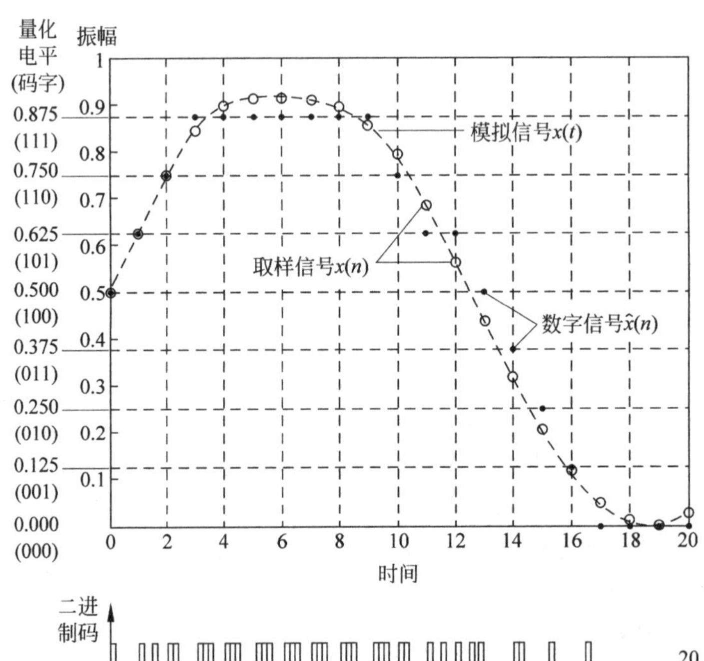

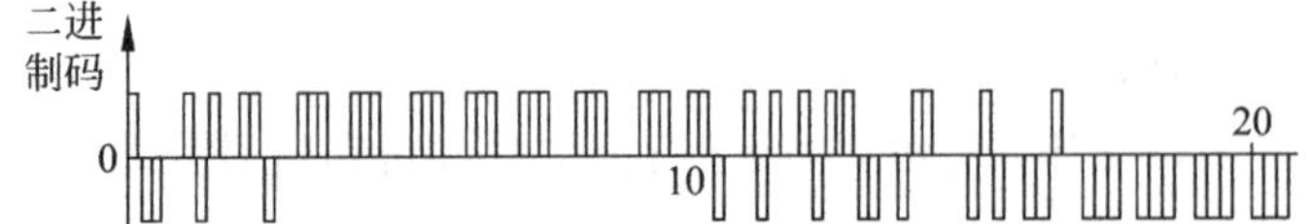

图0-3　A/D转换器的输入模拟信号、取样信号和输出数字信号

输入数字信号$\hat{x}(n)$经过处理后变成输出数字信号$\hat{y}(n)$，它是D/A转换器的输入信号。在D/A转换过程中，二进制数值序列$\hat{y}(n)$首先转换为连续时间脉冲序列，脉冲之间的空隙则利用所谓“重构滤波器”填充起来。重构滤波器包括一个取样保持电路，把脉冲振幅在相邻脉冲之间的空隙中保持下来。在某些情况下，要求设计的取样保持电路能够按照预定的输出曲线在相邻脉冲之间的空隙中对输出信号进行外推逼近，而不是简单地保持脉冲幅度。这样，就把$\hat{y}(n)$转换成为输出信号$\hat{y}(t)$。它是振幅离散的连续时间信号，在采用取样保持的情况下，其波形是一个阶梯信号。后置滤波器是一个低通模拟滤波器，滤去阶梯信号$\hat{y}(t)$的高频跳变，得到平滑的输出模拟信号$y(t)$。图0-4是D/A转换器的输入信号、量化阶梯信号和平滑滤波器输出的模拟信号的波形示意图。

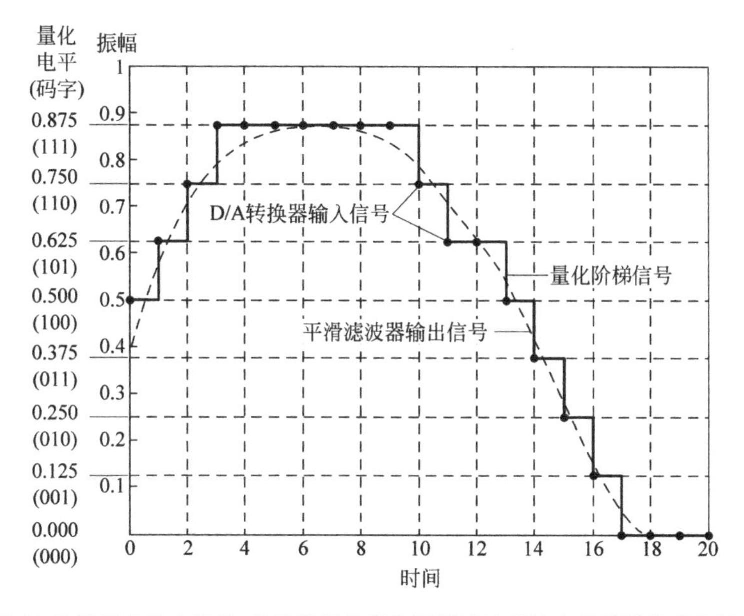

图0-4 D/A转换器的输入信号、量化阶梯信号和平滑滤波器输出的模拟信号的波形示意图

图0-2所示的数字信号处理系统，是假设被处理信号和处理结果都是模拟信号的情况。实际上，有的数字信号处理系统的输入已经是数字信号，这种情况下就无需A/D转换器和前置的反混叠失真滤波器；有的数字信号处理系统不要求输出模拟信号，处理结果得到的数字信号可以直接加以利用，这种情况下就不需要D/A转换器和后置的平滑滤波器。

0.3 数字信号处理的优点和局限性

相对于模拟信号处理，数字信号处理具有以下主要优点：

1）高可靠性、高精确度和高稳定性

在传输和处理过程中，数字信号用二进制数0和1的码字序列表示，而0和1又是用脉冲的有无或脉冲的正负表示，即使在有噪声或干扰存在的情况下，只要能够判别出脉冲的有无或正负，就能够准确传输和处理0和1表示的数字序列，因此，这种表示几乎不受噪声和干扰的影响。此外，采用检错和纠错技术，在信息码中附加较多的检错码和纠错码，还能够进一步提高数字信号的可靠性。与此相反，模拟信号的波形受噪声和干扰的影响很大，而且不可能采用检错和纠错技术，因此，它的传输和处理不可能达到数字信号那样的高可靠性。正因为如此，在任何存储介质(磁带、磁盘或光盘)中储存的数字信号，经过很长时间后仍然能够几乎无失真地恢复，而储存的模拟信号却会由于时间久远受到污损无法恢复。例如，从卫星上向地球传送一幅照片，虽然发送机的发射功率可以达到数十瓦，但是地球上的接收机接收到的信号功率却只有10^{-18}W数量级，如果用模拟信号进行传送和处理，那么，接收信号将严重地被噪声"污染"，很难恢复原始照片。但是，利用数字信号进行传输和处理，恢复的照片却具有非常高的清晰度。

模拟信号处理的精度常常受到模拟系统精度的限制。因为实际系统中的模拟元器件的参数值不可能完全按照设计要求实现，往往达不到设计的精度要求。因此，实际中要建立一个精确的模拟信号处理系统一般是很困难的。在数字信号处理系统中不存在这个困难，因为用二进制码表示数字信号的精度完全由码字长度决定。在实现数字信号处理系统时，只要取样率足够高并用足够多的位数来表示取样值，就能够达到所要求的任何高的精度。

数字信号处理器主要由数字器件组成，采用大规模或超大规模集成电路技术，器件参数和性能受温度等环境因素影响很小，而且在制造和使用过程中一般都不需要调整，因此性能非常稳定。

2) 时分复用

在数字信号相邻取样值之间，存在着比较长的空闲期间。在此期间内，可以利用同一个数字信号处理设备处理其他通道的信号，这就是所谓的"时分复用"。

图0-5是时分复用数字信号处理系统的原理图。图中，多个支路信号被送入数字复接器，按时分复用方式合并成一路信号(称为合路信号)；合路信号经过数字信号处理系统处理后，送入数字分接器；分接器把处理后的合路信号分解成与原来支路相对应的信号。同步单元的作用是使复接器和分接器的基准时间信号保持正确的相位关系，即保持同步。通常总把数字复接器和数字分接器装在一起组成一个设备，称为复接-分接器，简称为数字复接设备。

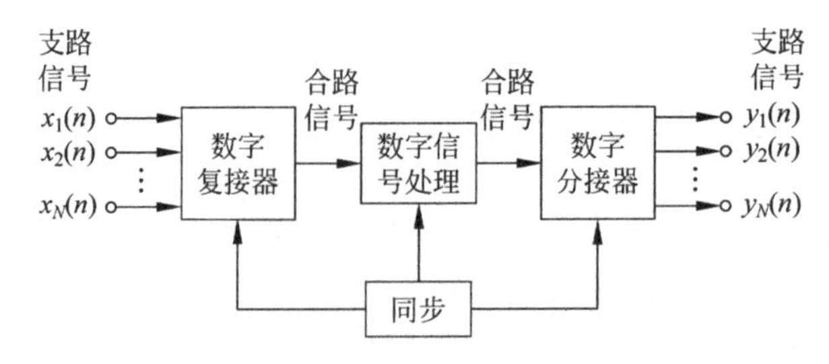

图0-5　时分复用数字信号处理系统原理图

图 0-6 是说明支路信号与合路信号关系的示意图。图中,各支路信号和合路信号的波形是用正负脉冲表示的数字信号的二进制码,合路信号中各组脉冲下面的数字是支路的编号。

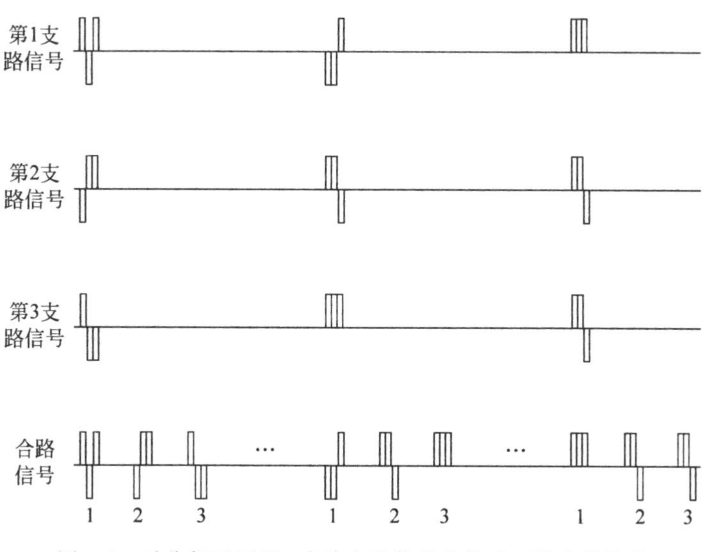

图 0-6 时分复用原理:多路支路信号合并成一路合路信号

能够进行时分复用是数字信号处理的最大优点之一。利用时分复用,能够用一套数字设备“分时”处理多个通道的信号,这对于数字信号处理的工程实现是经济的。例如,电话质量的语音信号的频带宽度通常是 3.4kHz,典型的取样频率为 8kHz,量化字长为 8bit,因此数字化后的码率为 64kb/s。假设数字处理设备至少每秒能够处理 1544kbit 的信号,那么用一套处理设备和一根电话线就可以处理和传送 24 路语音信号。

3) 灵活、方便,易于集成

在数字信号处理中,无论声音信号、图像信号和视频信号还是其他任何信号,都统一由二进制数 0 和 1 表示成数字序列。数字序列可以很方便地进行保存、复制、剪裁、融合、加密、传输和处理。数字信号处理归结为对数字序列进行一系列运算,这些运算构成了各种数字信号处理算法。将数字信号处理算法编写成程序,可以在计算机上运行,从而完成各种不同的数字信号处理功能。因此,只需要改变程序就能够改变处理功能,只需调整程序中设置的参数就能够调整技术指标。这种灵活性为自适应信号处理和具有可编程特性的系统(如截止频率可调的滤波器)的实现提供了很大方便。和计算机的其他任何应用程序一样,数字信号处理算法程序也可以很方便地进行调试、修改、保存、复制、传送和移植。

无论多么复杂的数字信号处理算法,都是由序列的一些最基本运算组成的。这些运算不仅可以利用计算机来完成,也可以用数字信号处理器(习惯上称为 DSP 芯片)或其他专用芯片(ASIC)与软件相配合来完成。DSP 芯片和其他 ASIC,一般都采用大规模或超大规模集成电路技术制造,因此具有体积小、重量轻、性能品质稳定和可靠性高等优点。

4）其他的独特优点

数字信号处理还具有模拟信号处理完全不可能有的其他一些独特的优点。例如，利用有限冲激响应数字滤波器可以获得严格的线性相位；利用数字滤波器组可以实现多速率信号处理；数字系统的级联不需要考虑负载匹配问题；能够处理如地震信号那样的非常低频率的信号，如果采用模拟信号处理方法处理这种信号，模拟元件的尺寸将大到无法容忍的地步。

但是，数字信号处理也有自己的局限性，主要局限性如下：

1）系统复杂程度增加、不经济

对模拟信号进行数字处理，需要像图0-2所示的那样首先用A/D转换器将模拟信号数字化，在数字处理过程完结后又需要用D/A转换器还原成模拟信号，同时需要有反混叠失真滤波器和平滑滤波器相配合；如果只是为了处理单个模拟信号，显然数字处理方法增加了系统的复杂程度，是不经济的。

2）处理速度受到限制

在处理频率很高的信号时，处理速度受到限制将成为主要缺点。一方面受到A/D和D/A转换速度和精度的限制，另一方面受到数字信号处理算法本身的计算速度的限制。A/D转换的速度和精度有相互制约关系，即提高速度必然降低精度。为了提高数字信号处理的适用频率范围，一方面需要研制具有更高速度和精度的A/D和D/A转换器，另一方面需要研究数字信号处理的快速算法。

3）硬件系统功率消耗很大

在用硬件实现数字信号处理时，需要采用DSP芯片或其他ASIC，这些超大规模甚至极大规模集成电路芯片上集成了几十万甚至数十亿个晶体管，所以功率消耗非常大。而模拟信号处理系统中大量使用的是无源器件，功耗一般小得多。此外，处理许多大功率模拟信号(例如大功率发射机中的某些信号)时，数字信号处理方法也无法取代模拟信号处理方法。

0.4 数字信号处理学科的内容和应用

信息科学是研究信息的获取、传输、处理和应用的科学，而数字化、网络化和智能化是信息科学的发展方向，其中数字化是网络化和智能化的基础。因此，数字信号处理成为信息科学中内容异常丰富和应用非常广泛的一门学科。

数字信号处理作为一门正在蓬勃发展中的学科，现在还难以全面介绍它的内容，也很难准确划分它与其他学科的界线。但是，根据近年来数字信号处理学科的各种学术会议、刊物、专著与教材所涉及的论题，可以大致确定数字信号处理学科的研究范围，并认识其学科内容具有的一些特点。

第一，数字信号处理学科研究的内容与数学学科有非常密切的关系，其中许多内容，例如，信号的表示、逼近、取样、量化、内插和外推，傅里叶分析，滤波，功率谱估计，小波分析，高阶谱分析，人工神经网络，混沌与分形，形态学等，它们本身就是数学的分支学科。

第二，数字信号处理学科的内容之所以非常广泛，主要是因为它有非常广泛的应用领域，不同应用领域对它提出了各种不同的要求，这些应用要求推动了数字信号处理学科的理论和技术的发展，并不断开辟出数字信号处理学科的新分支。例如，语音和音频信号处理、图像和视频信号处理、雷达信号处理、声呐信号处理和通信信号处理等，它们都是数字信号处理的重要分支学科。这些分支学科的研究成果不断地促进着各应用领域相应学科的理论发展和技术进步。这种理论与实际应用紧密结合并相互促进的特点，近年来表现得尤为突出。

第三，任何实际的信号处理问题都需要用适当的理论模型表示，并由模型推导出数字信号处理算法。而任何复杂的算法都由一系列基本运算组成，这些基本运算包括序列的加法、乘法（即调制）、乘以标量、移位、倒序、抽取、内插、卷积和相关，序列的对数运算和指数运算，复数振幅的二次方，离散傅里叶变换，线性常系数差分方程，矩阵的加法、乘法、乘以标量运算，矩阵的转置、求逆、对角化和特征值分解等。如何用硬件或软件实现这些算法，以及如何提高算法的运算速度，也成为数字信号处理学科研究的重要内容。

第四，不同应用领域的数字信号处理虽然各有自己的特殊要求和特点，但是它们使用的技术和方法有许多是共同的，其中最常用的技术和方法有快速傅里叶变换（FFT）、频谱分析、功率谱估计和滤波运算等。虽然数字信号处理学科包含许多分支学科，但是所有分支学科都可以看成由多速率滤波和滤波器组、自适应滤波、时频分析和非线性信号处理等 4 方面核心内容衍生而来。这些核心内容的理论基础是离散时间信号和离散时间系统的时域和频域分析、离散傅里叶变换及其快速算法和数字滤波器等。这些正是本书的主要内容。

数字信号处理技术的应用领域非常广泛，下面概略介绍其中最重要的应用领域。

1）语音和音频信号处理

这是最早采用数字信号处理技术，并推动数字信号处理学科发展的应用领域之一。主要包括：第一，语音分析。对语音和音频信号的波形特征、统计特性、功率谱、模型参数、听觉感知特性等的分析、处理和计算。第二，语音编码。将语音和音频信号数字化，在保证语音质量的前提下用尽可能少的二进制码表示数字语音，达到压缩信息的目的。现已发展波形编码、参数编码和混合编码三大类编码方法，制定了一系列国际或地区的语音编码标准。第三，语音识别。用计算机软件或专用硬件，识别自然语音（人类说出的话音），或识别说话人。第四，语音合成。用硬件或在计算机上运行程序，来产生人类能够听懂或理解的语音。第五，语音增强。从噪声或干扰中提取被掩盖的语音信号。

2）数字图像处理

数字图像处理包括静止图像和动态图像（视频）、二维图像和三维图像、黑白图像和彩色图像，涉及图像信息的获取、存储、传送、显示和利用。具体包括数字图像的算术处理、几何处理、图像编码、图像传送、图像增强、图像重建、图像识别和图像理解等内容。其中，图像编码技术在图像传送和图像储存应用中起着最关键的作用，因而受到格外的重视。近年来，制定了 JPEG、MPEG-1、MPEG-2、MPEG-4、MPEG-7、H.261、H.263、H.264 等一系列关于图像编码的国际或地区标准，推动了相关应用领域的迅速发展。

3）通信

在现代通信系统中，几乎没有一部分不受到数字信号处理技术的深刻影响。特别是在无线移动通信系统中，从信源编码、信道编码、调制、多路复用到信道估计、自适应信道均衡、多用户检测，都需要采用数字信号处理技术。在图像通信、网络通信、多媒体通信等最新应用领域中，数字信号处理技术正在发挥着重要作用。即使被认为是发展方向的软件无线电技术，如果离开了数字信号处理也将寸步难行。

4）广播和电视

随着数字音频广播、数字电视、高清晰度电视的逐渐推广和普及，与之配套的数字收音机、大容量高清晰度存储器件和设备，也逐渐形成具有很高产值的市场。

数字信号处理技术的应用，也为音乐产品的制作开辟了崭新的局面。例如，在音乐的编辑、合成、加入交混回响、生成合音效果，以及作曲、录音、播放和旧唱片和旧录音带的音质恢复等方面，数字信号处理技术都可发挥出特殊的作用。

5）雷达和声呐

由于雷达信号具有非常宽的频带和非常高的数据速率，因此，压缩数据量和降低数据传输速率，成为雷达信号数字处理所面临的首要问题。此外，微弱信号检测、高分辨率谱估计、阵列信号处理，以及目标识别和跟踪等技术，也是雷达信号处理的重要任务。

声呐系统分为有源和无源系统两类。有源声呐系统信号处理涉及的理论和技术，在许多方面都与雷达信号处理相同。例如，探测信号的产生、加工处理和发射，微弱的目标回波信号的检测接收和分析，对目标的探测、定位、跟踪、导航、成像显示等，都需要用到数字信号处理中的滤波、门限比较、谱估计等技术。无源声呐系统与有源声呐系统不同，它不主动发射信号，而只是被动地接收目标的辐射，即“倾听”周围的声音，因此，它主要采用微弱信号检测、高分辨率谱估计和阵列信号处理等技术。

6）地球物理

这是应用数字信号处理技术已有相当长历史的一个领域。该领域信号处理的主要任务是分析人造地震信号，建立描述地层内部结构和性质的模型，并将模型用于矿藏和石油的勘探；另一任务是用信号处理方法研究地震和火山的活动规律。近年来，还将数字信号处理技术用于大气层性质的研究，如分析大气层中电子的含量，检测空气中悬浮离子的分布和密度。这些都是环境保护的重要工作。

7）生物医学

数字信号处理在医学中的应用日益普遍，如脑电图和心电图的检测和分析、层析 X 射线摄影的分析、胎儿心音的自适应检测等。

8）消费电子

这是一个发展迅速和消费市场广大的应用领域。该领域涉及音频、视频、图像、音乐、玩具、游戏、娱乐等电子产品，但无论是硬件或软件产品，都需要应用数字信号处理技术。

9）军事

除了上面提到的语音和音频、图像和视频、通信、雷达、声呐等技术可以直接应用于军事领域外，导航、制导、电子对抗、战场侦察、保密通信、卫星遥感、红外成像等技术，都是现代军事的重要技术。这些技术都与数字信号处理学科有非常密切的关系。

10）其他应用

除了上述应用领域外，还有许多领域可以用数字信号处理技术来促进它们的发展。因此，要完全列举数字信号处理技术的所有应用领域几乎是不可能的。例如，在电力系统中，可以用数字信号处理技术规划能源分配和调度，对能源分布进行自动监测；在环境保护中，用数字信号处理方法对空气污染和噪声干扰进行自动监测；在经济领域，对股票市场进行动态预测，对国家和地区的经济活动进行效益分析等。

第1章 离散时间信号和离散时间系统

本章是数字信号处理的理论基础，其中大部分内容在“信号与线性系统”课程中已详细讨论过，本章只对其中的重要概念和分析方法进行扼要复习和拓展。本章第一部分，包括基型信号，离散时间系统的线性、时不变性、因果性和稳定性，以及离散时间信号和系统的分析方法。离散时间信号分析涉及取样、模拟频率和数字频率、混叠等重要概念，离散时间系统分析涉及系统的冲激响应、传输函数、零点-极点、频率响应等重要概念。线性时不变系统的分析是重点，其中 z 变换是最通用和最方便的工具。第二部分，主要讨论离散时间信号的傅里叶分析方法，其中包括周期序列的傅里叶级数，有限长序列的离散时间傅里叶变换，以及一般序列的离散时间傅里叶变换。正弦序列和复指数序列的离散时间傅里叶变换在理论上和实际应用中都具有非常重要的意义，因此对其进行了特别的强调。第三部分，讨论信号取样问题，包括连续时间信号的取样，序列的取样，离散时间信号的增取样、减取样、抽取和内插等重要概念。

1.1 离散时间信号——序列

1.1.1 基型序列

在连续时间信号分析中，为了便于揭示信号通过系统时的物理本质，以充分发挥各种分析方法的作用，常将实际信号分解成各类简单信号(称为基型信号)。例如，在处理频域问题时，正弦信号或复指数信号是通用的基型信号；在处理时域问题时，经常用脉冲或阶跃信号作为基型信号；讨论随机信号时，用各种简单的概率函数(如高斯函数等)作为基型随机信号。与连续时间信号一样，离散时间信号也有自己的基型信号或基型序列。

1. 单位取样序列或单位冲激

单位取样序列定义为

$$\delta(n)=\begin{cases}1, & n=0\\0, & n\neq 0\end{cases} \tag{1.1}$$

图 1-1(a)是它的图形，图 1-1(b)是它向右移位 k 以后的图形。

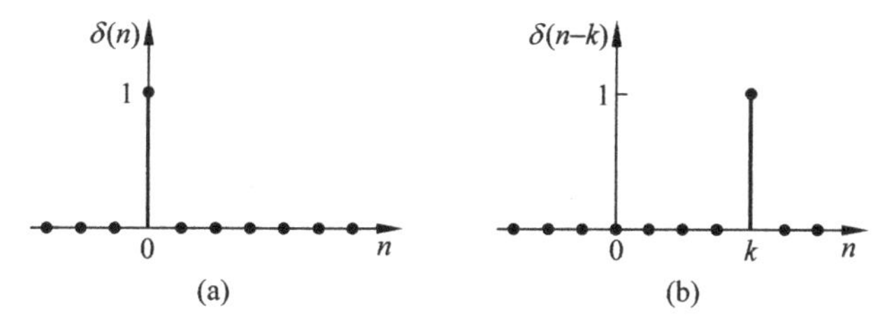

图 1-1　单位冲激 $\delta(n)$和时移 k 后的单位冲激 $\delta(n-k)$的图形

单位取样序列 $\delta(n)$ 在离散时间信号分析中的作用,类似于单位冲激函数 $\delta(t)$ 在连续时间信号分析中的作用,因此常将单位取样序列简称为单位冲激。任何连续时间信号 $x(t)$ 可以用单位冲激函数 $\delta(t)$ 表示成积分形式

$$x(t)=\int_{-\infty}^{\infty}x(t-\tau)\delta(\tau)\mathrm{d}\tau \tag{1.2}$$

类似地,任何离散时间信号 $x(n)$ 可以表示成单位冲激的移位加权和形式

$$x(n)=\sum_{k=-\infty}^{\infty}x(k)\delta(n-k) \tag{1.3}$$

例如,图 1-2 所示的序列可以表示成下列形式

$$x(n)=2\delta(n+1)+3\delta(n)-1.5\delta(n-1)+\delta(n-3)$$

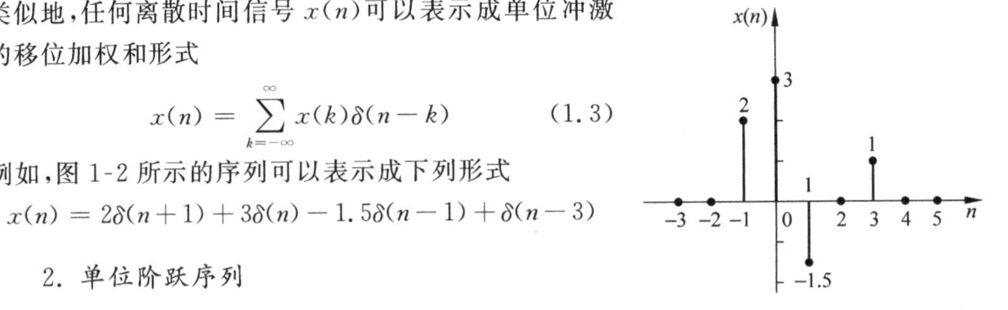

图 1-2　序列的图形表示

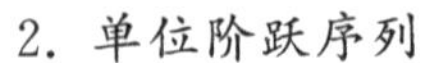

2. 单位阶跃序列

单位阶跃序列定义为

$$u(n)=\begin{cases}1, & n\geqslant 0\\ 0, & n<0\end{cases} \tag{1.4}$$

可以用单位冲激表示为

$$u(n)=\sum_{k=0}^{\infty}\delta(n-k) \tag{1.5}$$

反之,单位冲激也可以用单位阶跃序列表示为

$$\delta(n)=u(n)-u(n-1) \tag{1.6}$$

3. 矩形序列

矩形序列定义为

$$R_N(n)=\begin{cases}1, & 0\leqslant n\leqslant N-1\\ 0, & 其他\end{cases} \tag{1.7}$$

它是一个长度为 N 的有限长序列。显然,它可以用单位冲激表示为

$$R_N(n)=\sum_{k=0}^{N-1}\delta(n-k) \tag{1.8}$$

或用单位阶跃序列表示为

$$R_N(n)=u(n)-u(n-N) \tag{1.9}$$

4. 实指数序列

实指数序列定义为

$$x(n)=a^n,\quad -\infty<n<\infty \tag{1.10}$$

式中,a 是不等于 0 的任何实数。

5. 正弦序列

由于余弦函数与正弦函数仅有初始相位的区别，所以本书将把余弦序列和正弦序列统称为正弦序列，并定义为

$$x(n)=A\cos(\omega n+\varphi) \tag{1.11}$$

式中，A 是幅度；ω 是数字频率；φ 是初始相位(简称初相)。A、ω 和 φ 都是实数。关于数字频率的概念，将在 1.1.2 节讨论。

6. 复指数序列

复指数序列定义为

$$x(n)=A\mathrm{e}^{(\alpha+\mathrm{j}\omega)n} \tag{1.12}$$

式中，A 是幅度；ω 是数字频率。A 可以是实数或复数，当其为复数时称为复振幅，表示为

$$A=|A|\mathrm{e}^{\mathrm{j}\varphi} \tag{1.13}$$

这时，复指数序列定义式可以写成

$$x(n)=|A|\mathrm{e}^{\alpha n}\mathrm{e}^{\mathrm{j}(\omega n+\varphi)} \tag{1.14}$$

式(1.14)表明，α 影响序列幅度衰减的快慢，因此称为衰减因子。复振幅的幅角 φ 是初相。

利用 Euler 恒等式，可以将式(1.12)写成

$$x(n)=A\mathrm{e}^{\alpha n}\cos(\omega n)+\mathrm{j}A\mathrm{e}^{\alpha n}\sin(\omega n) \tag{1.15}$$

即复指数序列可用余弦和正弦序列表示。反过来，余弦和正弦序列也可用复指数序列表示

$$A\cos(\omega n)=\frac{A}{2}(\mathrm{e}^{\mathrm{j}\omega n}+\mathrm{e}^{-\mathrm{j}\omega n}) \tag{1.16}$$

$$A\sin(\omega n)=\frac{A}{2\mathrm{j}}(\mathrm{e}^{\mathrm{j}\omega n}-\mathrm{e}^{-\mathrm{j}\omega n}) \tag{1.17}$$

图 1-3 是除单位冲激序列外以上所有序列的图形表示。其中，图 1-3(c)是实指数序列，$0<a<1$；图 1-3(d)是复指数序列 $x(n)=\mathrm{e}^{-\mathrm{j}\pi n/6}$ 在复平面上的表示，也可以按照式(1.15)表示成实部和虚部正弦序列；图 1-3(e)是正弦序列 $x(n)=2\sin\left(\frac{\pi}{8}n\right)$。

在信号处理中，正弦信号和复指数信号是信号频谱分析和计算系统频率响应的重要工具。其中，复指数信号更方便，因为它比三角函数运算更简捷，而且在计算上有以下优点：

(1) 在连续时间信号处理中采用复指数信号，可以把微分和积分运算转换为乘法和除法运算。因为，假设 $x(t)=\mathrm{e}^{\mathrm{j}\Omega t}$，则有

$$\frac{\mathrm{d}}{\mathrm{d}t}x(t)=\frac{\mathrm{d}}{\mathrm{d}t}\mathrm{e}^{\mathrm{j}\Omega t}=\mathrm{j}\Omega\mathrm{e}^{\mathrm{j}\Omega t}=\mathrm{j}\Omega x(t)$$

$$\int x(t)\mathrm{d}t=\int\mathrm{e}^{\mathrm{j}\Omega t}\mathrm{d}t=\frac{1}{\mathrm{j}\Omega}\mathrm{e}^{\mathrm{j}\Omega t}=\frac{1}{\mathrm{j}\Omega}x(t)$$

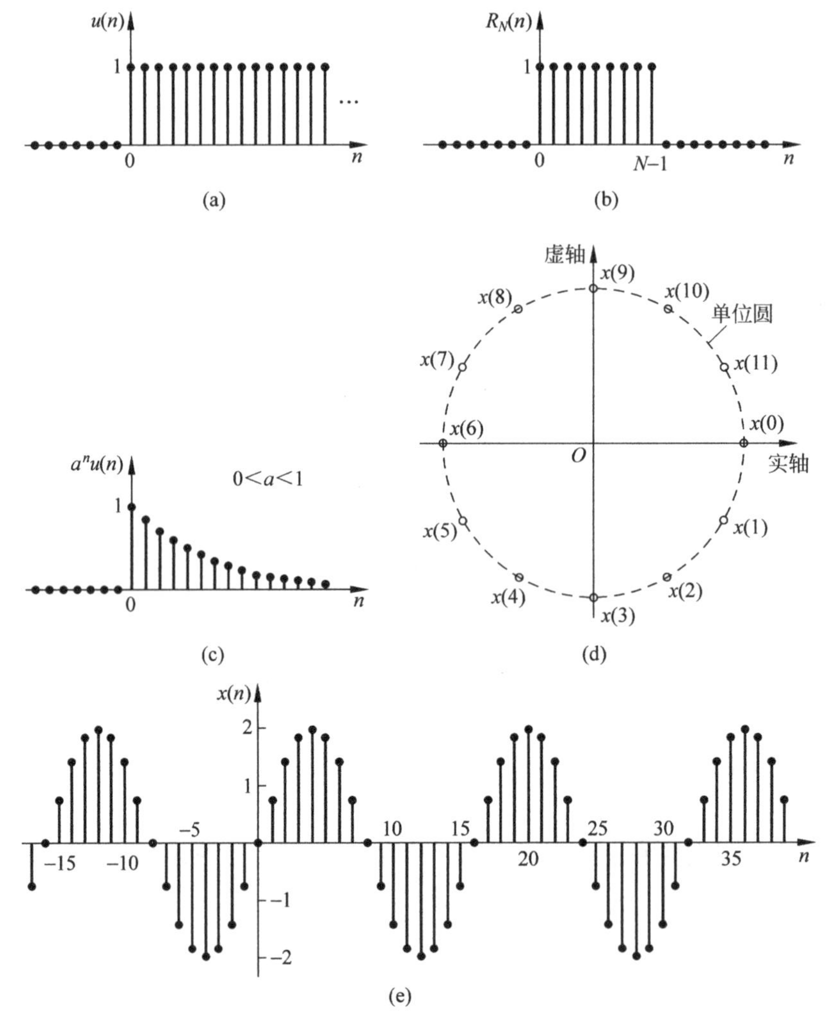

图 1-3　各种基型序列的图形表示(单位冲激序列已示于图 1-1)

(2) 在离散时间信号处理中采用复指数序列,可以通过乘法运算来实现序列的时移。因为,假设 $x(n)=e^{j\omega n}$,则有

$$x(n-k)=e^{j\omega(n-k)}=e^{-j\omega k}e^{j\omega n}=e^{-j\omega k}x(n)$$

因此,信号处理的大多数工具,如拉普拉斯变换、傅里叶级数、傅里叶变换、z 变换和离散傅里叶变换等,都采用复指数信号或复指数序列作为基型信号。

1.1.2　模拟频率和数字频率

在正弦序列和复指数序列的表示式(1.11)和式(1.12)中,都使用了数字频率 ω。它是数字信号处理中一个很重要但却容易引起误解的参数。为了正确理解数字频率的概念,需要把连续时间正弦信号(下面简称为正弦波)与离散时间正弦信号(下面简称为正弦序列)联系起来进行讨论。

设有一个正弦波

$$x(t) = A\sin(\Omega t) \tag{1.18}$$

式中，A 是幅度；Ω 是模拟角频率(简称角频率)，单位为弧度/秒(rad/s)；t 是连续时间，单位为秒(s)。正弦波的周期用 T 表示，它的倒数是模拟频率(简称频率)$f=1/T$，单位是赫兹(Hz)。角频率与频率的关系是 $\Omega=2\pi f$。

以取样周期 T_s(单位为 s)对正弦波取样，每秒取样次数 $f_s=1/T_s$ 是取样频率(单位为 Hz)。由于离散时间取样点为 $t=nT_s$(n 为整数)，所以取样后得到的正弦序列为

$$x(n) = x(nT_s) = A\sin(\Omega T_s n) \tag{1.19}$$

注意，式(1.19)表示的正弦序列的自变量是离散时间变量 n，它是取样点的序号，是无量纲整数；而式(1.18)表示的正弦波的自变量是连续时间变量 t，是有量纲实数。这是离散时间信号(正弦序列)与连续时间信号(正弦波)之间最重要的区别。正是这种区别，导致离散时间和连续时间信号在频域内的描述有很大不同，主要表现在式(1.18)的正弦波使用模拟角频率 Ω，而式(1.19)的正弦序列使用下式定义的数字频率 ω，即

$$\omega = \Omega T_s \tag{1.20}$$

将数字频率引入式(1.19)，则得到

$$x(n) = A\sin(\omega n) \tag{1.21}$$

对比式(1.21)与式(1.18)可以看出，正弦序列表达式中的 ω 与正弦波表达式中的 Ω，它们的位置和作用相同，因此将 Ω 称为模拟(角)频率，而将 ω 称为数字频率。Ω 的单位是 rad/s，而 ω 的单位是 rad，Ωt 和 ωn 的单位都是 rad。

将关系式 $\Omega=2\pi f$ 和 $f_s=1/T_s$ 代入式(1.20)，得到数字频率的另外一种定义形式

$$\omega = 2\pi \frac{f}{f_s} \tag{1.22}$$

式(1.22)表明，数字频率是一个与取样频率 f_s 有关的频率度量，它等于模拟频率 f 用取样频率归一化后的弧度数。因此，使用不同取样频率对一个正弦波取样，得到的正弦序列的数字频率是不同的。为了更清楚地说明这个结论，将式(1.22)改写成下列等价形式

$$\omega = \frac{2\pi}{(f_s/f)} \tag{1.23}$$

由于 f_s 表示每秒对正弦波取样的点数，f 表示正弦波每秒周期性重复的次数(周期数)，因而 f_s/f 表示正弦波每个周期内取样点的数目。式(1.23)的含义是，数字频率 ω 等于每相邻两个取样点之间的相位差的弧度数。以图 1-4 为例，设 $x(t)$ 是频率 $f=1000\text{Hz}$ 的正弦波，周期为 $T=1/f=1\text{ms}$；图 1-4(a)是以 $f_s=10\text{kHz}$ 取样得到的正弦序列 $x_1(n)$，每周期内的取样点数目为 $f_s/f=10\text{k}/1000=10$，因此相邻两个取样点之间的相位差为 $\omega_1=2\pi/10=\pi/5$，这就是 $x_1(n)$ 的数字频率；图 1-4(b)是以 $f_s=5\text{kHz}$ 取样得到的正弦序列 $x_2(n)$，它的数字频率 $\omega_2=2\pi/5$。

从这个例子看出，正弦序列的数字频率 ω，并不是被取样正弦波的模拟频率 f，也不是取样频率 f_s，而是一个由 f 与 f_s 的比值决定的频率。模拟频率 f 是一个线性变量，它可以在 $0\sim\infty$ 范围内取值，单位是 Hz；而数字频率 ω 是一个周期变量，通常在 $0\sim2\pi$ 或 $-\pi\sim+\pi$ 范围内取值，单位是 rad。

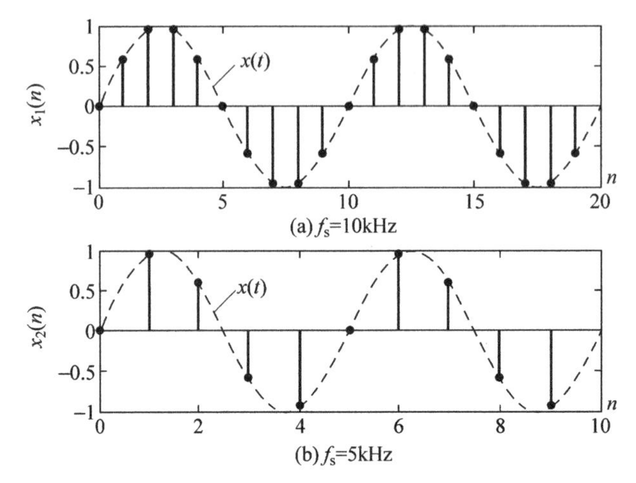

图 1-4　正弦波和取样后得到的正弦序列

1.1.3　周期序列

周期信号是一种非常重要的信号，因为：①现实中的许多信号都存在周期性，例如，声音信号、地震信号、电磁波和海洋信号等都是周期信号；②周期信号可以分解成许多正弦信号，而正弦信号通过线性时不变系统便是系统的频率响应，这正是傅里叶分析的基础；③非周期信号可以看成是周期为无限长的周期信号，有限长信号可以看成从周期信号中取出的一个周期，因此，非周期信号和有限长信号的分析处理可以借助于周期信号的方法和结论。离散时间周期信号即周期序列，虽然它与连续时间周期信号有许多共同点，但是也有许多重要区别。

周期序列是指对所有 n 存在一个最小正整数 N，满足

$$x(n) = x(n+N), \quad -\infty < n < \infty \tag{1.24}$$

的序列。N 称为周期。注意：①该式必须对所有 $n(-\infty<n<\infty)$ 成立，即周期序列是周而复始、无始无终的序列；②该式对于 kN 也成立(k 是任意整数)，但是只有最小的正整数 N 才称为序列的周期；③一个周期可以从任何 n 值算起。

众所周知，连续时间正弦信号 $x(t)=\sin(2\pi f_0 t)$ 对所有 $t(-\infty<t<\infty)$ 总存在一个最小正实数 $T_0=1/f_0$，满足

$$x(t+T_0) = \sin(2\pi f_0(t+T_0)) = \sin(2\pi f_0 t + 2\pi) = \sin(2\pi f_0 t) = x(t)$$

式中，T_0 是周期。所以，连续时间正弦信号总是周期信号。但是，离散时间正弦信号(即正弦序列)$x(n)=\sin(\omega_0 n)=\sin(2\pi n f_0/f_s)$不一定是周期序列。因为，假设它是周期序列，就必须对所有 n 存在一个最小正整数 N，满足式(1.24)，即

$$x(n+N) \equiv \sin(\omega_0 N + \omega_0 n) = x(n) \equiv \sin(\omega_0 n)$$

这意味着必须满足条件

$$\omega_0 N = 2\pi k, \quad k \text{ 为整数} \tag{1.25}$$

或

$$N=\frac{2\pi}{\omega_0}k,\quad k\text{ 为整数} \tag{1.26}$$

由于 k 和 N 都是整数，所以由式(1.26)得到

$$\frac{2\pi}{\omega_0}=\frac{N}{k}=\text{整数或有理数} \tag{1.27}$$

使式(1.27)成立的最小正整数 N 是正弦序列的周期。所以得出结论，只有满足式(1.27)的正弦序列才是周期序列。反之，如果 $2\pi/\omega_0$ 是无理数，那么式(1.27)永远不成立，这样的正弦序列绝不可能是周期序列。

例 1.1 判断以下正弦序列是否周期序列：$x_1(n)=\sin(4\pi n/7)$，$x_2(n)=\sin(13n/7)$。如果是，求序列的周期。假设 $x_1(n)$ 和 $x_2(n)$ 是以取样频率 $f_s=7\text{Hz}$ 分别对正弦波 $x_1(t)=\sin(2\pi f_1 t)$ 和 $x_2(t)=\sin(2\pi f_2 t)$ 取样得到的，求 $x_1(t)$ 和 $x_2(t)$ 的表达式，并画出 $x_1(n)$ 和 $x_1(t)$、$x_2(n)$ 和 $x_2(t)$ 的波形。

解 由于 $2\pi/\omega_0=2\pi/(4\pi/7)=7/2$ 是有理数，所以 $x_1(n)$ 是周期序列。由于 $N/k=7/2$ 即 $N=7k/2$，所以周期 $N=7$（k 为 2 时）。由于 $2\pi/\omega_0=2\pi/(13/7)=14\pi/13$ 是无理数，所以 $x_2(n)$ 不是周期序列。把 $x_1(n)$ 和 $x_2(n)$ 分别写成以下形式

$$x_1(n)=\sin\left(2\pi\left(\frac{2}{7}\right)n\right)\quad\text{和}\quad x_2(n)=\sin\left(2\pi\left(\left(\frac{13}{2\pi}\right)/7\right)n\right)$$

并与下式

$$x(n)=\sin\left(2\pi\left(\frac{f}{f_s}\right)n\right)$$

对照，可以看出：$f_s=7\text{Hz}$，$f_1=2\text{Hz}$ 和 $f_2=\frac{13}{2\pi}\text{Hz}$。因此，两个正弦波的表达式分别为 $x_1(t)=\sin(4\pi t)$ 和 $x_2(t)=\sin(13t)$。图 1-5(a)和图 1-5(b)分别是 $x_1(n)$ 和 $x_1(t)$、$x_2(n)$ 和 $x_2(t)$ 的波形。其中，虚线是 $x_1(t)$ 和 $x_2(t)$ 的波形，黑点所示的是一个周期，周期可以从任何一个取样点开始。注意，$x_1(t)$ 的周期是 $T_1=1/f_1=0.5\text{s}$，而 $x_1(n)$ 的周期是 $N=7$，它们的周期不仅数值不同，而且前者有量纲但后者无量纲。对于 $x_2(t)$ 与 $x_2(n)$，前者是周期信号，而后者却是非周期性序列。

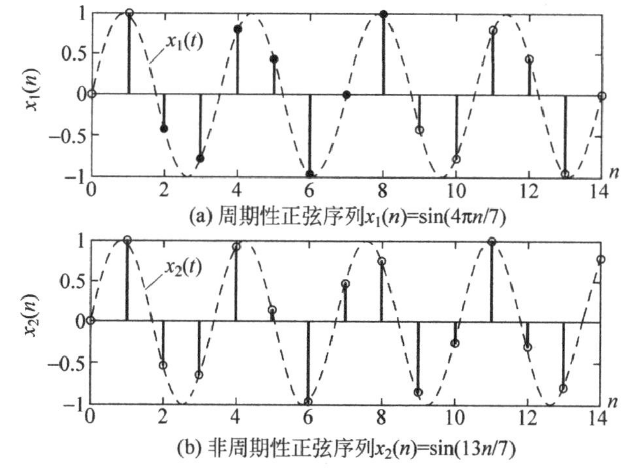

图 1-5 周期性和非周期性正弦序列

设周期性正弦序列 $x(n)=\cos(\omega_0 n)$ 的数字频率 $0\leqslant\omega_0\leqslant 2\pi$,对应的模拟频率 $0\leqslant f_0\leqslant f_s$。由于 $\cos[(\omega_0+2\pi k)n]=\cos(\omega_0 n)$,$k$ 取整数,因此所有数字频率为 $\omega_k=\omega_0+2\pi k$(模拟频率为 $f_k=f_0+kf_s$)的正弦序列都等于 $x(n)$。由于 $\omega_0=2\pi(f_0/f_s)$,所以,当 f_0 从 0 增加到 $f_s/2$ 时,ω_0 从 0 增加到 π;而当 f_0 进一步从 $f_s/2$ 增加到 f_s 时,ω_0 将进一步由 π 增加到 2π,等效于由 $-\pi$ 增加到 0。根据取样定理,为了由正弦序列无失真地恢复原始正弦波,要求最低取样频率为 $f_s=2f_0$,这意味着,正弦波的频率不能超过 $f_0=f_s/2$,或者说,正弦波的最高频率为 $f_0=f_s/2$。因此,$\omega_0=\pi$ 或 $f_0=f_s/2$ 是最高频率,$\omega_0=0$ 或 $2\pi(f_0=f_s)$ 是最低频率。

例 1.2 这个例题说明当数字频率 ω_0 从 0 增加到 π 时,正弦序列的周期怎样变化。设有一周期性正弦序列 $x(n)=\cos(\omega_0 n)$,分别计算 $\omega_0=0$、0.1π、0.2π、0.3π、0.4π、0.5π 和 π 时对应的周期。设取样频率 $f_s=2\text{Hz}$,计算对应的正弦波的频率。画出所有正弦序列和正弦波的波形。

解 $\omega_0=0$ 对应于直流信号,这时对所有的 n 有 $x(n)=1$。为了使任何正整数 N 都满足 $\omega_0 N=2\pi k$,必须选择 $k=0$。最小的 N 值即周期 $N_0=1$。根据 $N=2\pi k/\omega_0$,可以求出其余的周期:

$$N_1 = 2\pi k/(0.1\pi) = 20k = 20 \qquad (\text{取 } k = 1)$$
$$N_2 = 2\pi k/(0.2\pi) = 10k = 10 \qquad (\text{取 } k = 1)$$
$$N_3 = 2\pi k/(0.3\pi) = 20k/3 = 20 \qquad (\text{取 } k = 3)$$
$$N_4 = 2\pi k/(0.4\pi) = 5k = 5 \qquad (\text{取 } k = 1)$$
$$N_5 = 2\pi k/(0.5\pi) = 4k = 4 \qquad (\text{取 } k = 1)$$
$$N_6 = 2\pi k/\pi = 2k = 2 \qquad (\text{取 } k = 1)$$

根据公式 $f_k=(\omega_k f_s)/2\pi=\omega_k/\pi$,可计算出正弦波的频率:$f_1=0.1$,$f_2=0.2$,$f_3=0.3$,$f_4=0.4$,$f_5=0.5$,$f_6=1$,单位都是 Hz。

图 1-6 是这些正弦序列的图形,虚线是对应的连续时间正弦信号。可以看出,在取样频率一定的情况下,增加数字频率 ω_0 等效于增加模拟频率,但并不意味着减小正弦序列的周期。这再一次说明,正弦序列的周期与连续时间正弦信号的周期是两个完全不同的概念。

1.1.4 序列的基本运算

若将数字信号处理归结为算法,则任何复杂的算法都由基本运算组成。

1. 相加

两序列 $x_1(n)$ 和 $x_2(n)$ 相加,是指它们的相同序号的取样值对应相加,即

$$y(n) = x_1(n) + x_2(n)$$

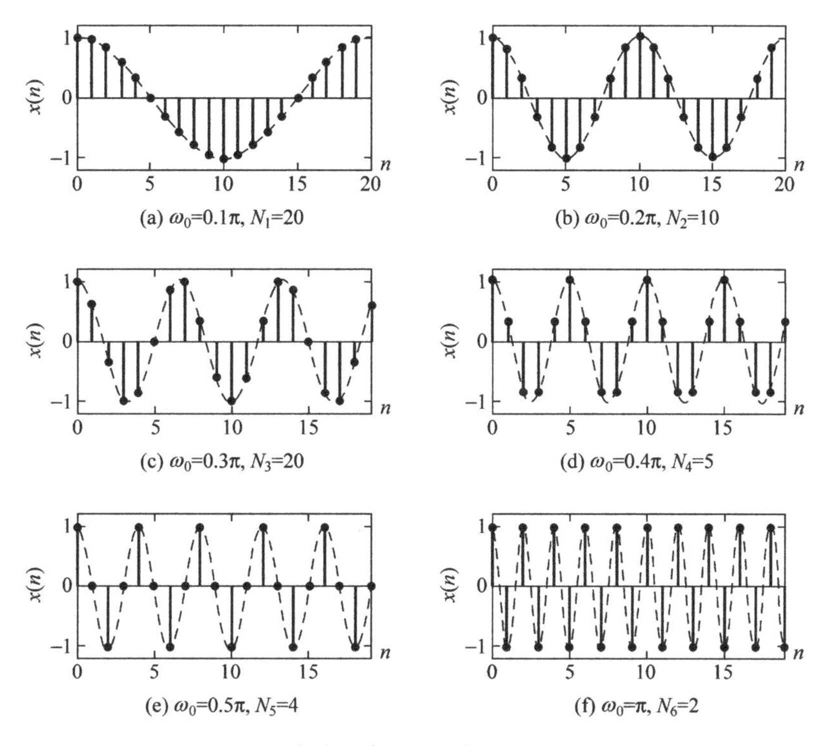

图 1-6　数字频率对正弦序列周期的影响

2. 相乘

两序列 $x_1(n)$ 和 $x_2(n)$ 相乘又称为调制，是指它们的相同序号的取样值对应相乘，即

$$y(n) = x_1(n)x_2(n)$$

若一个序列的取样值在有限的 n 值区间外均为 0，则称它为有限长序列；反之，称为无限长序列。设 $w_N(n)$ 是长为 N 的有限长序列，$x(n)$ 是无限长序列，则它们相乘的结果得到一个长为 N 的有限长序列 $y(n)=w_N(n)x(n)$。这种处理称为加窗，并称 $w_N(n)$ 为窗函数。

3. 乘以常数

序列 $x(n)$ 乘以常数 a，是指序列的每个元素分别乘以 a，即

$$y(n) = ax(n) = \{\cdots, ax(-2), ax(-1), ax(0), ax(1), ax(2), \cdots\}$$

4. 折叠

以纵坐标为对称轴，将整个序列 $x(n)$ 水平翻转 180°，得到一个新序列 $y(n)=x(-n)$，这一过程称为序列折叠，也称为序列的时间反转。

单位取样序列 $\delta(n)$ 折叠后仍然是单位取样序列，即 $\delta(-n)=\delta(n)$。

5. 移位

序列移位是指将整个序列沿横坐标平移若干单位。例如，序列 $x(n)$ 沿横坐标向右

(正方向)平移 $n_0>0$ 个单位,得到序列 $x(n-n_0)$;向左(负方向)平移 $n_0>0$ 个单位,得到 $x(n+n_0)$。若横坐标表示时间,则 $x(n-n_0)$是序列 $x(n)$的延迟,而 $x(n+n_0)$是序列 $x(n)$的超前。

需要特别注意折叠序列的移位。$x(-n)$移位 n_0 表示为 $x(-(n-n_0))=x(-n+n_0)$,$n_0>0$ 表示向右平移,$n_0<0$ 表示向左平移。但若把折叠序列 $x(-n)$的移位序列表示为 $x(-n-n_0)$,则 $n_0>0$ 表示向左平移,而 $n_0<0$ 表示向右平移。图 1-7 说明序列 $x(n)$和它的折叠序列 $x(-n)$移位 $n_0>0$ 的概念。

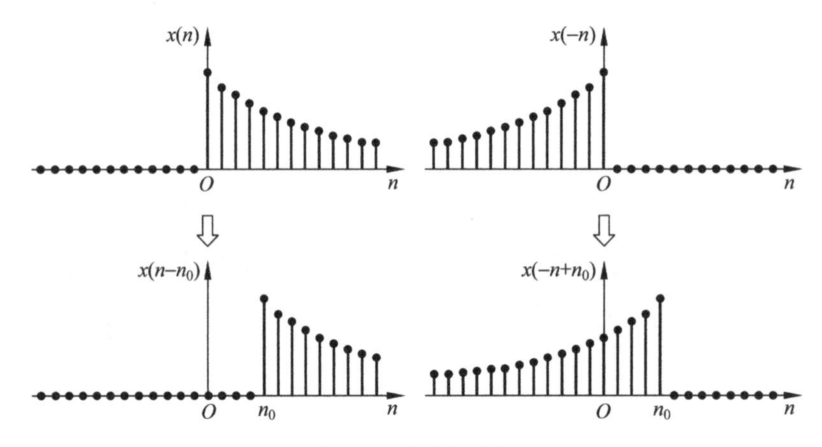

图 1-7 序列的移位

另一个需要注意的问题是,正弦序列 $x(n)=\sin(\omega_0 n+\varphi)$的初相 φ 会使序列的包络产生位移 n_0,其大小根据关系式 $\omega_0 n_0+\varphi=0$ 计算。例如,设 $x_2(n)=\sin(2\pi n/7-\pi/3)$,由 $2\pi n_0/7-\pi/3=0$ 得到 $n_0=7/6>0$,表示它的包络相对于 $x_1(n)=\sin(2\pi n/7)$向右平移 7/6,由于位移值不是整数,所以 $x_2(n)$与 $x_1(n)$的取样值不一样。只有当包络的位移是整数时,正弦序列移位前后的取样值才不会改变。例如,对于 $x_3(n)=\sin(2\pi n/7+4\pi/7)$,由 $2\pi n_0/7+4\pi/7=0$ 求出 $n_0=-2<0$,即包络相对于 $x_1(n)$向左平移 $n_0=2$,由于位移是整数,所以 $x_3(n)$与 $x_1(n)$的取样值一样。以上结果示于图 1-8。其中,图 1-8(a)、(b)和(c)分别是 $x_1(n)$、$x_2(n)$和 $x_3(n)$的波形,它们的周期都是 $N=7$;虚线表示正弦包络。图中同时标出了初相 φ 引起正弦包络的位移 n_0。

最后,一个很有意思的问题是,移位单位取样序列 $\delta(n-n_0)(n_0>0)$的折叠序列怎样表示?表示成 $\delta(-n-n_0)$还是 $\delta(-n+n_0)$?当然是 $\delta(-n-n_0)$,因为只有当 $n=-n_0$ 时它才等于 1,其余 n 所对应的序列值均为 0;而 $\delta(-n+n_0)$实际上是 $\delta(n-n_0)$,并不是 $\delta(n-n_0)$的折叠序列。这是因为,对任意 n 都有 $\delta(-n)=\delta(n)$,所以 $\delta(-(n-n_0))$或 $\delta(-n+n_0)$与 $\delta(n-n_0)$表示的是同一个序列。

6. 卷积

序列的卷积又称为离散卷积、线性卷积或卷积和,常用 * 作为运算符号。两序列

$x_1(n)$和$x_2(n)$经过卷积运算，得到一个新序列$y(n)$，定义为

$$y(n)=x_1(n)*x_2(n)=\sum_{k=-\infty}^{\infty}x_1(k)x_2(n-k) \tag{1.28}$$

式(1.28)的运算过程是，将序列$x_2(k)$折叠并移位n，然后与序列$x_1(k)$相乘，并将乘积序列的所有元素相加，便得到序号为n的卷积值。所有n的卷积值构成卷积序列$y(n)$。

根据式(1.28)的定义，不难证明卷积运算满足以下运算规律：

交换律　$x_1(n)*x_2(n)=x_2(n)*x_1(n)$

结合律　$[x_1(n)*x_2(n)]*x_3(n)=x_1(n)*[x_2(n)*x_3(n)]$

分配律　$x_1(n)*[x_2(n)+x_3(n)]=x_1(n)*x_2(n)+x_1(n)*x_3(n)$

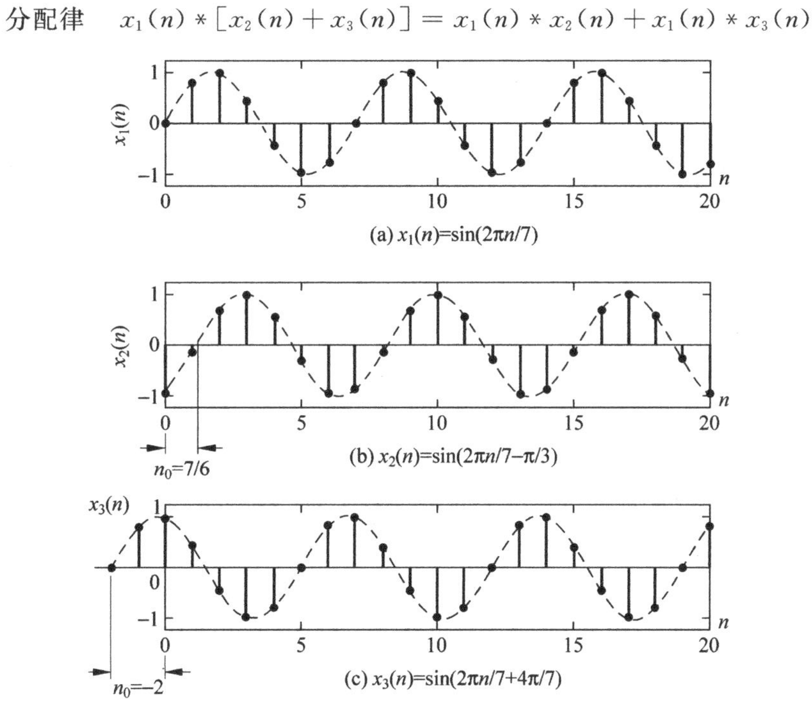

图1-8　正弦序列的初相引起包络在时域中产生位移

例1.3　已知$x_1(n)=\delta(n+1)-0.5\delta(n)+1.5\delta(n-1)$和$x_2(n)=\delta(n)+\delta(n-1)$，用列表法和图形说明$y(n)=x_1(n)*x_2(n)$的计算过程。

解　列表法如表1-1所示。计算过程如图1-9所示。

表1-1　例1.3的列表法计算过程

$x_1(k)$		1	−0.5	1.5		
$x_2(-1-k)$	1	1				$y(-1)=1$
$x_2(-k)$		1	1			$y(0)=0.5$
$x_2(1-k)$			1	1		$y(1)=1$
$x_2(2-k)$				1	1	$y(2)=1.5$
k	−2	−1	0	1	2	

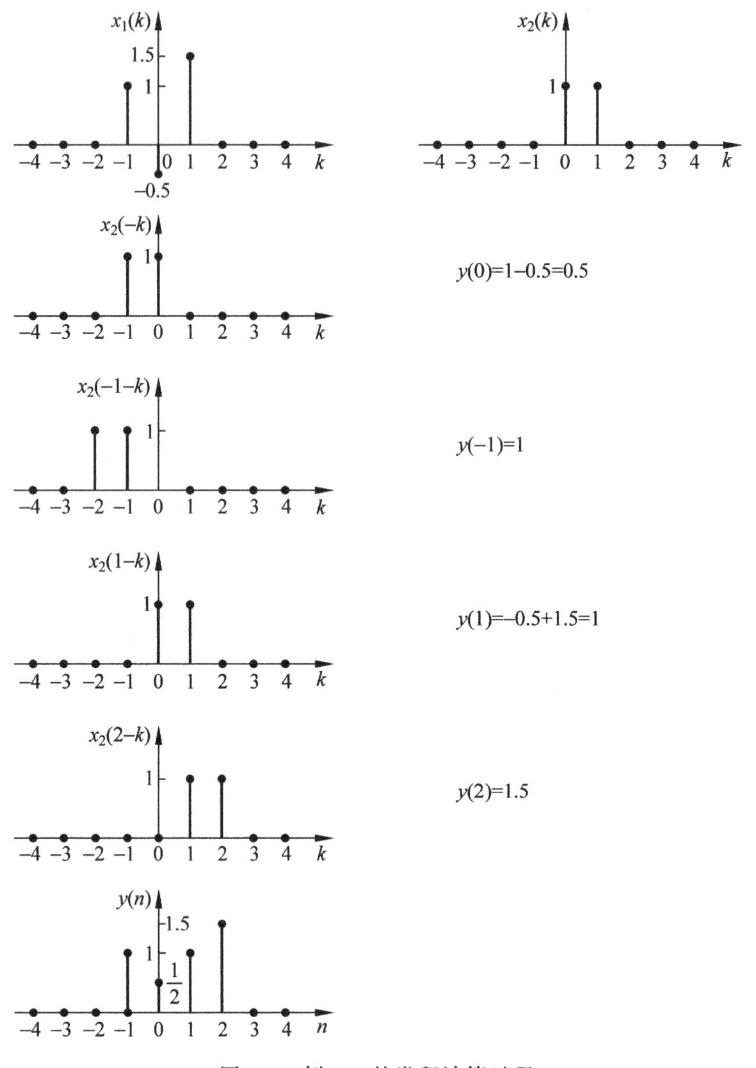

图 1-9　例 1.3 的卷积计算过程

例 1.4　计算任意序列 $x(n)$与单位取样序列 $\delta(n)$的卷积。

解　根据定义

$$x(n) * \delta(n) = \sum_{k=-\infty}^{\infty} x(k)\delta(n-k) = x(n) \tag{1.29}$$

式(1.29)中最后一个等式的得出,是因为只有当 $k=n$ 时 $\delta(n-k)=1$,而其余所有 k 对应的 $\delta(n-k)=0$。式(1.29)实际上就是式(1.3);应该记得,当时引出式(1.3)的用意是将任何序列表示成移位单位取样序列的加权和形式。现在对式(1.3)作出的新解释是,任何序列与单位取样序列卷积的结果仍然是原序列。

例 1.5　计算任意序列 $x(n)$与移位单位取样序列 $\delta(n-n_0)$的卷积。

解　根据定义

$$x(n) * \delta(n-n_0) = \sum_{k=-\infty}^{\infty} x(k)\delta(n-n_0-k) = x(n-n_0) \tag{1.30}$$

注意，这里利用了“$\delta(n-n_0)$的折叠序列是$\delta(-n-n_0)$”的结论。式(1.30)的结果也可以按照如下方法推导得出

$$\delta(n-n_0) * x(n) = \sum_{k=-\infty}^{\infty} \delta(k-n_0)x(n-k) = x(n-n_0)$$

该例说明，任意序列与移位的单位取样序列卷积，得到原序列的移位序列$x(n-n_0)$。

例 1.6 已知$y_1(n)=x_1(n) * x_2(n)$和$y_2(n)=x_1(n-n_0) * x_2(n)$，试问$y_1(n)$与$y_2(n)$有什么关系？

解 利用例 1.5 的结论，将$x_1(n-n_0)$表示成$x_1(n-n_0)=x_1(n) * \delta(n-n_0)$，因此

$$\begin{aligned} y_2(n) &= x_1(n-n_0) * x_2(n) = [x_1(n) * \delta(n-n_0)] * x_2(n) \\ &= [x_1(n) * x_2(n)] * \delta(n-n_0) = y_1(n) * \delta(n-n_0) = y_1(n-n_0) \end{aligned}$$

上式最后一个等式也利用了例 1.5 的结论。可以看出，两个序列卷积时，将其中一个序列移位，得到的卷积序列除了产生同样的位移外，序列本身不会改变。

例 1.7 已知$y_1(n)=x_1(n) * x_2(n)$和$y_2(n)=x_1(n-n_1) * x_2(n-n_2)$，试问$y_1(n)$与$y_2(n)$有什么关系？设$n_1+n_2=n_0$。

解 与例 1.6 的计算方法相同，有

$$\begin{aligned} y_2(n) &= x_1(n-n_1) * x_2(n-n_2) \\ &= [x_1(n) * \delta(n-n_1)] * [x_2(n) * \delta(n-n_2)] \\ &= [x_1(n) * x_2(n)] * [\delta(n-n_1) * \delta(n-n_2)] \\ &= y_1(n) * \delta(n-n_0) = y_1(n-n_0) \end{aligned}$$

上式最后一个等式也利用了例 1.5 的结论。可以看出，两个移位序列的卷积结果，等于它们不移位时的卷积结果的移位，移位大小等于两移位序列的位移之和$n_0=n_1+n_2$。

7. 能量和平均功率

序列$x(n)$的总能量简称为能量，定义为序列的所有取样值的平方和，即

$$E = \sum_{n=-\infty}^{\infty} |x(n)|^2 \tag{1.31}$$

通常关心的序列都是取样值有限的序列，所以定义式中序列的取样值都是有限值，下面不再强调这个约束。

例 1.8 计算由下式定义的序列的能量。

$$x(n) = \begin{cases} \dfrac{1}{2n+1}, & n \geqslant 0 \\ 0, & n < 0 \end{cases}$$

解 由式(1.31)

$$E = \sum_{n=-\infty}^{\infty} |x(n)|^2 = \sum_{n=0}^{\infty} \left(\frac{1}{2n+1}\right)^2 = \frac{\pi^2}{8}$$

该例给出的序列是一个无限长序列，可以看出，无限长序列的能量不一定是无限大的，也

可能是有限的。

非周期序列 $x(n)$ 的平均功率定义为

$$P=\lim_{K\to\infty}\frac{1}{2K+1}\sum_{n=-K}^{K}|x(n)|^2 \tag{1.32}$$

根据式(1.32)的定义，具有有限能量的无限长序列，它的平均功率一定等于零。但是，具有无限能量的无限长序列，它的平均功率不一定是无限的，也可能是有限的。

例 1.9 计算由下式定义的序列的能量和平均功率。

$$x(n)=\begin{cases}(-1)^n, & n\geqslant 0\\ 0, & n<0\end{cases}$$

解 本题给出的是一个幅度为1、正负取样值交替出现的无限长序列。由式(1.31)得能量

$$E=\sum_{n=-\infty}^{\infty}|x(n)|^2=1+1+1+\cdots\to\infty$$

由式(1.32)得平均功率

$$P=\lim_{K\to\infty}\frac{1}{2K+1}\sum_{n=0}^{K}1=\lim_{K\to\infty}\frac{1}{2K+1}(K+1)=\frac{1}{2}$$

却是有限的。

周期为 N 的周期序列 $x_N(n)$，其平均功率定义为它在一个周期内的能量的平均值

$$P_N=\frac{1}{N}\sum_{n=0}^{N-1}|x(n)|^2 \tag{1.33}$$

一个能量有限，且平均功率为零的序列称为能量信号。一个能量无限但平均功率有限的序列，称为功率信号。任何有限长序列的能量一定有限，且平均功率等于零，因此是能量信号。周期序列的能量无限，但平均功率有限，所以是功率信号。其他信号可能是能量信号或功率信号。

若序列 $x(n)$ 满足

$$\sum_{n=-\infty}^{\infty}|x(n)|^2<\infty \tag{1.34}$$

则称该序列是平方可和的。显然，平方可和序列是能量有限的，如果它的平均功率等于零，则它是能量信号。

若序列 $x(n)$ 满足

$$\sum_{n=-\infty}^{\infty}|x(n)|<\infty \tag{1.35}$$

则称该序列是绝对可和的。

8. 共轭对称和共轭反对称

具有性质 $x_{cs}(n)=x_{cs}^*(-n)$ 的序列 $x_{cs}(n)$，称为共轭对称序列，这里上标“*”表示取共轭复数。共轭对称实序列称为偶序列，用 $x_e(n)$ 表示，即偶序列满足 $x_e(n)=x_e(-n)$。具有性质 $x_{ca}(n)=-x_{ca}^*(-n)$ 的序列 $x_{ca}(n)$，称为共轭反对称序列。共轭反对称实序列

称为奇序列，用 $x_o(n)$ 表示，即奇序列满足 $x_o(n)=-x_o(-n)$。

任何复序列 $x(n)$ 可以表示成一个共轭对称序列和一个共轭反对称序列之和，即

$$x(n)=x_{cs}(n)+x_{ca}(n) \tag{1.36}$$

由式(1.36)写出

$$x^*(-n)=x_{cs}^*(-n)+x_{ca}^*(-n)=x_{cs}(n)-x_{ca}(n) \tag{1.37}$$

联合求解式(1.36)和式(1.37)得出

$$x_{cs}(n)=\frac{1}{2}[x(n)+x^*(-n)] \tag{1.38}$$

和

$$x_{ca}(n)=\frac{1}{2}[x(n)-x^*(-n)] \tag{1.39}$$

类似地，任何实序列 $x(n)$ 可以表示成一个偶序列和一个奇序列之和，即

$$x(n)=x_e(n)+x_o(n) \tag{1.40}$$

其中，偶序列和奇序列可以分别由下列公式计算：

$$x_e(n)=\frac{1}{2}[x(n)+x(-n)] \tag{1.41}$$

和

$$x_o(n)=\frac{1}{2}[x(n)-x(-n)] \tag{1.42}$$

以上对称性都以纵坐标($n=0$)为对称轴。因此，共轭反对称序列在 $n=0$ 的值必须是纯虚数，而奇序列在 $n=0$ 的值必须是0。如果 $x(n)$ 是有限长序列，则只有当序列长度 N 为奇数，而且定义域是 $-(N-1)/2\leqslant n\leqslant(N-1)/2$ 时，以上对称性定义才成立。

有限长序列的对称性需要另外定义。设 $x(n)$ 是定义在 $0\leqslant n\leqslant N-1$ 上的长为 N 的序列，若满足

$$x(n)=x^*(N-1-n) \tag{1.43}$$

则称该有限长序列是共轭对称的。可以看出，有限长序列的对称性是关于序列的中点即 $n=(N-1)/2$ 的点定义的。注意，$(N-1)/2$ 可能是也可能不是整数。类似地，满足 $x(n)=-x^*(N-1-n)$ 的有限长序列称为共轭反对称的。

不难证明，定义在 $0\leqslant n\leqslant N-1$ 上的长为 N 的序列 $x(n)$，可以表示成一个共轭对称有限长序列 $x_{pcs}(n)$ 和一个共轭反对称有限长序列 $x_{pca}(n)$ 之和，即

$$x(n)=x_{pcs}(n)+x_{pca}(n) \tag{1.44}$$

式中，$x_{pcs}(n)$ 和 $x_{pca}(n)$ 与 $x(n)$ 具有下列关系：

$$x_{pcs}(n)=\frac{1}{2}[x(n)+x^*(\langle -n\rangle_N)],\quad 0\leqslant n\leqslant N-1 \tag{1.45}$$

和

$$x_{pca}(n)=\frac{1}{2}[x(n)-x^*(\langle -n\rangle_N)],\quad 0\leqslant n\leqslant N-1 \tag{1.46}$$

式(1.45)和式(1.46)中的 $x^*(\langle -n\rangle_N)$ 是折叠共轭序列，序列的下标要对 N 取模运算。因为，定义在 $0\leqslant n\leqslant N-1$ 上的序列折叠后，标号已经不在 $0\leqslant n\leqslant N-1$ 范围内，因此，这

种序列以序列的中点 $n=(N-1)/2$ 为对称轴进行折叠。这意味着,如果有限长序列 $x(n)$ 顺时针方向排列在圆周上,那么折叠序列 $x(-n)$ 将按逆时针方向排列在圆周上。

共轭对称的有限长实序列具有性质 $x(n)=x(N-1-n)$,简称为对称序列或偶对称序列;而共轭反对称的有限长实序列具有性质 $x(n)=-x(N-1-n)$,简称为反对称序列或奇对称序列。任何有限长实序列 $x(n)$ 可以表示成一个对称序列 $x_s(n)$ 与一个反对称序列 $x_a(n)$ 之和,即

$$x(n)=x_s(n)+x_a(n) \tag{1.47}$$

式中

$$x_s(n)=\frac{1}{2}[x(n)+x(\langle -n\rangle_N)],0\leqslant n\leqslant N-1 \tag{1.48}$$

$$x_a(n)=\frac{1}{2}[x(n)-x(\langle -n\rangle_N)],0\leqslant n\leqslant N-1 \tag{1.49}$$

图 1-10 是对称和反对称的有限长实序列的例子。

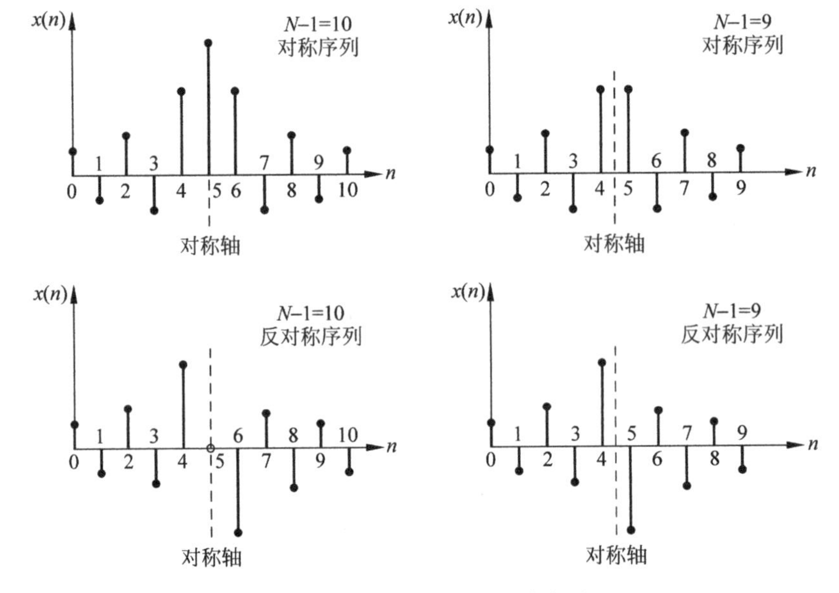

图 1-10 对称序列和反对称序列

9. 相关

两个能量信号 $x(n)$ 与 $y(n)$(假设都是实序列)之间的互相关序列定义为

$$R_{xy}(m)=\sum_{n=-\infty}^{\infty}x(n)y(n-m) \tag{1.50}$$

式中,m 是 $y(n)$ 相对于 $x(n)$ 的位移,称为滞后。$m>0$ 表示 $y(n)$ 向右平移,$m<0$ 表示向左平移。若 m 是 $x(n)$ 相对于 $y(n)$ 的滞后,则将 $y(n)$ 与 $x(n)$ 之间的互相关序列定义为

$$R_{yx}(m)=\sum_{n=-\infty}^{\infty}y(n)x(n-m)$$

若对上式进行变量置换 $n-m\to n'$，则得到

$$R_{yx}(m)=\sum_{n=-\infty}^{\infty}y(n'+m)x(n')=\sum_{n=-\infty}^{\infty}x(n')y(n'-(-m))=R_{xy}(-m) \tag{1.51}$$

可见，以不同序列作参考进行序列移位，得到的互相关序列不同，两种结果互为折叠关系。

若 $y(n)=x(n)$，则互相关序列的定义式(1.50)变成为自相关序列的定义式，即

$$R_{xx}(m)=\sum_{n=-\infty}^{\infty}x(n)x(n-m) \tag{1.52}$$

由式(1.51)得到 $R_{xx}(m)=R_{xx}(-m)$，即自相关序列是偶序列。

由式(1.52)计算滞后 $m=0$ 时的自相关值，得到

$$R_{xx}(0)=\sum_{n=-\infty}^{\infty}x^2(n)=E_x \tag{1.53}$$

它就是 $x(n)$ 的能量。

在式(1.50)中，$y(n-m)$ 表示序列 $y(-n)$ 经过折叠[得到 $y(n)$]向右平移 m 的结果，所以式(1.50)可以表示为 $R_{xy}(m)=x(n)*y(-n)$。这说明，可以通过计算 $x(n)$ 与 $y(-n)$ 的卷积来得到 $x(n)$ 与 $y(n)$ 的互相关序列。类似地，通过计算 $x(n)$ 与 $x(-n)$ 的卷积可以得到 $x(n)$ 的自相关序列。

1.2 离散时间系统

离散时间系统是一种将输入序列 $x(n)$ 映射成输出序列 $y(n)$ 的唯一性变换或运算，表示为 $y(n)=T[x(n)]$，其中 $T[\,]$ 表示某种唯一性变换或运算。为了叙述方便，在不需要特别强调“离散时间”的情况下，本书今后将把“离散时间系统”简称为“系统”。

1.2.1 系统的线性、时不变性、因果性和稳定性

根据系统的线性、时不变性、因果性和稳定性，可以将系统区分为不同的类别，例如，线性时不变系统、线性时不变因果系统、稳定的线性时不变因果系统等。

1. 系统的线性

假设 $y_1(n)$ 和 $y_2(n)$ 分别是在输入为 $x_1(n)$ 和 $x_2(n)$ 时系统产生的输出或响应，即 $y_1(n)=T[x_1(n)]$ 和 $y_2(n)=T[x_2(n)]$。若当输入为 $x(n)=ax_1(n)+bx_2(n)$ 时(a 和 b 是任意常数)，系统的响应

$$\begin{aligned}y(n)&=T[ax_1(n)+bx_2(n)]=aT[x_1(n)]+bT[x_2(n)]\\&=ay_1(n)+by_2(n)\end{aligned} \tag{1.54}$$

则说该系统具有线性，并称其为线性系统。式(1.54)就是著名的叠加原理，因此可以简单地说，线性系统是满足叠加原理的系统。当多个输入序列作用于线性系统时，可以利

用叠加原理,先计算每个输入序列产生的输出,然后把这些输出叠加起来便得到最后的输出。这常常可以使计算得到简化。

例 1.10 判断 $y(n)=2x(n)+3x(n-2)$表示的系统是否为线性系统。

解 系统对输入 $x_1(n)$和 $x_2(n)$的响应分别是

$$y_1(n)=2x_1(n)+3x_1(n-2),\ y_2(n)=2x_2(n)+3x_2(n-2)$$

对输入 $x(n)=ax_1(n)+bx_2(n)$的响应为

$$\begin{aligned} y(n) &= 2[ax_1(n)+bx_2(n)]+3[ax_1(n-2)+bx_2(n-2)] \\ &= a[2x_1(n)+3x_1(n-2)]+b[2x_2(n)+3x_2(n-2)]=ay_1(n)+by_2(n) \end{aligned}$$

该系统满足叠加原理,所以它是线性系统。

例 1.11 判断 $y(n)=5x^2(n)$表示的系统是否为线性系统。

解 由于 $y_1(n)=5x_1^2(n)$和 $y_2(n)=5x_2^2(n)$,而

$$\begin{aligned} y(n) &= 5[ax_1(n)+bx_2(n)]^2 \\ &= 5a^2x_1^2(n)+5b^2x_2^2(n)+10abx_1(n)x_2(n)\neq ay_1(n)+by_2(n) \end{aligned}$$

所以该系统不是线性系统。

2. 系统的时不变性

假设 $y(n)$是系统对输入 $x(n)$的响应。若输入为 $x(n-n_0)$时,系统的输出为 $y(n-n_0)$,则说该系统具有时不变性,并称该系统为时不变系统。这意味着,当输入序列移位 n_0 时,时不变系统的输出序列也跟着移位 n_0,而且移位方向相同。因此,时不变系统的特性不随时间改变,无论什么时候加入输入序列,它的输出序列都一样。

n 不仅可以是离散时间,也可以是别的任何离散变量,例如离散位移,还可以是无量纲的标号或序号,所以常把时不变系统更广义地称为移不变系统。

例 1.12 确定 $y(n)=2x(n)+3x(n-2)$表示的系统是否为时不变系统。

解 输入为 $x(n-n_0)$时,系统的输出为 $y_1(n)=2x(n-n_0)+3x(n-n_0-2)$。由于 $y(n-n_0)=2x(n-n_0)+3x(n-n_0-2)=y_1(n)$,所以该系统是时不变系统。

例 1.13 确定 $y(n)=2nx(n)+3$ 表示的系统是否为时不变系统。

解 输入为 $x(n-n_0)$时,系统的输出为 $y_1(n)=2nx(n-n_0)+3$。由于

$$y(n-n_0)=2(n-n_0)x(n-n_0)+3=y_1(n)-2n_0\neq y_1(n)$$

所以该系统不是时不变系统,或者说它是时变系统。

3. 系统的因果性

若系统在 n_0 时刻的输出 $y(n_0)$只取决于 n_0 时刻及其以前的输入 $x(n_0-k)$,而与 n_0 时刻以后的输入 $x(n_0+k)(k=1,2,\cdots,\infty)$无关,则说该系统具有因果性,并称该系统为因果系统。这意味着,在因果系统中输出的变化不超前于输入的变化。如果 n_0 是指当前时刻,那么,因果系统在当前时刻的输出就只取决于当前和过去时刻的输入,而与未来时刻的输入无关,显然这是所有实际系统所具有的特性。

假设一个因果系统在输入为 $x_1(n)$时的输出是 $y_1(n)$,在输入为 $x_2(n)$时的输出是

$y_2(n)$，已知在 $n<N$ 时有 $x_1(n)=x_2(n)$，那么在 $n<N$ 时必然存在关系 $y_1(n)=y_2(n)$。

例 1.14 假设对于所有 $n<0$ 有 $y(n)=0$。试确定由 $y(n)=y(n-1)+x(n)-0.5x(n-1)$ 定义的系统是否为因果系统。

解 由于

$$y(0)=y(-1)+x(0)-0.5x(-1)=-0.5x(-1)+x(0)$$
$$y(1)=y(0)+x(1)-0.5x(0)=-0.5x(-1)+0.5x(0)+x(1)$$
$$y(2)=y(1)+x(2)-0.5x(1)=-0.5x(-1)+0.5x(0)+0.5x(1)+x(2)$$
$$y(3)=y(2)+x(3)-0.5x(2)=-0.5x(-1)+0.5x(0)+0.5x(1)+0.5x(2)+x(3)$$
$$\vdots$$
$$y(n)=-0.5x(-1)+0.5\sum_{k=1}^{n}x(n-k)+x(n)$$

可以看出，系统在任何时刻 $n\geqslant 0$ 的输出 $y(n)$ 只决定于 $x(n)$ 和 $x(n-k)$，而与 $x(n+k)(k=1,2,\cdots,\infty)$ 无关，所以该系统是因果系统。

4. 系统的稳定性

若序列 $x(n)$ 的每个取样值的绝对值均不大于某个有限常数 B_x，即

$$|x(n)|\leqslant B_x<\infty \tag{1.55}$$

则称 $x(n)$ 是有界序列。如果一个系统 $T[\ ]$ 对于任何有界输入 $x(n)$ 都产生有界输出 $y(n)$，即如果 $|x(n)|\leqslant B_x<\infty$，有 $y(n)=T[x(n)]\leqslant B_y<\infty$，则说该系统具有稳定性，并称该系统为稳定系统。反之，不满足上述条件的系统是不稳定系统。

由于可以从不同角度定义系统的稳定性，所以这里定义的系统稳定性可以更明确地称为“有界输入、有界输出稳定性”或简称为 BIBO(bounded-input，bounded-output)稳定性。本书不涉及系统稳定性的其他定义，所以将 BIBO 稳定性简称为稳定性。

例 1.15 判定由下列差分方程定义的系统是否为稳定系统。

$$y(n)=x(n)-x(n-1)$$

解 对于有界输入序列 $|x(n)|\leqslant B_x<\infty$，输出序列的绝对值为

$$|y(n)|=|x(n)-x(n-1)|\leqslant|x(n)|+|x(n-1)|\leqslant 2B_x<\infty$$

所以该系统是稳定系统。

例 1.16 判定由下式定义的系统是否为稳定系统。

$$y(n)=nx(n)$$

解 设 $|x(n)|\leqslant B_x<\infty$，则有 $|y(n)|=|nx(n)|=|n||x(n)|$，当 $n\to\pm\infty$ 时，有 $|y(n)|\to\infty$，所以该系统是不稳定系统。

1.2.2 线性时不变系统

既满足叠加原理又满足时不变条件的系统，称为线性时不变系统，简称为 LTI(linear time invariant)系统。LTI 系统的一个重要特点是它的输入序列与输出序列之间存在卷

积关系,这种卷积关系通过系统的单位冲激响应来联系。

1. LTI 系统的单位冲激响应

当单位冲激序列 $\delta(n)$作为输入序列时,系统产生的输出称为单位冲激响应,简称为冲激响应,用 $h(n)$表示,即

$$h(n) = T[\delta(n)] \tag{1.56}$$

设线性时不变系统的输入为 $x(n)$,将其表示成单位冲激序列的时移加权和形式

$$x(n) = \sum_{k=-\infty}^{\infty} x(k)\delta(n-k)$$

于是得到系统的输出序列

$$y(n) = T(x(n)) = T\left[\sum_{k=-\infty}^{\infty} x(k)\delta(n-k)\right]$$

由于系统是线性的,所以上式可写成

$$y(n) = \sum_{k=-\infty}^{\infty} x(k)T[\delta(n-k)] \tag{1.57}$$

式(1.57)中,$T[\delta(n-k)]$是系统在 $\delta(n-k)$作用下产生的输出。由于系统是时不变的,所以有 $T[\delta(n-k)]=h(n-k)$,将这个结果代入式(1.57),得到

$$y(n) = \sum_{k=-\infty}^{\infty} x(k)h(n-k) \tag{1.58}$$

式(1.58)表明,LTI 系统的输出 $y(n)$等于输入 $x(n)$与系统冲激响应 $h(n)$的卷积。根据卷积的可交换性质,式(1.58)又可写成

$$y(n) = \sum_{k=-\infty}^{\infty} h(k)x(n-k) \tag{1.59}$$

如果已知 $x(n)$与 $h(n)$,则可利用式(1.58)或式(1.59)计算 LTI 系统的输出 $y(n)$。

例 1.17 已知一个离散时间系统由下列差分方程描述。

$$y(n) = x(n) - x(n-1) + 2x(n-2)$$

(1) 试判定该系统是否为线性时不变系统。

(2) 求系统的单位冲激响应。

(3) 计算系统在 $x(n)=3\delta(n)+2\delta(n-1)+\delta(n-2)$作用下产生的输出。

解 (1) 系统对 $x_1(n)$的响应 $y_1(n)=x_1(n)-x_1(n-1)+2x_1(n-2)$

系统对 $x_2(n)$的响应 $y_2(n)=x_2(n)-x_2(n-1)+2x_2(n-2)$

系统对 $x(n)=ax_1(n)+bx_2(n)$的响应

$$\begin{aligned} y(n) &= [ax_1(n)+bx_2(n)]-[ax_1(n-1)+bx_2(n-1)] \\ &\quad +2[ax_1(n-2)+bx_2(n-2)] \\ &= ay_1(n)+by_2(n) \end{aligned}$$

所以该系统是线性系统。

由于系统对 $x(n-n_0)$的响应

$$T[x(n-n_0)] = x(n-n_0) - x(n-n_0-1) + 2x(n-n_0-2) = y(n-n_0)$$

所以该系统是线性时不变系统。

(2) 将 $x(n)=\delta(n)$代入系统差分方程，得到系统单位冲激响应

$$h(n)=\delta(n)-\delta(n-1)+2\delta(n-2)$$

这是一个长为3的单位冲激响应。冲激响应序列长度有限的系统，称为有限冲激响应系统，简称为FIR(finite impulse response)系统。

(3) 利用列表法计算 $x(n)$与 $h(n)$的卷积即系统的输出 $y(n)$，如表1-2所示。

表1-2 例1.17的列表法计算

k	-2	-1	0	1	2	3	4	$y(n)$
$h(k)$			1	-1	2			
$x(k)$			3	2	1			
$x(-k)$	1	2	3					$y(0)=3$
$x(1-k)$		1	2	3				$y(1)=-1$
$x(2-k)$			1	2	3			$y(2)=5$
$x(3-k)$				1	2	3		$y(3)=3$
$x(4-k)$					1	2	3	$y(4)=2$

从该例看出，两个长为3的有限长序列 $x(n)$和 $h(n)$的卷积结果是一个长为5的序列 $y(n)$。一般而言，长为 M 的序列与长为 N 的序列的卷积结果，是长为 $M+N-1$ 的序列。

理论上，只要知道LTI系统的冲激响应，就能够通过卷积运算求出系统对任何输入的响应。但是，当系统的冲激响应或输入序列任何一个或二者都是无限长序列时，卷积运算并不是一种简单和方便的运算。尽管如此，冲激响应仍然是描述LTI系统时域特性的最重要特性，根据它可以判断系统的因果性和稳定性，还可以研究系统的其他性质。

2. LTI系统的因果性和稳定性条件

1) LTI系统的因果性条件

一个LTI系统是因果系统的充分必要条件是它的冲激响应满足条件

$$h(n)=0,\quad n<0 \tag{1.60}$$

证明

将式(1.59)写成

$$y(n)=\sum_{k=-\infty}^{-1}h(k)x(n-k)+\sum_{k=0}^{\infty}h(k)x(n-k) \tag{1.61}$$

充分性：设满足式(1.60)，则式(1.61)右端第一个和式等于0，于是

$$y(n)=\sum_{k=0}^{\infty}h(k)x(n-k)$$

即系统在 n 时刻的输出仅取决于 n 时刻及以前的输入，故系统是因果系统。充分性得证。

必要性：若系统是因果系统，则它在 n 时刻的输出与 n 时刻以后(不含 n 时刻)的输

入 $x(n+k)(k>0)$ 无关,即要求式(1.61)右端第一个和式等于 0,这就必须要求满足式(1.60)的条件。必要性得证。

利用式(1.60)可以判断一个 LTI 系统是否因果系统,因此,常把满足式(1.60)的序列称为因果序列。

所有实际系统都是因果系统,但理论上也存在非因果系统。例如,理想低通滤波器就是非因果系统;在非实时信号处理中,所有数据都事先采集并存储起来然后进行处理,不存在"未来的"输入数据;即使在实时信号处理中,也常允许适当存储少量"未来的"输入数据用于计算 n 时刻的输出 $y(n)$,即允许适当的小的处理延时,用因果系统逼近非因果系统。

2) LTI 系统的稳定性条件

一个 LTI 系统是稳定系统的充分必要条件是它的冲激响应绝对可和,即

$$\sum_{n=-\infty}^{\infty} |h(n)| < \infty \tag{1.62}$$

证明

充分性:设 $h(n)$ 满足式(1.62)的条件。当输入序列是有界序列,即 $|x(n)| \leqslant B_x < \infty$ 时,由式(1.59)得到

$$|y(n)| = \left|\sum_{k=-\infty}^{\infty} h(k)x(n-k)\right| \leqslant \sum_{k=-\infty}^{\infty} |h(k)|\,|x(n-k)| \leqslant B_x \sum_{k=-\infty}^{\infty} |h(k)| < \infty$$

即输出也是有界序列,所以该系统是稳定系统。充分性得证。

必要性:设系统是稳定系统,即对于任何 $|x(n)| \leqslant B_x < \infty$,有 $|y(n)| \leqslant B_y < \infty$。现给该系统加入一个有界输入序列

$$x(n) = \begin{cases} \dfrac{h^*(-n)}{|h(-n)|}, & h(n) \neq 0 \\ 0, & h(n) = 0 \end{cases}$$

式中,$h^*(-n)$ 是 $h(-n)$ 的复共轭。由式(1.59)得到系统在 $n=0$ 时的输出

$$y(0) = \sum_{k=-\infty}^{\infty} h(k)x(-k) = \sum_{k=-\infty}^{\infty} \frac{h(k)h^*(k)}{|h(k)|} = \sum_{k=-\infty}^{\infty} |h(k)|$$

由该式看出,为了使该系统是稳定的,必须要求式(1.62)成立。必要性得证。

例 1.18 根据式(1.60)的因果性条件和式(1.62)的稳定性条件,判定由下式定义的系统是否为因果系统和稳定系统。

$$y(n) = \sum_{k=0}^{M-1} b_k x(n-k)$$

解 将 $x(n)=\delta(n)$ 代入上式,得到

$$h(n) = \sum_{k=0}^{M-1} b_k \delta(n-k) = b_0\delta(n) + b_1\delta(n-1) + \cdots + b_{M-1}\delta(n-M+1)$$

满足式(1.60)的因果性条件,所以该系统是因果系统。

又由于

$$\sum_{n=-\infty}^{\infty} |h(n)| = \sum_{n=0}^{M-1} |b_n| < \infty$$

满足式(1.62)的稳定性条件,所以该系统还是稳定系统。

3. LTI系统的常系数差分方程

LTI系统可以用下列常系数差分方程描述

$$\sum_{k=0}^{N} a_k y(n-k) = \sum_{k=0}^{M} b_k x(n-k) \tag{1.63}$$

式中，$x(n)$和$y(n)$分别是系统的输入和输出；a_k和b_k是常系数；N和M中较大者称为差分方程或系统的阶。该差分方程描述的LTI系统可以是因果或非因果的，取决于初始条件。

例1.19 已知一个LTI系统用下列常系数差分方程描述。

$$y(n) - ay(n-1) = x(n)$$

在以下两种初始条件下求该系统的冲激响应，并讨论系统的稳定条件。(1) $y(n)=0$，$n<0$；(2) $y(n)=0$，$n>0$。

解 (1) 在初始条件$y(n)=0(n<0)$下，由$x(n)=\delta(n)$得到$h(n)=0(n<0)$，即该系统是因果系统。将$x(n)=\delta(n)$代入差分方程，得到

$$h(n) = ah(n-1) + \delta(n), \quad n \geqslant 0$$

利用初始条件和以上递推公式计算$h(n)$，得到

$$\begin{aligned} h(0) &= ah(-1) + \delta(0) = 1 \\ h(1) &= ah(0) + \delta(1) = a \\ h(2) &= ah(1) + \delta(2) = a^2 \\ &\vdots \\ h(n) &= a^n u(n) \end{aligned}$$

为了满足式(1.62)的稳定性条件，即

$$\sum_{n=-\infty}^{\infty} |h(n)| = \sum_{n=0}^{\infty} |a^n| = \lim_{N\to\infty} \frac{1-|a|^N}{1-|a|} < \infty$$

必须要求$|a|<1$。

(2) 在初始条件$y(n)=0(n>0)$下，由$x(n)=\delta(n)$得到$h(n)=0(n>0)$，即该系统是非因果系统。将递推公式改写成

$$h(n+1) = ah(n) + \delta(n+1), \quad n \leqslant 0$$

即

$$h(n) = \frac{1}{a}[h(n+1) - \delta(n+1)], \quad n \leqslant 0$$

计算$h(n)$，得到

$$h(0) = \frac{1}{a}[h(1) - \delta(1)] = 0$$

$$h(-1) = \frac{1}{a}[h(0) - \delta(0)] = -a^{-1}$$

$$h(-2) = \frac{1}{a}[h(-1) - \delta(-1)] = -a^{-2}$$

$$\vdots$$

$$h(n)=-a^n u(-n-1)$$

为了满足式(1.62)的稳定性条件,即

$$\sum_{n=-\infty}^{\infty}|h(n)|=\sum_{n=-\infty}^{-1}|a^{-n}|=\lim_{N\to\infty}\frac{1-|a^{-1}|^N}{1-|a^{-1}|}<\infty$$

必须要求$|a^{-1}|<1$,即$|a|>1$。图 1-11 是两种初始条件下求出的系统冲激响应的图形。

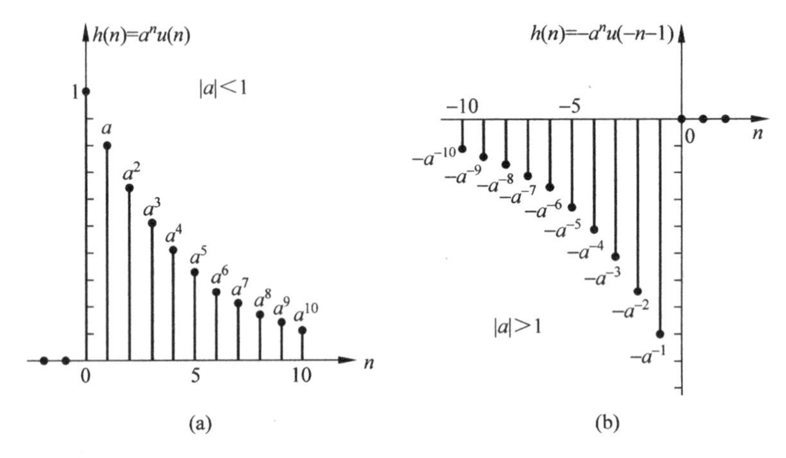

图 1-11　例 1.19 差分方程表示的两个系统的冲激响应

从该例看出,同一个差分方程可以表示两个不同的系统,其中一个是因果系统,而另一个是非因果系统,它们具有完全不同的冲激响应,取决于差分方程的初始条件。因此,用差分方程描述系统时,必须附加初始条件。本书主要讨论 LTI 因果系统,所以除非另做说明,通常都用不附初始条件的常系数差分方程来表示 LTI 因果系统。

4. LTI 系统的级联和并联

今后将会看到,用低阶系统的级联或并联实现高阶系统,能够提高系统的稳定性和减小有限字长效应引起的量化噪声,从而通过低性能系统的级联或并联来实现高性能的系统。

设有两个冲激响应分别为 $h_1(n)$ 和 $h_2(n)$ 的 LTI 系统,它们的级联示于图 1-12(a)。其中,$x(n)$ 和 $y(n)$ 分别是级联系统的输入和输出;$f(n)$ 是第一个系统 $h_1(n)$ 的输出,也是第二个系统 $h_2(n)$ 的输入。由该图得到

$$\begin{aligned} y(n)&=f(n)*h_2(n)=[x(n)*h_1(n)]*h_2(n)\\ &=x(n)*[h_1(n)*h_2(n)]=[x(n)*h_2(n)]*h_1(n) \end{aligned} \tag{1.64}$$

这里利用了卷积运算的结合律和交换律。根据式(1.64),可以得到与图 1-12(a)等效的另外几种级联结构,如图 1-12(b)、(c)和(d)所示,其中图(c)和图(d)实际上是同一种结构。

图 1-13(a)所示的是两个 LTI 系统 $h_1(n)$ 和 $h_2(n)$ 的并联。假设 $h_1(n)$ 和 $h_2(n)$ 的共同输入为 $x(n)$,它们的输出分别为 $y_1(n)$ 和 $y_2(n)$。并联系统的冲激响应为 $h(n)$,输出

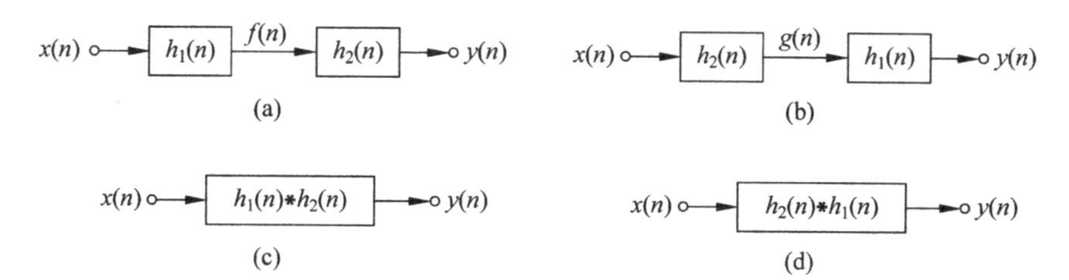

图 1-12　LTI 系统的级联

为 $y(n)$。由图 1-13(a)可以写出

$$\begin{aligned} y(n) &= x(n) * h(n) = y_1(n) + y_2(n) \\ &= x(n) * h_1(n) + x(n) * h_2(n) \\ &= x(n) * [h_1(n) + h_2(n)] \end{aligned}$$

这里,利用了卷积运算的分配律。由此得到并联系统的冲激响应与子系统冲激响应的关系

$$h(n) = h_1(n) + h_2(n) \tag{1.65}$$

如图 1-13(b)所示。

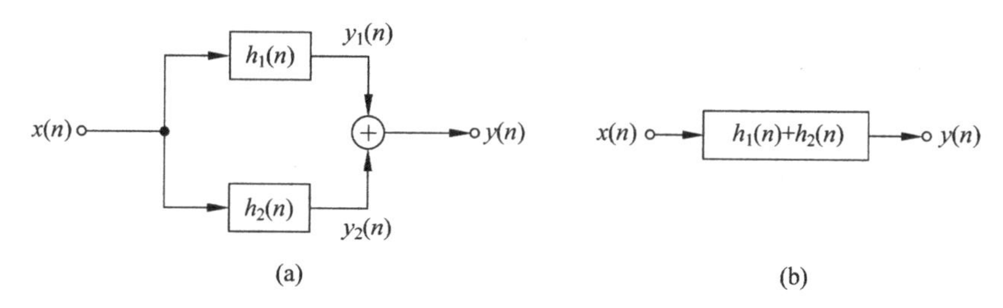

图 1-13　LTI 系统的并联

容易证明,两个稳定的 LTI 系统的级联或并联,结果得到的系统仍然是稳定的。

例 1.20　求图 1-14 所示系统的冲激响应 $h(n)$。已知 $h_1(n)=\delta(n)+\delta(n-1)$,$h_2(n)=2\delta(n)+3\delta(n-1)$,$h_3(n)=0.5\delta(n)-\delta(n-1)$和 $h_4(n)=\delta(n+1)$,它们都是 LTI 系统。

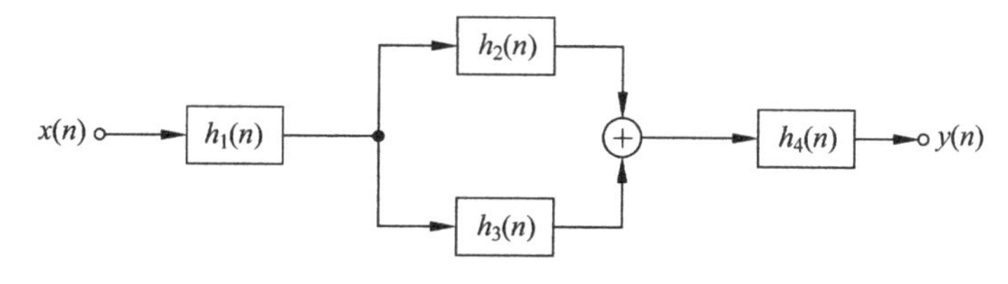

图 1-14　例 1.20 的系统

解

$$\begin{aligned} h(n) &= h_1(n) * [h_2(n) + h_3(n)] * h_4(n) \\ &= [\delta(n) + \delta(n-1)] * \{[2\delta(n) + 3\delta(n-1)] + [0.5\delta(n) - \delta(n-1)]\} * \delta(n+1) \\ &= [\delta(n) + \delta(n-1)] * [2.5\delta(n) + 2\delta(n-1)] * \delta(n+1) \\ &= 2.5\delta(n+1) + 4.5\delta(n) + 2\delta(n-1) \end{aligned}$$

1.3 离散时间傅里叶变换

1.3.1 离散时间傅里叶变换的定义

序列的傅里叶变换,称为离散时间傅里叶变换,常用 DTFT(discrete time fourier transform)表示。利用它可以计算离散时间信号的频谱和离散时间系统的频率特性,因而它是对离散时间信号和系统进行频域分析的重要工具。序列 $x(n)$的 DTFT 定义为

$$X(e^{j\omega}) = \sum_{n=-\infty}^{\infty} x(n)e^{-j\omega n}, -\pi \leqslant \omega < \pi \tag{1.66}$$

它是数字频率 ω 的连续函数,并以 2π 为周期。因此,它的一个周期包含了信号的全部信息。式(1.66)实际上是周期函数 $X(e^{j\omega})$的傅里叶级数表示,其中,$x(n)$相当于由下式计算的傅里叶级数的系数

$$x(n) = \frac{1}{2\pi}\int_{-\pi}^{\pi} X(e^{j\omega})e^{j\omega n}d\omega, -\infty < n < \infty \tag{1.67}$$

式(1.67)称为离散时间傅里叶变换的逆变换,常用 IDTFT(inverse discrete time fourier transform)表示。将式(1.66)代入式(1.67),或者将式(1.67)代入式(1.66),都可以验证它们的确是一对变换。

$X(e^{j\omega})$一般是复值函数,因此可用实部 $X_R(e^{j\omega})$和虚部 $X_I(e^{j\omega})$表示为

$$X(e^{j\omega}) = X_R(e^{j\omega}) + jX_I(e^{j\omega}) \tag{1.68}$$

或用模$|X(e^{j\omega})|$和辐角 $\varphi(\omega)$表示为

$$X(e^{j\omega}) = |X(e^{j\omega})|e^{j\varphi(\omega)}$$

式中,$X_R(e^{j\omega})$、$X_I(e^{j\omega})$、$|X(e^{j\omega})|$和 $\varphi(\omega)$都是 ω 的实函数,它们之间存在关系

$$|X(e^{j\omega})| = [X_R^2(e^{j\omega}) + X_I^2(e^{j\omega})]^{1/2}$$

$$\varphi(\omega) = \arctan\frac{X_I(e^{j\omega})}{X_R(e^{j\omega})}$$

$$X_R(e^{j\omega}) = |X(e^{j\omega})|\cos\varphi(\omega)$$

$$X_I(e^{j\omega}) = |X(e^{j\omega})|\sin\varphi(\omega)$$

不难证明,实序列的$|X(e^{j\omega})|$和 $X_R(e^{j\omega})$是 ω 的偶函数,$\varphi(\omega)$和 $X_I(e^{j\omega})$是 ω 的奇函数。

$X(e^{j\omega})$也可表示成共轭对称函数 $X_e(e^{j\omega})$和共轭反对称函数 $X_o(e^{j\omega})$之和

$$X(e^{j\omega}) = X_e(e^{j\omega}) + X_o(e^{j\omega}) \tag{1.69}$$

式中

$$X_e(e^{j\omega}) = X_e^*(e^{-j\omega}) \tag{1.70}$$

$$X_o(e^{j\omega}) = -X_o^*(e^{-j\omega}) \tag{1.71}$$

$$X_e(e^{j\omega}) = \frac{1}{2}[X(e^{j\omega}) + X^*(e^{-j\omega})] \tag{1.72}$$

$$X_o(e^{j\omega}) = \frac{1}{2}[X(e^{j\omega}) - X^*(e^{-j\omega})] \tag{1.73}$$

从形式上看，式(1.66)和式(1.67)定义的离散时间信号 $x(n)$ 的 DTFT，与下列两式定义连续时间信号 $x(t)$ 的傅里叶变换及其逆变换非常相似

$$X(\mathrm{j}\Omega)=\int_{-\infty}^{\infty}x(t)\mathrm{e}^{-\mathrm{j}\Omega t}\mathrm{d}t \tag{1.74}$$

$$x(t)=\frac{1}{2\pi}\int_{-\infty}^{\infty}X(\mathrm{j}\Omega)\mathrm{e}^{\mathrm{j}\Omega t}\mathrm{d}\Omega \tag{1.75}$$

注意，式中 $\Omega=2\pi f$ 是模拟角频率；f 是模拟频率。但它们之间有下列重要区别：

(1) 连续时间信号的傅里叶变换是模拟角频率的非周期性连续函数，而离散时间傅里叶变换是数字频率的 2π 周期性连续函数；

(2) 式(1.75)是无穷积分，而式(1.67)是一个周期内的有限积分。

从数学的观点来看，式(1.66)是函数 $X(\mathrm{e}^{\mathrm{j}\omega})$ 的幂级数展开，只有当等式右端的无穷级数收敛，序列的 DTFT 才存在，而且是唯一的。但并不是任何序列按照式(1.66)构成的无穷级数都收敛，也就是说，序列的 DTFT 的存在是有条件的。令幂级数的部分和为

$$X_K(\mathrm{e}^{\mathrm{j}\omega})=\sum_{n=-K}^{K}x(n)\mathrm{e}^{-\mathrm{j}\omega n} \tag{1.76}$$

如果序列 $x(n)$ 绝对可和，则有

$$|X(\mathrm{e}^{\mathrm{j}\omega})|=\left|\sum_{n=-\infty}^{\infty}x(n)\mathrm{e}^{-\mathrm{j}\omega n}\right|\leqslant\left|\sum_{n=-\infty}^{\infty}x(n)\right|\leqslant\sum_{n=-\infty}^{\infty}|x(n)|<\infty \tag{1.77}$$

因此，对任何 ω，有

$$\lim_{K\to\infty}|X(\mathrm{e}^{\mathrm{j}\omega})-X_K(\mathrm{e}^{\mathrm{j}\omega})|=0 \tag{1.78}$$

即幂级数均匀收敛于 $X(\mathrm{e}^{\mathrm{j}\omega})$。所以，序列 $x(n)$ 绝对可和是 $X(\mathrm{e}^{\mathrm{j}\omega})$ 收敛的充分条件。

例 1.21 求实指数序列 $x(n)=a^{|n|}(|a|<1)$ 的 DTFT。

解 由式(1.66)

$$X(\mathrm{e}^{\mathrm{j}\omega})=\sum_{n=-\infty}^{\infty}a^{|n|}\mathrm{e}^{-\mathrm{j}\omega n}=\sum_{n=0}^{\infty}a^{n}\mathrm{e}^{-\mathrm{j}\omega n}+\sum_{n=-\infty}^{-1}a^{-n}\mathrm{e}^{-\mathrm{j}\omega n}$$

对上式右端第二个和式进行变量置换：$-n\to m$，得到

$$X(\mathrm{e}^{\mathrm{j}\omega})=\sum_{n=0}^{\infty}a^{n}\mathrm{e}^{-\mathrm{j}\omega n}+\sum_{m=1}^{\infty}a^{m}\mathrm{e}^{\mathrm{j}\omega m}=\frac{1}{1-a\mathrm{e}^{-\mathrm{j}\omega}}+\frac{1}{1-a\mathrm{e}^{\mathrm{j}\omega}}-1=\frac{1-a^2}{1-2a\cos\omega+a^2}$$

可以看出，$X(\mathrm{e}^{\mathrm{j}\omega})$ 是实函数。图 1-15 是在 $a=0.8$ 的情况下画出的 $x(n)$ 和 $X(\mathrm{e}^{\mathrm{j}\omega})$ 的图形。当 $\omega=0$ 时，$X(\mathrm{e}^{\mathrm{j}\omega})$ 有最大值 $(1+a)/(1-a)$。

某些有限能量序列虽不是绝对可和但却是平方可和的，它们对任何 ω 有

$$\lim_{K\to\infty}\int_{-\pi}^{\pi}|X(\mathrm{e}^{\mathrm{j}\omega})-X_K(\mathrm{e}^{\mathrm{j}\omega})|^2=0 \tag{1.79}$$

即这种序列的幂级数均方收敛于 $X(\mathrm{e}^{\mathrm{j}\omega})$。

对于既不是绝对可和又不是平方可和的序列，应借助冲激函数来定义它们的 DTFT。

例 1.22 求复指数序列 $x(n)=\mathrm{e}^{\mathrm{j}\omega_0 n}(-\pi<\omega_0\leqslant\pi)$ 的 DTFT。

解 由式(1.66)得到

$$X(\mathrm{e}^{\mathrm{j}\omega})=\sum_{n=-\infty}^{\infty}\mathrm{e}^{\mathrm{j}\omega_0 n}\mathrm{e}^{-\mathrm{j}\omega n}=\sum_{n=-\infty}^{\infty}\mathrm{e}^{-\mathrm{j}(\omega-\omega_0)n} \tag{1.80}$$

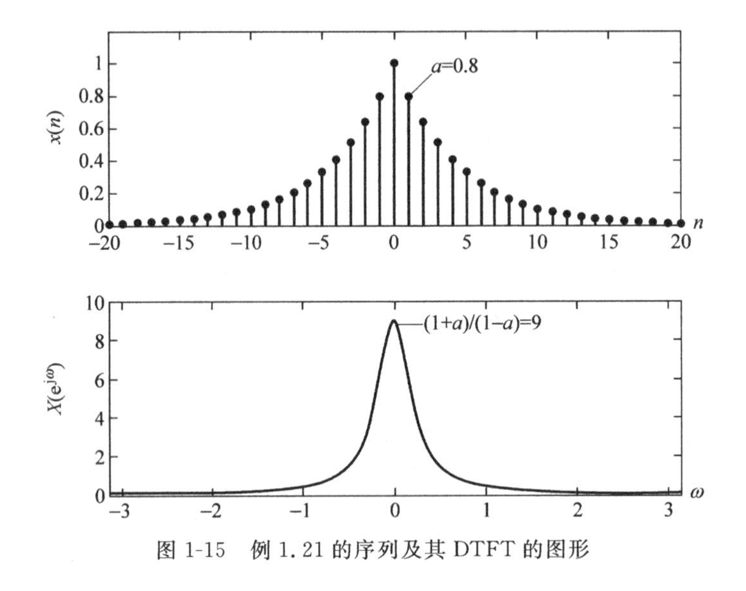

图 1-15　例 1.21 的序列及其 DTFT 的图形

当 $\omega=\omega_0$ 时，有 $X(e^{j\omega_0})=\sum\limits_{n=-\infty}^{\infty}1=\infty$，即式(1.80)的幂级数发散。由于式(1.80)是复指数之和，而复指数是由余弦序列和正弦序列作为实部和虚部构成的，它们都是无穷长振荡序列，所以当 $\omega\neq\omega_0$ 时，幂级数的和也不收敛。这说明复指数序列的 DTFT 不存在。为了定义复指数序列和正弦序列的 DTFT，需借助冲激函数 $\delta(\omega)$ 的概念。$\delta(\omega)$ 的定义与连续时间信号处理中的冲激函数 $\delta(t)$ 的定义一样

$$\begin{cases}\delta(\omega)=0, & \omega\neq 0\\ \int_{-\infty}^{\infty}\delta(\omega)\mathrm{d}\omega=\int_{0^-}^{0^+}\delta(\omega)\mathrm{d}\omega=1, & \omega=0\end{cases} \tag{1.81}$$

借助于 $\delta(\omega)$ 函数，复指数序列可写成下列形式

$$x(n)=e^{j\omega_0 n}=\frac{1}{2\pi}\int_{-\pi}^{+\pi}2\pi\delta(\omega-\omega_0)e^{j\omega n}\mathrm{d}\omega \tag{1.82}$$

将式(1.82)与式(1.67)对照，得出

$$X(e^{j\omega})=\mathrm{DTFT}[e^{j\omega_0 n}]=2\pi\delta(\omega-\omega_0),\quad -\pi<\omega,\ \omega_0\leqslant\pi$$

对于正弦序列可以得出相似结论

$$\mathrm{DTFT}[A\cos(\omega_0 n+\varphi)]=A\pi e^{j\varphi}\delta(\omega-\omega_0)+A\pi e^{-j\varphi}\delta(\omega+\omega_0) \tag{1.83}$$

图 1-16 所示的是正弦序列的 DTFT 的模和辐角的图形。

1.3.2　DTFT 的性质

DTFT 的性质与傅里叶变换的性质大致相同，列于表 1-3 中。其中，$X(e^{j\omega})$、$Y(e^{j\omega})$、$X_1(e^{j\omega})$ 和 $X_2(e^{j\omega})$ 分别是 $x(n)$、$y(n)$、$x_1(n)$ 和 $x_2(n)$ 的傅里叶变换。利用表 1-3 中所列的 10 个最基本的性质，可使任何复杂序列 DTFT 的计算得到简化。其中，周期性和移位特性尤为重要。周期性是指所有 DTFT 对于所有的 ω 都是每 2π 重复一次，而且无限地重复；移位特性表示，若时间序列延时 n_0，则在频域中的 DTFT 将引入相位滞后 ωn_0。

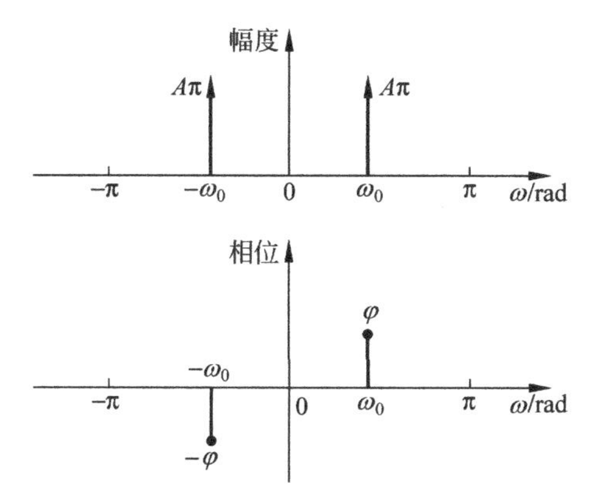

图 1-16　正弦序列的 DTFT 的模和辐角的图形

表 1-3　离散时间傅里叶变换的性质

序号	性质	信号		离散时间傅里叶变换
1	周期性	$x(n)$		$X(e^{j\omega})=X(e^{j(\omega\pm 2\pi k)})$
2	线性	$ax_1(n)+bx_2(n)$		$aX_1(e^{j\omega})+bX_2(e^{j\omega})$
3	移位	$x(n-n_0)$		$e^{-j\omega n_0}X(e^{j\omega})$
4	调制	$e^{j\omega_0 n}x(n)$		$X(e^{j(\omega-\omega_0)})$
5	折叠	$x(-n)$		$X(e^{-j\omega})$
6	乘以 n	$nx(n)$		$j\dfrac{dX(e^{j\omega})}{d\omega}$
7	复共轭	$x^*(n)$		$X^*(e^{-j\omega})$
		$x^*(-n)$		$X^*(e^{j\omega})$
8	卷积	$x(n)*y(n)$		$X(e^{j\omega})Y(e^{j\omega})$
9	相乘	$x(n)y(n)$		$\dfrac{1}{2\pi}\int_{-\pi}^{\pi}X(e^{j\theta})Y(e^{j(\omega-\theta)})d\theta$
10	对称性	$\mathrm{Re}[x(n)]$		$X_e(e^{j\omega})=\dfrac{X(e^{j\omega})+X^*(e^{-j\omega})}{2}$
		$j\mathrm{Im}[x(n)]$		$X_o(e^{j\omega})=\dfrac{X(e^{j\omega})-X^*(e^{-j\omega})}{2}$
		共轭对称序列 $\dfrac{x(n)+x^*(-n)}{2}$		$\mathrm{Re}\,[X(e^{j\omega})]$
		共轭反对称序列 $\dfrac{x(n)-x^*(-n)}{2}$		$j\mathrm{Im}\,[X(e^{j\omega})]$
		实序列 $x(n)$		$X(e^{j\omega})=X^*(e^{-j\omega})$ $\mathrm{Re}[X(e^{j\omega})]=\mathrm{Re}[X(e^{-j\omega})]$ $\mathrm{Im}[X(e^{j\omega})]=-\mathrm{Im}[X(e^{-j\omega})]$ $\lvert X(e^{j\omega})\rvert=\lvert X(e^{-j\omega})\rvert$ $\arg[X(e^{j\omega})]=-\arg[X(e^{-j\omega})]$
		$x(n)$ 为实序列	偶序列 $\dfrac{x(n)+x(-n)}{2}$	$\mathrm{Re}[X(e^{j\omega})]$
			奇序列 $\dfrac{x(n)-x(-n)}{2}$	$j\mathrm{Im}\,[X(e^{j\omega})]$

例 1.23 已知序列 $x(n)$的 DTFT 是 $X(e^{j\omega})$，求序列 $nx(n)$的 DTFT。

解 注意到$\frac{d}{d\omega}e^{-j\omega n}=e^{-j\omega n}(-jn)$，即 $e^{-j\omega n}=\left(j\frac{1}{n}\right)\frac{d}{d\omega}e^{-j\omega n}$

由此得到

$$nx(n)e^{-j\omega n}=jx(n)\frac{d}{d\omega}e^{-j\omega n}$$

所以有

$$\sum_{n=-\infty}^{\infty}nx(n)e^{-j\omega n}=\sum_{n=-\infty}^{\infty}jx(n)\frac{d}{d\omega}e^{-j\omega n}=j\frac{d}{d\omega}\sum_{n=-\infty}^{+\infty}x(n)e^{-j\omega n}=j\frac{d}{d\omega}X(e^{j\omega})$$

例 1.24 已知序列 $x(n)$的 DTFT 是 $X(e^{j\omega})$，求序列 $x^2(n)$的 DTFT。

解 用式(1.67)取代 $\sum_{n=-\infty}^{\infty}x^2(n)e^{-j\omega n}$ 中的一个 $x(n)$，得到

$$\begin{aligned}\sum_{n=-\infty}^{\infty}x^2(n)e^{-j\omega n}&=\sum_{n=-\infty}^{\infty}\left[\frac{1}{2\pi}\int_{-\pi}^{\pi}X(e^{j\theta})e^{j\theta n}d\theta\right]x(n)e^{-j\omega n}\\&=\frac{1}{2\pi}\int_{-\pi}^{\pi}X(e^{j\theta})d\theta\sum_{n=-\infty}^{\infty}x(n)e^{-j(\omega-\theta)n}\\&=\frac{1}{2\pi}\int_{-\pi}^{\pi}X(e^{j\theta})X(e^{j(\omega-\theta)})d\theta=\frac{1}{2\pi}X(e^{j\omega})*X(e^{j\omega})\end{aligned}$$

1.3.3 离散时间信号的频谱

利用 Euler 恒等式将式(1.66)写成下列形式

$$X(e^{j\omega})=\sum_{n=-\infty}^{\infty}x(n)\cos(\omega n)-j\sum_{n=-\infty}^{\infty}x(n)\sin(\omega n) \tag{1.84}$$

式(1.84)右端两个和式实际上是 $x(n)$与 $\cos(\omega n)$或 $\sin(\omega n)$在延时为 0 时的互相关，它们随 ω 连续变化。当 $x(n)$的频率等于 ω 时，互相关将有最大值。形象地说，当 $x(n)$与 $\cos(\omega n)$或 $\sin(\omega n)$发生"共振"时，$X(e^{j\omega})$达到最大值。这说明，$X(e^{j\omega})$反映了 $x(n)$的频率成分。另一方面，式(1.67) 实际上是将序列 $x(n)$展开成复指数序列的加权和形式，其中 $X(e^{j\omega})$是不同频率的复指数序列的幅度。因此，$X(e^{j\omega})$表示序列的频谱，式(1.66)的 $x(n)e^{j\omega}$表示序列的每个取样值对频谱的贡献。$X(e^{j\omega})$的模$|X(e^{j\omega})|$和辐角 $\varphi(\omega)$分别称为幅度谱和相位谱。

由于$|X(e^{j\omega})|$和 $\varphi(\omega)$是 ω 的 2π 周期函数，所以只需一个周期足以代表序列的频谱，通常取为$[0,2\pi)$或$[-\pi,+\pi)$。在 $x(n)$为实序列情况下，$|X(e^{j\omega})|$是 ω 的偶函数，$\varphi(\omega)$是 ω 的奇函数，基于这种对称性，在$[0,\pi)$范围内的幅度谱和相位谱足以描述序列的频谱。常采用对数幅度谱 $20\lg|X(e^{j\omega})|$(单位 dB)来扩大幅度谱的动态范围。相位谱通常用主值相位表示，单位是度或弧度。主值相位定义为

$$\varphi(\omega)\text{ 的主值}=\langle\varphi(\omega)\rangle_{\pm\pi} \tag{1.85}$$

式中，符号$\langle\rangle_{\pm\pi}$表示模$\pm\pi$ 运算。

例 1.25 求矩形序列的频谱。矩形序列定义为

$$R_N(n)=\begin{cases}1, & 0\leqslant n\leqslant N-1\\ 0, & \text{其他}\end{cases}$$

解 由式(1.66)计算频谱

$$X(e^{j\omega})=\sum_{n=-\infty}^{\infty}R_N(n)e^{-j\omega n}=\sum_{n=0}^{N-1}e^{-j\omega n}=\frac{1-e^{-j\omega N}}{1-e^{-j\omega}}$$

$$=\frac{e^{-j\omega N/2}\left[e^{j\omega N/2}-e^{-j\omega N/2}\right]}{e^{-j\omega/2}\left[e^{j\omega/2}-e^{-j\omega/2}\right]}=e^{-j\omega(N-1)/2}\frac{\sin(\omega N/2)}{\sin(\omega/2)}$$

幅度谱和相位谱分别为

$$|X(e^{j\omega})|=\left|\frac{\sin(\omega N/2)}{\sin(\omega/2)}\right| \tag{1.86}$$

和

$$\varphi(\omega)=-\frac{N-1}{2}\omega+\arg\left[\frac{\sin(\omega N/2)}{\sin(\omega/2)}\right] \tag{1.87}$$

式中,arg[]表示辐角。图 1-17 是序列 $x(n)$ 以及 $N=10$ 时的幅度谱和相位谱。有时为了实用,也将数字频率 ω 换算成实际频率 f,为此必须知道取样频率 f_s,并利用关系式 $f=\omega f_s/2\pi$ 进行转换。例如,假设 $f_s=1000\text{Hz}$,则 $\omega=\pi/4$ 的点对应的实际频率 $f=(\pi/4)\times1000/2\pi=125\text{Hz}$。

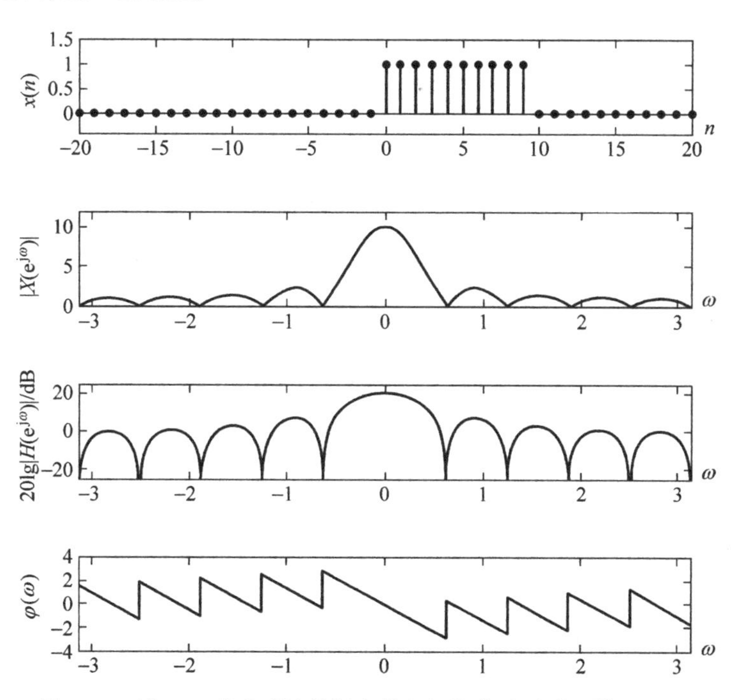

图 1-17 例 1.25 的序列及其幅度谱和相位谱(频率范围[−π,π))

1.3.4 离散时间系统的频率响应

LTI 离散时间系统可以用式(1.63)的常系数差分方程描述,该式重写如下

$$\sum_{k=0}^{N} a_k y(n-k) = \sum_{k=0}^{M} b_k x(n-k) \tag{1.88}$$

求上式每一项的 DTFT 并利用移位性质,将差分方程变换到频域,得到

$$Y(\mathrm{e}^{\mathrm{j}\omega}) \sum_{k=0}^{N} a_k \mathrm{e}^{-\mathrm{j}\omega k} = X(\mathrm{e}^{\mathrm{j}\omega}) \sum_{k=0}^{M} b_k \mathrm{e}^{-\mathrm{j}\omega k} \tag{1.89}$$

式中,$Y(\mathrm{e}^{\mathrm{j}\omega})$和 $X(\mathrm{e}^{\mathrm{j}\omega})$分别是 $y(n)$和 $x(n)$的 DTFT。输出序列与输入序列的 DTFT 之比

$$H(\mathrm{e}^{\mathrm{j}\omega}) = \frac{Y(\mathrm{e}^{\mathrm{j}\omega})}{X(\mathrm{e}^{\mathrm{j}\omega})} = \frac{\sum_{k=0}^{M} b_k \mathrm{e}^{-\mathrm{j}\omega k}}{\sum_{k=0}^{N} a_k \mathrm{e}^{-\mathrm{j}\omega k}} \tag{1.90}$$

称为系统的频率响应或频率特性。将频率响应 $H(\mathrm{e}^{\mathrm{j}\omega})$写成极坐标形式

$$H(\mathrm{e}^{\mathrm{j}\omega}) = |H(\mathrm{e}^{\mathrm{j}\omega})| \mathrm{e}^{\mathrm{j}\varphi(\omega)} \tag{1.91}$$

式中,模$|H(\mathrm{e}^{\mathrm{j}\omega})|$称为系统的幅度响应或幅度特性,表示系统的增益随频率的变化;辐角 $\varphi(\omega)$称为系统的相位响应或相位特性,表示系统的输出信号相对于输入信号的相位滞后随频率的变化。除非另作说明,今后将把相位响应限制在主值相位范围内,即

$$-\pi \leqslant \varphi(\omega) < \pi$$

某些系统的 DTFT 的相位响应存在以 2π 为周期的间断点,为了去掉这些间断点,可以将主值相位展开。展开后的相位响应用 $\varphi_c(\omega)$表示,称为展开相位响应,它是 ω 的连续函数。

例 1.26 已知一个系统的冲激响应为

$$h(n) = 0.8^n u(n)$$

求该系统的频率响应,并画出系统的冲激响应、幅度响应和相位响应的图形。

解 计算 $h(n)$的 DTFT,得到该系统的频率响应为

$$H(\mathrm{e}^{\mathrm{j}\omega}) = \sum_{n=0}^{\infty} 0.8^n \mathrm{e}^{-\mathrm{j}\omega n} = \frac{1}{1-0.8\mathrm{e}^{-\mathrm{j}\omega}}$$

系统的冲激响应、幅度响应和相位响应的图形示于图 1-18。

系统的频率响应含有系统的所有信息,知道了它就能够计算出系统对任何输入信号 $x(n)$的响应 $y(n)$。方法是首先将 $x(n)$变换成 $X(\mathrm{e}^{\mathrm{j}\omega})$,然后将 $X(\mathrm{e}^{\mathrm{j}\omega})$乘以 $H(\mathrm{e}^{\mathrm{j}\omega})$得到 $Y(\mathrm{e}^{\mathrm{j}\omega})$,最后计算 $Y(\mathrm{e}^{\mathrm{j}\omega})$的 IDTFT 即得到 $y(n)$。这一计算方法称为计算系统输出的 DTFT 方法,如图 1-19 所示。

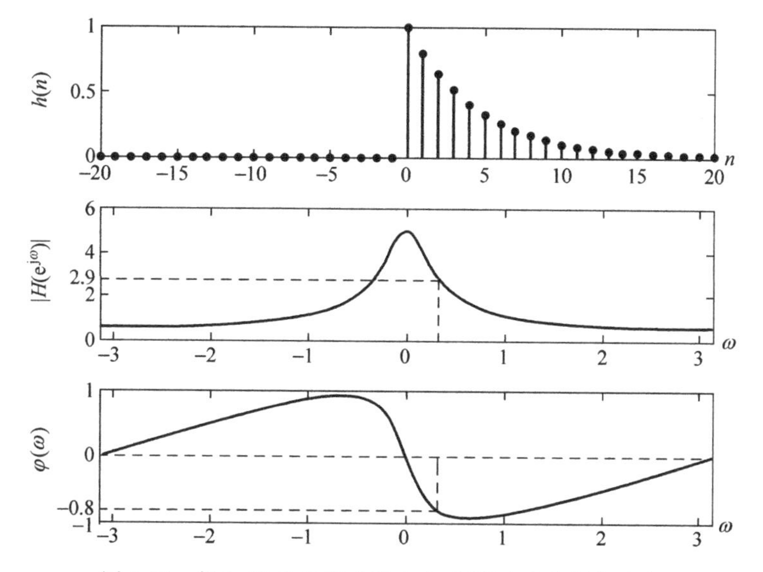

图 1-18　例 1.26 的系统冲激响应、幅度响应和相位响应

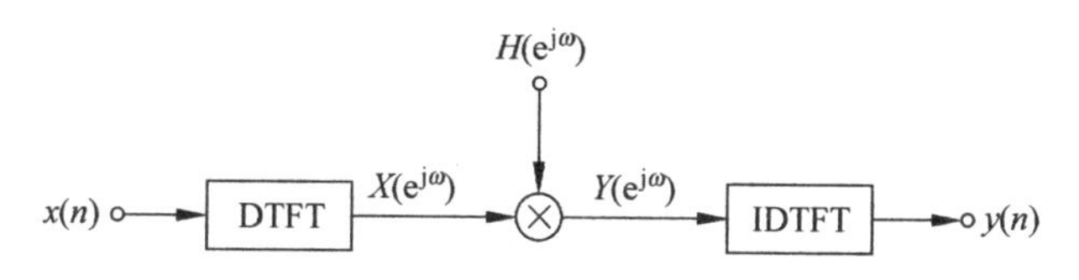

图 1-19　利用系统的频率响应计算系统的输出

假设系统的频率响应为 $H(\mathrm{e}^{\mathrm{j}\omega})$，输入信号为单位冲激序列即 $x(n)=\delta(n)$，现在用图 1-19 所示的方法来计算系统的输出 $y(n)$。首先，求 $x(n)$的 DTFT

$$X(\mathrm{e}^{\mathrm{j}\omega})=\sum_{n=-\infty}^{\infty}\delta(n)\mathrm{e}^{-\mathrm{j}\omega n}=1$$

然后将 $X(\mathrm{e}^{\mathrm{j}\omega})$乘以 $H(\mathrm{e}^{\mathrm{j}\omega})$得到

$$Y(\mathrm{e}^{\mathrm{j}\omega})=X(\mathrm{e}^{\mathrm{j}\omega})H(\mathrm{e}^{\mathrm{j}\omega})=H(\mathrm{e}^{\mathrm{j}\omega})$$

最后计算 $Y(\mathrm{e}^{\mathrm{j}\omega})$的 IDTFT 得到

$$y(n)=\mathrm{IDTFT}[Y(\mathrm{e}^{\mathrm{j}\omega})]=\mathrm{IDTFT}[H(\mathrm{e}^{\mathrm{j}\omega})]$$

我们知道，当 $x(n)=\delta(n)$时，系统的输出是系统的冲激响应 $h(n)$，所以上式即为

$$h(n)=\mathrm{IDTFT}[H(\mathrm{e}^{\mathrm{j}\omega})]\text{或 }\mathrm{DTFT}[h(n)]=H(\mathrm{e}^{\mathrm{j}\omega})$$

即系统的冲激响应与频率响应构成一对离散时间傅里叶变换。

系统的频率响应显示了系统在每个频率上的特性，即它注重的是单一的频率。所以 DTFT 方法用于计算系统对单一频率的正弦或余弦输入信号的响应时很方便。由于任何复杂信号可分解成不同幅度和相位的正弦分量，所以系统对任何复杂输入信号产生的输出响应，可以根据叠加原理利用 DTFT 方法来计算。

设系统的频率响应为

$$H(\mathrm{e}^{\mathrm{j}\omega})=|H(\mathrm{e}^{\mathrm{j}\omega})|\exp[\mathrm{j}\varphi(\omega)]$$

输入信号 $x(n)$的 DTFT 为

$$X(e^{j\omega}) = |X(e^{j\omega})|\exp[j\varphi_x(\omega)]$$

则输出信号 $y(n)$的 DTFT 为

$$Y(e^{j\omega}) = |Y(e^{j\omega})|\exp[j\varphi_y(\omega)] = H(e^{j\omega})X(e^{j\omega})$$
$$= |H(e^{j\omega})||X(e^{j\omega})|\exp[j(\varphi(\omega)+\varphi_x(\omega))]$$

由此得到

$$|Y(e^{j\omega})| = |H(e^{j\omega})||X(e^{j\omega})| \tag{1.92}$$

$$\varphi_y(\omega) = \varphi(\omega) + \varphi_x(\omega) \tag{1.93}$$

即对给定频率 ω,系统输出的幅度等于系统增益与输入幅度之积,输出相位等于系统相位滞后与输入相位之和。但应注意,式(1.92)中的幅度都不是分贝值。

当输入信号为 $x(n)=A\cos(\omega_0 n+\varphi_x)$时,它的 DTFT 为

$$X(e^{j\omega}) = A\pi e^{j\varphi_x}\delta(\omega-\omega_0) + A\pi e^{-j\varphi_x}\delta(\omega+\omega_0) \tag{1.94}$$

由式(1.92)得到输出 DTFT 的幅度

$$|Y(e^{j\omega})| = |H(e^{j\omega})|A\pi\delta(\omega-\omega_0) + |H(e^{j\omega})|A\pi\delta(\omega+\omega_0)$$

这说明系统的输出也是频率为 ω_0的正弦序列,即

$$y(n) = HA\cos(\omega_0 n + \varphi(\omega_0) + \varphi_x) \tag{1.95}$$

式中,$H=|H(e^{j\omega_0})|$是系统在频率 ω_0上的增益。注意到 $x(n)$的 DTFT 在 ω_0处的幅度 $A\pi$ 含有的因子 π,它在$|Y(e^{j\omega})|$中也出现,而当$|Y(e^{j\omega})|$取逆变换得到 $y(n)$后却又消失了。因此,为了计算简单,可以省掉这个因子 π。

将 $x(n)=A\cos(\omega_0 n+\varphi_x)$和 $H(e^{j\omega_0})=He^{j\varphi(\omega_0)}$简记为 $A\angle\varphi_x$ 和 $H\angle\varphi(\omega_0)$可以简化计算。这种简化表示只包括幅度和相位而不包括频率,因为计算过程中频率保持不变。利用简化表示得到

$$Y(e^{j\omega_0}) = H(e^{j\omega_0})X(e^{j\omega_0})$$
$$= [H\angle\varphi(\omega_0)][A\angle\varphi_x(\omega_0)] = HA\angle[\varphi(\omega_0)+\varphi_x]$$

实际上这就是式(1.95)的简化表示。

例 1.27 假设将余弦序列 $x(n)=0.8\cos(\pi n/10+\pi/8)$加到例 1.26 的系统的输入端,求输出信号。

解 利用例 1.26 的结果,计算 $h(n)$的频率响应在 $\omega=\pi/10$ 的值并采用简化表示,得到

$$H(e^{j\pi/10}) = \frac{1}{1-0.8e^{-j\pi/10}}$$
$$= 2.0214 - j2.0895 = 2.9073\angle(-0.8020)$$

由式(1.94)计算 $X(e^{j\omega})$在 $\omega=\pi/10$ 处的值并采用简化表示,得到

$$X(e^{j\pi/10}) = 0.8\pi e^{j\pi/8} = 0.8\pi\angle 0.3927$$

所以

$$Y(e^{j\pi/10}) = H(e^{j\pi/10})X(e^{j\pi/10})$$
$$= (2.9073\angle(-0.8020))(0.8\pi\angle 0.3927)$$
$$= 2.3258\pi\angle(-0.4093)$$

由此得到输出信号

$$y(n) = 2.3258\cos(\pi n/10 - 0.4093)$$

图 1-20 所示是输入和输出序列的图形。

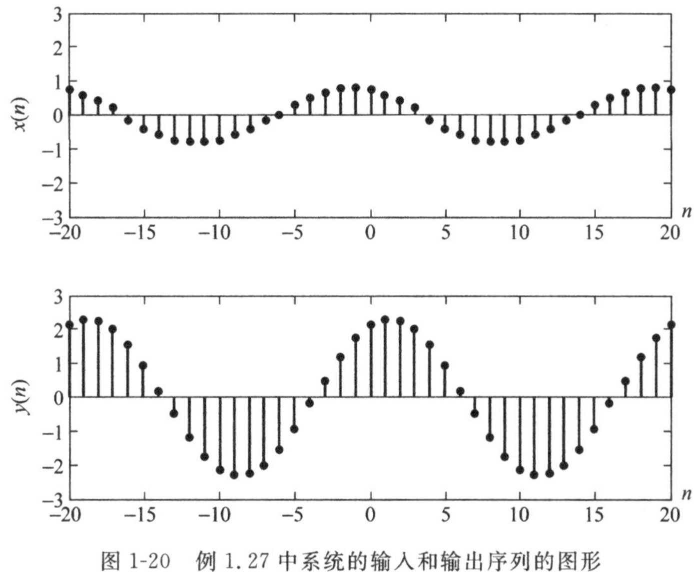

图 1-20　例 1.27 中系统的输入和输出序列的图形

1.4　z 变换

离散时域中的 z 变换与连续时域中的拉普拉斯变换具有对应关系：①拉普拉斯变换把连续时间信号变换成连续复变量 s 的连续函数，而 z 变换把序列变换成连续复变量 z 的连续函数；②拉普拉斯变换是 s 平面上定义的一个连续曲面，而 z 变换是 z 平面上定义的一个连续曲面；③采用拉普拉斯变换可以简化连续线性微分方程的分析，得到一般形式的解 e^{-st}，而采用 z 变换可以简化离散差分方程的分析，得到一般形式的解 z^{-n}。虽然在理论上 DTFT 可以描述序列的频谱和系统的频率响应，并可用于计算系统的输出，但更方便的方法却是 z 变换。因为，z 变换使序列和系统的频域描述更紧凑，从 z 变换可以得到系统的频率响应，从 z 变换的极点和零点分布能够确定系统的稳定性。

1.4.1　z 变换的定义

序列 $x(n)$ 的 z 变换定义为

$$X(z) = \sum_{n=-\infty}^{\infty} x(n)z^{-n}, z \in \text{ROC} \tag{1.96}$$

式中，z 是复变量。z 变换把时域中的序列变换成 z 域中的复变函数。只有当式(1.96)中的 Laurent 级数收敛，z 变换 $X(z)$ 才存在。该级数收敛的 z 值集合称为收敛域，表示为 ROC(region of convergence)。根据 Laurent 级数的性质，z 变换的收敛域是 z 平面上

的一个环形区域,表示为

$$R_{x^-} < |z| < R_{x^+} \tag{1.97}$$

式中,$0 \leqslant R_{x^-} < R_{x^+} \leqslant \infty$。收敛域内每一点的$X(z)$都解析,即$X(z)$及其所有导数是$z$的连续函数。

若将复变量z表示成极坐标形式$z=re^{j\omega}$,则式(1.96)表示为

$$X(re^{j\omega}) = \sum_{n=-\infty}^{\infty} x(n) r^{-n} e^{-j\omega n} \tag{1.98}$$

可以把式(1.98)解释成序列$x(n)$与指数序列r^{-n}的乘积的DTFT。当$r=1$时,式(1.98)简化为$x(n)$的DTFT,也就是说,序列$x(n)$在单位圆$z=e^{j\omega}$上的z变换就是它的DTFT。1.3.1节指出过,序列绝对可和是DTFT收敛的充分条件,因此,式(1.98)中的级数收敛即$X(z)$存在的充分条件是序列$x(n)r^{-n}$绝对可和。有的序列本身不是绝对可和的,因而它的DTFT不存在,但是乘以指数序列r^{-n}后却有可能变成绝对可和的,因而它的z变换可能存在。这意味着,只有当序列的z变换的收敛域包含单位圆,序列的DTFT才存在。z平面上的单位圆如图1-21所示。

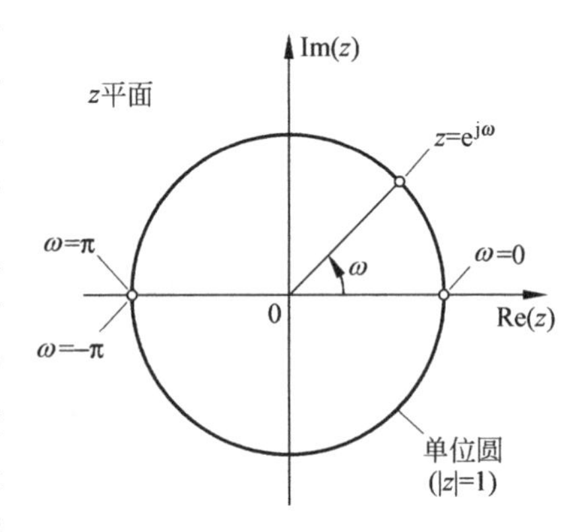

图1-21　z平面上的单位圆

例1.28　求下式定义的指数序列的z变换及其收敛域,由计算结果求单位阶跃序列的z变换及其收敛域,并讨论指数序列和单位阶跃序列的DTFT是否存在。

$$x(n) = a^n u(n)$$

解　由式(1.96)得到

$$X(z) = \sum_{n=-\infty}^{\infty} a^n u(n) z^{-n} = \sum_{n=0}^{\infty} a^n z^{-n} = \frac{1}{1-az^{-1}}, \quad |az^{-1}| < 1 \tag{1.99}$$

为使式(1.99)中的级数收敛,要求满足条件$|az^{-1}|<1$,即收敛域为$|z|>|a|$,它是半径为$|a|$的圆的外部区域。当$|a|<1$时,收敛域包含单位圆,因此DTFT存在;当$|a|>1$时,收敛域不包含单位圆,所以DTFT不存在。

$a=1$时,$x(n)=u(n)$,因此由式(1.99)得出单位阶跃序列的z变换

$$U(z) = \frac{1}{1-z^{-1}}, \quad |z| > 1 \tag{1.100}$$

收敛域为$|z|>1$即单位圆外部区域。由于不包括单位圆,所以DTFT不存在。

注意,序列的DTFT存在并不意味着序列的z变换一定存在。这是因为,有的序列的DTFT存在是在均方意义上级数收敛来定义的,不一定保证序列$x(n)r^{-n}$绝对可和。

例1.29　求下式定义的指数序列的z变换及其收敛域,讨论与例1.28的结果之间的关系。

$$x(n) = -a^n u(-n-1)$$

解

$$X(z)=-\sum_{n=-\infty}^{\infty}a^{n}u(-n-1)z^{-n}=-\sum_{n=-\infty}^{-1}a^{n}z^{-n}=-\sum_{n=1}^{\infty}a^{-n}z^{n}$$

$$=1-\sum_{n=0}^{\infty}(a^{-1}z)^{n}=1-\frac{1}{1-a^{-1}z}=\frac{1}{1-az^{-1}},\quad |a^{-1}z|<1 \quad (1.101)$$

式(1.101)中的级数收敛的条件是$|a^{-1}z|<1$,即收敛域为$|z|<|a|$,它是半径为$|a|$的圆的内部。与例1.28相反,当$|a|<1$时,收敛域不包含单位圆,所以DTFT不存在;只有当$|a|>1$时,收敛域包含单位圆,DTFT才存在。图1-22示出了例1.29和例1.28的指数序列及其z变换收敛域的图形。可以看出,两个z变换有相同的数学表示式,但收敛域不同。因此,必须把z变换的数学表示式与收敛域结合起来,才能唯一地确定序列与z变换的映射关系。

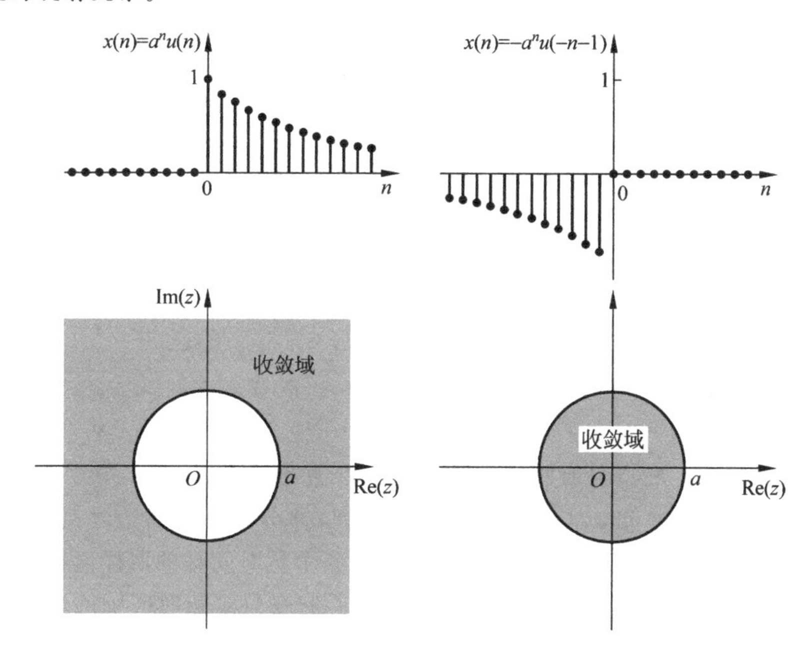

图1-22 例1.28和例1.29的指数序列及其z变换的收敛域

例1.30 求长为N的矩形序列$R_N(n)$的z变换及其收敛域。

$$R_N(n)=\begin{cases}1, & 0\leqslant n\leqslant N-1\\0, & 其他\end{cases}$$

解 $X(z)=\sum_{n=-\infty}^{\infty}R_N(n)z^{-n}=\sum_{n=0}^{N-1}z^{-n}=\frac{1-z^{-N}}{1-z^{-1}},\ |z|>0$

收敛域是除原点外的整个z平面。

一般而言,对于在$N_1\leqslant n\leqslant N_2$范围外均为零的有限长序列$x(n)$,它的$z$变换为

$$X(z)=\sum_{n=N_1}^{N_2}x(n)z^{-n} \quad (1.102)$$

式中，$-\infty<N_1\leqslant N_2<\infty$。当 $N_1=N_2=0$ 时，$x(n)$是冲激序列，它的 z 变换的收敛域是整个 z 平面，即 $0\leqslant|z|\leqslant\infty$，注意包括原点和无穷大点。当 $N_1\geqslant 0$ 时，式(1.102)只有 z 的负幂，故收敛域为 $0<|z|\leqslant\infty$，即收敛域是除原点外的整个 z 平面(包括无穷大点)。当 $N_2\leqslant 0$ 时，式(1.102)只有 z 的正幂，故收敛域为 $0\leqslant|z|<\infty$，即收敛域是除无穷大点外的整个 z 平面(包括原点)。当 $N_1<0$ 和 $N_2>0$ 时，式(1.102)既含有 z 的正幂也含有 z 的负幂，则收敛域为 $0<|z|<\infty$，即收敛域是除原点和无穷大点外的 z 平面。

例 1.31 将例 1.28 的指数序列向左移动 n_1 得到新序列

$$x_1(n)=a^n u(n+n_1),\quad n_1>0$$

将例 1.29 的指数序列向右移动 n_2 得到新序列

$$x_2(n)=a^n u(-n-1+n_2),\quad n_2>0$$

分别求 $x_1(n)$和 $x_2(n)$的 z 变换及其收敛域。

解 $X_1(z)=\sum_{n=-\infty}^{\infty}a^n u(n+n_1)z^{-n}=\sum_{n=-n_1}^{\infty}a^n z^{-n}=\sum_{n=-n_1}^{-1}a^n z^{-n}+\sum_{n=0}^{\infty}a^n z^{-n}$

上式右端第一个和式是有限长序列的 z 变换，由于只含有 z 的正幂，故收敛域为 $0\leqslant|z|<\infty$；第二个和式是例 1.28 的指数序列的 z 变换，收敛域为$|z|>|a|$。$X_1(z)$的收敛域是以上两个收敛域的交集，即$|a|<|z|<\infty$，它是半径为$|a|$的圆的外部区域，但不包含无穷大点。类似地，可以得到

$$X_2(z)=-\sum_{n=-\infty}^{\infty}a^n u(-n-1+n_2)z^{-n}=-\sum_{n=-\infty}^{n_2}a^n z^{-n}=-\sum_{n=-\infty}^{-1}a^n z^{-n}-\sum_{n=0}^{n_2}a^n z^{-n}$$

上式右端第一个和式是例 1.29 的指数序列的 z 变换，收敛域为$|z|<|a|$；第二个和式是有限长序列的 z 变换，只含有 z 的负幂，收敛域为 $0<|z|\leqslant\infty$。所以，$X_2(z)$的收敛域为 $0<|z|<|a|$，它是半径为$|a|$的圆的内部区域，但不包含原点。

例 1.31 中的 $x_1(n)$和 $x_2(n)$都是无限长序列，并分别称为右边序列和左边序列。例 1.28 的指数序列是一种特殊的右边序列，它在整个负时间轴的取样值都为 0，称为因果序列。而例 1.29 的序列是一种特殊的左边序列，它在整个正时间轴的取样值都为 0，称为逆因果序列。例 1.28 到例 1.31 的结果具有普遍意义，归纳如下：

(1) 右边序列的 z 变换收敛域是半径为 R_{x^-} 的圆的外部区域，即$|z|>R_{x^-}$。如果它还是因果序列，则收敛域包括∞，即 $R_{x^-}<|z|\leqslant\infty$。$R_{x^-}$ 用下式计算

$$R_{x^-}=\lim_{n\to\infty}\left|\frac{x(n+1)}{x(n)}\right| \tag{1.103}$$

(2) 左边序列的 z 变换收敛域是半径为 R_{x^+} 的圆的内部区域，即$|z|<R_{x^+}$。如果它还是逆因果序列，则收敛域包括原点，即 $0\leqslant|z|<R_{x^+}$。R_{x^+} 用下式计算

$$R_{x^+}=\lim_{n\to\infty}\left|\frac{x(-n)}{x(-(n+1))}\right| \tag{1.104}$$

(3) 定义在$-\infty\leqslant n\leqslant\infty$上的无限长序列称为双边序列。可以把它看成一个左边序列和一个右边序列的和，因此，它的 z 变换可以由左边序列和右边序列的 z 变换相加来得到，即

$$X(z)=\sum_{n=-\infty}^{\infty}x(n)z^{-n}=\sum_{n=-\infty}^{-1}x(n)z^{-n}+\sum_{n=0}^{\infty}x(n)z^{-n}=X_1(z)+X_2(z)$$

式中，$X_1(z)$和$X_2(z)$分别是左边序列和右边序列的z变换。因此，双边序列的z变换的收敛域是左边序列和右边序列的z变换的收敛域的交集，即

$$R_{x^-}<|z|<R_{x^+} \tag{1.105}$$

这是一个界于半径为R_{x^-}和R_{x^+}的两个圆之间的环形区域。注意，式(1.105)成立的先决条件是$R_{x^-}<R_{x^+}$，否则没有收敛域，即z变换不存在。

例 1.32 求下式定义的双边序列的z变换及其收敛域，并画出序列和收敛域的图形。

$$x(n)=0.8^{|n|}$$

解 将$x(n)$表示成一个逆因果序列和一个因果序列的和

$$x(n)=x_1(n)+x_2(n)=0.8^{-n}u(-n-1)+0.8^{n}u(n)$$

式中，$x_1(n)=0.8^{-n}u(-n-1)$是逆因果序列；$x_2(n)=0.8^{n}u(n)$是因果序列。根据例1.29和例1.28的结果，它们的z变换及其收敛域分别为

$$X_1(z)=\frac{-1}{1-1.25z^{-1}},\quad |z|<1.25$$

和

$$X_2(z)=\frac{1}{1-0.8z^{-1}},\quad |z|>0.8$$

因此，$x(n)$的z变换为

$$X(z)=X_1(z)+X_2(z)=\frac{-1}{1-1.25z^{-1}}+\frac{1}{1-0.8z^{-1}}$$

收敛域为$0.8<|z|<1.25$，如图1-23所示。

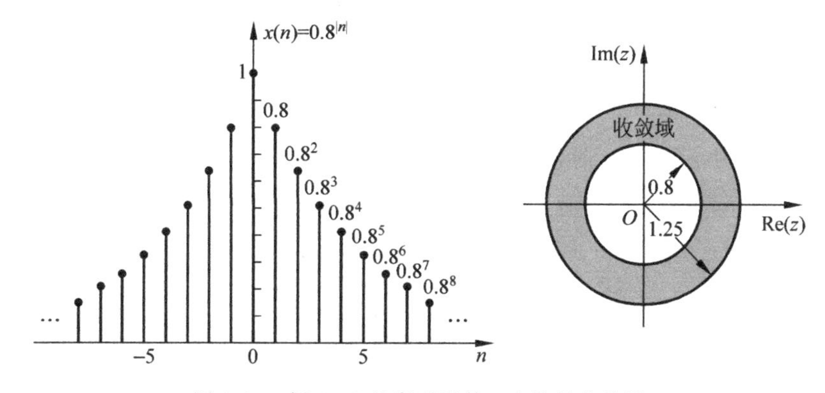

图1-23 例1.32的序列及其z变换的收敛域

例 1.33 求序列$x(n)=1$的z变换及其收敛域，并画出序列的图形。

解 图1-24是序列$x(n)=1$的图形，可以将其分成因果部分和逆因果部分两个序列，即

$$x(n)=u(-n-1)+u(n)$$

将例1.32中的系数由0.8改成1,即得到 $x_1(n)=u(-n-1)$ 和 $x_2(n)=u(n)$ 的 z 变换

$$X_1(z)=\frac{-1}{1-z^{-1}},\quad |z|<1$$

$$X_2(z)=\frac{1}{1-z^{-1}},\quad |z|>1$$

由于两个 z 变换的收敛域没有交集,所以 $x(n)=1$ 的 z 变换不存在。

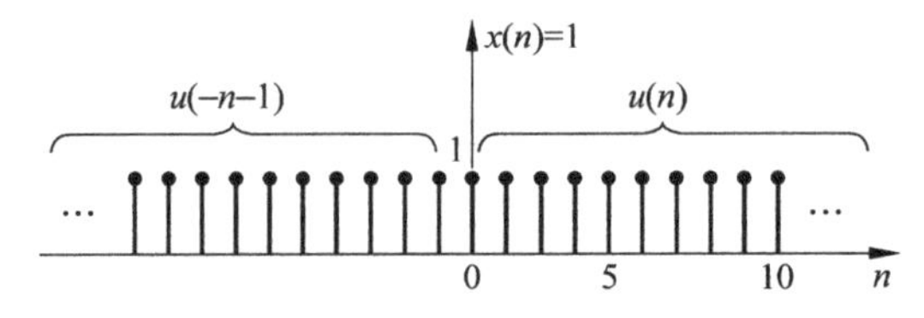

图1-24　将序列 $x(n)=1$ 看成两个子序列之和

1.4.2　逆 z 变换

求逆 z 变换是指由 z 变换 $X(z)$ 及其收敛域求相应的序列 $x(n)$,通常有留数法、幂级数法和部分分式法这3种方法。

1. 留数法

在 z 变换定义式(1.96)两边同乘以 z^{k-1},然后计算围线积分,得到

$$\frac{1}{2\pi j}\oint_C X(z)z^{k-1}\mathrm{d}z=\frac{1}{2\pi j}\oint_C\left[\sum_{n=-\infty}^{\infty}x(n)z^{-n}\right]z^{k-1}\mathrm{d}z$$

式中,C 是 $X(z)$ 的收敛域内一条环绕原点的逆时针闭合围线。由于被积函数是一个收敛的幂级数,所以可以逐项计算积分,因此得到

$$\frac{1}{2\pi j}\oint_C X(z)z^{k-1}\mathrm{d}z=\sum_{n=-\infty}^{\infty}x(n)\frac{1}{2\pi j}\oint_C z^{(k-n)-1}\mathrm{d}z \tag{1.106}$$

在式(1.106)中,当 $k=n$ 时,利用Cauchy积分公式

$$\frac{1}{2\pi j}\oint_C z^{k-1}\mathrm{d}z=\begin{cases}1, & k=0\\0, & k\neq 0\end{cases}$$

得到

$$x(n)=\frac{1}{2\pi j}\oint_C X(z)z^{n-1}\mathrm{d}z \tag{1.107}$$

这是由 $X(z)$ 计算 $x(n)$ 的逆 z 变换公式。

根据复变函数理论,式(1.107)中的围线积分可以用留数来计算,因此

$$x(n)=\sum\{X(z)z^{n-1}\text{ 在围线 }C\text{ 内极点上的留数}\} \tag{1.108}$$

或

$$x(n)=-\sum\{X(z)z^{n-1}\text{ 在围线 }C\text{ 外极点上的留数}\} \tag{1.109}$$

注意：式(1.108)中的积分围线是逆时针方向，而式(1.109)中的积分围线是顺时针方向。

设 $X(z)z^{n-1}$ 是有理函数，且在 $z=p_0$ 处有一个 S 阶极点，因此可将其表示为

$$X(z)z^{n-1}=\frac{\Psi(z)}{(z-p_0)^S} \tag{1.110}$$

式中，函数 $\Psi(z)$ 在 $z=p_0$ 处无极点。$X(z)z^{n-1}$ 在 $z=p_0$ 处的留数为

$$\mathrm{Res}[X(z)z^{n-1},p_0]=\frac{1}{(S-1)!}\left[\frac{\mathrm{d}^{S-1}}{\mathrm{d}z^{S-1}}\Psi(z)\right]\Bigg|_{z=p_0} \tag{1.111}$$

若 $S=1$，即 p_0 是一阶极点，则式(1.111)简化为

$$\mathrm{Res}[X(z)z^{n-1},p_0]=\Psi(p_0) \tag{1.112}$$

用式(1.108)或式(1.109)计算 $x(n)$ 时，需要确定积分围线 C。而 C 在 $X(z)$ 的收敛域内，因此必须首先确定 $X(z)$ 的收敛域。通常收敛域与 $X(z)$ 同时被给定。如果没有给定收敛域，则需根据 $X(z)$ 的极点确定各种可能的收敛域，并针对每种可能的收敛域计算 $x(n)$。

$X(z)$ 中一般含有 z 的整数幂，因此可将它表示成 $X(z)=X_0(z)z^m$，这里 m 为整数，其中 $X_0(z)$ 在 $z=0$ 和 $z=\infty$ 处都没有极点。这样，逆 z 变换公式中的被积函数可以写成 $X_1(z)=X(z)z^{n-1}=X_0(z)z^{m+n-1}$，极点由 $X_0(z)$ 和 z^{m+n-1} 两部分的极点组成。$X_0(z)$ 的极点个数和阶数一般有限，而 z^{m+n-1} 的极点只能出现在 $z=0$ 或 $z=\infty$ 处，具体出现在何处以及极点的阶数取决于 n 的符号和大小。

在收敛域为圆外区域的情况下，$X_0(z)$ 在积分围线 C 内有有限个极点，而在圆外区域解析。当 $m+n-1<0$ 即 $n<1-m$ 时，z^{m+n-1} 在 $z=\infty$ 解析，因此，若采用式(1.109)，则因被积函数 $X_1(z)=X_0(z)z^{m+n-1}$ 在积分围线 C 上及其包围的区域内解析，因而没有极点，所以留数 $x(n)=0$。注意，由于式(1.109)是反向积分，所以围线 C 包含的区域是指围线 C 外的区域。当 $m+n-1\geqslant 0$ 即 $n\geqslant 1-m$ 时，z^{m+n-1} 在 $z=0$ 解析，若采用式(1.108)，则因 $X_1(z)=X_0(z)z^{m+n-1}$ 在积分围线 C 内有有限个极点，所以对于高阶极点应该用式(1.111)，而对于一阶极点应该用式(1.112)来计算极点上的留数，从而求出 $n\geqslant 1-m$ 时的 $x(n)$。

收敛域是圆内区域和环形区域的情况，可以进行类似讨论。

根据以上讨论，可以将逆 z 变换的一般计算步骤归纳如下：

(1) 确定 $X(z)$ 的极点，从而确定积分围线 C；

(2) 从 $X(z)$ 中提出因子 z^m，将被积函数表示成 $X_1(z)=X_0(z)z^{m+n-1}$；

(3) 计算 $X_1(z)$ 在积分围线 C 内的极点上的留数之和，得到 $n\geqslant 1-m$ 时的 $x(n)$；计算 $X_1(z)$ 在积分围线 C 外的极点上的留数之和，得到 $n<1-m$ 时的 $-x(n)$。

例 1.34 求下列 z 变换对应的序列。

$$X(z)=\frac{1}{(1-az^{-1})^2},\quad |z|>a>0$$

解 根据给定的收敛域可确定积分围线 C 是半径为 a 的圆外一条闭合曲线。被积函数为

$$X_1(z)=\frac{z^{n-1}}{(1-az^{-1})^2}=\frac{z^{n+1}}{(z-a)^2},\quad m=2(\text{因 } m+n-1=n+1)$$

$X_1(z)$在围线C内$z=a$处有一个2阶极点。

当$n\geqslant 1-m=-1$时，$z^{m+n-1}=z^{n+1}$在$z=0$解析。因此，利用式(1.111)计算$X_1(z)$在积分围线C内的极点上的留数之和，便可得到$n\geqslant -1$时的$x(n)$为

$$x(n)=\text{Res}\left[\frac{z^{n+1}}{(z-a)^2},a\right]=\frac{1}{(2-1)!}\left[\frac{\mathrm{d}^{2-1}}{\mathrm{d}z^{2-1}}z^{n+1}\right]\Bigg|_{z=a}=(n+1)a^n$$

当$n<-1$时，z^{n+1}在$z=\infty$解析，被积函数$X_1(z)$在积分围线C外没有极点，所以由式(1.109)得到$x(n)=0$。

将$n<-1$和$n\geqslant -1$时的$x(n)$合写在一起，最后得到

$$x(n)=\begin{cases}(n+1)a^n, & n\geqslant -1\\ 0, & n<-1\end{cases}$$

或简写为

$$x(n)=(n+1)a^n u(n) \tag{1.113}$$

例 1.35 已知$X(z)=\dfrac{1}{(1-az^{-1})^2}$，$|z|<a$，求序列$x(n)$。

解 根据收敛域$|z|<a$可确定积分围线C是半径为a的圆内一条闭合曲线。被积函数与例1.34相同，为

$$X_1(z)=\frac{z^{n+1}}{(z-a)^2},\quad m=2$$

当$n\geqslant 1-m=-1$时，$z^{m+n-1}=z^{n+1}$在$z=0$处无极点，$X_1(z)$在围线C内无极点，由式(1.108)得到$x(n)=0$。

当$n<-1$时，z^{n+1}在$z=\infty$处无极点。因此，$X_1(z)$在围线C外只有一个位于$z=a$处的2阶极点，由式(1.109)和式(1.111)得到

$$x(n)=-\text{Res}[X(z)z^{n-1},a]=-\frac{1}{(2-1)!}\left[\frac{\mathrm{d}^{2-1}}{\mathrm{d}z^{2-1}}z^{n+1}\right]\Bigg|_{z=a}=-(n+1)a^n$$

将$n\geqslant -1$和$n<-1$的$x(n)$合写在一起，得到

$$x(n)=\begin{cases}0, & n\geqslant -1\\ -(n+1)a^n, & n<-1\end{cases} \tag{1.114}$$

或简写为

$$x(n)=-(n+1)a^n u(-n-1) \tag{1.115}$$

虽然留数法的数学意义清楚，但计算起来并不方便，因而较少实际应用。

2. 幂级数法

从z变换的定义式(1.96)看出，它是z或z^{-1}的幂级数。因此，只要能将z变换展开成幂级数形式，则幂级数的系数所构成的序列便是逆z变换的结果。将z变换展开成幂级数常用两种方法，一种是利用幂级数展开公式，另一种是利用长除法。使用长除法时，首先应根据收敛域确定z变换对应的是右边或左边序列，若为右边序列，则应将z变换展开成z^{-1}的幂级数，反之，若为左边序列，则应将z变换展开成z的幂级数。

例 1.36 利用幂级数法求 $X(z)=\dfrac{1}{1-az^{-1}}$ 的逆 z 变换，设收敛域为：(1) $|z|>|a|$；(2) $|z|<|a|$。

解 (1) 收敛域为 $|z|>|a|$，对应于右边序列，应将 z 变换展开成 z^{-1} 的幂级数。利用幂级数公式

$$\frac{1}{1+x}=1-x+x^2-x^3+x^4-\cdots,\quad |x|<1$$

得到

$$X(z)=\frac{1}{1-az^{-1}}=1+az^{-1}+a^2z^{-2}+a^3z^{-3}+a^4z^{-4}+\cdots,\quad |z|>|a| \tag{1.116}$$

该幂级数展开式的系数所构成的序列即为所求

$$x(n)=a^nu(n) \tag{1.117}$$

(2) 收敛域为 $|z|<|a|$，对应于左边序列，应将 z 变换展开成 z 的幂级数。利用公式

$$\frac{x}{x-1}=1+x+x^2+x^3+x^4+\cdots,\quad |x|>1$$

或

$$1-\frac{x}{x-1}=\frac{1}{1-x}=-(x+x^2+x^3+x^4+\cdots),\quad |x|>1$$

得到

$$X(z)=\frac{1}{1-az^{-1}}=-(az^{-1}+a^2z^{-2}+a^3z^{-3}+a^4z^{-4}+\cdots),\quad |z|<|a| \tag{1.118}$$

该幂级数展开式的系数所构成的序列即为所求

$$x(n)=-a^nu(-n-1) \tag{1.119}$$

本例的结果与例 1.28 和例 1.29 一致。

例 1.37 利用长除法重算上题。

解 (1) 收敛域为 $|z|>|a|$，对应于右边序列，应将 $X(z)$ 展开成 z^{-1} 的幂级数，长除法如图 1-25(a)所示，商式是幂级数，可以看出结果与式(1.116)相同。

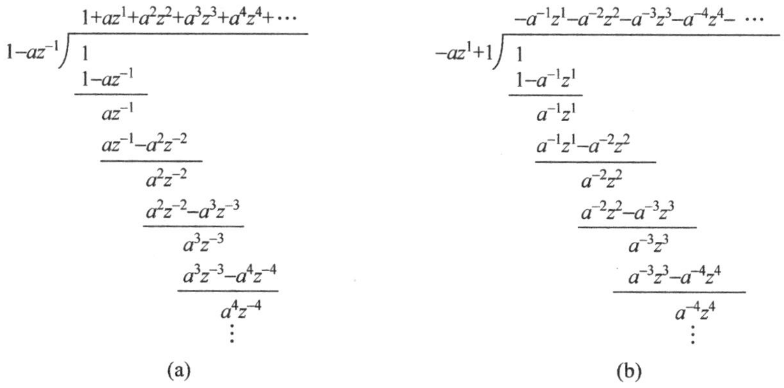

(a)

$$\begin{array}{l}
\qquad\qquad 1+az^{-1}+a^2z^{-2}+a^3z^{-3}+a^4z^{-4}+\cdots \\
1-az^{-1}\,\big)\;1 \\
\qquad\quad\;\; \underline{1-az^{-1}} \\
\qquad\qquad\; az^{-1} \\
\qquad\qquad\; \underline{az^{-1}-a^2z^{-2}} \\
\qquad\qquad\qquad a^2z^{-2} \\
\qquad\qquad\qquad \underline{a^2z^{-2}-a^3z^{-3}} \\
\qquad\qquad\qquad\quad a^3z^{-3} \\
\qquad\qquad\qquad\quad \underline{a^3z^{-3}-a^4z^{-4}} \\
\qquad\qquad\qquad\qquad a^4z^{-4} \\
\qquad\qquad\qquad\qquad \vdots
\end{array}$$

(b)

$$\begin{array}{l}
\qquad\qquad -a^{-1}z^{1}-a^{-2}z^{2}-a^{-3}z^{3}-a^{-4}z^{4}-\cdots \\
-az^{-1}+1\,\big)\;1 \\
\qquad\qquad\; \underline{1-a^{-1}z^{1}} \\
\qquad\qquad\;\; a^{-1}z^{1} \\
\qquad\qquad\;\; \underline{a^{-1}z^{1}-a^{-2}z^{2}} \\
\qquad\qquad\qquad a^{-2}z^{2} \\
\qquad\qquad\qquad \underline{a^{-2}z^{2}-a^{-3}z^{3}} \\
\qquad\qquad\qquad\quad a^{-3}z^{3} \\
\qquad\qquad\qquad\quad \underline{a^{-3}z^{3}-a^{-4}z^{4}} \\
\qquad\qquad\qquad\qquad a^{-4}z^{4} \\
\qquad\qquad\qquad\qquad \vdots
\end{array}$$

图 1-25 例 1.37 的长除法

(2) 收敛域为$|z|<|a|$,对应于左边序列,应将$X(z)$展开成z的幂级数。长除法如图1-25(b)所示,商式的幂级数为

$$-\sum_{n=1}^{\infty}a^{-n}z^{n}=-\sum_{n=-1}^{-\infty}a^{n}z^{-n}$$

因此

$$x(n)=-a^{n}u(-n-1)$$

与式(1.119)相同。

幂级数法只适用于某些简单z变换。长除法虽然适合于有理函数z变换,但是一般很难得到像例1.37那样的闭式解。

3. 部分分式法

多数情况下的z变换是有理函数

$$X(z)=\frac{N(z)}{D(z)}=\frac{\sum_{k=0}^{M}b_{k}z^{-k}}{\sum_{k=0}^{N}a_{k}z^{-k}}=K\frac{\prod_{k=1}^{M}(1-z_{k}z^{-1})}{\prod_{k=1}^{N}(1-p_{k}z^{-1})}\tag{1.120}$$

式中,z_k和p_k分别是z变换的零点和极点,常系数$K=b_0/a_0$。

部分分式展开的目的是按照每个极点将z变换展开成简单部分分式之和,每个部分分式的逆z变换一般可以通过查表得到。所有部分分式的逆z变换之和便是逆z变换最终结果。

将z变换表示成标准形式更便于展开成部分分式。标准形式是指:①严格的真有理分式,即分子多项式次数低于分母多项式次数;②分子和分母多项式统一表示成z的正幂或负幂;③分子和分母多项式的最高幂项的系数都为1即为“首一多项式”。

$X(z)$只有一阶极点时,在$M<N$情况下,将式(1.120)按照每个极点展开成部分分式

$$X(z)=\sum_{k=1}^{N}\frac{A_{k}}{1-p_{k}z^{-1}}=\frac{A_{1}}{1-p_{1}z^{-1}}+\frac{A_{2}}{1-p_{2}z^{-1}}+\cdots+\frac{A_{N}}{1-p_{N}z^{-1}}\tag{1.121}$$

式(1.121)两边同乘以$(1-p_kz^{-1})$,并计算乘积结果在$z=p_k$处的值,得到

$$A_{k}=X(z)(1-p_{k}z^{-1})\Big|_{z=p_{k}},\quad k=1,2,\cdots,N\tag{1.122}$$

该式表明,部分分式的系数A_k等于$X(z)$在极点p_k上的留数。

在$M\geqslant N$情况下,首先用长除法将分子多项式的次数降为$N-1$,然后将分式部分展开成部分分式,得到

$$X(z)=\sum_{l=0}^{M-N}B_{l}z^{-n}+\sum_{k=1}^{N}\frac{A_{k}}{1-p_{k}z^{-1}}\tag{1.123}$$

式中,系数B_l由长除法得到;A_k用式(1.122)计算;式(1.122)中的$X(z)$如果用长除法得到的分数部分取代,也可以计算出正确的A_k。

将$X(z)$展开成部分分式后,求出每个部分分式的逆z变换。形如$1/(1-az^{-1})$的部

分分式可能对应于因果序列 $a^n u(n)$ 或逆因果序列 $-a^n u(-n-1)$，需根据收敛域决定。

例 1.38 求下列 z 变换对应的序列。

$$X(z)=\frac{3-z^{-2}}{1-3z^{-1}+2z^{-2}},\quad 1<|z|<2$$

解 因 $M=N=2$，故首先用长除法把分子多项式的次数降为 1，得到

$$X(z)=-0.5+\frac{3.5-1.5z^{-1}}{1-3z^{-1}+2z^{-2}}$$

然后将分数部分展开成部分分式，得到

$$X(z)=-0.5+\frac{3.5-1.5z^{-1}}{(1-z^{-1})(1-2z^{-1})}=-0.5+\frac{A_1}{1-z^{-1}}+\frac{A_2}{1-2z^{-1}}$$

用式(1.122)计算系数

$$A_1=\frac{3-z^{-2}}{(1-z^{-1})(1-2z^{-1})}(1-z^{-1})\Big|_{z=1}=-2$$

$$A_2=\frac{3-z^{-2}}{(1-z^{-1})(1-2z^{-1})}(1-2z^{-1})\Big|_{z=2}=5.5$$

所以

$$X(z)=-0.5-\frac{2}{1-z^{-1}}+\frac{5.5}{1-2z^{-1}}$$

上式右边第 1 项对应于幅度为 -0.5 的冲激。根据收敛域 $1<|z|<2$，第 2 项的收敛域为 $|z|>1$，对应于因果序列 $2u(n)$；第 3 项的收敛域为 $|z|<2$，对应于逆因果序列 $-5.5\times 2^n u(-n-1)$。所以最后得到

$$x(n)=-0.5\delta(n)-2u(n)-5.5\times 2^n u(-n-1)$$

注意，用长除法得到的分数部分代替式(1.122)中的 $X(z)$，同样可以得到 A_1 和 A_2 的正确结果

$$A_1=\frac{3.5-1.5z^{-1}}{(1-z^{-1})(1-2z^{-1})}(1-z^{-1})\Big|_{z=1}=-2$$

$$A_2=\frac{3.5-1.5z^{-1}}{(1-z^{-1})(1-2z^{-1})}(1-2z^{-1})\Big|_{z=2}=5.5$$

在 $X(z)$ 具有 2 阶以上极点的情况下，需要对式(1.123)进行修正。设 $X(z)$ 在 $z=q$ 处有一个 S 阶极点($S>1$)，其余 $N-S$ 个极点都是 1 阶的，那么，修正后的公式为

$$X(z)=\sum_{l=0}^{M-N}B_l z^{-l}+\sum_{k=1}^{N-S}\frac{A_k}{1-p_k z^{-1}}+\sum_{m=1}^{S}\frac{C_m}{(1-qz^{-1})^m}\tag{1.124}$$

式中，A_k 和 B_l 的计算方法与式(1.123)相同，C_m 的计算公式是

$$C_m=\frac{1}{(S-m)!(-q)^{S-m}}\left[\frac{\mathrm{d}^{S-m}}{\mathrm{d}(z^{-1})^{S-m}}(1-qz^{-1})^S X(z)\right]\Bigg|_{z=q}\tag{1.125}$$

或

$$C_m=\frac{1}{(S-m)!}\left[\frac{\mathrm{d}^{S-m}}{\mathrm{d}z^{S-m}}(z-q)^S\frac{X(z)}{z}\right]\Bigg|_{z=q}\tag{1.126}$$

式(1.126)中的 $X(z)$ 应表示成 z 的正幂形式。

例 1.39 求下列 z 变换的逆 z 变换 $x(n)$。

$$X(z)=\frac{1}{(1-0.2z^{-1})(1-0.6z^{-1})^2},\quad 0.2<|z|<0.6$$

解 收敛域为环形区域，在积分围线 C 内 $z=0.2$ 处有一个 1 阶极点，在 C 外 $z=0.6$ 处有一个 2 阶极点。利用式(1.124)将 $X(z)$ 展开成部分分式($M=0,N=3,S=2$)

$$X(z)=\frac{A}{1-0.2z^{-1}}+\frac{C_1}{1-0.6z^{-1}}+\frac{C_2}{(1-0.6z^{-1})^2}$$

其中，系数 A 用式(1.122)计算

$$A=X(z)(1-0.2z^{-1})\Big|_{z=0.2}=\frac{1}{(1-0.6z^{-1})^2}\Big|_{z=0.2}=\frac{1}{(1-0.6/0.2)^2}=0.25$$

系数 C_1 和 C_2 用式(1.125)或式(1.126)计算。当用式(1.126)计算时，应将 $X(z)$ 表示成 z 的正幂，因此得到

$$\frac{X(z)}{z}=\frac{z^{-1}}{(1-0.2z^{-1})(1-0.6z^{-1})^2}=\frac{z^2}{(z-0.2)(z-0.6)^2}$$

由式(1.126)得到

$$C_1=\frac{1}{(2-1)!}\left[\frac{\mathrm{d}^{2-1}}{\mathrm{d}z^{2-1}}(z-0.6)^2\frac{X(z)}{z}\right]\Bigg|_{z=0.6}$$

$$=\frac{\mathrm{d}}{\mathrm{d}z}\frac{z^2}{z-0.2}\Bigg|_{z=0.8}=\frac{2z(z-0.2)-z^2}{(z-0.2)^2}\Bigg|_{z=0.6}=\frac{z^2-0.4z}{(z-0.2)^2}\Bigg|_{z=0.6}=0.75$$

$$C_2=\frac{1}{(2-2)!}\left[\frac{\mathrm{d}^{2-2}}{\mathrm{d}z^{2-2}}(z-0.6)^2\frac{X(z)}{z}\right]\Bigg|_{z=0.6}=\frac{z^2}{z-0.2}\Bigg|_{z=0.6}=0.9$$

因此，部分分式为

$$X(z)=\frac{0.25}{1-0.2z^{-1}}+\frac{0.75}{1-0.6z^{-1}}+\frac{0.9}{(1-0.6z^{-1})^2}$$

上式右边第 1 个分式收敛域是半径为 0.2 的圆外区域，在 $z=\infty$ 处无极点，所以对应于因果序列 $0.25(0.2)^n u(n)$；第 2 个分式收敛域是半径为 0.6 的圆内区域，根据例 1.36，它对应于序列 $-0.75(0.6)^n u(-n-1)$；第 3 个分式收敛域也是半径为 0.6 的圆内区域，对应于序列 $-0.9(n+1)(0.6)^n u(-n-1)$。最后得到

$$x(n)=0.25(0.2)^n u(n)-0.75(0.6)^n u(-n-1)-0.9(n+1)(0.6)^n u(-n-1)$$

1.4.3 z 变换的性质和常用 z 变换公式

z 变换的主要性质列于表 1-4。其中，序列 $x(n)$ 和 $y(n)$ 的 z 变换分别表示为 $X(z)$ 和 $Y(z)$，其收敛域分别为 $R_{x-}<|z|<R_{x+}$ 和 $R_{y-}<|z|<R_{y+}$。a 和 b 是常数。上标 * 表示复共轭。

表 1-4 z 变换的性质

性质	序列	z 变换	收敛域
线性	$ax(n)+by(n)$	$aX(z)+bY(z)$	$\max[R_{x-},R_{y-}]<\|z\|<\min[R_{x+},R_{y+}]$
序列移位	$x(n-m)$	$z^{-m}X(z)$	$R_{x-}<\|z\|<R_{x+}$
乘以指数序列	$a^n x(n)$	$X(a^{-1}z)$	$\|a^{-1}\|R_{x-}<\|z\|<\|a^{-1}\|R_{x+}$
序列折叠	$x(-n)$	$X(z^{-1})$	$R_{x+}^{-1}<\|z\|<R_{x-}^{-1}$
复共轭序列	$x^*(n)$	$X^*(z^*)$	$R_{x-}<\|z\|<R_{x+}$
与 n 相乘	$nx(n)$	$-z\dfrac{dX(z)}{dz}$	$R_{x-}<\|z\|<R_{x+}$
初值定理	因果序列 $x(n)$ 逆因果序列 $x(n)$	$x(0)=\lim\limits_{z\to\infty}X(z)$ $x(0)=\lim\limits_{z\to 0}X(z)$	
终值定理	因果序列 $x(n)$	$\lim\limits_{n\to\infty}x(n)=\lim\limits_{z\to 1}[(z-1)X(z)]$	$(z-1)X(z)$ 的极点都在单位圆内
序列卷积	$x(n)*y(n)$	$X(z)Y(z)$	$\max[R_{x-},R_{y-}]<\|z\|<\min[R_{x+},R_{y+}]$
复卷积定理	$x(n)y(n)$	$\dfrac{1}{2\pi j}\oint_C X\left(\dfrac{z}{v}\right)Y(v)v^{-1}dv$	$R_{x-}R_{y-}<\|z\|<R_{x+}R_{y+}$
复序列的实部	$\mathrm{Re}[x(n)]$	$\dfrac{1}{2}[X(z)+X^*(z^*)]$	$R_{x-}<\|z\|<R_{x+}$
复序列的虚部	$\mathrm{Im}[x(n)]$	$\dfrac{1}{2j}[X(z)-X^*(z^*)]$	$R_{x-}<\|z\|<R_{x+}$
Parseval 定理	$\sum\limits_{n=-\infty}^{\infty}x(n)y^*(n)=\dfrac{1}{2\pi j}\oint_C X(v)Y^*\left(\dfrac{1}{v^*}\right)v^{-1}dv$		$R_{x-}R_{y-}<\|z\|<R_{x+}R_{y+}$

表 1-5 列出的是常用 z 变换公式，利用它们和 z 变换性质可以简化计算。

表 1-5 常用 z 变换公式

序号	序列	z 变换	收敛域
1	$\delta(n)$	1	整个 z 平面
2	$u(n)$	$\dfrac{1}{1-z^{-1}}$	$\|z\|>1$
3	$a^n[u(n)-u(n-N)]$	$\dfrac{1-a^N z^{-N}}{1-az^{-1}}$	$\|z\|>0$
4	$a^n u(n)$	$\dfrac{1}{1-az^{-1}}$	$\|z\|>a$
5	$-a^n u(-n-1)$	$\dfrac{1}{1-az^{-1}}$	$\|z\|<a$
6	$a^{\|n\|}$	$\dfrac{1-a^2}{(1-az^{-1})(1-az)}$	$a<\|z\|<\dfrac{1}{a}$

例 1.40 求序列 $x(n)=a^n[u(n)-u(n-N)]$的 z 变换。

解 根据例 1.28,$a^n u(n)$的 z 变换是 $1/(1-az^{-1})$,收敛域为$|z|>|a|$。根据序列移位性质,$a^{n-N}u(n-N)$的 z 变换是 $z^{-N}/(1-az^{-1})$,收敛域为$|z|>|a|$。因此,$a^n u(n-N)$的 z 变换是 $a^N z^{-N}/(1-az^{-1})$,收敛域仍为$|z|>|a|$。根据线性性质,得到

$$X(z)=\frac{1}{1-az^{-1}}-\frac{a^N z^{-N}}{1-az^{-1}}=\frac{1-a^N z^{-N}}{1-az^{-1}},\qquad |z|>0$$

注意到零点 $z=a$ 恰与极点 $z=a$ 抵消,所以收剑域不再是$|z|>|a|$,而是$|z|>0$。

例 1.41 求序列 $x(n)=\beta^n\cos(\omega_0 n)u(n)$的 z 变换。

解 首先,注意到

$$\cos(\omega_0 n)u(n)=\frac{e^{j\omega_0 n}+e^{-j\omega_0 n}}{2}u(n)$$

由例 1.28,$e^{j\omega_0 n}u(n)$和 $e^{-j\omega_0 n}u(n)$的 z 变换分别是 $1/(1-e^{j\omega_0}z^{-1})$和 $1/(1-e^{-j\omega_0}z^{-1})$,收敛域为$|z|>1$。根据线性性质,可以得到 $\cos(\omega_0 n)u(n)$ 的 z 变换为

$$\frac{1}{2}\left[\frac{1}{1-e^{j\omega_0}z^{-1}}+\frac{1}{1-e^{-j\omega_0}z^{-1}}\right]=\frac{1-\cos\omega_0 z^{-1}}{1-2\cos\omega_0 z^{-1}+z^{-2}},\qquad |z|>1$$

最后,根据乘以指数序列的性质,得到

$$X(z)=\frac{1-\beta\cos\omega_0 z^{-1}}{1-2\beta\cos\omega_0 z^{-1}+\beta^2 z^{-2}},\qquad |z|>\beta$$

1.5 传输函数

1.5.1 LTI 系统的传输函数

LTI 因果系统用下列线性常系数差分方程描述

$$\sum_{k=0}^{N}a_k y(n-k)=\sum_{k=0}^{M}b_k x(n-k) \tag{1.127}$$

求式(1.127)两边的 z 变换,得到

$$\sum_{k=0}^{N}a_k z^{-k}Y(z)=\sum_{k=0}^{M}b_k z^{-k}X(z) \tag{1.128}$$

由式(1.128)计算系统的输出与输入信号的 z 变换之比,得到

$$H(z)=\frac{Y(z)}{X(z)}=\frac{\sum_{k=0}^{M}b_k z^{-k}}{\sum_{k=0}^{N}a_k z^{-k}} \tag{1.129}$$

$H(z)$称为系统的传输函数或系统函数。将式(1.129)的分母和分子多项式分解成一次因式,得到

$$H(z)=K\frac{\prod_{k=1}^{M}(1-z_k z^{-1})}{\prod_{k=1}^{N}(1-p_k z^{-1})} \tag{1.130}$$

式中，$K=b_0/a_0$ 称为增益，b_0 和 a_0 都不等于 0。分母和分子多项式的根分别称为极点和零点。传输函数由系数 a_k 和 b_k 或零点 z_k、极点 p_k 和增益 K 完全确定。

因果系统的传输函数 $H(z)$的收敛域是半径为 R_{h-} 的圆的外部区域，R_{h-} 由具有最大模的极点决定，因此，$H(z)$的收敛域为 $|z|>R_{h-}=\max\limits_k(|p_k|)$。

另一方面，LTI 系统的输入和输出存在线性卷积关系(见 1.2.2 节)

$$y(n)=x(n)*h(n) \tag{1.131}$$

式中，$h(n)$是冲激响应。对式(1.131)两边取 z 变换，利用 z 变换的序列卷积性质，得到

$$Y(z)=X(z)H(z) \tag{1.132}$$

式中，$H(z)$是 $h(n)$的 z 变换。因此，LTI 系统的传输函数正是系统的冲激响应的 z 变换。式(1.131)和式(1.132)分别从时域和 z 域(频域)描述系统，它们的作用等效。

如果单位圆在收敛域中，则可令 $z=e^{j\omega}$，由式(1.132)得到

$$Y(e^{j\omega})=H(e^{j\omega})X(e^{j\omega}) \tag{1.133}$$

这正是在 1.3.4 节中的式(1.90)，其中，$H(e^{j\omega})$是系统频率响应，$X(e^{j\omega})$和 $Y(e^{j\omega})$分别是 $x(n)$和 $y(n)$的频率特性。因此，传输函数在单位圆上的值等于系统的频率响应，这为频率响应的计算提供了另外一种方法。

1.5.2 利用传输函数分析系统的频率响应

为便于计算极点和零点，常将式(1.129)和式(1.130)的系统函数写成 z 的正幂形式

$$H(z)=z^{N-M}\frac{\sum\limits_{k=0}^{M}b_k z^{M-k}}{\sum\limits_{k=0}^{N}a_k z^{N-k}}=Kz^{N-M}\frac{\prod\limits_{k=1}^{M}(z-z_k)}{\prod\limits_{k=1}^{N}(z-p_k)}$$

令 $z=e^{j\omega}$，由上式得到系统的频率响应

$$H(e^{j\omega})=Ke^{j\omega(N-M)}\frac{\prod\limits_{k=1}^{M}(e^{j\omega}-z_k)}{\prod\limits_{k=1}^{N}(e^{j\omega}-p_k)} \tag{1.134}$$

式中，$e^{j\omega}$是 z 平面上辐角为 ω、模为 1 的矢量；$e^{j\omega}-z_k$ 和 $e^{j\omega}-p_k$ 分别是由零点 z_k 和极点 p_k 到矢量 $e^{j\omega}$ 的终点(在单位圆上)的矢量，分别称为零点矢量 A_k 和极点矢量 B_k。

$$A_k=|A_k|e^{j\alpha_k}=e^{j\omega}-z_k,\quad k=1,2,\cdots,M$$

$$B_k=|B_k|e^{j\beta_k}=e^{j\omega}-p_k,\quad k=1,2,\cdots,N$$

如图 1-26 所示。

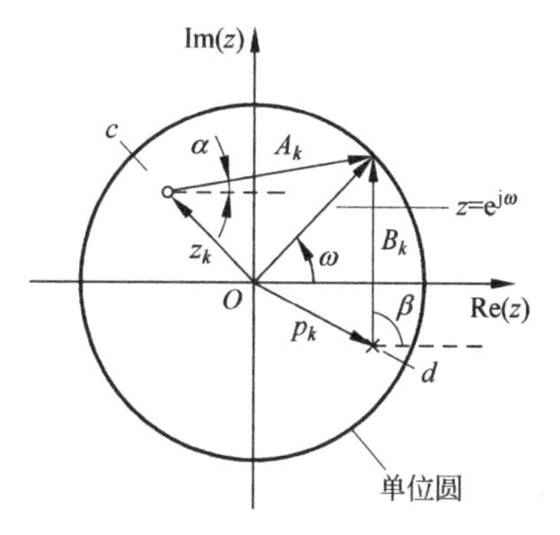

图 1-26　零点矢量和极点矢量示意图

利用 A_k 和 B_k 将式(1.134)表示为

$$H(e^{j\omega})=Ke^{j\omega(N-M)}\prod_{k=1}^{M}A_k\Big/\prod_{k=1}^{N}B_k \tag{1.135}$$

因此,系统的幅度响应和相位响应可以分别表示为

$$|H(e^{j\omega})| = |K| \prod_{k=1}^{M} |A_k| \Big/ \prod_{k=1}^{N} |B_k| \tag{1.136}$$

和

$$\varphi(\omega) = \sum_{k=1}^{M} \alpha_k - \sum_{k=1}^{N} \beta_k + (N-M)\omega \tag{1.137}$$

式(1.137)的得出假设 K 是正实数。

从式(1.136)和式(1.137)看出,幅度响应由各零点矢量的模的乘积与各极点矢量的模的乘积之比确定;相位响应等于各零点矢量的相位之和减去各极点矢量的相位之和,如果分子和分母多项式的次数不等,还要加上线性相位$(N-M)\omega$。幅度响应可以利用式(1.136)根据极点和零点粗略画出。当 ω 从 0 变到 2π 时,矢量 $e^{j\omega}$ 逆时针方向旋转,$|H(e^{j\omega})|$的大小随之发生变化。当 $e^{j\omega}$旋转到 z_k 的方向(c 点)时,$|A_k|$最小,$|B_k|$最大,因此$|H(e^{j\omega})|$最小,即幅度响应在 c 点出现谷点;类似分析可得出结论,$|H(e^{j\omega})|$在 p_k 方向(d 点)上出现峰值。

如果极点位置不动而改变零点位置,零点越靠近单位圆,零点矢量的模越小,因此幅度响应在零点附近也越小;当零点落在单位圆上时,零点矢量的模等于0,因此幅度响应在零点上的值也等于0。反过来看,如果零点位置不动而改变极点位置,极点越靠近单位圆,极点矢量的模越小,因此幅度响应在极点附近越大;当极点落在单位圆上时,极点矢量的模等于0,因此幅度响应在极点上的值达到无穷大。

实系数传输函数的频率特性幅度响应的平方为

$$|H(e^{j\omega})|^2 = H(e^{j\omega})H^*(e^{j\omega}) = H(e^{j\omega})H(e^{-j\omega}) = H(z)H(z^{-1})\Big|_{z=e^{j\omega}} \tag{1.138}$$

将式(1.134)代入式(1.138),得到用极点和零点表示的实系数传输函数的频率特性的幅度响应公式

$$|H(e^{j\omega})|^2 = K^2 \frac{\prod_{k=1}^{M}(e^{j\omega}-z_k)(e^{-j\omega}-z_k^*)}{\prod_{k=1}^{N}(e^{j\omega}-p_k)(e^{-j\omega}-p_k^*)} \tag{1.139}$$

例 1.42 已知一个因果系统的传输函数。

$$H(z) = \frac{1+0.6z^{-1}}{1-0.2z^{-1}}$$

求幅度响应$|H(e^{j\omega})|$,并画出其图形。根据极点和零点粗略画出幅度响应的图形。

解 传输函数有一个极点 $z=0.2$ 和一个零点 $z=-0.6$。由于是因果系统,所以收敛域为$|z|>0.2$。由于单位圆在收敛域内,所以令 $z=e^{j\omega}$即可由 $H(z)$得到系统的幅度响应

$$|H(e^{j\omega})| = \left|\frac{1+0.6e^{-j\omega}}{1-0.2e^{-j\omega}}\right| = \left|\frac{e^{j\omega}+0.6}{e^{j\omega}-0.2}\right|$$

如图 1-27(a)所示。按照式(1.136)根据零点和极点画出$|H(e^{j\omega})|$随 ω 变化的图形,如

图 1-27(b)阴影所示。将图 1-27(a)与图 1-27(b)对比可以看出它们的相似性。

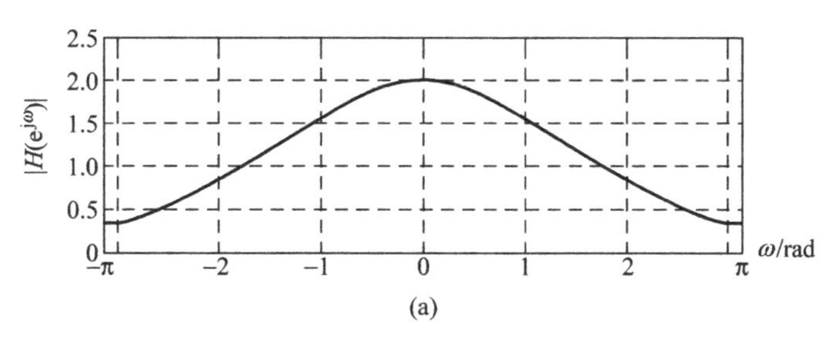

(a)

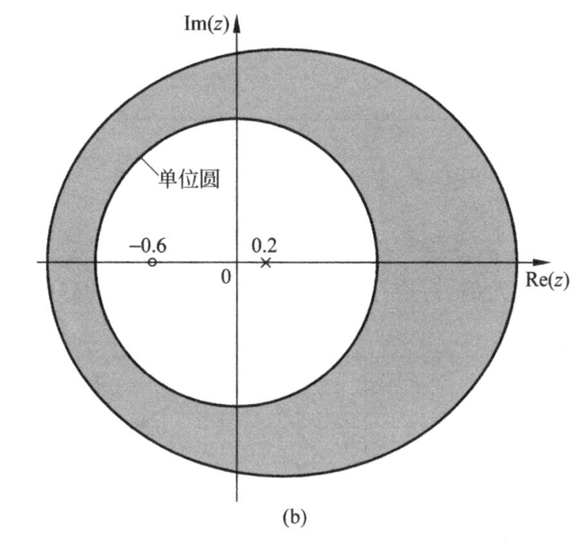

(b)

图 1-27 例 1.42 中由传输函数计算得到的幅度响应和由极点、零点估计的幅度响应

当传输函数的系数均为实数时，它的极点和零点或者是实数或者以共轭复数的形式成对出现。请看下例。

例 1.43 已知一个因果系统的传输函数为

$$H(z)=\frac{1}{0.8+0.32z^{-1}+0.24z^{-2}}$$

画出极-零点图，并求系统的幅度响应。

解 为便于计算极点和零点，将传输函数写成标准形式(z 的正幂的首一多项式)

$$H(z)=\frac{z^2}{0.8z^2+0.32z+0.24}=\frac{1.25z^2}{z^2+0.4z+0.3}$$

对分母进行因式分解，得到

$$H(z)=\frac{1.25z^2}{[z-(-0.2+\mathrm{j}0.5099)][z-(-0.2-\mathrm{j}0.5099)]}$$

在 $z=0$ 处有 2 阶零点，在 $z=-0.2\pm\mathrm{j}0.5099$ 处有共轭极点，如图 1-28 所示。

因是因果系统，故收敛域为 $|z|>|-0.2+\mathrm{j}0.5099|=0.5477$，即半径为 0.5477 的圆外区域。收敛域包含单位圆，因此可令 $z=e^{j\omega}$ 由传输函数计算幅度响应，得到

$$|H(e^{j\omega})|=\frac{1}{|0.8+0.32e^{-j\omega}+0.24e^{-j2\omega}|}$$

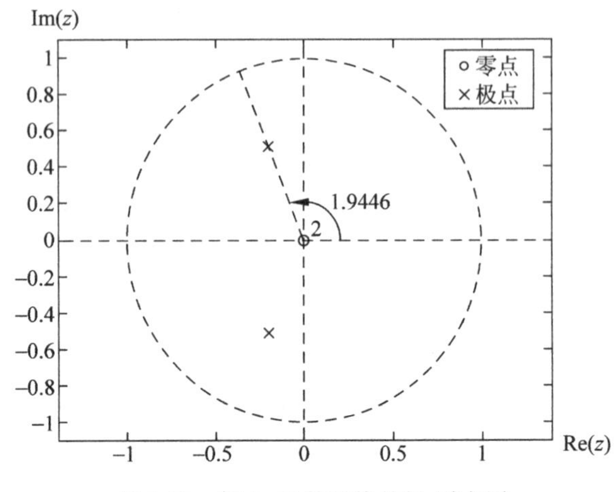

图 1-28 例 1.43 的系统的极-零点图

据此画出的幅度响应如图 1-29 所示。根据对称性,只画出 $0\leqslant\omega<\pi$ 的部分。可以看出,幅度响应在极点方向有最大值,对应于 $\omega=\arctan\dfrac{0.5099}{-0.2}=1.9446$。

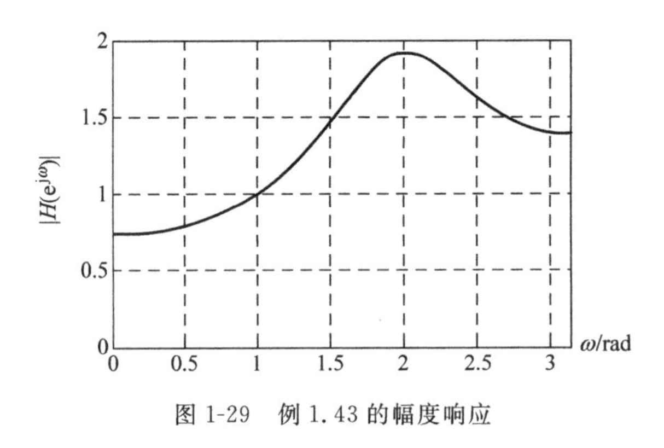

图 1-29 例 1.43 的幅度响应

1.5.3 利用传输函数分析系统的稳定性

只要输入的幅度有限,稳定系统的输出总会在暂态结束后稳定下来。如果输入是直流信号,输出终将变成直流信号;如果输入是正弦信号,输出终将变成稳定的正弦信号;反之,对于不稳定系统,输出信号幅度将无限地增长,即使输入只有很小变化,也可能使输出发生很大变化。

如果输入是冲激序列,输入在一瞬间取非零值后便立刻变成零,但系统的输出不可能立刻也变成零。对于稳定系统,其输出将单调地或振荡地逐渐衰减成零;但对于不稳定系统,其输出将形成等幅或增幅振荡。因此,根据系统的冲激响应形状能够判断系统是否稳定。

LTI 系统稳定的充分必要条件是它的冲激响应绝对可和,即

$$S = \sum_{n=-\infty}^{\infty} |h(n)| < \infty \tag{1.140}$$

显然,当系统是无限冲激响应系统时,以此来判断系统的稳定性一般是困难的。

系统的传输函数 $H(z)$是系统的冲激响应 $h(n)$的 z 变换。在 1.4.1 节中曾经指出过,z 变换 $H(z)$存在的充分条件是序列 $h(n)z^{-n}$绝对可和,即

$$\sum_{n=-\infty}^{\infty} |h(n)z^{-n}| < \infty \tag{1.141}$$

若 $H(z)$在单位圆上收敛,即$|z|=1$ 时式(1.141)成立,也就是式(1.140)成立,因此系统稳定。因果系统的收敛域是半径为 R_{h-} 的圆的外部区域,所以,因果系统稳定的条件是

$$\begin{cases} R_{h-} < |z| \leqslant \infty \\ 0 < R_{h-} < 1 \end{cases} \tag{1.142}$$

即收敛域包括单位圆,或者等效地说,全部极点都在单位圆内。因此,根据全部极点是否在单位圆内来判断系统的稳定性是方便的。图 1-30 说明极点位置与因果系统稳定性的关系。

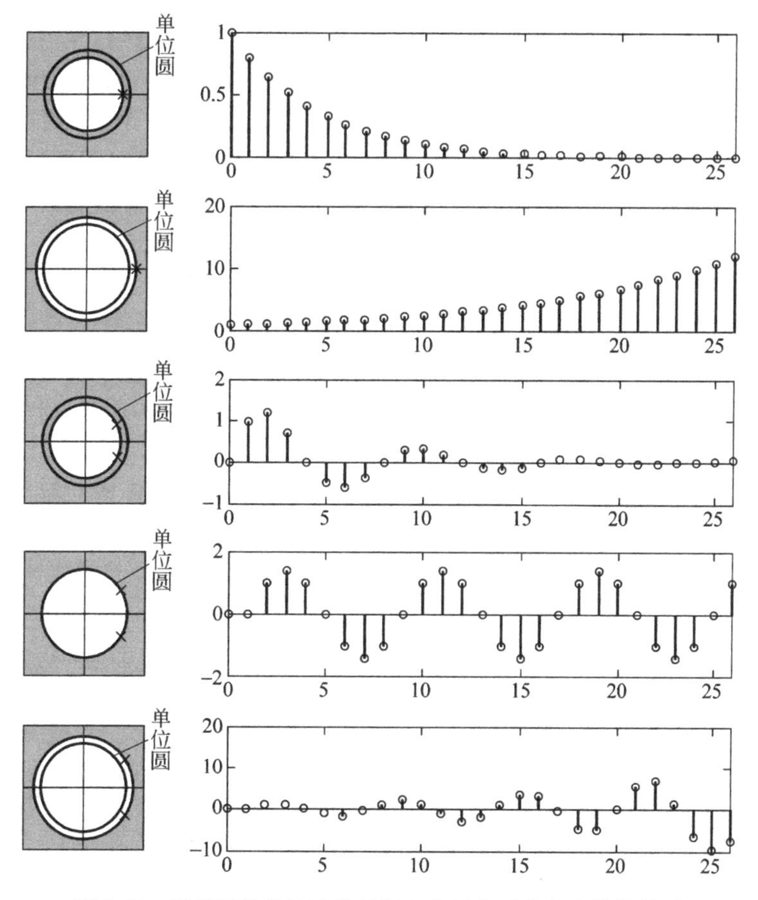

图 1-30　因果系统传输函数的极点位置与系统稳定性的关系

在图 1-30 中,从上到下的图形对应的传输函数依次是

(1) $H(z)=\dfrac{z^{-1}}{1-az^{-1}},|z|>a,0<a<1$

(2) $H(z)=\dfrac{z^{-1}}{1-az^{-1}},|z|>a,a>1$

(3) $H(z)=\dfrac{z^{-2}}{(1-pz^{-1})(1-p^{*}z^{-1})},|z|>|p|,|p|<1$

(4) $H(z)=\dfrac{z^{-2}}{(1-pz^{-1})(1-p^{*}z^{-1})},|z|>|p|=1$

(5) $H(z)=\dfrac{z^{-2}}{(1-pz^{-1})(1-p^{*}z^{-1})},|z|>|p|>1$

由于是因果系统,所以收敛域是圆外区域(灰色区域)。(1)和(2)是 1 阶系统,(3)、(4)、(5)是 2 阶系统。(1)的极点 $z=a<1$ 在单位圆内,收敛域包括单位圆,冲激响应是一个单调衰减序列,系统稳定;(2)的极点 $z=a>1$ 在单位圆外,收敛域不包括单位圆,冲激响应是一个单调增长序列,系统不稳定;(3)的两个共轭极点 $z=p$ 和 $z=p^{*}$ 都在单位圆内,收敛域包括单位圆,冲激响应是一个衰减振荡序列,系统稳定;(4)的两个共轭极点 $z=p$ 和 $z=p^{*}$ 都在单位圆上,收敛域不包括单位圆,冲激响应是一个正弦(等幅振荡)序列,系统不稳定;(5)的两个共轭极点 $z=p$ 和 $z=p^{*}$ 都在单位圆外,收敛域不包括单位圆,冲激响应是一个增幅振荡序列,系统不稳定。可以看出,所有极点在单位圆内的因果系统都是稳定系统,系统的暂态很快消失,冲激响应最终都趋近于零(如(1)和(3)),这是稳定系统的特点。而所有极点在单位圆外的因果系统都是不稳定系统,冲激响应不断增长或等幅振荡,永远不可能趋近于零(如(2)、(4)和(5)),这是不稳定系统的特点。

1.5.4 利用传输函数计算 LTI 系统的输出

至此,已经介绍了描述和分析 LTI 离散时间系统的冲激响应、差分方程、传输函数和频率响应等 4 种等价方法,如图 1-31 所示。它们分别从时域或频域(包括复频域或 z 域)描述和分析系统。其中,传输函数是冲激响应的 z 变换,它是最方便和简单的方法。线性卷积和差分方程都是在时域中进行计算,一般都比较复杂。而在 z 域,利用传输函数计算系统的输出更为简单。

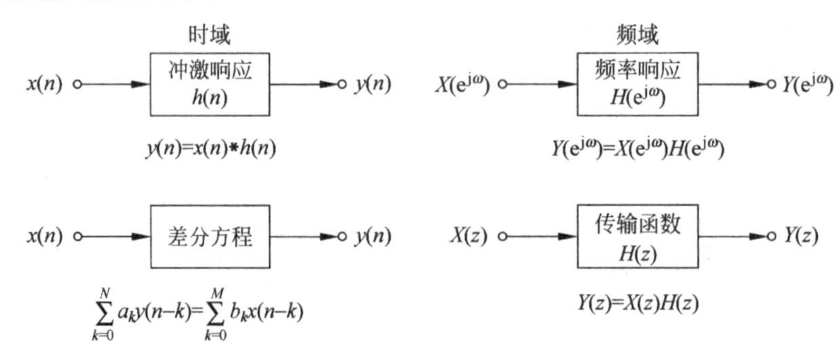

图 1-31 描述和分析 LTI 离散时间系统的 4 种等价方法

例 1.44 已知一因果系统的冲激响应为 $h(n)=2\times(-0.4)^n u(n)$，输入为 $x(n)=u(n)$，用 z 变换求系统的输出 $y(n)$，画出 $x(n)$、$h(n)$ 和 $y(n)$ 的图形。

解 查表 1-5，直接得出系统的传输函数

$$H(z)=\frac{2}{1+0.4z^{-1}},\quad |z|>0.4$$

和输入信号的 z 变换

$$X(z)=\frac{1}{1-z^{-1}},\quad |z|>1$$

因此，系统输出信号的 z 变换为

$$Y(z)=X(z)H(z)=\frac{2}{(1-z^{-1})(1+0.4z^{-1})},\quad |z|>1$$

利用部分分式法计算 $Y(z)$ 的逆 z 变换

$$Y(z)=2z^2\frac{1}{(z-1)(z+0.4)}=2z^2\left[\frac{A_1}{z-1}+\frac{A_2}{z+0.4}\right]$$

式中

$$A_1=\left.\frac{1}{z+0.4}\right|_{z=1}=\frac{5}{7}$$

$$A_2=\left.\frac{1}{z-1}\right|_{z=-0.4}=-\frac{5}{7}$$

因此

$$Y(z)=2z^2\left[\frac{5/7}{z-1}-\frac{5/7}{z+0.4}\right]=\frac{10}{7}z\left[\frac{z}{z-1}-\frac{z}{z+0.4}\right]$$

利用表 1-5 和表 1-4 中的序列移位性质，直接由 $Y(z)$ 得到

$$y(n)=\frac{10}{7}[1-(-0.4)^{n+1}]u(n+1)$$

$x(n)$、$h(n)$ 和 $y(n)$ 的图形示于图 1-32。

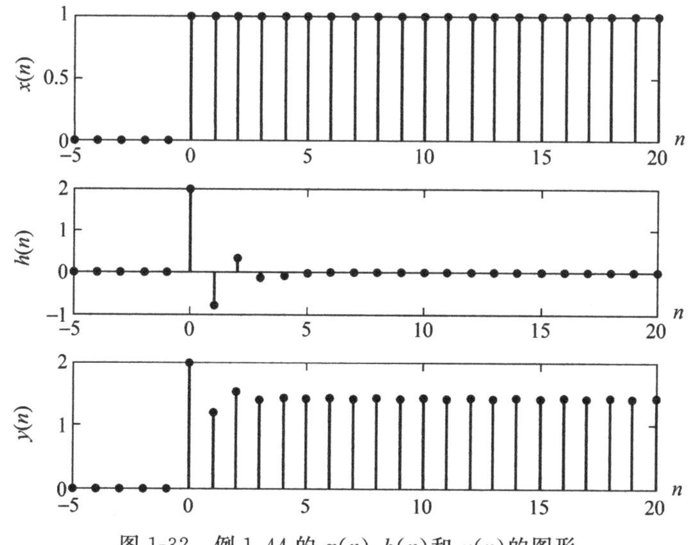

图 1-32 例 1.44 的 $x(n)$、$h(n)$ 和 $y(n)$ 的图形

例 1.45 已知一稳定因果系统由下列差分方程描述

$$y(n)+0.5y(n-1)-0.3y(n-2)=0.8x(n-1)$$

用 z 变换计算系统在输入为 $x(n)=u(n)$ 时的输出 $y(n)$，并画出 $h(n)$ 和 $y(n)$ 的图形。

解 由差分方程得到系统的传输函数

$$H(z)=\frac{Y(z)}{X(z)}=\frac{0.8z^{-1}}{1+0.5z^{-1}-0.3z^{-2}}$$

查表 1-5 直接得出输入序列 $x(n)=u(n)$ 的 z 变换

$$X(z)=\frac{1}{1-z^{-1}},\quad |z|>1$$

因此，输出的 z 变换等于

$$Y(z)=X(z)H(z)=\frac{0.8z^{-1}}{(1+0.5z^{-1}-0.3z^{-2})(1-z^{-1})}$$

将 $Y(z)$ 表示成标准形式

$$Y(z)=0.8z^2\left[\frac{1}{(z^2+0.5z-0.3)(z-1)}\right]$$

对分母多项式进行因式分解

$$Y(z)=0.8z^2\left[\frac{1}{(z+0.852\,08)(z-0.352\,08)(z-1)}\right]$$

化成部分分式

$$Y(z)=0.8z^2\left[\frac{A}{z+0.852\,08}+\frac{B}{z-0.352\,08}+\frac{C}{z-1}\right]$$

式中

$$A=\left.\frac{1}{(z-0.352\,08)(z-1)}\right|_{z=-0.852\,08}=0.448\,39$$

$$B=\left.\frac{1}{(z+0.852\,08)(z-1)}\right|_{(z=0.352\,08)}=-1.281\,72$$

$$C=\left.\frac{1}{(z+0.852\,08)(z-0.352\,08)}\right|_{z=1}=0.833\,33$$

因此

$$Y(z)=0.8z\left[\frac{0.448\,39z}{z+0.852\,08}-\frac{1.281\,72z}{z-0.352\,08}+\frac{0.833\,33z}{z-1}\right]$$

利用表 1-5 和表 1-4 中的序列移位性质，直接由 $Y(z)$ 得出

$$y(n)=[0.358\,71(-0.852\,08)^{n+1}-1.025\,38(0.352\,08)^{n+1}+0.666\,66]u(n+1)$$

利用部分分式法计算 $H(z)$ 的逆 z 变换

$$H(z)=0.8z\left[\frac{A_1}{z+0.852\,08}+\frac{A_2}{z-0.352\,08}\right]$$

式中

$$A_1=\left.\frac{1}{z-0.352\,08}\right|_{z=-0.852\,08}=-0.834\,54$$

$$A_2 = \frac{A_1}{z+0.852\,08}\bigg|_{z=0.352\,08} = 0.834\,54$$

因此

$$H(z) = 0.8 \times 83\,454\left[\frac{-z}{z+0.852\,08} + \frac{z}{z-0.352\,08}\right]$$
$$= 0.667\,63\left[\frac{-z}{z+0.852\,08} + \frac{z}{z-0.352\,08}\right]$$

由此得到系统的冲激响应为

$$h(n) = 0.667\,63[-(-0.852\,08)^n + 0.352\,08^n]u(n)$$

图 1-33 所示的是 $h(n)$和 $y(n)$的图形。

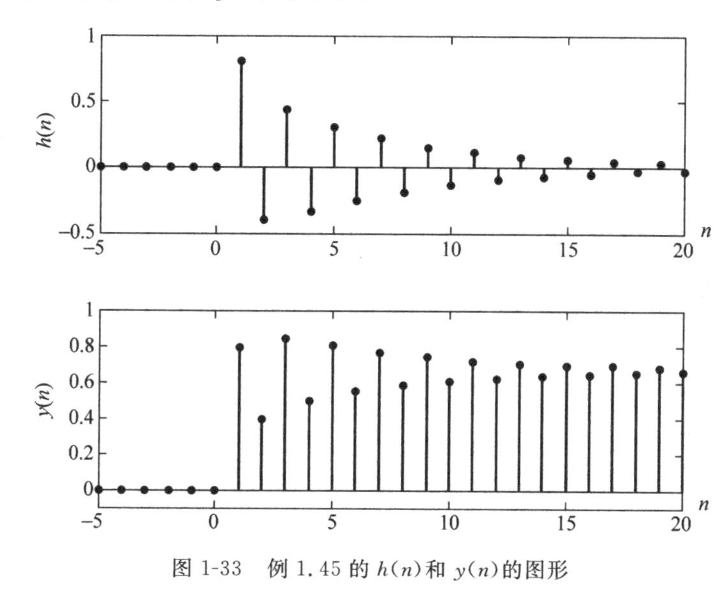

图 1-33　例 1.45 的 $h(n)$和 $y(n)$的图形

1.6　离散时间信号和系统的 MATLAB 分析

1.6.1　离散时间信号的产生

MATLAB 中的数学函数可用于产生各种序列，实际采集的信号也可读入 MATLAB 进行处理。MATLAB 也能产生离散时间随机信号，其中最重要的是 rand(1,N)和 randn(1,N)，前者产生在[0,1]内均匀分布的长度为 N 的随机序列，后者产生均值为 0、方差为 1、长度为 N 的高斯分布随机序列。其中，randn(1,N)可以由 rand(1,N)产生。函数 rand 的调用方式如下：

(1) rand(N)：产生一个由随机数构成的 N×N 的矩阵，矩阵中的元素是在区间[0,1]内均匀分布的随机变量。

(2) rand(M,N)或 rand([M,N])：产生一个由随机数构成的 M×N 的矩阵，矩阵中的元素是在区间[0,1]内均匀分布的随机变量。

(3) rand(M,N,P,…)或 rand([M,N,P,…]):产生一个由随机数构成的 M×N×P×…的矩阵,矩阵中的元素是在区间[0,1]内均匀分布的随机变量。

(4) rand:产生一个在区间[0,1]内均匀分布的随机数,函数每调用一次,随机数的数值改变一次。

函数 randn 的调用方式与 rand 基本相同。

例 1.46 用 MATLAB 产生 1.1 节中的所有基型序列。

解 MATLAB 程序如下(不包括绘图语句):

```
%  ns 和 nf 分别是序列的起点和终点。delta 为单位冲激序列,step 为单位阶跃序列,
%  RN 是宽度为 N 的矩形序列,xc 为复指数序列,xr 为实指数序列,xs 为正弦序列。
ns = input ('输入序列起始点 = ');nf = input ('输入序列终止点 = ');
N = input ('输入矩形序列宽度 = ');alpha = input ('输入实指数 = ');
beta = input ('输入虚指数 = ');A = input ('输入幅度 = ');
a = input ('输入实指数的底数 = '); omega = input ('输入正弦序列的角频率 = ');
if   ns > nf
erro ('输入的起始点和终止点应满足 ns <= nf')
else n = [ns:nf];
end
delta = [n == 0];          % 产生单位冲激序列
step = [n >= 0];           % 产生单位阶跃序列
stepN = [(n - N)>= 0];     % 产生位移 N 的单位阶跃序列
RN = step - stepN          % 产生宽度为 N 的矩形序列
c = alpha + i * beta;      % 复指数
xc = A * exp(c * n);       % 产生复指数序列
xr = A * a.^n;             % 产生实指数序列
xs = A * cos(omega * n);   % 产生正弦序列
```

运行上列程序,设置如下参数:输入序列起始点=−5,输入序列终止点=10,输入矩形序列宽度=6,输入指数的实部=0.1,输入指数的虚部=pi/6(pi 是 MATLAB 表示 π 的代码),输入幅度=1,输入实指数的底数=0.8,输入正弦序列的角频率=0.2 * pi。得到如图 1-34 所示的图形。

关于例 1.46 的 MATLAB 程序的几点说明:

(1) 计算机内存总是有限的,MATLAB 只能表示有限长序列或无限长序列的局部,因此在产生序列时需要指定序列自变量的起始值和终止值。在 MATLAB 上,一般需要用两个矢量分别表示序列取样值的大小和标号。只有当不需要标号信息或当标号本来就是从 0 开始时,才可以只用一个矢量来表示序列的取样值。

(2) 这是一个通用程序,其中序列起始点和终止点、矩形序列宽度、指数的实部和虚部、幅度、指数的底数、角频率等参数都可以在运行程序时指定。在实用中产生信号时不一定都要采用这种通用方式,可以根据实际需要在程序中直接对信号的参数具体赋值。

(3) 复指数序列包含实部和虚部两个序列,图中只画出了复指数序列的实部。

(4) 为了产生位移 N 的单位阶跃序列,使用的语句 stepN=[(n-N)>=0]是单位阶跃序列语句的一般形式,当 N=0 时 stepN=step。同样,delta=[(n-N)==0]是产生一般形式单位冲激序列的语句。

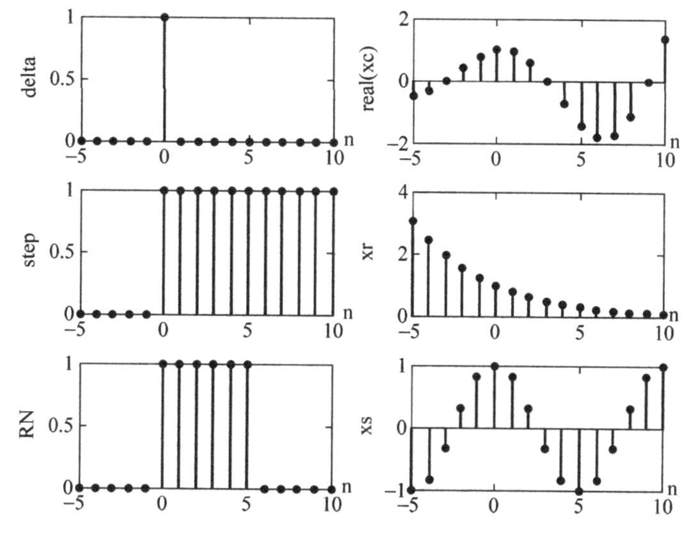

图 1-34 例 1.46 用 MATLAB 产生的基型序列

1.6.2 序列的基本运算

1. 序列相加和相乘

两序列相加或相乘时,它们的长度应相同,而且对应取样值具有相同的标号。如果两序列长度不等,则必须首先通过下标运算使它们具有相同长度。设 $x_1(n)$和 $x_2(n)$的下标范围分别是 $\min(n_1)\sim\max(n_1)$和 $\min(n_2)\sim\max(n_2)$,MATLAB 将 $x_1(n)$和 $x_2(n)$分别表示为"x1,n1"和"x2,n2",并用函数 sigindex 将它们变成长度同为 n 的序列 x1e 和 x2e。

```
%   输入: x1,n1 = (min(n1): max(n1)); x2,n2 = (min(n2): max(n2))
%   输出: x1e,x2e,它们的长度都是 n
function [x1e, x2e, n] = sigindex(x1,n1,x2,n2)
n = (min(min(n1),min(n2)):max(max(n1),max(n2)));
x1e = zeros(1,length(n)); x2e = x1e;
x1e(find((n >= min(n1))&(n <= max(n1)) == 1)) = x1;
x2e(find((n >= min(n2))&(n <= max(n2)) == 1)) = x2;
```

2. 序列移位

序列 $x(n)$用 x 和 nx 表示，移位序列 $y(n)=x(n-n_0)$用 y 和 ny 表示，由于 $y(n+n_0)=x(n)$，所以有：y=x; ny=nx+n0。

3. 序列折叠

序列 $x(n)$用 x 和 nx 表示，折叠序列 $y(n)=x(-n)$用 y 和 ny 表示，则有 y=fliplr(x)和 ny=-fliplr(nx)。

4. 序列取样值求和、求积，序列的能量和功率

序列取样值之和 $\sum_{n=n_1}^{n_2}x(n)$ 表示为 sum(x(n1:n2))。

序列取样值之积 $\prod_{n=n_1}^{n_2}x(n)$ 表示为 prod(x(n1:n2))。

序列能量 $\sum_{n=-\infty}^{\infty}x(n)x^*(n)=\sum_{n=-\infty}^{\infty}|x(n)|^2$ 表示为 sum(x.*conj(x))或 sum(abs(x).^2)。

例 1.47 已知 $x(n)=\left\{1,2,\underset{\uparrow}{3},4,5,6,7,6,5,4,3,2,1\right\}$，这里，向上箭头标明 $n=0$ 的位置。画出 $y(n)=0.2x(5-n)+0.3x(n)x(n-3)$的图形。

解 $x(n)$表示成 n=-2:10 和 x=[1:7,6:-1:1]。$y_1(n)=x(5-n)$表示成 y1=fliplr(x)和 ny1=-fliplr(n)+5。$x_1(n)=x(n-3)$表示成 x1=x 和 nx1=n+3。$x(n)$与 $x(n-3)$的长度虽然相等，但是取样值的标号并不对应，因此在时间上“错开”了；为了求它们的乘积，必须使它们具有相同长度，而且具有对应下标。将 $y_2(n)=x(n)x(n-3)$表示成 y2=xe*x1e 和 ny2，其中 xe 和 x1e 是长度为 ny2 的序列，y2 的长度也是 ny2。类似地，使 $y_1(n)=x(5-n)$与 $y_2(n)=x(n)x(n-3)$具有相同长度，即 y1 和 y2 分别成为 y1e 和 y2e，长度都等于 ny。y=0.2*y1e+0.3*y2e 的长度也是 ny。根据以上说明，编写的程序如下(省略绘图语句)：

```
%  产生 x(n)、y1(n) = x(5 - n)和 x1(n) = x(n - 3)
n = -2:10;x = [1:7,6: -1:1];y1 = fliplr(x);ny1 = - fliplr(n) + 5;x1 = x; nx1 = n + 3;
%  进行下标运算使 x1(n)与 x(n)的具有对应下标
ny2 = (min(min(n),min(nx1)):max(max(n),max(nx1)));
xe = zeros(1,length(ny2)); x1e = xe;
xe(find((ny2 >= min(n))&(ny2 <= max(n)) == 1)) = x;
x1e(find((ny2 >= min(nx1))&(ny2 <= max(nx1)) == 1)) = x1;
%  计算 y2(n) = x(n)x(n - 3)
y2 = xe. * x1e;
%  进行下标运算使 y1(n) = x(5 - n)与 y2(n) = x(n)x(n - 3)具有对应的下标
ny = (min(min(ny1),min(ny2)):max(max(ny1),max(ny2)));
```

```
y1e = zeros(1,length(ny)); y2e = y1e;
y1e(find((ny >= min(ny1))&(ny <= max(ny1)) == 1)) = y1;
y2e(find((ny >= min(ny2))&(ny <= max(ny2)) == 1)) = y2;
%   计算 y(n) = 0.2y1(n) + 0.3y2(n) = 0.2x(5 - n) + 0.3x(n)x(n - 3)
y = 0.2 * y1e + 0.3 * y2e;
```

程序运行结果如图 1-35 所示。

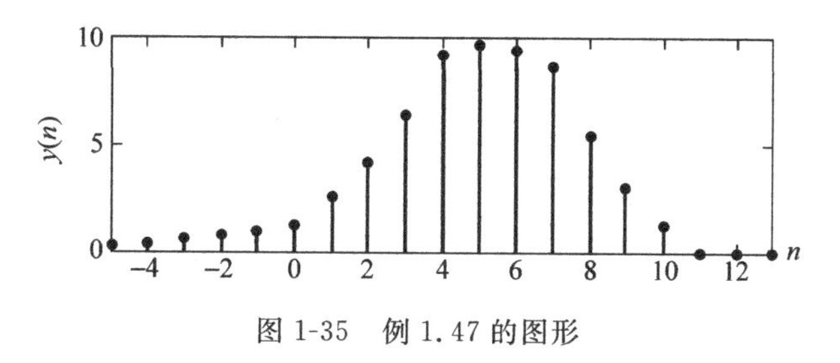

图 1-35　例 1.47 的图形

如果调用函数 sigindex，则上列程序中完成下标运算的两段程序都简化成一句

```
[xe,x1e,ny2] = sigindex(x,n,x1,nx1); 和[y1e,y2e,ny] = sigindex(y1,ny1,y2,ny2);
```

1.6.3　线性卷积和相关序列的计算

1. 线性卷积

在 MATLAB 中，固然可以根据线性卷积的定义式，按照序列折叠、移位、累加的方法进行计算，但是并不方便。方便的方法是利用 MATLAB 提供的内部函数 y=conv(h,x)，其中 h 和 x 都是有限长序列，而且约定下标从 $n=0$ 开始。调用函数 conv 时，输入和输出都不包含下标信息。若两个输入序列的下标不从 $n=0$ 开始，例如，h 和 x 的下标矢量分别为 nh=[nhb:nhe]和 nx=[nxb:nxe]，那么卷积结果 y 的下标矢量将是 ny=[(nhb+nxb):(nhe+nxe)]，而 y 的长度为 length(y)=length(h)+length(x)−1。

例 1.48　已知两个有限长序列

$$x(n) = 0.5n[u(n) - u(n-6)]$$

$$h(n) = 2\sin\left(\frac{\pi}{2}n\right)[u(n+3) - u(n-4)]$$

计算它们的线性卷积 $y(n)$，并画出 $x(n)$、$h(n)$和 $y(n)$的图形。

解　$x(n)$的长度范围是 $n1=0\sim5(x(0)=0)$，$h(n)$的长度范围是 $n2=-3\sim3$，所以卷积结果 $y(n)$的长度范围是 $n=-3\sim8$。MATLAB 程序如下(不包括绘图语句)：

```
%   在 n = - 3～8 范围内产生序列 x(n) 和 h(n)
n = [ - 3:8]; step1 = [n >= 0]; step2 = [(n - 6)>= 0]; Rx = step1 - step2; x = 0.5 * n . * Rx;
step3 = [(n + 3)>= 0]; step4 = [(n - 4)>= 0]; Rh = step3 - step4; h = 2 * sin(pi * n/2). * Rh;
% 调用 conv 计算线性卷积, x(n)和 h(n)的下标范围分别是 n1 = 0～5 和 n2 = - 3～3
n1 = [0:5];x1 = 0.5 * n1;n2 = [ - 3:3];h1 = 2 * sin(pi * n2/2);y = conv(x,h);
```

程序运行结果示于图 1-36。

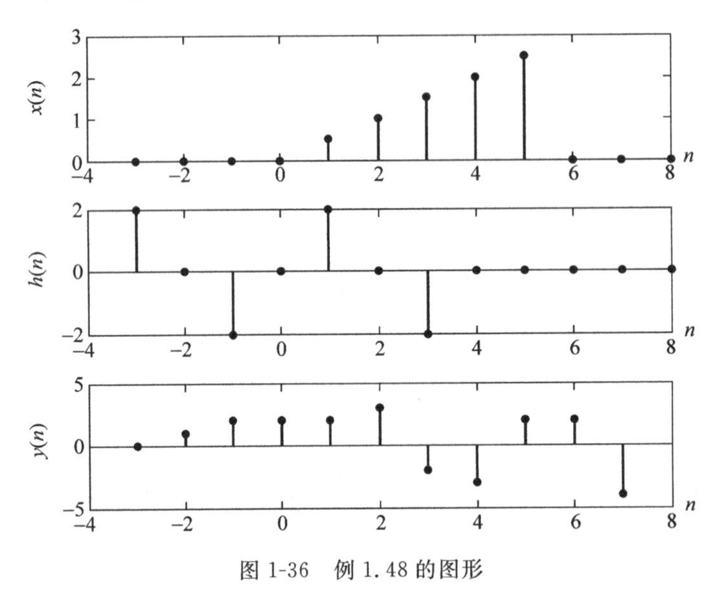

图 1-36 例 1.48 的图形

2. 相关

由于 $x(n)$与 $h(-n)$的卷积等于 $x(n)$与 $h(n)$的互相关,因此,可以调用函数 conv 来完成序列的相关运算。此外,也有专用于计算相关序列的函数,例如计算 x 与 h 的互相关的函数 rxh=xcorr(x , h)和计算 x 的自相关的函数 rxx=xcorr(x)。与函数 conv 一样,函数 xcorr 也没有提供下标信息,输入序列的下标也约定从 $n=0$ 开始。若两个输入序列的下标不从 $n=0$ 开始,例如,设 h 和 x 的下标分别为 nh=[nhb:nhe]和 nx=[nxb:nxe],那么,rxh 和 rxx 的下标分别是 nrxh=[(nhb+nxb):(nhe+nxe)]和 nrxx=[2 * nxb:2nxe)],而相关序列 rxh 和 rxx 的长度分别为 length(rxh)=length(h)+length(x)−1 和 length(rxx)=2 * length(x)−1。

例 1.49 已知 $x(n)=\{1,4,3,0,-1,2,1\}$和 $h(n)=0.5x(n-3)+w(n)$,其中,$w(n)$是均值为 0、方差为 1、长度与 $x(n)$长度相等的高斯分布随机信号。求 $x(n)$与 $h(n)$的互相关序列 $R_{xh}(m)$和 $x(n)$的自相关序列 $R_{xx}(m)$,并画出它们的图形。

解 MATLAB 程序如下(不包括绘图语句):

```
% 产生序列 x(n)和 h(n)
nx = [ - 3:3]; x = [1,4,3,0, - 1,2,1]; w = randn(1,length(x));
x1 = fliplr(x); nx1 = - fliplr(nx); h = 0.5 * x1 + w; nh = nx1 + 3;
% 计算 x(n)与 h(n)的互相关序列 Rxh(m)
rxh = conv(x,h); nrxh = [(min(nx) + min(nh)):(max(nx) + max(nh))];
% 计算 x(n)的自相关序列 Rxx(m)
rxx = conv(x,x1); nrxx = [2 * min(nx):2 * max(nx)];
```

程序运行结果示于图 1-37。

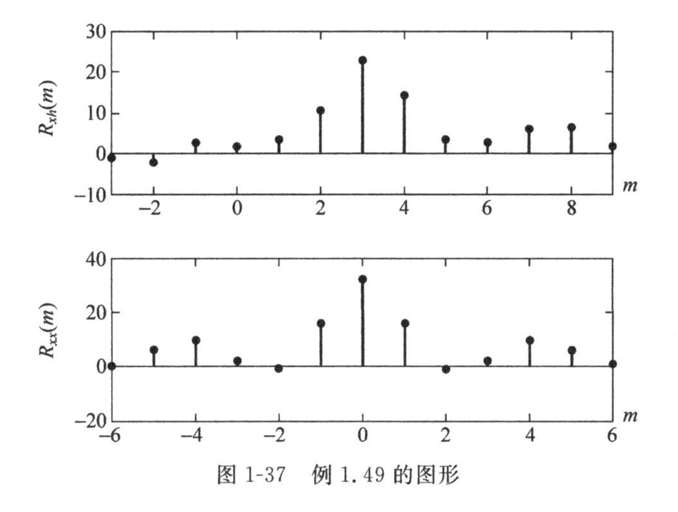

图 1-37　例 1.49 的图形

1.6.4 DTFT 的计算

DTFT 是数字频率 ω 的周期函数，而 ω 是连续变量，因此在 MATLAB 中只能用密集的离散频率点近似表示连续变量 ω。通常将数字频率一个周期$(0,2\pi]$以间隔 $\Delta\omega=2\pi/K$ 进行等分，得到离散变量 $\omega=2\pi k/K(k=0,1,\cdots,K-1)$。$K$ 值越大则 $\Delta\omega$ 越小，频率等分点越密集。若将周期范围取成$(-\pi,\pi]$，则等分频率点的标号按下式确定

$$k=\left\lceil -\frac{K-1}{2}\right\rceil \sim \left\lceil \frac{K-1}{2}\right\rceil \tag{1.143}$$

式中，$\lceil x \rceil$表示小于 x 且与 x 最接近的整数，即向下取整。实序列的 DTFT 是 ω 的偶函数，因此，一般只需计算$(0,\pi]$的半个周期内的 DTFT。因此，等分频率点的标号 k 按下式确定

$$k=0\sim\left\lceil \frac{K-1}{2}\right\rceil \tag{1.144}$$

设序列 $x(n)$的下标范围是 $n=n_1\sim n_N$，数字频率 ω 在$(0,2\pi]$范围内的等分点的标号是 $k=1,2,\cdots,K$，则 DTFT 为

$$X(\mathrm{e}^{\mathrm{j}k\Delta\omega})=\sum_{n=n_1}^{n_N}x(n)\mathrm{e}^{-\mathrm{j}\Delta\omega kn},\quad 1\leqslant k\leqslant K \tag{1.145}$$

若将 $k\Delta\omega=k(2\pi/K)$简写为 ω_k，则式(1.145)可写成矩阵形式

$$\begin{bmatrix} X(\mathrm{e}^{\mathrm{j}\Delta\omega}) \\ X(\mathrm{e}^{\mathrm{j}2\Delta\omega}) \\ \vdots \\ X(\mathrm{e}^{\mathrm{j}K\Delta\omega}) \end{bmatrix}=\begin{bmatrix} \mathrm{e}^{-\mathrm{j}\Delta\omega n_1} & \mathrm{e}^{-\mathrm{j}\Delta\omega n_2} & \cdots & \mathrm{e}^{-\mathrm{j}\Delta\omega n_N} \\ \mathrm{e}^{-\mathrm{j}2\Delta\omega n_1} & \mathrm{e}^{-\mathrm{j}2\Delta\omega n_2} & \cdots & \mathrm{e}^{-\mathrm{j}2\Delta\omega n_N} \\ \vdots & \vdots & \ddots & \vdots \\ \mathrm{e}^{-\mathrm{j}K\Delta\omega n_1} & \mathrm{e}^{-\mathrm{j}K\Delta\omega n_2} & \cdots & \mathrm{e}^{-\mathrm{j}K\Delta\omega n_N} \end{bmatrix}\begin{bmatrix} x(n_1) \\ x(n_2) \\ \vdots \\ x(n_N) \end{bmatrix} \tag{1.146}$$

或

$$\begin{bmatrix} X(\mathrm{e}^{\mathrm{j}\Delta\omega}) \\ X(\mathrm{e}^{\mathrm{j}2\Delta\omega}) \\ \vdots \\ X(\mathrm{e}^{\mathrm{j}K\Delta\omega}) \end{bmatrix}^{\mathrm{T}}=\begin{bmatrix} x(n_1) \\ x(n_2) \\ \vdots \\ x(n_N) \end{bmatrix}^{\mathrm{T}}\begin{bmatrix} \mathrm{e}^{-\mathrm{j}\Delta\omega n_1} & \mathrm{e}^{-\mathrm{j}2\Delta\omega n_1} & \cdots & \mathrm{e}^{-\mathrm{j}K\Delta\omega n_1} \\ \mathrm{e}^{-\mathrm{j}\Delta\omega n_2} & \mathrm{e}^{-\mathrm{j}2\Delta\omega_2 n_2} & \cdots & \mathrm{e}^{-\mathrm{j}K\Delta\omega n_2} \\ \vdots & \vdots & \ddots & \vdots \\ \mathrm{e}^{-\mathrm{j}\Delta\omega n_N} & \mathrm{e}^{-\mathrm{j}2\Delta\omega n_N} & \cdots & \mathrm{e}^{-\mathrm{j}K\Delta\omega n_N} \end{bmatrix} \tag{1.147}$$

定义行矢量

$$\boldsymbol{X} = [X(\mathrm{e}^{\mathrm{j}\Delta\omega}),\quad X(\mathrm{e}^{\mathrm{j}2\Delta\omega}),\quad \cdots,\quad X(\mathrm{e}^{\mathrm{j}K\Delta\omega})]$$
$$\boldsymbol{x} = [x(n_1),\quad x(n_2),\quad \cdots,\quad x(n_N)]$$
$$\boldsymbol{n} = [n_1,\quad n_2,\quad \cdots,\quad n_N]$$
$$\boldsymbol{k} = [1,\quad 2,\quad \cdots,\quad K]$$

则式(1.147)简化表示为

$$\boldsymbol{X} = \boldsymbol{x}\mathrm{e}^{\mathrm{j}\Delta\omega\boldsymbol{n}'\boldsymbol{k}} \tag{1.148}$$

式(1.148)指数中的 n' 是 n 的转置；$\Delta\omega k$ 是在$(0,2\pi]$范围内等间隔分布的频率点，在MATLAB中将其表示成频率矢量

$$\mathrm{w} = \mathrm{linspace(wb,we,K)} \tag{1.149}$$

式中，wb 和 we 分别是起始频率点和终止频率点，K 是$(0,2\pi]$范围内的总频率点数。因此，在 MATLAB 中将式(1.148)表示为

$$\mathrm{X} = \mathrm{x} * \exp(-\mathrm{j} * \mathrm{n}' * \mathrm{w}) \tag{1.150}$$

式(1.149)和式(1.150)是计算 DTFT 的核心语句。

例 1.50 用 MATLAB 计算下面序列的 DTFT。画出序列 $x(n)$和它的幅度谱与相位谱的图形。

$$x(n) = 0.8^{|n|},\quad -20 \leqslant n \leqslant 20$$

解 MATLAB程序如下：

```
n = [ - 20:20];  x = 0.8.^abs(n);                     % 产生输入序列
w = linspace( - pi,pi,500);                           % 设定等间隔分布的频率点
X = x * exp( - j * n' * w);                           %  计算 DTFT
subplot(3,1,1); stem(n,x,'fill','MarkerSize',2);      %  绘图
subplot(3,1,2); plot(w,abs(X));
subplot(3,1,3); plot(w,angle(X));
```

程序运行结果如图 1-38 所示。

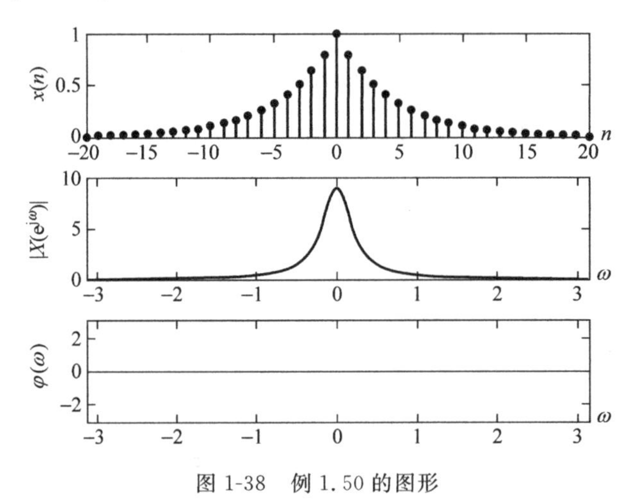

图 1-38 例 1.50 的图形

1.6.5 系统频率响应的计算

系统频率响应是系统冲激响应的 DTFT。如果已知系统冲激响应，则可以利用 1.6.4 节中介绍的 DTFT 计算方法来计算系统的频率响应。在 MATLAB 中还提供了一个专门用于计算系统频率响应的函数 freqz，它以系统频率响应的有理函数表示为基础，即

$$H(e^{j\omega}) = \frac{N(e^{j\omega})}{D(e^{j\omega})} = \frac{\sum_{n=0}^{M} b(m)e^{-j\omega m}}{\sum_{n=0}^{N} a(n)e^{-j\omega n}} \tag{1.151}$$

定义系数行矢量 b=[b(1),b(2),…,b(M+1)]和 a=[a(1),a(2),…,a(N+1)]，以及数字频率矢量 w=[w(1),w(2),…,w(K)]和频率行矢量 f=[f(1),f(2),…,f(K)]。

函数 freqz 的调用方式：

(1) [H,w]=freqz(b,a,K)：返回的频率响应矢量 H 和数字频率矢量 w 的长度都为 K，w 的取值范围是(0,π]。第 3 个输入参数若不指定或指定为[ ]，则按照约定值 512 计算频率响应矢量。

(2) H=freqz(b,a,w)：在给定的数字频率矢量 w 上计算频率响应 H。w 可以取任意长度。

(3) [H,w]=freqz(b,a,K,'whole')：在单位圆等间隔取样点上计算频率响应 H，数字频率矢量 w 长为 K，取值范围是(0,2π]。

(4) [H,f]=freqz(b,a,K,fs)：返回的频率响应矢量 H 和频率矢量 f 的长度都为 K。H 根据给定的取样频率 fs 来计算，fs 的单位是 Hz。频率矢量 f 也以 Hz 为单位，取值范围是(0,fs/2)。

(5) H=freqz(b,a,f,fs)：在给定的频率矢量 f 上计算频率响应矢量 H，f 可取任意长度，单位为 Hz。

(6) [H,f]=freqz(b,a,K,'whole',fs)：在单位圆等间隔取样点上计算频率响应矢量 H，频率矢量 f 长度为 K，取值范围(0,fs]。

(7) freqz(b,a,…)：画出频率响应的幅度和展开相位图形，显示在当前窗口中。

如果取 a=1 和 b=x=[x(1),x(2),…,x(M)]，则可调用函数 freqz 来计算序列 x 的 DTFT。

例 1.51 已知一个因果 LTI 系统满足下列差分方程

$$y(n) - 0.53y(n-1) + 0.73y(n-2) = 0.14[x(n) - x(n-2)]$$

用 MATLAB 方法求该系统的频率响应，画出幅度响应和相位响应的图形。

解 根据差分方程直接写出系统的频率响应表示式

$$H(e^{j\omega}) = 0.14\frac{1 - e^{-j2\omega}}{1 - 0.53e^{-j\omega} + 0.73e^{-j2\omega}}$$

容易看出系数矢量 a 和 b 的数值。实际上，a 和 b 的数值也很容易直接由差分方程看出来。

```
a=[1, -0.53,0.73]; b=[1, 0 , -1];[H,w]=freqz(b,a);
subplot(2,1,1); plot(w,abs(H)); axis([0 pi 0 8]); grid;
subplot(2,1,2); plot(w,angle(H)); axis([0 pi -2 2]); grid;
```

为了简单,按约定计算512个数字频率取样点的频率响应。由于传输函数是实系数,频率响应具有偶对称性质,所以只需画出$(0,\pi]$范围内的频率响应。程序运行结果示于图1-39。

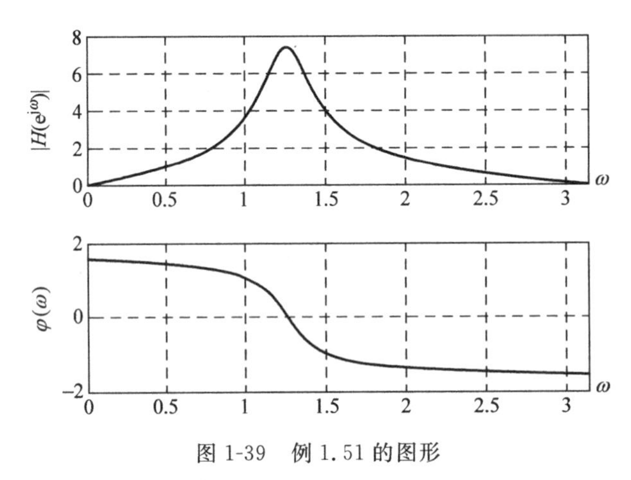

图1-39　例1.51的图形

1.6.6　系统有理传输函数的计算

1. 有理传输函数的收敛域和极-零点图

设系统的有理传输函数用z^{-1}的升幂表示

$$H(z)=\frac{\sum_{m=0}^{M}b(m)z^{-m}}{\sum_{n=0}^{N}a(n)z^{-n}}=k\frac{\prod_{m=1}^{M}(1-z(m)z^{-1})}{\prod_{n=1}^{N}(1-p(n)z^{-1})} \tag{1.152}$$

式中,增益$k=b(0)/a(0)$。第一个等式是传输函数的有理多项式形式,第二个等式是传输函数的零点-极点-增益形式。定义分子多项式和分母多项式的系数矢量

```
b = [b(1), b(2), …, b(M+1)]
a = [a(1), a(2), …, a(N+1)]
```

以及零点矢量和极点矢量

```
z = [z(1), z(2), …, z(M)]
p = [p(1), p(2), …, p(N)]
```

MATLAB提供专门函数对两种形式传输函数进行相互转换,并画出系统的极-零点图。

1）函数 tf2zpk

调用方式：[z，p，k] = tf2zpk (b，a)
根据系数矢量 b 和 a 求零点矢量 z、极点矢量 p 和增益 k，把传输函数表示成零点-极点-增益形式。应注意：

① 有理分式用 z^{-1}的升幂表示，输入参数 b 和 a 都是行矢量。由于 MATLAB 一般无法知道哪些项等于 0，所以不能忽略系数为 0 的项(参看下面的例 1.52)。

② 在 SISO(单输入单输出)系统的情况下，输出参数 z 和 p 都是列矢量，k 是标量。

③ 函数 tf2zpk 也可用于 SIMO(单输入多输出)系统。此时，输入参数 b 是一个矩阵，每一行对应于一个输出的分子多项式；输出参数 z 也是一个矩阵，每一列对应于一个输出的零点矢量；k 是一个矢量，对应于每个输出的传输函数的增益。

④ 另外一个类似的函数 tf2zp 是针对连续时间系统开发的，非常适合于用 s 的降幂表示的传输函数。它也可用于离散时间系统，调用时要求传输函数用 z 的降幂表示。但应注意，行矢量 b 和 a 必须具有相同长度，而且不能忽略系数为 0 的项。可以调用函数 eqtflength 或用补 0 的办法来得到长度相等的 b 和 a(参看下面的例 1.52)。

2）函数 zp2tf

这个函数的作用刚好与函数 tf2zpk 相反，它把零点-极点-增益形式表示的传输函数转换成有理多项式形式。它的调用方式是：[b，a] =zp2tf (z，p，k)。应当注意的是，在 SISO 系统的情况下，输入参数 z 和 p 都是列矢量，输出参数 b 和 a 都是行矢量；在 SIMO 系统的情况下，参数 b 和 z 都是矩阵。

3）函数 zplane

这个函数的作用是画出极-零点图，图中自动地用习惯的符号“。”和“×”表示零点和极点，同时还画出单位圆作参考。由于传输函数有式(1.152)的两种形式，所以这个函数也有两种调用方式：zplane(b，a) 和 zplane(z，p)。调用时仍需注意输入参数 b 和 a 都是行矢量，而输入参数 z 和 p 都是列矢量；如果输入参数 z 和 p 是矩阵，则用不同颜色表示矩阵中不同列的零点和极点。调用方式 zplane(b，a)实际上是首先利用函数 roots 找出 b 和 a 所表示的分子多项式和分母多项式的根，也就是找出传输函数的零点和极点，然后画出传输函数的极-零点图。函数 zplane 调用后，会自动地按照约定尺度将传输函数的极-零点图画在当前窗口中。在某些情况下，例如，当一个或多个零点或极点的幅度非常大，从而使得其他的零点和极点都密集地挤在原点附近，以致这些零点和极点很难加以区分时，需要用以下几种方式改变原来约定的极-零点图的尺度：

① axis (xmin，xmax，ymin，ymax)

② set (gca，'ylim'，[ymin，ymax])

③ set (gca，'xlim'，[xmin，xmax])

例 1.52 已知一个 LTI 系统的传输函数为

$$H(z)=\frac{0.8z^{-1}}{1+0.5z^{-1}-0.3z^{-2}}$$

将它表示成 z 的降幂形式，并分别调用函数 tf2zpk 和 tf2zp 求系统的零点、极点和增益，最后画出极-零点图。

解 分子和分母多项式同乘以 z^2,得到传输函数的 z 的降幂形式

$$H(z)=\frac{0.8z}{z^2+0.5z-0.3}$$

z^{-1}的升幂表示最适合于调用函数 tf2zpk,而 z 的降幂形式最适合于调用函数 tf2zp。因此,调用函数 tf2zpk 时,b=[0, 0.8];而调用 tf2zp 时,b=[0.8, 0]。在两种情况下,a=[1, 0.5, −0.3]。注意分子系数矢量中没有忽略系数为 0 的项。如果分母多项式有系数为 0 的项,也应同样处理。

极-零点图调用函数 zplane(b1, a)或 zplane(b2, a)画出。MATLAB 程序如下:

```
b1 = [0, 0.8];b2 = [0.8, 0]; a = [1, 0.5, - 0.3];
[z1,p1,k1] = tf2zpk(b1,a); [z2,p2,k2] = tf2zp(b2,a);
zplane(b1, a);
```

运行程序得到如图 1-40 所示的极-零点图。其中零点、极点和增益的数值如下:

```
z1 = z2 = 0; p1 = p2 = [ - 0.8521, 0.3521]; k1 = k2 = 0.8000
```

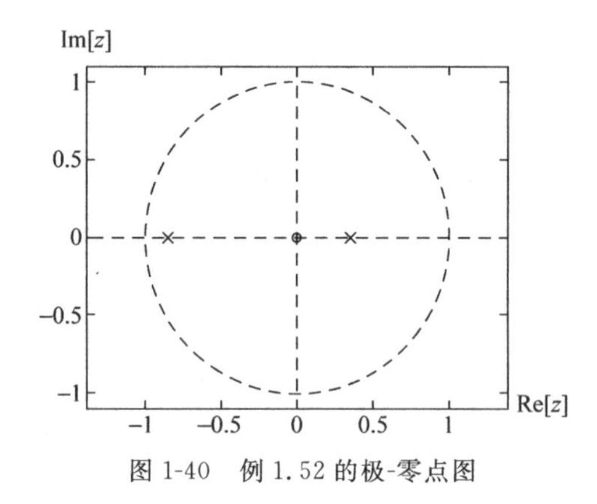

图 1-40 例 1.52 的极-零点图

2. 有理传输函数的部分分式展开

将式(1.152)的有理传输函数展开成部分分式

$$H(z)=\sum_{l=1}^{M-N+1}k(l)z^{-l+1}+\sum_{n=1}^{N}\frac{r(n)}{1-p(n)z^{-1}}\tag{1.153}$$

等式右端第一个和式是传输函数的分子多项式除以分母多项式得到的商多项式,$p(n)$是极点,$r(n)$是 $H(z)$在极点 $p(n)$上的留数。

MATLAB 提供了两个函数 residuez 和 residue 用来对有理函数 z 变换进行部分分式展开。函数 residuez 最适合于用 z^{-1}的升幂表示的传输函数,它有两种调用形式:

(1) [r, p, k]=residuez(b, a):这种调用形式将有理传输函数转换成部分分式形式。输入参数 b 和 a 分别是 z^{-1}的升幂表示的分子和分母多项式的系数矢量(行矢量);输出参数 r 和 p 分别是部分分式的系数矢量和极点矢量(列矢量);输出参数 k 是分子多项式除以分母多项式得到的商多项式的系数矢量(行矢量),称为直接项系数矢量。极点

数为：N=length(a)－1=length(r)=length(p)。如果 length(b)<length(a)，则 k 为空矩阵；否则 length(k)=length(b)－length(a)+1。如果 p(j)=p(j+1)=⋯=p(j+s－1)是 s 阶极点，则部分分式中将包括下列形式的高阶极点项

$$\sum_{i=1}^{s}\frac{r(j+i-1)}{[1-p(j)z^{-1}]^{i}} \tag{1.154}$$

函数 residuez 的计算过程是：首先，用函数 roots 求出极点 p；然后，如果不是真分式，则利用函数 deconv 进行长除法，求出 k；最后，计算去掉每个极点后的多项式在该极点上的值，得到在该极点上的留数。

(2) [b, a] = residuez (r, p, k)：这种调用形式将传输函数的部分分式形式转换成有理函数形式。输入参数 r 和 p 是列矢量，k 是行矢量。输出参数 b 和 a 是行矢量。

函数 residue 最适合于用 z 的降幂表示的传输函数，它也有与上相同的两种调用方式：

(1) [r, p, k]=residue(b, a)：这种调用形式将 z 的降幂表示的传输函数转换成部分分式形式。输入参数 b 和 a 是行矢量；输出参数 r 和 p 是列矢量；k 是行矢量。

(2) [b, a] = residue (r, p, k)：这种调用形式将传输函数的部分分式形式转换成有理函数形式。输入参数 r 和 p 是列矢量，k 是行矢量；输出参数 b 和 a 都是行矢量。

例 1.53 已知一个因果 LTI 系统的传输函数为

$$H(z)=\frac{z^{-1}}{3-4z^{-1}+z^{-2}}$$

用 MATLAB 方法将它展开成部分分式。然后，利用极点和留数求有理传输函数的分子和分母多项式的系数进行验证。

解 题给传输函数是用 z^{-1} 的升幂表示的，最适合调用函数 residuez：

```
b = [ 0, 1],a = [ 3, -4, 1 ]; [ r, p, k ] = residuez ( b, a )
```

得到：r=[－0.5, 0.5]′; p=[1, 0.3333]′; k=[ ]。因此，部分分式表示的传输函数为

$$H(z)=\frac{-0.5}{1-z^{-1}}+\frac{0.5}{1-0.3333z^{-1}},\quad |z|>1$$

式中的收敛域是根据系统的因果性决定的。

调用函数 residuez 进行验证：

```
r = [ -0.5, 0.5 ]′; p = [1, 0.3333]′; k = [ ];[b, a] = residuez(r, p, k)
```

得到：b=[0, 0.3333]; a=[1, －1.3333, 0.3333]。根据 b 和 a 的数值写出传输函数

$$H(z)=\frac{0.3333z^{-1}}{1-1.3333z^{-1}+0.3333z^{-2}}\approx\frac{z^{-1}}{3-4z^{-1}+z^{-2}}$$

与题给传输函数相同。

1.6.7 计算离散时间系统的输出

图 1-31 所示的分析 LTI 离散时间系统的 4 种方法都可以用 MATLAB 方便地加以实现。1.6.3 节介绍过调用函数 conv 计算输入序列与系统冲激响应的线性卷积；1.6.5 节介绍过调用函数 freqz 求输入序列的 DTFT 和系统的频率响应，若将它们相乘，然后计算乘积的逆 DTFT 便得到系统的输出；1.6.6 节介绍的内容可用于将输入序列的 z 变换与系统传输函数相乘，然后调用函数 residuez 或 residue 计算乘积的逆 z 变换；下面介绍调用函数 filter 求解常系数差分方程的方法。

函数 filter 的计算基础是差分方程。将差分方程写成适合于 MATLAB 应用的形式

$$\sum_{k=0}^{na} a(k+1)y(n-k) = \sum_{k=0}^{nb} b(k+1)x(n-k), \quad a(1) = 1$$

如果 $a(1)\neq 1$，则调用函数 filter 时会自动用 $a(1)$将系数归一化；如果 $a(1)=0$，则将给出“错误调用”的信息。因此，由上式得到

$$y(n) = \sum_{k=0}^{nb} b(k+1)x(n-k) - \sum_{k=1}^{na} a(k+1)y(n-k) \tag{1.155}$$

函数 filter 即利用式(1.155)进行迭代运算。由式(1.155)写出系统的传输函数

$$H(z) = \frac{\sum_{k=0}^{nb} b(k+1)z^{-k}}{1+\sum_{k=1}^{na} a(k+1)z^{-k}} \tag{1.156}$$

函数 filter 的基本调用方法是：y=filter(b，a，x)，其效果是对输入序列进行滤波。b 和 a 分别是传输函数的分子和分母多项式的系数矢量，x 是输入信号矢量。如果 x 是一个矩阵，则对矩阵的每个列矢量进行滤波。

例 1.54 已知一个因果 LTI 系统满足下列差分方程

$$y(n)+0.62y(n-1)+0.13y(n-2) = x(n-2)$$

输入为下式定义的矩形序列

$$x(n) = u(n)-u(n-15)$$

用 MATLAB 求系统的输出，并画出 $x(n)$、$|H(e^{j\omega})|$和 $y(n)$的图形。

解 MATLAB 程序如下(不包括绘图语句)：

```
n = -5:25;  N = 15;
step = [n >= 0];                          % 产生单位阶跃序列
stepN = [(n - N)>= 0];                    % 产生位移为 N 的单位阶跃序列
x = step - stepN                          % 产生宽度为 N 的矩形序列
b = [0,0,1];a = [1,0.62,0.13];            % 传输函数系数矢量
y = filter(b,a,x);                        % 对输入序列进行滤波
[H,w] = freqz(b,a);                       % 计算系统的频率响应
```

运行程序得到图 1-41。可以看出，该例用一个高通滤波器对一个矩形序列进行滤波。

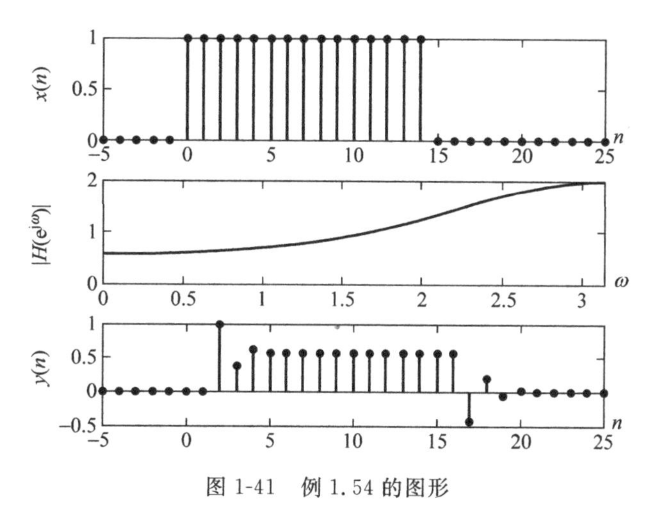

图 1-41　例 1.54 的图形

如果给出了不为零的初始条件，则函数 filter 的调用方法是：y=filter(b, a, x,xic)，其中，xic 是等效初始条件矢量，可以调用函数 filtic 由给出的初始条件求出。函数 filtic 的调用形式为：xic=filtic(b, a, Y, X)，式中，Y 和 X 是给出的初始条件，分别定义为

$$Y = [y(-1),\quad y(-2),\quad \cdots,\quad y(-N)]$$

和

$$X = [x(-1),\quad x(-2),\quad \cdots,\quad x(-M)]$$

例 1.55　已知一个 LTI 系统满足下列差分方程。

$$3y(n) - 2.85y(n-1) + 2.7075y(n-2) = x(n) + x(n-1) + x(n-2)$$

输入正弦序列

$$x(n) = \cos(\pi n/3)u(n)$$

初始条件：x(−1)=1，x(−2)=1；y(−1)=−2，y(−2)=−3。用 MATLAB 求系统的输出，并画出 $x(n)$、$|H(e^{j\omega})|$和 $y(n)$的图形。

解　初始条件：Y = [−2，−3]和 X = [1，1]。MATLAB 程序如下(不包括绘图语句)：

```
b=[1,1,1]; a=[3,-2.85,2.7075]; [H,w]=freqz(b,a);
Y=[-2,-3]; X=[1,1]; xic=filtic(b,a,Y,X);
n=[0:35]; x=cos(pi*n/3);
y=filter(b,a,x,xic);
```

运行程序得到图 1-42。可以看出，该例是用一个带通滤波器对一个余弦序列进行滤波。

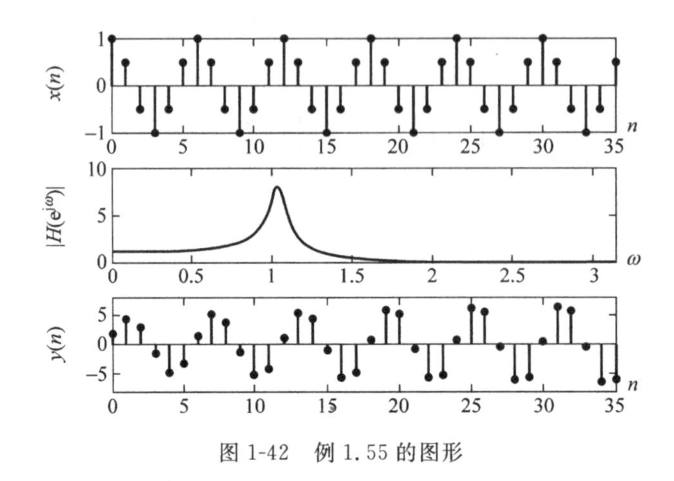

图 1-42　例 1.55 的图形

习题

1.1　设有一个连续时间信号

$$x(t)=2\cos(1000\pi t+0.2\pi)+\sin(1500\pi t-0.3\pi)-3\cos(2500\pi t+0.1\pi)$$

以 $f_s=3000\text{Hz}$ 进行取样。求信号中每个频率成分的角频率、频率、周期和数字频率，并注明单位。

1.2　已知一个序列的前 7 个取样值为：$x(0)=0$，$x(1)=0.866$，$x(2)=0.866$，$x(3)=0$，$x(4)=-0.866$，$x(5)=-0.866$，$x(6)=0$。还知道它们是对一个连续时间正弦信号取样得到的。你能根据这些数据大致画出连续时间正弦信号的波形吗？答案是唯一的吗？为什么？

1.3　判断以下序列是否周期序列。如果是，确定周期的数值。

(1) $x(n)=3\cos\left(\frac{5\pi}{8}n+\frac{\pi}{6}\right)$；　　(2) $x(n)=2\exp\left(\mathrm{j}\,\frac{1}{8}n+\mathrm{j}\pi\right)$

1.4　已知两个连续时间正弦信号 $x_1(t)=\sin(2\pi t)$ 和 $x_2(t)=\sin(6\pi t)$，现对它们以 $f_s=8$ 次/秒的速率进行取样，得到正弦序列 $x_1(n)=\sin(\omega_1 n)$ 和 $x_2(n)=\sin(\omega_2 n)$。

(1) 求 $x_1(t)$ 和 $x_2(t)$ 的频率、角频率和周期。

(2) 求 $x_1(n)$ 和 $x_2(n)$ 的数字频率和周期。

(3) 将以下每对信号的周期进行比较：$x_1(t)$ 与 $x_2(t)$，$x_1(n)$ 与 $x_2(n)$，$x_1(t)$ 与 $x_1(n)$，$x_2(t)$ 与 $x_2(n)$。

1.5　证明线性卷积运算满足交换律、结合律和加法分配律。

1.6　已知两个序列 $x(n)=u(n)$ 和 $y(n)=0.8^n u(n)$

(1) 根据线性卷积的定义计算它们的线性卷积。

(2) 用列表法计算它们的线性卷积的前 5 个数值。

1.7　已知序列 $x(n)=0.5^n R_3(n)$ 和 $y(n)=\cos(0.3n)R_6(n)$，式中 $R_N(n)$ 是宽为 N 的矩形序列。求 $x(n)$ 的自相关序列，$x(n)$ 与 $y(n)$ 的互相关序列。

1.8 求复指数序列 $x(n)=e^{j\omega n}$ 的共轭对称部分和共轭反对称部分。

1.9 求以下有限长序列的共轭对称部分和共轭反对称部分

$$x(n)=\{2,\ 2-j,\ 1+3j,\ 4-5j,\ 3+2j,\ 7-3j,\ 6\}$$

序列取样值的下标对应为 $n=-3,\ -2,\ -1,\ 0,\ 1,\ 2,\ 3$。

1.10 将定义在区间 $0\leqslant n\leqslant 6$ 上的以下有限长实序列分解成一个奇对称序列和一个偶对称序列之和

$$x(n)=0.5^n,\quad 0\leqslant n\leqslant 6$$

1.11 判断以下序列是功率信号还是能量信号。

(1) $x_1(n)=\dfrac{1}{\sqrt{n}}u(n-1)$；　　(2) $x_2(n)=\dfrac{1}{n}u(n-1)$

1.12 判断系统 $y(n)=x(n)\sin(0.7\pi n+0.2\pi)$ 是否为线性系统、时不变系统、稳定系统、因果系统。

1.13 利用 DTFT 的定义逐一证明表 1-3 所列的 DTFT 的所有性质。

1.14 利用 z 变换的定义逐一证明表 1-4 所列的 z 变换的所有性质。

1.15 逐一推导表 1-5 所列的所有 z 变换公式。

1.16 已知一个因果 LTI 系统的差分方程

$$2y(n)+2ay(n-1)+by(n-2)=0$$

和初始条件 $y(0)=0, y(1)=3, y(2)=6, y(3)=36$，求 $y(n)$。

1.17 已知一个因果 LTI 系统的差分方程

$$y(n)-ay(n-1)=x(n)-bx(n-1)$$

试确定常系数 a 和 $b(a\neq b)$，使系统的幅度响应等于常数。

1.18 已知一个因果 LTI 系统的单位冲激响应为 $h(n)=\alpha^n u(n)$，输入序列为 $x(n)=\beta^n u(n)$，其中 α 和 β 都是小于 1 的正实数。求系统的输出 $y(n)$。

1.19 计算习题 1.18 中的 $x(n)$、$h(n)$ 和 $y(n)$ 的 DTFT：$X(e^{j\omega})$、$H(e^{j\omega})$ 和 $Y(e^{j\omega})$。并验证 $Y(e^{j\omega})=X(e^{j\omega})H(e^{j\omega})$。

1.20 求序列 $x(n)=Ar^n\cos(\omega_0 n+\varphi_0)u(n)\ (0<r<1)$ 的 z 变换、零点、极点和收敛域。

1.21 证明 $X(z)=z^*$ 不可能是任何序列的 z 变换。

1.22 已知一个因果序列 $x(n)=\alpha^n u(n)$，式中，$0<\alpha<1$。

(1) 求 $x(n)$ 的 z 变换 $X(z)$。

(2) 利用(1)的结果和 z 变换的性质，求 $g(n)=\alpha^{-n}u(-n-1)$ 的 z 变换 $G(z)$。

(3) 利用(1)的结果和 z 变换的性质，求 $v(n)=\alpha^n u(-n-1)$ 的 z 变换 $V(z)$。

(4) 利用(1)和(2)的结果以及 z 变换的性质，求 $w(n)=\alpha^{|n|}$ 的 z 变换 $W(z)$。

(5) 利用(1)的结果和 z 变换的性质，求 $y(n)=|n|\alpha^{|n|}u(-n)$ 的 z 变换 $Y(z)$。

(6) 利用(1)和(3)的结果以及 z 变换的性质，求 $f(n)=\alpha^n$ 的 z 变换 $F(z)$。

1.23 已知 z 变换

$$X(z)=\frac{z(2z-a-b)}{(z-a)(z-b)},\quad |a|<|z|<|b|$$

求对应的序列 $x(n)$。

1.24 已知 z 变换

$$X(z)=\frac{4-3z^{-1}+3z^{-2}}{(z+2)(z-3)^2},\quad |z|>3$$

求对应的序列 $x(n)$。

1.25 已知一个因果 LTI 系统的单位冲激响应为 $h(n)=\alpha^n u(n)$，试利用 z 变换求系统的单位阶跃响应。

1.26 已知序列 $x(n)$和 $y(n)$的 z 变换分别是

$$X(z)=\frac{0.99}{(1-0.1z^{-1})(1-0.1z)},\quad 0.1<|z|<10$$

和

$$Y(z)=\frac{1}{(1-10z)},\quad |z|>0.1$$

求序列 $w(n)=x(n)y(n)$。

1.27 已知一个因果 LTI 系统的传输函数

$$H(z)=\frac{1-a^{-1}z^{-1}}{1-az^{-1}},\quad a\text{ 为实数}$$

(1) 为了使系统稳定，必须对 a 的数值做什么限制？

(2) 选择 $0<a<1$，画出极-零点图，并注明收敛域。

(3) 证明该系统是一个全通系统，即频率响应等于常数。

1.28 已知一个因果 LTI 系统由下列差分方程描述

$$2y(n)=x(n)+x(n-1)$$

(1) 求系统的单位冲激响应 $h(n)$、传输函数 $H(z)$、频率响应 $H(e^{j\omega})$。

(2) 画出幅度响应和相位响应的图形，以及传输函数的极-零点图。

(3) 当输入序列 $x(n)=u(n)$时，求系统的输出序列。

1.29 设一个因果 LTI 系统的差分方程如下，重做习题 1.28。

$$2y(n)-y(n-1)=2x(n)+x(n-1)$$

1.30 设因果 LTI 系统的差分方程为 $2y(n)=2x(n)-x(n-1)$，重做习题 1.28。

1.31 用MATLAB 产生一个被噪声污染的正弦序列 $x(n)=\sin(0.2\pi n)+w(n)(n=0\sim40)$，式中 $w(n)$是均值为 0、方差为 1 的高斯噪声。画出 $x(n)$和它的幅度频率特性$|X(e^{j\omega})|$和相位频率特性 $\varphi(\omega)$的图形。

1.32 已知下列因果系统传输函数，用 MATLAB 画出各系统的幅度响应、相位响应和极-零点图。

(1) $H_1(z)=0.1\times\dfrac{1+z^{-1}}{1-0.8z^{-1}}$

(2) $H_2(z)=0.9\times\dfrac{1-z^{-1}}{1-0.8z^{-1}}$

(3) $H_3(z)=0.2\times\dfrac{1-z^{-2}}{1-0.16z^{-1}+0.6z^{-2}}$

(4) $H_4(z)=0.9\times\dfrac{1-z^{-1}+z^{-2}}{1-0.9z^{-1}+0.8z^{-2}}$

(5) $H_5(z)=0.5(1+z^{-6})$

(6) $H_6(z)=0.5(1-z^{-6})$

(7) $H_7(z)=\dfrac{-0.2+0.18z^{-1}+0.4z^{-2}+z^{-3}}{1+0.4z^{-1}+0.18z^{-2}-0.2z^{-3}}$

1.33 已知一个因果系统的传输函数

$$H_8(z)=\frac{0.1668-0.5005z^{-2}+0.5005z^{-4}-0.1668z^{-6}}{1-4.7347z^{-1}+10.25z^{-2}-12.7z^{-3}+9.491z^{-4}+4.065z^{-5}+0.7956z^{-6}}$$

用 MATLAB 求它的零点和极点,画出系统的幅度响应、相位响应和极-零点图。

1.34 有一因果系统由下列差分方程定义

$$y(n)=0.5x(n)-0.3x(n-1)$$

将正弦序列 $x(n)=\sin(2\pi n/9)u(n)$加在该系统输入端,利用 MATLAB 求系统的输出序列 $y(n)$的前 30 个取样值,并画出 $x(n)$、$y(n)$、$|H(e^{j\omega})|$和 $\varphi(\omega)$的图形。$|H(e^{j\omega})|$和 $\varphi(\omega)$分别是系统频率特性的幅度响应和相位响应。

1.35 已知一个因果 LTI 系统满足下列差分方程

$$y(n)-0.4y(n-1)-0.45y(n-2)=-0.45x(n)-0.4x(n-1)$$

(1) 利用 MATLAB 求系统的单位冲激响应表示式和传输函数表示式。

(2) 利用 MATLAB 求系统在输入 $x(n)=2(0.9)^n u(n)$时的输出。

1.36 已知下列因果 LTI 系统的差分方程,利用 MATLAB 画出各个系统的单位冲激响应、幅度相应、相位响应和极-零点图。

(1) $y(n)-y(n-1)+0.8y(n-2)=x(n)$

(2) $y(n)-0.5y(n-1)+0.25y(n-2)=x(n)+2x(n-1)+x(n-3)$

1.37 设输入序列为

$$x(n)=[4+3\cos(0.2\pi n)+2\sin(0.6\pi n)]u(n)$$

利用 MATLAB 分别画出习题 1.36 中两个系统的输出序列的图形($0\leqslant n\leqslant 25$)。

1.38 已知一个因果 LTI 系统的差分方程

$$y(n)-0.4y(n-1)-0.45y(n-2)=0.45x(n)+0.4x(n-1)-x(n-2)$$

利用 MATLAB 求系统在输入为 $x(n)=2+(0.5)^n u(n)$时的输出。已知初始条件为

$$y(-1)=0,y(-2)=3;\ x(-1)=x(-2)=2$$

第2章 离散傅里叶变换及其快速算法

从计算的角度看，离散时间傅里叶变换(DTFT)有两大局限：第一，计算无限长序列$x(n)$在每个频率的$X(e^{j\omega})$都需要无限多次乘法和加法；第二，$X(e^{j\omega})$是数字频率ω的连续函数，必须在所有(无限多个)频率上计算$X(e^{j\omega})$。即使对于有限长序列，即使只计算一个频率周期内的变换，也需要无限多次运算，并需要有无穷大容量的存储器来存储变换前后的数据，实际上这都是不可能的。此外，实际信号的频谱常随时间变化，因此，如不能用闭式表达被变换序列，则在通常情况下计算DTFT几乎是不可能的。

离散傅里叶变换(DFT)就是为克服这些局限而提出的计算DTFT的一种数值计算方法，它不仅是数字信号处理的重要理论成果，而且已经成为线性滤波、谱分析、相关分析等的重要工具。但是，当信号数据量很大时，直接按照定义计算DFT需要很大的计算量。为此，发展了许多行之有效的快速计算DFT的方法，即快速傅里叶变换(FFT)。在实际应用中，有实现FFT算法的大量软件和硬件，其中包括MATLAB中的函数和程序。

2.1 DFT的基本概念

2.1.1 DFT的定义

针对DTFT在计算上的局限，把它的定义式修改成便于实际进行计算的形式

$$X(k) \equiv X(e^{j2\pi k/N}) = \sum_{n=0}^{N-1} x(n) e^{-j(2\pi/N)nk}, \quad 0 \leqslant k \leqslant N-1 \tag{2.1}$$

此即DFT。式(2.1)的含义是，$X(k)$等于$X(e^{j\omega})$在一个周期内的N个等间隔频率点$\omega_k=2\pi k/N$上的值。从这个角度看，DFT是DTFT的特例。注意，$x(n)$和$X(k)$都是长为N的序列，而且，即使$x(n)$是实序列，$X(k)$也可能是复序列。令DFT的变换核或旋转因子为

$$W_N = e^{-j(2\pi/N)} \tag{2.2}$$

由于$W_N^N=e^{-j2\pi}=1$，因此，W_N^k是1的N次根，即$W_N^k=\sqrt[N]{1}$。W_N^k具有以下性质：

(1) $W_N^N=W_N^0=1, W_N^{N/4}=-j, W_N^{N/2}=-1, W_N^{3N/4}=j$；

(2) $W_N^{kN}=W_N^k, W_N^{k+N/2}=-W_N^k, W_N^{2k}=W_{N/2}^k, W_N^*=W_N^{-1}$。

N个等间隔频率点$\omega_k=2\pi k/N(0\leqslant k\leqslant N-1)$均匀分布于$z$平面的单位圆上，频率点的序号$k$增加的方向是顺时针方向。

利用旋转因子将式(2.1)简化表示为

$$X(k) = \sum_{n=0}^{N-1} x(n) W_N^{nk}, \quad 0 \leqslant k \leqslant N-1 \tag{2.3}$$

为了推导DFT的逆变换(IDFT)公式，在式(2.3)两端同乘以W_N^{-lk}，并对k求和，得到

$$\sum_{k=0}^{N-1} X(k) W_N^{-lk} = \sum_{k=0}^{N-1}\sum_{n=0}^{N-1} x(n) W_N^{(n-l)k}$$

上式右端交换求和次序，得到

$$\sum_{k=0}^{N-1} X(k) W_N^{-lk} = \sum_{n=0}^{N-1} x(n) \sum_{k=0}^{N-1} W_N^{(n-l)k} \tag{2.4}$$

注意到

$$\sum_{k=0}^{N-1} W_N^{(n-l)k} = \sum_{k=0}^{N-1} \mathrm{e}^{\mathrm{j}\frac{2\pi}{N}(l-n)k} = \begin{cases} N, & l-n=rN, r\text{ 为整数} \\ 0, & \text{其余} \end{cases} \tag{2.5}$$

若取 $r=0$,则有

$$\sum_{k=0}^{N-1} W_N^{(n-l)k} = \begin{cases} N, & n=l \\ 0, & \text{其余} \end{cases} \tag{2.6}$$

将式(2.6)代入式(2.4),得到

$$x(n) = \frac{1}{N}\sum_{k=0}^{N-1} X(k) W_N^{-nk}, \quad 0 \leqslant n \leqslant N-1 \tag{2.7}$$

这就是由 $X(k)$计算 $x(n)$的 IDFT 公式。

式(2.3)与式(2.7)具有相同形式,差别在于前者的变换核是 W_N 而后者的变换核是 $W_N^{-1}=W_N^*$,而且后者具有系数$1/N$。因此,DFT 的算法只需稍作修改即可用来计算 IDFT。

式(2.7)把 N 点有限长序列 $x(n)$表示成 N 个复指数序列 $e_k(n)$的加权和,加权系数 $X(k)$由式(2.3)确定。$e_k(n)$为

$$e_k(n) = W_N^{-kn} = \mathrm{e}^{\mathrm{j}\left(\frac{2\pi}{N}k\right)n}, \quad 0 \leqslant k \leqslant N-1;\ 0 \leqslant n \leqslant N-1 \tag{2.8}$$

式中,$2\pi k/N$ 是第 k 个复指数序列的频率;n 是复指数序列取样值的标号;每个 $e_k(n)$都是长为 N 的序列。因此,DFT 和 IDFT 把时域中的 N 点有限长序列 $x(n)$与频域中的 N 点有限长序列 $X(k)$联系起来。

令

$$\boldsymbol{x} = [x(0),\ x(1),\ \cdots,\ x(N-1)]^{\mathrm{T}} \tag{2.9}$$

$$\boldsymbol{X} = [X(0),\ X(1),\ \cdots,\ X(N-1)]^{\mathrm{T}} \tag{2.10}$$

$$\boldsymbol{W} = \begin{bmatrix} W_N^0 & W_N^0 & \cdots & W_N^0 & W_N^0 \\ W_N^0 & W_N^{1\times 1} & \cdots & W_N^{1\times(N-2)} & W_N^{1\times(N-1)} \\ \vdots & \vdots & \ddots & \vdots & \vdots \\ W_N^0 & W_N^{(N-2)\times 1} & \cdots & W_N^{(N-2)(N-2)} & W_N^{(N-2)(N-1)} \\ W_N^0 & W_N^{(N-1)\times 1} & \cdots & W_N^{(N-1)(N-2)} & W_N^{(N-1)(N-1)} \end{bmatrix} \tag{2.11}$$

则式(2.3)和式(2.7)可分别简化表示为

$$\boldsymbol{X} = \boldsymbol{W}\boldsymbol{x} \tag{2.12}$$

和

$$\boldsymbol{x} = \boldsymbol{W}^{-1}\boldsymbol{X} = \frac{1}{N}\boldsymbol{W}^*\boldsymbol{X} \tag{2.13}$$

注意,在 DFT 的定义式(2.3)中,时间序列 $x(n)$的序号设定为从 0 开始,即

$$x(n) = \{x(0),\ x(1),\ \cdots,\ x(N-1)\}$$

而实际的数据往往可以从任意时间 n_0 开始,即

$$x(n) = \{x(n_0),\ x(n_0+1),\ \cdots,\ x(n_0+N-1)\}$$

为了适应式(2.3)的设定,需要将以上两种序号表示方法加以统一。因此,通常将任何长为 N 的有限长序列看成以 N 为周期的周期序列的一个周期。这样,无论序列的起始时间在何处,只要对序号进行模 N 运算即可将序号表示成从 0 开始。例如,设序列从某个负的时间 n_0 开始,$-(N-1)\leqslant n_0<0$,对序号进行模 N 运算后的序列用 $x(\langle n_0\rangle_N)$ 表示,如图 2-1 所示。

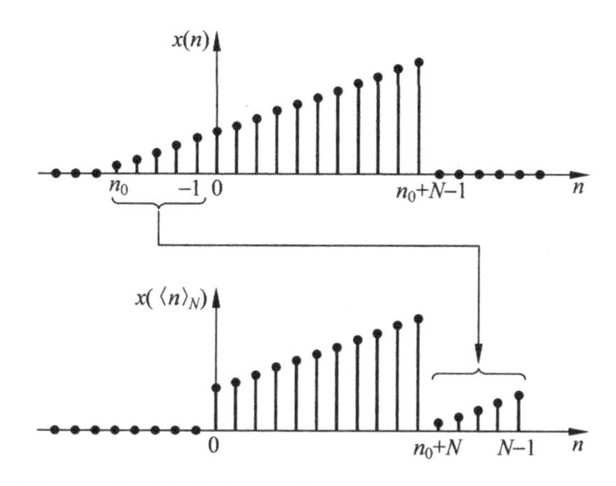

图 2-1 非零起始序号经模 N 运算后变成零起始序号

注意:在图 2-1 中,序号为负的部分$\{x(n_0),\cdots,x(-1)\}$的序号经过模 N 运算后出现在序号为$[n_0+N,\cdots,N-1]$处,即用来进行 DFT 运算的数据的序号已经变成从 0 开始和到 $N-1$ 为止。

例 2.1 求序列 $x(n)=\{1,\ -2,\ 0,\ 3\}(0\leqslant n\leqslant 3)$的 4 点 DFT。

解 计算 $W_4=\mathrm{e}^{-\mathrm{j}\frac{\pi}{2}}=\cos(\pi/2)-\mathrm{j}\sin(\pi/2)=-\mathrm{j}$,写出矩阵

$$\boldsymbol{W}=\begin{bmatrix}W_4^0 & W_4^0 & W_4^0 & W_4^0\\ W_4^0 & W_4^1 & W_4^2 & W_4^3\\ W_4^0 & W_4^2 & W_4^4 & W_4^6\\ W_4^0 & W_4^3 & W_4^6 & W_4^9\end{bmatrix}=\begin{bmatrix}W_4^0 & W_4^0 & W_4^0 & W_4^0\\ W_4^0 & W_4^1 & W_4^2 & W_4^3\\ W_4^0 & W_4^2 & W_4^0 & W_4^2\\ W_4^0 & W_4^3 & W_4^2 & W_4^1\end{bmatrix}=\begin{bmatrix}1 & 1 & 1 & 1\\ 1 & -\mathrm{j} & -1 & \mathrm{j}\\ 1 & -1 & 1 & -1\\ 1 & \mathrm{j} & -1 & -\mathrm{j}\end{bmatrix}$$

注意:上式利用了 W_N^k 的性质。由式(2.12)得到

$$\boldsymbol{X}=\begin{bmatrix}1 & 1 & 1 & 1\\ 1 & -\mathrm{j} & -1 & \mathrm{j}\\ 1 & -1 & 1 & -1\\ 1 & \mathrm{j} & -1 & -\mathrm{j}\end{bmatrix}\begin{bmatrix}1\\ -2\\ 0\\ 3\end{bmatrix}=\begin{bmatrix}2\\ 1+5\mathrm{j}\\ 0\\ 1-5\mathrm{j}\end{bmatrix}$$

例 2.2 若已知例 2.1 的结果 $X(k)$,求序列 $x(n)$。

解 由式(2.13)得出

$$\boldsymbol{x}=\frac{1}{4}\begin{bmatrix}1 & 1 & 1 & 1\\ 1 & \mathrm{j} & -1 & -\mathrm{j}\\ 1 & -1 & 1 & -1\\ 1 & -\mathrm{j} & -1 & \mathrm{j}\end{bmatrix}\begin{bmatrix}2\\ 1+5\mathrm{j}\\ 0\\ 1-5\mathrm{j}\end{bmatrix}=\begin{bmatrix}1\\ -2\\ 0\\ 3\end{bmatrix}$$

2.1.2 由 DFT 重构时间序列

设任意(有限或无限长)序列 $x(n)$ 的 DTFT 为 $X(e^{j\omega})$。在 N 个等间隔频率点 $\omega_k=2\pi k/N(0\leqslant k\leqslant N-1)$ 上对 $X(e^{j\omega})$ 取样,得到 $X_N(k)$。计算 $X_N(k)$ 的 IDFT,得到长为 N 的重构序列

$$\begin{aligned}x_N(n)&=\frac{1}{N}\sum_{k=0}^{N-1}X_N(k)W_N^{-nk}\\&=\frac{1}{N}\sum_{k=0}^{N-1}\left[\sum_{l=0}^{N-1}x(l)W_N^{lk}\right]W_N^{-nk}\\&=\frac{1}{N}\sum_{l=-\infty}^{\infty}x(l)\left[\sum_{k=0}^{N-1}W_N^{k(l-n)}\right],\quad 0\leqslant n\leqslant N-1\end{aligned}\tag{2.14}$$

注意到式(2.14)右端方括号中的和式可以用式(2.6)代替,因此得到

$$x_N(n)=\sum_{r=-\infty}^{\infty}x(n-rN),\quad 0\leqslant n\leqslant N-1\tag{2.15}$$

即 $x_N(n)$ 是 $x(n)$ 与 $x(n)$ 的无限多个移位序列叠加后在 $0\leqslant n\leqslant N-1$ 区间取出的一段序列。如果 $x(n)$ 长为 L 且 $L\leqslant N$,那么,由 $X_N(k)$ 重构的 $x_N(n)$ 等于 $x(n)$;但是,如果 $L>N$,那么 $x_N(n)$ 将有混叠失真。如果 $x(n)$ 为无限长,则 $x_N(n)$ 的混叠失真不可避免。但是,由于 $x(n)$ 的 DTFT 收敛,说明 $x(n)$ 是绝对可和的,即当 $n\to\infty$ 时有 $|x(n)|=0$,所以,当 N 足够大时,$x_N(n)$ 是 $x(n)$ 的最好逼近。

将 $X_N(k)$ 周期性延展成为周期为 N 的周期序列 $\widetilde{X}(k)$,即

$$\widetilde{X}(k)=\sum_{r=-\infty}^{\infty}X_N(k+rN),\quad -\infty<k<\infty$$

另一方面,将 $x_N(n)$ 也进行周期性延展得到周期为 N 的周期序列 $\tilde{x}(n)$,即

$$\tilde{x}(n)=\sum_{r=-\infty}^{\infty}x_N(n+rN),\quad -\infty<n<\infty$$

则 $\widetilde{X}(k)$ 是 $\tilde{x}(n)$ 的傅里叶级数表示。图 2-2 说明 $x(n)$、$X(e^{j\omega})$、$X_N(k)$、$\widetilde{X}(k)$、$x_N(n)$ 和 $\tilde{x}(n)$ 之间的关系。

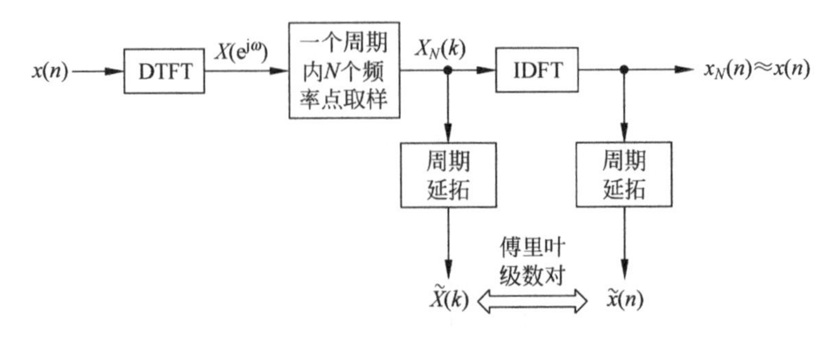

图 2-2 由 DFT 重构时间序列

例 2.3 已知一个因果序列 $x(n)=0.9^n u(n)$。

(1) 求它的离散时间傅里叶变换 $X(e^{j\omega})$的表达式。

(2) 在 N 个等间隔频率点 $\omega_k=2\pi k/N(0\leqslant k\leqslant N-1)$上对 $X(e^{j\omega})$取样,得到 N 点离散傅里叶变换 $X(k)$的表达式。

(3) 利用 $X(k)$重构序列$\tilde{x}(n)$,写出$\tilde{x}(n)$的表达式。

(4) 画出 $x(n)$和 $X(e^{j\omega})$的图形,以及 $N=32$ 时$|X(k)|$和$\tilde{x}(n)$的图形。将$\tilde{x}(n)$与原序列 $x(n)$比较。

解 (1) $X(e^{j\omega})=\sum\limits_{n=0}^{\infty}0.9^n e^{-j\omega n}=\dfrac{1}{1-0.9e^{-j\omega}}$

(2) 令 $\omega=\omega_k=2\pi k/N(0\leqslant k\leqslant N-1)$,得到

$$X(k)=X(e^{j(2\pi k/N)})=\frac{1}{1-0.9e^{-j2\pi k/N}},\quad 0\leqslant k\leqslant N-1$$

(3) 由于 $x(n)$是因果序列,而$\tilde{x}(n)$只选取叠加序列在区间 $0\leqslant n\leqslant N-1$ 中的一段,所以 $r>0$ 所对应的所有移位序列对$\tilde{x}(n)$没有影响。由式(2.15)得到

$$\tilde{x}(n)=\sum_{r=-\infty}^{0}0.9^{n-rN}=0.9^n\sum_{r=0}^{\infty}0.9^{rN}=\frac{0.9^n}{1-0.9^N},\quad 0\leqslant n\leqslant N-1$$

将$\tilde{x}(n)$与 $x(n)$比较可以看出,$\tilde{x}(n)$的表达式中多了因子 $1/(1-0.9^N)$,它是时域混叠效应的反映,当频域取样点 $N\to\infty$时,这个因子等于 1,即时域混叠效应可以忽略不计。

(4) 根据 $x(n)$、$|X(e^{j\omega})|$、$|X(k)|$和$\tilde{x}(n)$的表达式画出的图形示于图 2-3。可以看出,$\tilde{x}(n)$与原序列 $x(n)$很近似。

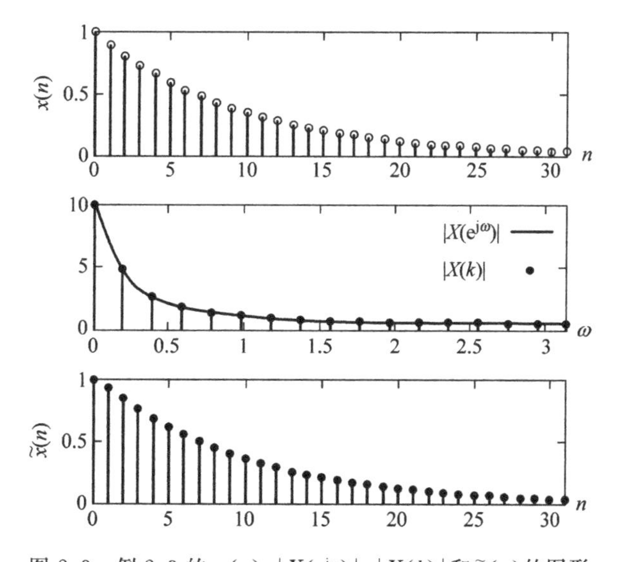

图 2-3 例 2.3 的 $x(n)$、$|X(e^{j\omega})|$、$|X(k)|$和$\tilde{x}(n)$的图形

2.1.3 由 DFT 重构 DTFT

由于可以把 DFT 看成在等间隔频率点上对 DTFT 取样的结果，所以可以利用内插方法由 DFT 重构 DTFT。

已知 N 点 DFT 是 $X(k)$。首先，利用 IDFT 公式(2.7)由 $X(k)$计算 $x(n)$

$$x(n)=\frac{1}{N}\sum_{k=0}^{N-1}X(k)W_N^{-nk},\quad 0\leqslant n\leqslant N-1$$

然后，将上式代入 DTFT 的定义式，得到

$$\begin{aligned}X(\mathrm{e}^{\mathrm{j}\omega})&=\sum_{n=0}^{N-1}x(n)\mathrm{e}^{-\mathrm{j}\omega n}=\frac{1}{N}\sum_{n=0}^{N-1}\left[\sum_{k=0}^{N-1}X(k)W_N^{-nk}\right]\mathrm{e}^{-\mathrm{j}\omega n}\\&=\frac{1}{N}\sum_{k=0}^{N-1}X(k)\sum_{n=0}^{N-1}\mathrm{e}^{-\mathrm{j}(\omega-2\pi k/N)n}\end{aligned}\tag{2.16}$$

其中

$$\begin{aligned}\sum_{n=0}^{N-1}\mathrm{e}^{-\mathrm{j}(\omega-2\pi k/N)n}&=\frac{1-\mathrm{e}^{-\mathrm{j}(\omega N-2\pi k)}}{1-\mathrm{e}^{-\mathrm{j}(\omega-2\pi k/N)}}\\&=\frac{\mathrm{e}^{-\mathrm{j}(\omega N-2\pi k)/2}\left[\mathrm{e}^{\mathrm{j}(\omega N-2\pi k)/2}-\mathrm{e}^{-\mathrm{j}(\omega N-2\pi k)/2}\right]}{\mathrm{e}^{-\mathrm{j}(\omega N-2\pi k)/2N}\left[\mathrm{e}^{\mathrm{j}(\omega N-2\pi k)/2N}-\mathrm{e}^{-\mathrm{j}(\omega N-2\pi k)/2N}\right]}\\&=\frac{\sin\left(\dfrac{\omega N-2\pi k}{2}\right)}{\sin\left(\dfrac{\omega N-2\pi k}{2N}\right)}\mathrm{e}^{-\mathrm{j}[\omega-2\pi k/N][(N-1)/2]}\end{aligned}\tag{2.17}$$

将式(2.17)代入式(2.16)，得到

$$X(\mathrm{e}^{\mathrm{j}\omega})=\frac{1}{N}\sum_{k=0}^{N-1}X(k)P(\omega)\tag{2.18}$$

式中

$$P(\omega)=\frac{\sin\left(\dfrac{\omega N-2\pi k}{2}\right)}{\sin\left(\dfrac{\omega N-2\pi k}{2N}\right)}\mathrm{e}^{-\mathrm{j}[\omega-2\pi k/N][(N-1)/2]}\tag{2.19}$$

式(2.18)就是由 N 点 DFT $X(k)$重构 DTFT 的内插公式，其中 $P(\omega)$称为内插函数。$P(\omega)$在 N 个等间隔频率点 $\omega_k=2\pi k/N(0\leqslant k\leqslant N-1)$上的值为

$$P\left(\frac{2\pi}{N}k\right)=\begin{cases}1, & k=0\\0, & 1\leqslant k\leqslant N-1\end{cases}\tag{2.20}$$

这说明内插公式能够给出 DTFT 在 N 个等间隔频率点 $\omega_k=2\pi k/N$ 上的精确值，其他频率上的值是内插函数的加权和。DFT 的点数越多，则内插重构的 DTFT 的频谱细节越精确。

例 2.4 求宽度为 L 的矩形序列的 DTFT 和 N 点 DFT。

(1) 求 $N=L$ 时的 DFT，这种情况下能够根据 DFT 重构 DTFT 吗？

(2) 设 $L=8$,画出 DTFT 的幅度和相位特性。

(3) 设 $L=8, N=32$ 和 64,画出 N 点 DFT 的幅度和相位特性,并进行比较。

解 宽度为 L 的矩形序列

$$x(n)=\begin{cases}1, & 0\leqslant n\leqslant L-1\\ 0, & \text{其余}\end{cases}$$

它的 DTFT 为

$$X(e^{j\omega})=\sum_{n=0}^{L-1}e^{-j\omega n}=\frac{1-e^{-j\omega L}}{1-e^{-j\omega}}=\frac{\sin(\omega L/2)}{\sin(\omega/2)}e^{-j\omega(L-1)/2} \tag{2.21}$$

用 $\omega_k=2\pi k/N$ 代入上式,得到 N 点 DFT

$$X(k)=\frac{\sin(\pi Lk/N)}{\sin(\pi k/N)}e^{-j\pi k(L-1)/N},\quad 0\leqslant k\leqslant N-1 \tag{2.22}$$

(1) $N=L$ 时,由式(2.22)得到 L 点 DFT

$$X(k)=\begin{cases}L, & k=0\\ 0, & 1\leqslant k\leqslant L-1\end{cases}$$

虽然 L 点 DFT 得到了 DTFT 的 L 个取样值,但 $k\neq 0$ 的 $L-1$ 个取样值都为 0,只有 $k=0$ 上有唯一非零取样值,所以根据 L 点 DFT 无法重构宽度为 L 的矩形序列的 DTFT。

(2) 当 $L=8$ 时,式(2.21)变成

$$X(e^{j\omega})=\frac{\sin(4\omega)}{\sin(\omega/2)}e^{-j7\omega/2}$$

根据该式画出的 DTFT 的幅度和相位响应示于图 2-4。

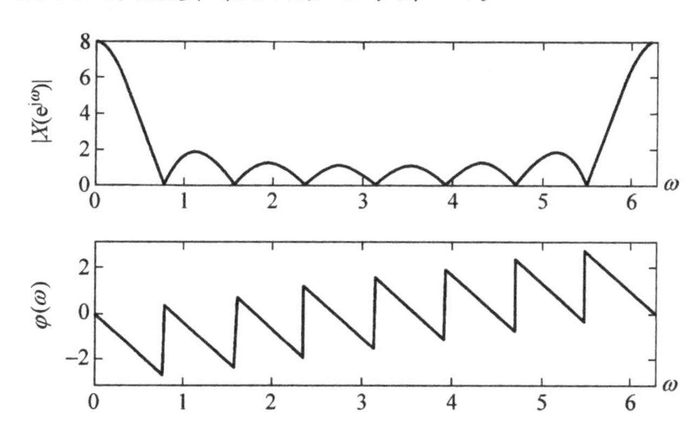

图 2-4 宽度为 $L=8$ 的矩形序列的 DTFT 的幅度和相位响应

(3) 由于 $L<N$,所以为了计算 N 点 DFT,需要在序列后面添加零取样值使之成为 N 点序列,然后利用式(2.3)进行计算。对于本例,更简单的方法是将 L 和 N 的数值直接代入式(2.22),于是得到

$$X(k)=\frac{\sin(\pi k/4)}{\sin(\pi k/32)}e^{-j7\pi k/32},\quad 0\leqslant k\leqslant 31$$

和

$$X(k)=\frac{\sin(\pi k/8)}{\sin(\pi k/64)}\mathrm{e}^{-\mathrm{j}7\pi k/64},\quad 0\leqslant k\leqslant 63$$

根据以上两个公式画出的 DFT 的幅度和相位特性示于图 2-5。将它们与图 2-4 比较可以看出,DFT 的点数越多,频谱细节越清楚。

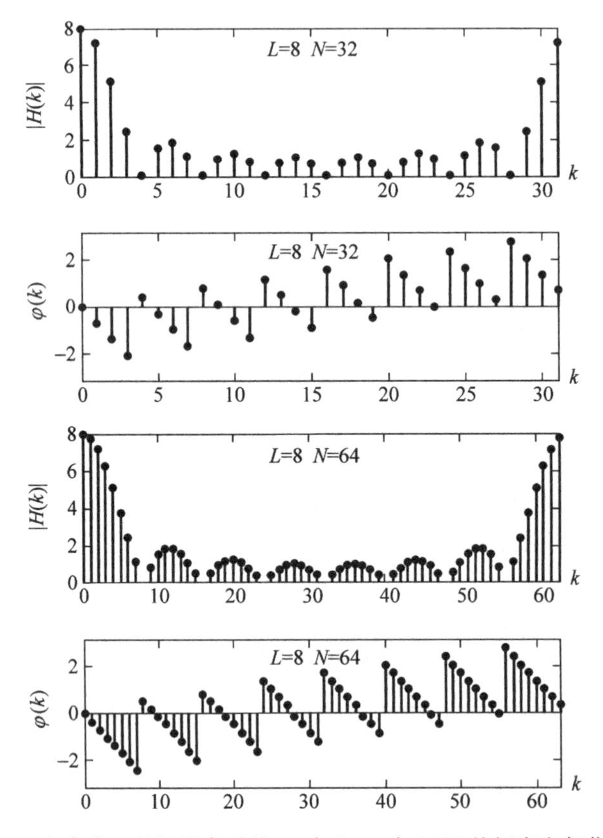

图 2-5　宽度为 8 的矩形序列的 32 点和 64 点 DFT 的幅度和相位特性

2.1.4　DFT 的物理意义

DFT 把一个有限长序列 $x(n)$ 变换成另一个同样长度的序列 $X(k)$。实际应用中希望理解 $X(k)$ 代表的物理意义。

设 $x_a(t)$ 是周期为 T_1(基频为 $f_1=1/T_1$)的模拟周期信号,$x(n)$ 是以间隔 $T_s=T_1/N$ 对 $x_a(t)$ 取样得到的周期序列的一个周期

$$x(n)=\begin{cases}x_p(nT_s), & 0\leqslant n\leqslant N-1\\ 0, & \text{其余}\end{cases}\tag{2.23}$$

因此,$x(n)$ 的 N 个取样值以取样频率 $f_s=Nf_1$ 覆盖 $x_a(t)$ 的一个周期。

由于 $x_a(t)$ 是周期信号,因此可以展开成傅里叶级数

$$x_a(t) = \sum_{k=-\infty}^{\infty} c_k \exp(jk2\pi f_1 t) \tag{2.24}$$

其中,傅里叶系数

$$c_k = \frac{1}{T_1}\int_0^{T_1} x_a(t)\exp(-jk2\pi f_1 t)\mathrm{d}t \tag{2.25}$$

式(2.24)定义的傅里叶级数是无限项求和,可以用 N 个谐波的截断傅里叶级数来近似

$$x_a(t) \approx \sum_{k=-(N-1)}^{N-1} c_k \exp(jk2\pi f_1 t) \tag{2.26}$$

当 N 很大时,可以用求和运算近似式(2.25)的积分运算,得到 c_k 的近似值

$$\begin{aligned} c_k &\approx \frac{1}{T_1}\sum_{n=0}^{N-1} x_a(nT_s)\exp(-jk2\pi f_1 nT_s)T_s \\ &= \frac{1}{N}\sum_{n=0}^{N-1} x(n)\exp(-j2\pi kn/N), \quad -N/2 < k < N/2 \end{aligned} \tag{2.27}$$

式(2.27)中的和式是有限长序列 $x(n)$ 的 DFT 即 $X(k)$,因此式(2.27)可表示为

$$c_k \approx \frac{1}{N}X(k), \quad 0 \leqslant k \leqslant N/2-1 \tag{2.28}$$

式(2.28)只计算 k 取正值时的 $N/2$ 个 DFT 值。当 $x_a(t)$ 为实信号因而 $x(n)$ 为实序列时,利用 $X(k)$ 的共轭对称性质,k 取负值时的其余 $N/2$ 个傅里叶系数为

$$c_{-k} \approx \frac{1}{N}X^*(k), \quad 0 < k \leqslant N/2-1 \tag{2.29}$$

这样,周期信号 $x_a(t)$ 的傅里叶系数 c_k 由离散傅里叶变换 $X(k)$ 确定,具体说,前者等于后者的 $1/N$。由于 $x_a(t)$ 的第 k 个谐波的幅度和相位由 c_k 确定,所以也由 $X(k)$ 确定。

$x_a(t)$ 的第 k 个谐波的频率为

$$f_k = \frac{f_s}{N}k = kf_1, \quad 0 \leqslant k < N/2 \tag{2.30}$$

称为 DFT 的分析频率。$k=1$ 对应的分析频率即周期信号 $x_a(t)$ 的基频 f_1。

$X(k)$ 的模 $|X(k)|$ 和辐角 $\varphi(k)$ 分别确定序列 $x(n)$ 的幅度谱和相位谱。用 N 归一化的幅度谱的平方

$$S_{xx}(k) = \frac{1}{N}|X(k)|^2, \quad 0 \leqslant k \leqslant N-1 \tag{2.31}$$

称为功率密度谱,简称为功率谱。因此,$X(k)$ 也确定了 $x(n)$ 的功率谱。

例 2.5 利用 N 点 DFT 求单位冲激序列 $x(n)=\delta(n)$ 的幅度谱、相位谱和功率谱。

解 利用式(2.3)计算

$$X(k) = \sum_{n=0}^{N-1}\delta(n)W_N^{nk} = 1, \quad 0 \leqslant k \leqslant N-1$$

因此,幅度谱、相位谱和功率谱分别为 $|X(k)|=1$,$\varphi(k)=0$ 和 $S_{xx}(k)=1/N$。可以看出,对所有 k,功率谱是常数,这意味着功率均匀分布在 N 个分析频率上。

2.1.5 对 DFT 计算结果的解读

解读 DFT 的计算结果时需注意两点：第一，$X(k)$的模正比于频谱分量的幅度，但并不等于幅度的实际大小；第二，k 只是 $X(k)$的取样值的序号，并不是实际频率，而且，k 对应于 DFT 的分析频率点，但并不意味着信号中一定包含这些频率成分，这个问题将在下面讨论频谱泄漏时说明。下面讨论值得注意的第一点。

设 $x(t)=A_1\sin(2\pi f_1 t)$，在一个周期内 N 个等间隔点对其取样，得到正弦序列

$$x(n)=A_1\sin(2\pi f_1 nT_s)=A_1\sin(2\pi nT_s/T_1)=A_1\sin(2\pi n/N),\quad 0\leqslant n\leqslant N-1$$

式中，A_1 是正弦信号的幅度；$T_1=1/f_1$ 是正弦信号的周期；$T_s=T_1/N$ 是取样间隔。利用式(2.3)计算 $x(n)$的 N 点 DFT

$$\begin{aligned}X(k)&=\sum_{n=0}^{N-1}A_1\sin(2\pi n/N)\exp\left[-\mathrm{j}2\pi nk/N\right]\\&=\mathrm{j}\frac{A_1}{2}\sum_{n=0}^{N-1}\left[\exp(-\mathrm{j}2\pi n/N)-\exp(\mathrm{j}2\pi n/N)\right]\exp(-\mathrm{j}2\pi nk/N)\\&=\mathrm{j}\frac{A_1}{2}\sum_{n=0}^{N-1}\left[\exp\left(-\mathrm{j}2\pi(1+k)n/N\right)-\exp\left(\mathrm{j}2\pi(1-k)n/N\right)\right]\end{aligned}$$

当 $k=1$，即在分析频率 f_1 上，DFT 的值为

$$\begin{aligned}X(1)&=\mathrm{j}\frac{A_1}{2}\sum_{n=0}^{N-1}\left[\exp\left(-\mathrm{j}4\pi n/N\right)-1\right]\\&=-\mathrm{j}\frac{A_1}{2}\left[\frac{(1-\exp(-\mathrm{j}4\pi))}{1-\exp(-\mathrm{j}4\pi/N)}+\sum_{n=0}^{N-1}1\right]=-\mathrm{j}\frac{N}{2}A_1\end{aligned}$$

故有

$$|X(1)|=\frac{N}{2}A_1 \tag{2.32}$$

即 DFT 在分析频率 f_1 上的值等于正弦幅度的 $N/2$ 倍。

对复指数信号 $x(t)=A_1\exp(\mathrm{j}2\pi f_1 t)$在一个周期内 N 个等间隔点取样，得到序列

$$x(n)=A_1\exp(\mathrm{j}2\pi f_1 nT_s)=A_1\exp\left(\mathrm{j}2\pi n/N\right),\quad 0\leqslant n\leqslant N-1$$

它的 DFT 为

$$X(k)=\sum_{n=0}^{N-1}A_1\exp\left[\mathrm{j}2\pi n/N\right]\exp\left[-\mathrm{j}2\pi nk/N\right]=\sum_{n=0}^{N-1}A_1\exp\left[\mathrm{j}2\pi n(1-k)/N\right]$$

由此得到在分析频率 f_1 上的 DFT 值

$$X(1)=NA_1 \tag{2.33}$$

即复指数序列的 DFT 在分析频率 f_1 上的值，等于复指数序列的幅度的 N 倍。

对于直流信号 $x(n)=A_0$，它的 DFT 为

$$X(k)=\sum_{n=0}^{N-1}A_0\exp\left[-\mathrm{j}2\pi nk/N\right]$$

在 $k=0$ 的分析频率(零频率)上的 DFT 值为

$$X(0)=\sum_{n=0}^{N-1}A_0=NA_0 \tag{2.34}$$

它等于直流信号幅度的 N 倍。

由式(2.4)计算任何序列 $x(n)$的 DFT 在 $k=0$(零分析频率)上的值

$$X(0)=\sum_{n=0}^{N-1}x(n) \tag{2.35}$$

它等于序列 $x(n)$的平均值的 N 倍。序列的平均值即序列的直流分量,因此,任何序列 $x(n)$的 DFT 在零分析频率上的值都等于序列的直流分量的 N 倍。

如果用软件或浮点硬件实现 DFT 运算,DFT 的幅度与信号的实际幅度之间的差别不太重要。但是当使用定点硬件实现 DFT 运算时,就必须记住 DFT 的计算结果将会达到输入取样值最大幅度的 $N/2$ 倍,这意味着要求硬件寄存器必须能够保存输入取样值最大幅度的 $N/2$ 倍的数值。

有时会看到有的文献中把 DFT 定义为

$$X(k)=\frac{1}{N}\sum_{n=0}^{N-1}x(n)\exp\left[-\mathrm{j}2\pi nk/N\right] \tag{2.36}$$

按照这个定义计算得到的正弦序列的 DFT 的幅度,等于频谱分量实际幅度的 1/2,而不是 $N/2$ 倍。但是这样计算 DFT 需要额外的除法运算(当然 IDFT 公式中没有因子 $1/N$),因此,用软件或硬件实现 DFT 计算时,通常还是使用式(2.3)。不过也有例外,例如,某些商业开发软件采用下列公式计算 DFT 和 IDFT

$$X(k)=\frac{1}{\sqrt{N}}\sum_{n=0}^{N-1}x(n)W_N^{nk},\quad 0\leqslant k\leqslant N-1 \tag{2.37}$$

$$x(n)=\frac{1}{\sqrt{N}}\sum_{k=0}^{N-1}X(k)W_N^{-nk},\quad 0\leqslant n\leqslant N-1 \tag{2.38}$$

即把因子 $1/N$ 平均分给 DFT 和 IDFT 的计算公式,效果一样。这两个公式的优点是正反变换标度因子相同,仅只复指数的符号不同,实现起来有其方便之处。

实际进行信号谱分析时,往往只关心频谱分量的相对大小,而不关心绝对幅度,这种情况下就没有必要过多关心 DFT 计算结果与实际幅度的关系问题。

2.1.6 4 种傅里叶分析方法

图 2-6 所示的 4 种傅里叶分析方法分别适用于不同形式(连续时间或离散时间,周期性或非周期性)的信号,相应有不同频域(连续频率或离散频率)表示。傅里叶级数又细分为连续傅里叶级数和离散傅里叶级数(DFS),前者是指连续时间周期信号的傅里叶级数,后者是指周期序列的傅里叶级数。

(1) 非周期连续时间信号 $x(t)$的傅里叶变换(FT)$X(\mathrm{j}\Omega)$,是连续频率 f 或连续角频率 $\Omega=2\pi f$ 的非周期函数

$$X(\mathrm{j}\Omega)=\int_{-\infty}^{\infty}x(t)\exp(-\mathrm{j}\Omega t)\mathrm{d}t \tag{2.39}$$

$$x(t)=\frac{1}{2\pi}\int_{-\infty}^{\infty}X(\mathrm{j}\Omega)\exp(\mathrm{j}\Omega t)\mathrm{d}\Omega \tag{2.40}$$

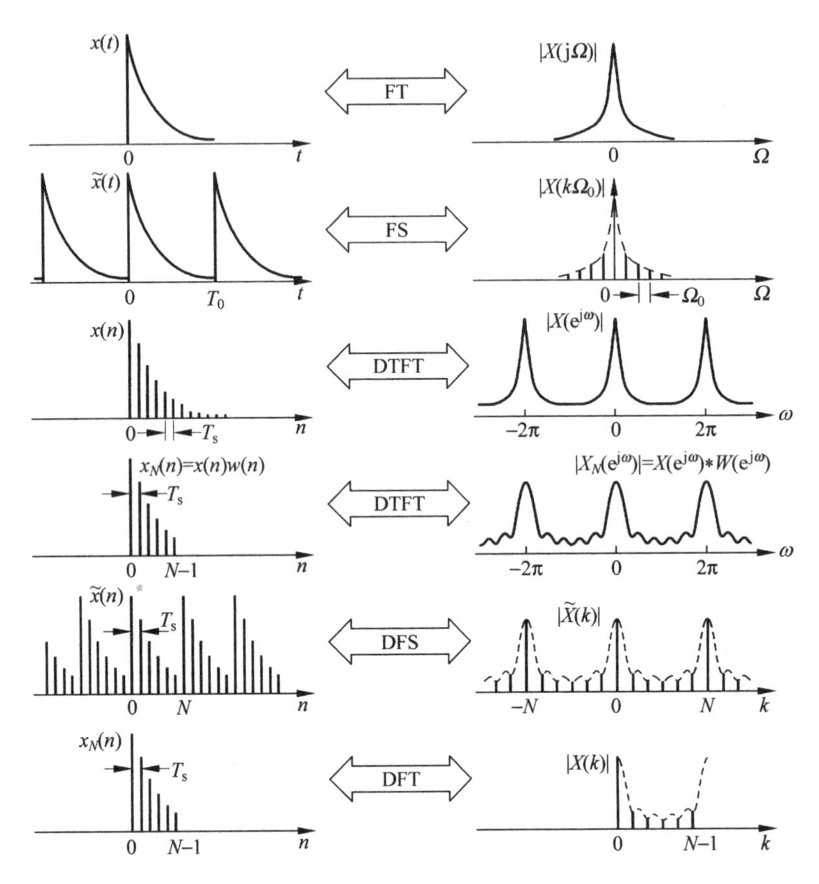

图 2-6　4 种傅里叶分析方法

(2) $x(t)$ 经周期性延拓,得周期为 T_0 的连续时间周期信号$\tilde{x}(t)=\sum\limits_{r=-\infty}^{\infty}x(t+rT_0)$,其傅里叶级数(FS)$X(k\Omega_0)$ 是离散频率 $k\Omega_0$ 的函数,$\Omega_0=2\pi/T_0$ 是基频

$$X(k\Omega_0)=\frac{1}{T_0}\int_{-T_0/2}^{T_0/2}\tilde{x}(t)\exp(-\mathrm{j}k\Omega_0 t)\mathrm{d}t \tag{2.41}$$

$$\tilde{x}(t)=\sum_{k=-\infty}^{\infty}X(k\Omega_0)\exp(\mathrm{j}k\Omega_0 t) \tag{2.42}$$

反过来说,如果对非周期连续时间信号 $x(t)$的傅里叶变换 $X(\mathrm{j}\Omega)$进行取样(设取样间隔为 Ω_0),得到 $X(k\Omega_0)$,那么,从逆变换式(2.42)可知,对频谱的取样必然导致时间函数成为周期性函数。因此,如果对 $X(k\Omega_0)$进行逆变换,则将迫使时间函数成为周期性函数。所以,FS 把周期性的连续时间信号$\tilde{x}(t)$与离散频率函数 $X(k\Omega_0)$联系在一起。

(3) 以相等的时间间隔 T_s 对 $x(t)$取样,得到序列 $x(n)=x(nT_s)$。$x(n)$的离散时间傅里叶变换 $X(\mathrm{e}^{\mathrm{j}\omega})$是数字频率 $\omega=2\pi f/f_s$ 的连续周期函数,周期为 2π。如果自变量选为频率 f,则周期为 $f_s=1/T_s$。

(4) 从序列 $x(n)$ 中截取出一段,得到长为 N 的有限长序列 $x_N(n)$

$$x_N(n) = \begin{cases} x(n), & 0 \leqslant n \leqslant N-1 \\ 0, & \text{其余} \end{cases} \tag{2.43}$$

这等效于用一个长为 N 的矩形窗 $w(n)$ 乘以序列 $x(n)$。根据 DTFT 的序列相乘性质(表 1-3 性质 9),得到

$$X_N(e^{j\omega}) = X(e^{j\omega}) * W(e^{j\omega}) \tag{2.44}$$

式中,$X_N(e^{j\omega})$、$X(e^{j\omega})$ 和 $W(e^{j\omega})$ 分别是 $x_N(n)$、$x(n)$ 和 $w(n)$ 的离散时间傅里叶变换。

(5) 在数字频率一个周期($0 \leqslant \omega < 2\pi$)内,在 N 个等间隔频率点 $\omega_k = 2\pi k/N(0 \leqslant k \leqslant N-1)$ 上对 $X_N(e^{j\omega})$ 取样,得到长为 N 的有限长序列 $X(k)$,它是有限长序列 $x_N(n)$ 的离散傅里叶变换。反过来说,计算 $x_N(n)$ 的离散傅里叶变换 $X(k)$,并将 $X(k)$ 进行周期性延拓,可以得到对周期函数 $X_N(e^{j\omega})$ 等间隔取样的结果 $\widetilde{X}(k)$。而 $\widetilde{X}(k)$ 是 $\tilde{x}(n)$ 的离散傅里叶级数的系数,这里,$\tilde{x}(n)$ 是 $x_N(n)$ 的周期性延拓。因此,周期序列 $\tilde{x}(n)$ 与 $\widetilde{X}(k)$ 形成 DFS 变换对,它们的一个周期即 $x_N(n)$ 与 $X(k)$ 之间形成 DFT 变换对。因此,频域中的长为 N 的有限长序列 $X(k)$ 能唯一地表示时域中长为 N 的有限长序列 $x_N(n)$。

2.2 DFT 的性质

DFT 具有许多重要性质。其中,除了周期性和线性性质外,循环移位、循环卷积、Parseval 定理和对称性等性质需要特别加以说明。

2.2.1 序列的循环移位

在 N 点 DFT 中,$x(n)$ 和 $X(k)$ 都是长为 N 的序列,都可看成是周期序列 $\tilde{x}(n)$ 和 $\widetilde{X}(k)$ 的一个周期。$x(n)$ 或 $X(k)$ 的循环移位,是指将 $\tilde{x}(n)$ 和 $\widetilde{X}(k)$ 移位后,取出区间 $0 \leqslant n \leqslant N-1$ 或 $0 \leqslant k \leqslant N-1$ 得到的结果。循环移位的概念可用图 2-7 来理解。$x(n)$ 是长为 $N=4$ 的序列,$\tilde{x}(n)$ 是对应的周期序列。图中左边和右边分别是 $\tilde{x}(n)$ 和 $x(n)$ 向右线性移位的情况。$x'(n)$ 是 $x(n)$ 的向右循环移位序列,$0 \leqslant n \leqslant 3$ 区间内向右移出的取样值又从左边移入该区间,这就好像把有限长序列顺时针方向排列在圆周上,顺时针方向移动取样值。

一般而言,设 $x(n)$ 是长为 N 的序列,经周期性延拓得到周期序列

$$\tilde{x}(n) = \sum_{r=-\infty}^{\infty} x(n-rN)$$

将 $\tilde{x}(n)$ 移位 m,m 为负表示向右移位,为正则表示向左移位。移位后的周期序列表示为

$$\tilde{x}'(n) = \tilde{x}(n+m) = \sum_{r=-\infty}^{\infty} x(n+m-rN)$$

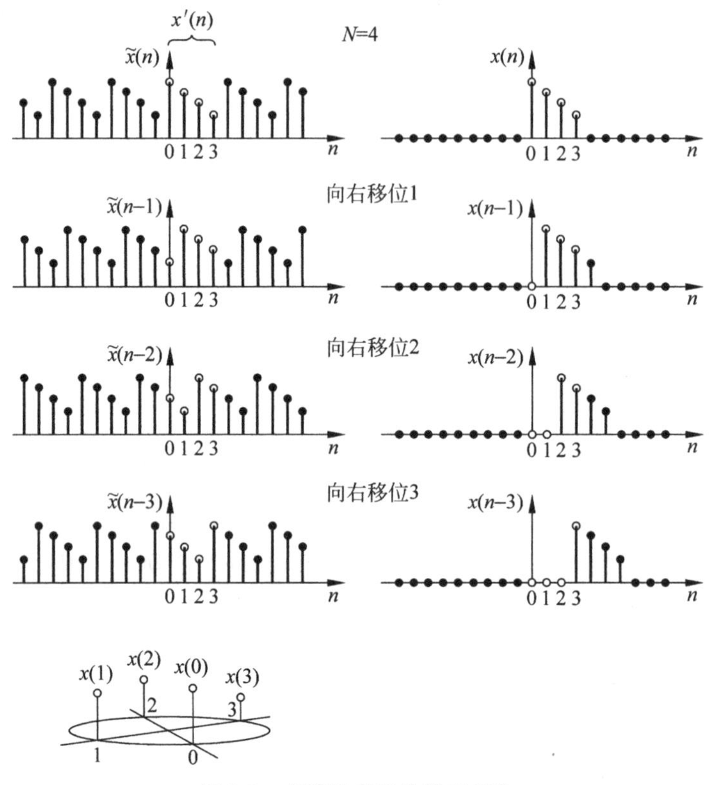

图 2-7　有限长序列的循环移位

然后从$\tilde{x}'(n)$中取出区间 $0\leqslant n\leqslant N-1$ 内的部分，得到有限长序列

$$x'(n)=\tilde{x}'(n)R_N(n)=\left[\sum_{r=-\infty}^{\infty}x(n+m-rN)\right]R_N(n)=\begin{cases}\tilde{x}'(n), & 0\leqslant n\leqslant N-1\\ 0, & \text{其余}\end{cases}$$

式中，$R_N(n)$是幅度为 1 的矩形序列，$0\leqslant n\leqslant N-1$。$x'(n)$就是有限长序列 $x(n)$的循环移位序列，表示为

$$\begin{aligned}x'(n)&=\tilde{x}'(\langle n\rangle_N)=\sum_{r=-\infty}^{\infty}x(\langle n+m-rN\rangle_N)\\&=x(\langle n+m\rangle_N),\quad 0\leqslant n\leqslant N-1\end{aligned}\tag{2.45}$$

式中，$\langle n+m\rangle_N$ 是模 N 运算，m 是循环移位的大小。$x'(n)$的 DFT 为

$$\mathrm{DFT}[x'(n)]=\sum_{n=0}^{N-1}x(\langle n+m\rangle_N)W_N^{kn}$$

令 $n+m=p$，则上式变为

$$\begin{aligned}\mathrm{DFT}[x'(n)]&=\sum_{n=0}^{N-1}x(\langle p\rangle_N)W_N^{k(p-m)}\\&=W_N^{-km}\sum_{n=0}^{N-1}x(\langle p\rangle_N)W_N^{kp}=W_N^{-km}X(k)\end{aligned}\tag{2.46}$$

式(2.46)说明，时域序列 $x(n)$循环移位 m，将使频域序列 $X(k)$产生相移 W_N^{-mk}。

设 $X(k)$ 循环移位 l 成为序列 $X'(k)=X\langle(k+l)_N\rangle$，则 $X'(k)$ 的 IDFT 为

$$\mathrm{IDFT}[X'(k)]=\frac{1}{N}\sum_{k=0}^{N-1}X(\langle k+l\rangle_N)W_N^{-nk}$$

令 $k+l=q$，则上式变为

$$\begin{aligned}\mathrm{IDFT}[X'(k)]&=\frac{1}{N}\sum_{k=0}^{N-1}X(\langle q\rangle_N)W_N^{-n(q-l)}\\&=W_N^{ln}\frac{1}{N}\sum_{k=0}^{N-1}X(\langle q\rangle_N)W_N^{-nq}=W_N^{ln}x(n)\end{aligned}\tag{2.47}$$

式(2.47)说明，频域序列 $X(k)$ 循环移位 l，将使时域序列 $x(n)$ 产生相移 W_N^{ln}。

2.2.2 序列的循环卷积

设 $x(n)$ 和 $h(n)$ 都是长为 N 的序列，它们的 N 点循环卷积定义为

$$y_c(n)\equiv x(n)\circledcirc h(n)=\sum_{i=0}^{N-1}x(i)h(\langle n-i\rangle_N),\quad 0\leqslant n\leqslant N-1\tag{2.48}$$

式(2.48)将序列 $h(i)$ 进行循环折叠和循环移位 n 后，与 $x(i)$ 的取样值对应相乘，并将所有乘积求和，便得到循环卷积结果 $y_c(n)$，$0\leqslant n\leqslant N-1$。由于可以把循环移位看成把有限长序列顺时针方向排列在圆周上，并顺时针方向移动取样值，所以，可以用图 2-8 来表示循环卷积的计算过程。图中，$x(n)$ 按顺时针方向排列在固定不动的内圆盘上，$h(n)$ 按逆时针方向排列在外圆盘上（表示 $h(-n)$）。外圆盘顺时针方向旋转表示 $h(-n)$ 循环移位，每移动一个位置，$x(n)$ 和 $h(n)$ 的对应元素相乘，并把乘积相加，得到一个循环卷积结果。

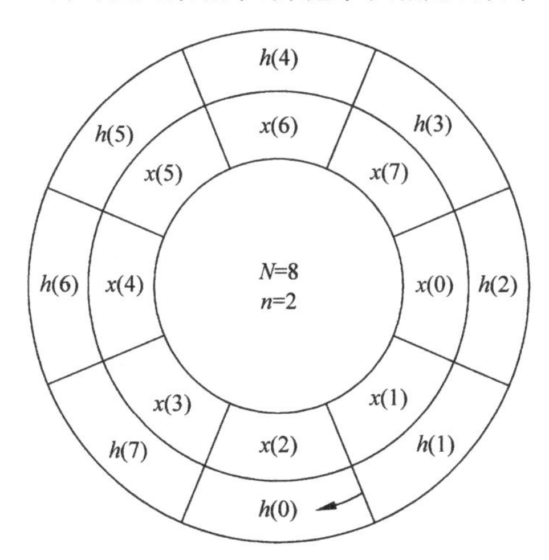

图 2-8 循环卷积计算过程示意图

N 点循环卷积 $y_c(n)$ 可以看成从周期序列 $\tilde{x}(n)$ 和 $\tilde{h}(n)$ 的卷积 $\tilde{y}(n)$ 中取出的一个周期($0\leqslant n\leqslant N-1$)，这里，$\tilde{x}(n)$ 和 $\tilde{h}(n)$ 分别是由 $x(n)$ 和 $h(n)$ 周期性延拓得到的。

若令

$$\boldsymbol{y}_c=[y_c(0)\quad y_c(1)\quad\cdots\quad y_c(N-2)\quad y_c(N-1)]^{\mathrm{T}}\tag{2.49}$$

$$\boldsymbol{x}=[x(0)\quad x(1)\quad \cdots \quad x(N-2)\quad x(N-1)]^{\mathrm{T}} \tag{2.50}$$

则式(2.48)可用矩阵和矢量形式表示为

$$\boldsymbol{y}_{\mathrm{c}}=\boldsymbol{H}_{\mathrm{c}}\boldsymbol{x} \tag{2.51}$$

其中

$$\boldsymbol{H}_{\mathrm{c}}=\begin{bmatrix} h(0) & h(N-1) & \cdots & h(2) & h(1) \\ h(1) & h(0) & \cdots & h(3) & h(2) \\ \vdots & \vdots & \ddots & \vdots & \vdots \\ h(N-2) & h(N-3) & \cdots & h(0) & h(N-1) \\ h(N-1) & h(N-2) & \cdots & h(1) & h(0) \end{bmatrix} \tag{2.52}$$

是一个 $N\times N$ 循环矩阵,它的每行或每列都由 $h(n)$ 的 N 个元素循环移位得到。

类似地,若定义

$$\boldsymbol{y}=[y(0)\quad y(1)\quad \cdots \quad y(2N-2)\quad y(2N-1)]^{\mathrm{T}} \tag{2.53}$$

$$\boldsymbol{H}=\begin{bmatrix} h(0) & 0 & \cdots & 0 & 0 \\ h(1) & h(0) & \cdots & 0 & 0 \\ \vdots & \vdots & \ddots & \vdots & \vdots \\ h(N-2) & h(N-3) & \cdots & h(0) & 0 \\ h(N-1) & h(N-2) & \cdots & h(1) & h(0) \\ \vdots & \vdots & \ddots & \vdots & \vdots \\ 0 & 0 & \cdots & h(N-1) & h(N-2) \\ 0 & 0 & \cdots & 0 & h(N-1) \end{bmatrix} \tag{2.54}$$

则可以将线性卷积公式用矩阵和矢量形式表示为

$$\boldsymbol{y}=\boldsymbol{H}\boldsymbol{x} \tag{2.55}$$

其中,$\boldsymbol{x}$ 仍由式(2.50)定义。$\boldsymbol{H}$ 称为线性卷积矩阵或简称为卷积矩阵,注意它与循环矩阵 $\boldsymbol{H}_{\mathrm{c}}$ 的区别。

例 2.6 已知两个有限长序列 $h(n)=[2,\ -1,\ 6]$ 和 $x(n)=[5,\ 3,\ -4]$,$0\leqslant n\leqslant 2$。计算它们的 3 点循环卷积和线性卷积,并比较两种卷积的结果。

解 利用式(2.51)计算循环卷积

$$\begin{bmatrix} y_{\mathrm{c}}(0) \\ y_{\mathrm{c}}(1) \\ y_{\mathrm{c}}(2) \end{bmatrix}=\begin{bmatrix} 2 & 6 & -1 \\ -1 & 2 & 6 \\ 6 & -1 & 2 \end{bmatrix}\begin{bmatrix} 5 \\ 3 \\ -4 \end{bmatrix}=\begin{bmatrix} 32 \\ -23 \\ 19 \end{bmatrix}$$

利用式(2.55)计算线性卷积

$$\begin{bmatrix} y(0) \\ y(1) \\ y(2) \\ y(3) \\ y(4) \end{bmatrix}=\begin{bmatrix} 2 & 0 & 0 \\ -1 & 2 & 0 \\ 6 & -1 & 2 \\ 0 & 6 & -1 \\ 0 & 0 & 6 \end{bmatrix}\begin{bmatrix} 5 \\ 3 \\ -4 \end{bmatrix}=\begin{bmatrix} 10 \\ 1 \\ 19 \\ 22 \\ -24 \end{bmatrix}$$

循环卷积结果是长为 $N=3$ 的序列,而线性卷积结果是长为 $2N-1=5$ 的序列。

2.2.3 卷积定理

设 $x(n)$和 $h(n)$的 N 点 DFT 分别是 $X(k)$和 $H(k)$，则 N 点循环卷积 $x(n)$ Ⓒ $h(n)$的 DFT 为

$$\text{DFT}[x(n) \copyright h(n)] = X(k)H(k) \tag{2.56}$$

证明 将 $X(k)$和 $H(k)$的 IDFT 公式代入式(2.48)

$$\begin{aligned} x(n) \copyright h(n) &= \sum_{i=0}^{N-1} x(i)h(\langle n-i\rangle_N) \\ &= \sum_{i=0}^{N-1}\left[\frac{1}{N}\sum_{k=0}^{N-1}X(k)W_N^{-ki}\right]\left[\frac{1}{N}\sum_{l=0}^{N-1}H(l)W_N^{-l\langle n-i\rangle_N}\right] \end{aligned}$$

注意到

$$W_N^{-l\langle n-i\rangle_N} = \exp\left(\mathrm{j}\,\frac{2\pi}{N}l\langle n-i\rangle_N\right) = \exp\left(\mathrm{j}\,\frac{2\pi}{N}l(n-i)\right) = W_N^{-l(n-i)}$$

$$\sum_{i=0}^{N-1} W_N^{-(k-l)i} = \begin{cases} N, & k-l = rN(r\text{ 为整数}) \\ 0, & \text{其余} \end{cases}$$

所以得到

$$\begin{aligned} x(n) \copyright h(n) &= \frac{1}{N}\sum_{k=0}^{N-1}\sum_{l=0}^{N-1}X(k)H(l)W_N^{-ln}\,\frac{1}{N}\sum_{i=0}^{N-1}W_N^{-(k-l)i} \\ &= \frac{1}{N}\sum_{k=0}^{N-1}X(k)H(k)W_N^{-kn} \end{aligned} \tag{2.57}$$

即循环卷积 $x(n)$Ⓒ $h(n)$与乘积 $X(k)H(k)$构成离散傅里叶变换对。

由于 $X(k)$和 $H(k)$也都是定义在区间 $0\leqslant k\leqslant N-1$ 的长为 N 的有限长序列，所以，同样可以计算它们之间的 N 点循环卷积 $Y_c(k)=X(k)$Ⓒ $H(k)$，而且同样可以证明 $Y_c(k)$的 IDFT 为

$$\text{IDFT}[X(k) \copyright H(k)] = x(n)h(n) \tag{2.58}$$

即循环卷积 $X(k)$Ⓒ $H(k)$与乘积 $x(n)h(n)$也构成离散傅里叶变换对。

式(2.57)和式(2.58)分别称为时域卷积定理和频域卷积定理，它们在数字信号处理的理论和应用中有很重要的地位。卷积定理的重要应用之一是利用 DFT 计算循环卷积。

例 2.7 利用卷积定理计算例 2.6 中两个序列的循环卷积。

解 首先计算两个序列的 DFT。$N=3$，$W_N^k(0\leqslant k\leqslant 2)$为

$$W_3^1 = W_3^4 = \exp(-\mathrm{j}2\pi/3) = \frac{-1-\mathrm{j}\sqrt{3}}{2}$$

$$W_3^2 = \exp(-\mathrm{j}4\pi/3) = \frac{-1+\mathrm{j}\sqrt{3}}{2}$$

于是得到

$$\begin{bmatrix}H(0)\\H(1)\\H(2)\end{bmatrix}=\begin{bmatrix}W_3^0 & W_3^0 & W_3^0\\W_3^0 & W_3^1 & W_3^2\\W_3^0 & W_3^2 & W_3^4\end{bmatrix}\begin{bmatrix}h(0)\\h(1)\\h(2)\end{bmatrix}$$

$$=\begin{bmatrix}1 & 1 & 1\\1 & \dfrac{-1-\mathrm{j}\sqrt{3}}{2} & \dfrac{-1+\mathrm{j}\sqrt{3}}{2}\\1 & \dfrac{-1+\mathrm{j}\sqrt{3}}{2} & \dfrac{-1-\mathrm{j}\sqrt{3}}{2}\end{bmatrix}\begin{bmatrix}2\\-1\\6\end{bmatrix}=\begin{bmatrix}7\\-0.5+\mathrm{j}3.5\sqrt{3}\\-0.5-\mathrm{j}3.5\sqrt{3}\end{bmatrix}$$

$$\begin{bmatrix}X(0)\\X(1)\\X(2)\end{bmatrix}=\begin{bmatrix}1 & 1 & 1\\1 & \dfrac{-1-\mathrm{j}\sqrt{3}}{2} & \dfrac{-1+\mathrm{j}\sqrt{3}}{2}\\1 & \dfrac{-1+\mathrm{j}\sqrt{3}}{2} & \dfrac{-1-\mathrm{j}\sqrt{3}}{2}\end{bmatrix}\begin{bmatrix}5\\3\\-4\end{bmatrix}=\begin{bmatrix}4\\5.5-\mathrm{j}3.5\sqrt{3}\\5.5+\mathrm{j}3.5\sqrt{3}\end{bmatrix}$$

然后,求两个 DFT 的乘积(序列乘积)

$$\begin{bmatrix}Y_c(0)\\Y_c(1)\\Y_c(2)\end{bmatrix}=\begin{bmatrix}H(0)\\H(1)\\H(2)\end{bmatrix}\begin{bmatrix}X(0)\\X(1)\\X(2)\end{bmatrix}=\begin{bmatrix}7\\-0.5+\mathrm{j}3.5\sqrt{3}\\-0.5-\mathrm{j}3.5\sqrt{3}\end{bmatrix}\begin{bmatrix}4\\5.5-\mathrm{j}3.5\sqrt{3}\\5.5+\mathrm{j}3.5\sqrt{3}\end{bmatrix}=\begin{bmatrix}28\\34+\mathrm{j}21\sqrt{3}\\34-\mathrm{j}21\sqrt{3}\end{bmatrix}$$

最后,计算乘积的 IDFT,得到

$$\begin{bmatrix}y_c(0)\\y_c(1)\\y_c(2)\end{bmatrix}=\frac{1}{3}\begin{bmatrix}1 & 1 & 1\\1 & \dfrac{-1-\mathrm{j}\sqrt{3}}{2} & \dfrac{-1+\mathrm{j}\sqrt{3}}{2}\\1 & \dfrac{-1+\mathrm{j}\sqrt{3}}{2} & \dfrac{-1-\mathrm{j}\sqrt{3}}{2}\end{bmatrix}^*\begin{bmatrix}28\\34+\mathrm{j}21\sqrt{3}\\34-\mathrm{j}21\sqrt{3}\end{bmatrix}$$

$$=\frac{1}{3}\begin{bmatrix}1 & 1 & 1\\1 & \dfrac{-1+\mathrm{j}\sqrt{3}}{2} & \dfrac{-1-\mathrm{j}\sqrt{3}}{2}\\1 & \dfrac{-1-\mathrm{j}\sqrt{3}}{2} & \dfrac{-1+\mathrm{j}\sqrt{3}}{2}\end{bmatrix}\begin{bmatrix}28\\34+\mathrm{j}21\sqrt{3}\\34-\mathrm{j}21\sqrt{3}\end{bmatrix}=\begin{bmatrix}32\\-23\\19\end{bmatrix}$$

与例 2.6 的结果相同。

一般情况下 N 很大,但是,由于可以利用 FFT 来计算 DFT 和 IDFT,所以利用卷积定理计算循环卷积可以获得很高的效率。

2.2.4 Parseval 定理

设 $x(n)$和 $h(n)$是长为 N 的复序列,它们的 N 点 DFT 分别是 $X(k)$和 $H(k)$,则有

$$\sum_{n=0}^{N-1}x(n)x^*(n)=\frac{1}{N}\sum_{k=0}^{N-1}X(k)X^*(k) \tag{2.59}$$

或

$$\sum_{n=0}^{N-1} |x(n)|^2 = \frac{1}{N}\sum_{k=0}^{N-1} |X(k)|^2 \tag{2.60}$$

式(2.59)或式(2.60)称为 Parseval 定理。

证明 由

$$x(n) = \frac{1}{N}\sum_{k=0}^{N-1} X(k)\exp(\mathrm{j}2\pi nk/N)$$

和

$$x^*(n) = \frac{1}{N}\sum_{k=0}^{N-1} X^*(k)\exp(-\mathrm{j}2\pi nk/N)$$

得到

$$\begin{aligned}\sum_{n=0}^{N-1} x(n)x^*(n) &= \frac{1}{N^2}\sum_{n=0}^{N-1}\left[\sum_{k=0}^{N-1} X(k)\exp(\mathrm{j}2\pi nk/N)\right]\left[\sum_{l=0}^{N-1} X^*(l)\exp(-\mathrm{j}2\pi nl/N)\right] \\ &= \frac{1}{N^2}\sum_{k=0}^{N-1}\sum_{l=0}^{N-1} X(k)X^*(l)\sum_{n=0}^{N-1}\exp(\mathrm{j}2\pi n(k-l)/N)\end{aligned}$$

注意到

$$\sum_{n=0}^{N-1}\exp(\mathrm{j}2\pi n(k-l)/N) = \begin{cases} N, & k = l \\ 0, & \text{其余}\end{cases}$$

所以得到

$$\sum_{n=0}^{N-1} x(n)x^*(n) = \frac{1}{N}\sum_{k=0}^{N-1} X(k)X^*(k)$$

定理得证。

从式(2.60)可以解释 Parseval 定理的含义。若把 $x(n)$ 看成周期序列的一个周期，则该周期序列的平均功率是

$$P_N = \frac{1}{N}\sum_{n=0}^{N-1} |x(n)|^2$$

另一方面，序列 $x(n)$ 的功率(密度)谱为

$$S_{xx}(k) = \frac{1}{N}|X(k)|^2, \quad 0 \leqslant k \leqslant N-1$$

因此，式(2.60)可以表示成

$$P_N = \frac{1}{N}\sum_{k=0}^{N-1} S_{xx}(k) = \frac{1}{N^2}\sum_{k=0}^{N-1} |X(k)|^2 \tag{2.61}$$

即周期序列的平均功率等于功率谱在频域一个周期内的平均值，这说明 $S_{xx}(k)$ 具有功率密度谱的含义。

例 2.8 计算序列 $x(n)=[3,\ -1,\ 0,\ 2]$ 的 4 点 DFT，并分别从时域和频域计算平均功率，以此验证 Parseval 定理。

解 从时域计算平均功率，得到

$$P_N = \frac{1}{N}\sum_{n=0}^{N-1} |x(n)|^2 = \frac{1}{4}[3^2 + (-1)^2 + 2^2] = 3.5$$

$x(n)$的 DFT 为

$$\begin{bmatrix} X(0) \\ X(1) \\ X(2) \\ X(3) \end{bmatrix} = \begin{bmatrix} 1 & 1 & 1 & 1 \\ 1 & W_4^1 & W_4^2 & W_4^3 \\ 1 & W_4^2 & W_4^4 & W_4^6 \\ 1 & W_4^3 & W_4^6 & W_4^9 \end{bmatrix} \begin{bmatrix} x(0) \\ x(1) \\ x(2) \\ x(3) \end{bmatrix} = \begin{bmatrix} 1 & 1 & 1 & 1 \\ 1 & W_4^1 & W_4^2 & W_4^3 \\ 1 & W_4^2 & W_4^0 & W_4^2 \\ 1 & W_4^3 & W_4^2 & W_4^1 \end{bmatrix} \begin{bmatrix} 3 \\ -1 \\ 0 \\ 2 \end{bmatrix}$$

$$= \begin{bmatrix} 1 & 1 & 1 & 1 \\ 1 & -\mathrm{j} & -1 & \mathrm{j} \\ 1 & -1 & 1 & -1 \\ 1 & \mathrm{j} & -1 & -\mathrm{j} \end{bmatrix} \begin{bmatrix} 3 \\ -1 \\ 0 \\ 2 \end{bmatrix} = \begin{bmatrix} 4 \\ 3(1+\mathrm{j}) \\ 2 \\ 3(1-\mathrm{j}) \end{bmatrix}$$

因此,从频域计算的平均功率为

$$P_N = \frac{1}{N^2}\sum_{k=0}^{N-1} |X(k)|^2 = \frac{1}{4^2}[4^2 + 3^2 |1+\mathrm{j}|^2 + 2^2 + 3^2 |1-\mathrm{j}|^2] = 3.5$$

与时域计算的平均功率相等,Parseval 定理得到验证。

2.2.5 复序列的 DFT 的对称性

设 $x(n)$是长为 N 的复序列

$$x(n) = \mathrm{Re}[x(n)] + \mathrm{jIm}[x(n)], \quad 0 \leqslant n \leqslant N-1$$

它的 N 点 DFT 为

$$X(k) = \mathrm{Re}[X(k)] + \mathrm{jIm}[X(k)], \quad 0 \leqslant k \leqslant N-1$$

$x(n)$和 $X(k)$可分别表示成它们的周期共轭对称部分($x_{\mathrm{pcs}}(n)$或 $X_{\mathrm{pcs}}(k)$)和周期共轭反对称部分($x_{\mathrm{pca}}(n)$或 $X_{\mathrm{pca}}(k)$)之和

$$x(n) = x_{\mathrm{pcs}}(n) + x_{\mathrm{pca}}(n)$$

$$X(k) = X_{\mathrm{pcs}}(k) + X_{\mathrm{pca}}(k)$$

式中

$$x_{\mathrm{pcs}}(n) = \frac{1}{2}[x(n) + x^*(\langle -n\rangle_N)], \quad 0 \leqslant n \leqslant N-1$$

$$x_{\mathrm{pca}}(n) = \frac{1}{2}[x(n) - x^*(\langle -n\rangle_N)], \quad 0 \leqslant n \leqslant N-1$$

$$X_{\mathrm{pcs}}(k) = \frac{1}{2}[X(k) + X^*(\langle -k\rangle_N)], \quad 0 \leqslant k \leqslant N-1$$

$$X_{\mathrm{pca}}(k) = \frac{1}{2}[X(k) - X^*(\langle -k\rangle_N)], \quad 0 \leqslant k \leqslant N-1$$

其中,$\langle -n\rangle_N = N-n$;$\langle -k\rangle_N = N-k$。

利用 DFT 的定义可证明复序列的离散傅里叶变换存在下列对称性质:

(1) $x^*(n) \Leftrightarrow X^*(\langle -k\rangle_N)$　　　(2) $x^*(\langle -n\rangle_N) \Leftrightarrow X^*(k)$

(3) $\mathrm{Re}[x(n)] \Leftrightarrow X_{\mathrm{pcs}}(k)$　　(4) $x_{\mathrm{pcs}}(n) \Leftrightarrow \mathrm{Re}[X(k)]$

(5) $\mathrm{jIm}[x(n)] \Leftrightarrow X_{\mathrm{pca}}(k)$　　(6) $x_{\mathrm{pca}}(n) \Leftrightarrow \mathrm{jIm}[X(k)]$

2.2.6 实序列的 DFT 的对称性

实序列 $x(n)$的 $X(k)$是 N 点复序列。实序列的 DFT 具有以下对称性质：

(1) $X(k)=X^*(N-k)$　　(2) $\mathrm{Re}[X(k)]=\mathrm{Re}[(N-k)]$

(3) $\mathrm{Im}[X(k)]=-\mathrm{Im}[(N-k)]$　　(4) $|X(k)|=|X(N-k)|$

(5) $\arg[X(k)]=-\arg[X(N-k)]$　　(6) $x_{\mathrm{s}}(n) \Leftrightarrow \mathrm{Re}[X(k)]$

(7) $x_{\mathrm{a}}(n) \Leftrightarrow \mathrm{jIm}[X(k)]$

注意：在以上性质中，标号 $N-n$ 或 $N-k$ 都可以用模数表示成$\langle -n\rangle_N$ 或$\langle -k\rangle_N$。

由以上性质可以引申出其他重要结论：

(1) $X(0)=X^*(N)$或 $X^*(0)=X(N)$。根据 DFT 的周期性，有 $X(N)=X(0)$，因此 $X^*(0)=X(0)$，即 $X(0)$必是实数。由 DFT 的定义式(2.3)得到

$$X(0)=\sum_{n=0}^{N-1} x(n) \tag{2.62}$$

即 $X(0)$是实序列 $x(n)$的平均值的 N 倍。

(2) 在 DFT 的实际应用中，经常把 N 取成 2 的幂，因此 N 总是偶数。根据性质(1)，$X(k)$的幅度和相角具有对称性质

$$\left|X\left(\frac{N}{2}+k\right)\right|=\left|X\left(\frac{N}{2}-k\right)\right|,\quad 0 \leqslant k<\frac{N}{2} \tag{2.63}$$

$$\arg\left[X\left(\frac{N}{2}+k\right)\right]=-\arg\left[X\left(\frac{N}{2}-k\right)\right],\quad 0 \leqslant k<\frac{N}{2} \tag{2.64}$$

即 $X(k)$的幅度关于序列 $X(k)$的中心点偶对称(或循环对称)，相角奇对称(或循环反对称)。这说明在 $0 \leqslant k \leqslant N-1$ 范围计算得到的 DFT 含有一半冗余信息，因此，对于实序列来说，只需要计算 $0 \leqslant k<N/2$ 范围内的 DFT，就获得了信号频率特性的全部信息。

(3) 在性质(6)和性质(7)中，$x_{\mathrm{s}}(n)$和 $x_{\mathrm{a}}(n)$分别是实序列 $x(n)$的对称部分(或称周期偶部分)和反对称部分(或称周期奇部分)，它们分别用下式计算

$$x_{\mathrm{s}}(n)=\frac{1}{2}[x(n)+x(\langle -n\rangle_N)],\quad 0 \leqslant n \leqslant N-1$$

$$x_{\mathrm{a}}(n)=\frac{1}{2}[x(n)-x(\langle -n\rangle_N)],\quad 0 \leqslant n \leqslant N-1$$

实序列的 DFT 的对称性质(6)和(7)，是复序列的 DFT 的对称性质(4)和(6)的直接结果。

(4) 利用实序列的 DFT 的对称性质(2)和(3)，可以通过计算一个复序列的 DFT 来同时得到两个实序列的 DFT。首先，将两个 N 点实序列 $x(n)$和 $y(n)$构成一个复序列 $w(n)$

$$w(n)=x(n)+\mathrm{j}y(n)$$

然后，计算复序列 $w(n)$的 N 点 DFT

$$W(k)=\sum_{n=0}^{N-1}[x(n)+\mathrm{j}y(n)]W_N^{kn}=X(k)+\mathrm{j}Y(k)$$
$$=\{\mathrm{Re}[X(k)]-\mathrm{Im}[Y(k)]\}+\mathrm{j}\{\mathrm{Im}[X(k)]+\mathrm{Re}[Y(k)]\} \tag{2.65}$$

由于

$$x(n)=\frac{1}{2}[w(n)+w^*(n)] \tag{2.66}$$

$$y(n)=\frac{1}{2\mathrm{j}}[w(n)-w^*(n)] \tag{2.67}$$

所以

$$X(k)\equiv\mathrm{Re}[X(k)]+\mathrm{j}\mathrm{Im}[X(k)]=\frac{1}{2}[W(k)+W^*(N-k)] \tag{2.68}$$

$$Y(k)\equiv\mathrm{Re}[Y(k)]+\mathrm{j}\mathrm{Im}[Y(k)]=\frac{1}{2\mathrm{j}}[W(k)-W^*(N-k)] \tag{2.69}$$

将式(2.65)代入式(2.68)和式(2.69),并利用实序列 DFT 的对称性质(2)和(3),得到

$$\mathrm{Re}[X(k)]=\frac{1}{2}\{\mathrm{Re}[W(k)]+\mathrm{Re}[W(N-k)]\} \tag{2.70}$$

$$\mathrm{Im}[Y(k)]=\frac{1}{2}\{\mathrm{Re}[W(N-k)]-\mathrm{Re}[W(k)]\} \tag{2.71}$$

$$\mathrm{Re}[Y(k)]=\frac{1}{2}\{\mathrm{Im}[W(k)]+\mathrm{Im}[W(N-k)]\} \tag{2.72}$$

$$\mathrm{Im}[X(k)]=\frac{1}{2}\{\mathrm{Im}[W(k)]-\mathrm{Im}[W(N-k)]\} \tag{2.73}$$

例 2.9 已知两个序列 $x(n)=\{1,\ -2,\ 0,\ 3\}$和 $y(n)=[3,\ -1,\ 0,\ 2]$,$0\leqslant n\leqslant 3$。通过计算一个复序列的 DFT 来同时求出这两个实序列的 DFT,并将计算结果与例 2.1 和例 2.8 的结果对比。

解 构造复序列

$$w(n)=x(n)+\mathrm{j}y(n)=[1+\mathrm{j}3,\ -2-\mathrm{j},\ 0,\ 3+\mathrm{j}2]$$

计算 $w(n)$的 4 点 DFT

$$\begin{bmatrix}W(0)\\W(1)\\W(2)\\W(3)\end{bmatrix}=\begin{bmatrix}1&1&1&1\\1&-\mathrm{j}&-1&\mathrm{j}\\1&-1&1&-1\\1&\mathrm{j}&-1&-\mathrm{j}\end{bmatrix}\begin{bmatrix}1+\mathrm{j}3\\-2-\mathrm{j}\\0\\3+\mathrm{j}2\end{bmatrix}=\begin{bmatrix}2+\mathrm{j}4\\-2+\mathrm{j}8\\\mathrm{j}2\\4-\mathrm{j}2\end{bmatrix}$$

利用式(2.70)~式(2.73),得到

$$\mathrm{Re}[X(0)]=\frac{1}{2}\{\mathrm{Re}[W(0)]+\mathrm{Re}[W(4)]\}=\mathrm{Re}[W(0)]=2$$

$$\mathrm{Re}[X(1)]=\frac{1}{2}\{\mathrm{Re}[W(1)]+\mathrm{Re}[W(3)]\}=\frac{1}{2}(-2+4)=1$$

$$\mathrm{Re}[X(2)]=\frac{1}{2}\{\mathrm{Re}[W(2)]+\mathrm{Re}[W(2)]\}=\mathrm{Re}[W(2)]=0$$

$$\mathrm{Re}[X(3)]=\frac{1}{2}\{\mathrm{Re}[W(3)]+\mathrm{Re}[W(1)]\}=\frac{1}{2}(4-2)=1$$

$$\mathrm{Im}[Y(0)] = \frac{1}{2}\{\mathrm{Re}[W(4)] - \mathrm{Re}[W(0)]\} = 0$$

$$\mathrm{Im}[Y(1)] = \frac{1}{2}\{\mathrm{Re}[W(3)] - \mathrm{Re}[W(1)]\} = \frac{1}{2}(4+2) = 3$$

$$\mathrm{Im}[Y(2)] = \frac{1}{2}\{\mathrm{Re}[W(2)] - \mathrm{Re}[W(2)]\} = \mathrm{Re}[W(2)] = 0$$

$$\mathrm{Im}[Y(3)] = \frac{1}{2}\{\mathrm{Re}[W(1)] - \mathrm{Re}[W(3)]\} = \frac{1}{2}(-2-4) = -3$$

$$\mathrm{Re}[Y(0)] = \frac{1}{2}\{\mathrm{Im}[W(0)] + \mathrm{Im}[W(4)]\} = \mathrm{Im}[W(0)] = 4$$

$$\mathrm{Re}[Y(1)] = \frac{1}{2}\{\mathrm{Im}[W(1)] + \mathrm{Im}[W(3)]\} = \frac{1}{2}(8-2) = 3$$

$$\mathrm{Re}[Y(2)] = \frac{1}{2}\{\mathrm{Im}[W(2)] + \mathrm{Im}[W(2)]\} = \mathrm{Im}[W(2)] = 2$$

$$\mathrm{Re}[Y(3)] = \frac{1}{2}\{\mathrm{Im}[W(3)] + \mathrm{Im}[W(1)]\} = \frac{1}{2}(-2+8) = 3$$

$$\mathrm{Im}[X(0)] = \frac{1}{2}\{\mathrm{Im}[W(0)] - \mathrm{Im}[W(4)]\} = 0$$

$$\mathrm{Im}[X(1)] = \frac{1}{2}\{\mathrm{Im}[W(1)] - \mathrm{Im}[W(3)]\} = \frac{1}{2}(8+2) = 5$$

$$\mathrm{Im}[X(2)] = \frac{1}{2}\{\mathrm{Im}[W(2)] - \mathrm{Im}[W(2)]\} = \mathrm{Im}[W(2)] = 2$$

$$\mathrm{Im}[X(3)] = \frac{1}{2}\{\mathrm{Im}[W(3)] - \mathrm{Im}[W(1)]\} = \frac{1}{2}(-2-8) = -5$$

故得到最后的解为

$$X(k) = [2,\quad 1+\mathrm{j}5,\quad 0,\quad 1-\mathrm{j}5]$$
$$Y(k) = [4,\quad 3+\mathrm{j}3,\quad 2,\quad 3-\mathrm{j}3]$$

与例 2.1 和例 2.8 的结果一致。

2.2.7 DFT 主要性质汇总

表 2-1 列出了 DFT 的主要性质。

表 2-1 离散傅里叶变换的主要性质

序号	性　质	长为 N 的序列	离散傅里叶变换(DFT)
1	线性	$ax(n)+bx(n)$	$aX(k)+bX(k)$
2	时域循环移位	$x(\langle n+m\rangle_N)$	$W_N^{-mk}X(k)$
3	频域循环移位	$W_N^{ln}x(n)$	$X(\langle k+l\rangle_N)$
4	时域卷积定理	$x(n) © y(n)$	$X(k)Y(k)$
5	频域卷积定理	$x(n)y(n)$	$\frac{1}{N}X(k) © Y(k)$
6	Parseval 定理	$\sum_{n=0}^{N-1}\lvert x(n)\rvert^2 = \frac{1}{N}\sum_{k=0}^{N-1}\lvert X(k)\rvert^2$	

续表

序号	性　质	长为 N 的序列	离散傅里叶变换(DFT)
7	复序列的 DFT 的对称性质	$x^*(n)$	$X^*(\langle -k\rangle_N)$
8		$x^*(\langle -n\rangle_N)$	$X^*(k)$
9		$\mathrm{Re}[x(n)]$	$X_{\mathrm{pcs}}(k)$
10		$\mathrm{jIm}[x(n)]$	$X_{\mathrm{pca}}(k)$
11		$x_{\mathrm{pcs}}(n)$	$\mathrm{Re}[X(k)]$
12		$x_{\mathrm{pca}}(n)$	$\mathrm{jIm}[X(k)]$
13	实序列的 DFT 的对称性质	$X(k)=X^*(\langle -k\rangle_N)=X^*(n-k)$	
14		$\mathrm{Re}[X(k)]=\mathrm{Re}[X(\langle -k\rangle_N)]=\mathrm{Re}[X(N-k)]$	
15		$\mathrm{Im}[X(k)]=-\mathrm{Im}[X(\langle -k\rangle_N)]=-\mathrm{Im}[X(N-k)]$	
16		$\lvert X(k)\rvert=\lvert X(\langle -k\rangle_N)\rvert=\lvert X(N-k)\rvert$	
17		$\arg[X(k)]=-\arg[X(\langle -k\rangle_N)]=-\arg[X(N-k)]$	
18		$x_s(n)$	$\mathrm{Re}[X(k)]$
19		$x_a(n)$	$\mathrm{jIm}[X(k)]$

2.3 矩形序列的 DFT

利用 DFT 对信号进行谱分析和利用窗函数方法设计数字滤波器时，都涉及矩形序列的 DFT 幅度的计算。

设 $x(n)$是定义在$-N/2+1\leqslant n\leqslant N/2$ 上的长为 N 的矩形序列(假定 N 为偶数)，其中标号为$-n_0\leqslant n\leqslant -n_0+L-1$ 的 L 个取样值等于 1，其余取样值等于 0，如图 2-9 所示。若 N 为奇数，则定义域为$-(N-1)/2\leqslant n\leqslant (N-1)/2$。

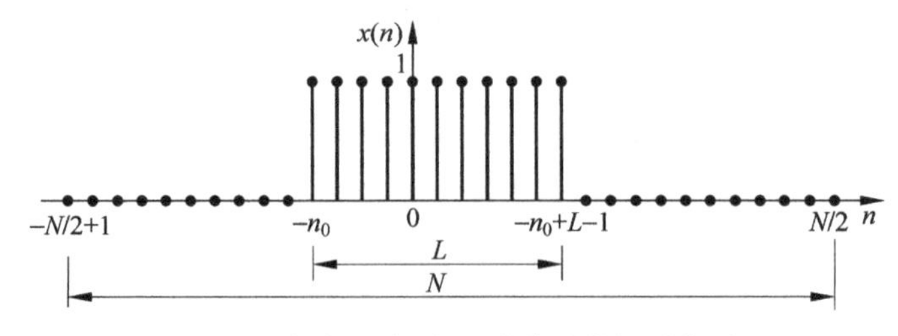

图 2-9　宽为 L、长为 N 的非对称矩形序列

图 2-9 所示的矩形序列的 N 点 DFT 为

$$
\begin{aligned}
X(k)&=\sum_{n=-N/2+1}^{N/2}\mathrm{e}^{-\mathrm{j}2\pi kn/N}=\sum_{n=-n_0}^{-n_0+L-1}\mathrm{e}^{-\mathrm{j}2\pi kn/N}=\mathrm{e}^{\mathrm{j}2\pi kn_0/N}\sum_{n=0}^{L-1}\mathrm{e}^{-\mathrm{j}2\pi kn/N}\\
&=\mathrm{e}^{\mathrm{j}2\pi kn_0/N}\frac{1-\mathrm{e}^{-\mathrm{j}2\pi kL/N}}{1-\mathrm{e}^{-\mathrm{j}2\pi k/N}}\\
&=\mathrm{e}^{\mathrm{j}2\pi kn_0/N}\frac{\mathrm{e}^{-\mathrm{j}2\pi kL/(2N)}\left(\mathrm{e}^{\mathrm{j}2\pi kL/(2N)}-\mathrm{e}^{-\mathrm{j}2\pi kL/(2N)}\right)}{\mathrm{e}^{-\mathrm{j}2\pi k/(2N)}\left(\mathrm{e}^{\mathrm{j}2\pi k/(2N)}-\mathrm{e}^{-\mathrm{j}2\pi k/(2N)}\right)}\\
&=\mathrm{e}^{\mathrm{j}(2\pi k/N)[n_0-(L-1)/2]}\frac{\sin(\pi kL/N)}{\sin(\pi k/N)}=A(k)\mathrm{e}^{\mathrm{j}(2\pi k/N)[n_0-(L-1)/2]}
\end{aligned}
\tag{2.74}
$$

式中，$A(k)=\sin(\pi kL/N)/\sin(\pi k/N)$是$X(k)$的振幅，可正可负，它的绝对值等于幅度

$$|X(k)| = |A(k)| = \left|\frac{\sin(\pi kL/N)}{\sin(\pi k/N)}\right| \tag{2.75}$$

注意，$X(k)$的幅度与矩形序列非零取样值的起点$(-n_0)$无关。$X(k)$的相位等于

$$\varphi(k) = \frac{2\pi k}{N}\left(n_0 - \frac{L-1}{2}\right) + \varphi_D(k) \tag{2.76}$$

其中

$$\varphi_D(k) = \arg\left[\frac{\sin(\pi kL/N)}{\sin(\pi k/N)}\right] = \arg[A(k)] \tag{2.77}$$

是$A(k)$的辐角，为0或$\pm\pi$。因此，$\varphi(k)$与矩形序列的非零取样值的起始位置n_0和长度L以及序列总长度N有关，$\varphi(k)$由两部分组成，一部分是k的线性函数，另一部分是$\varphi_D(k)$。对于$k>0$

$$\varphi_D(k) = \begin{cases} 0, & 2rN/L < k < (2r+1)N/L, r \geqslant 0 \\ -\pi, & (2r-1)N/L < k < 2rN/L, r > 0 \end{cases} \tag{2.78}$$

对于$k<0$

$$\varphi_D(k) = \begin{cases} 0, & (2r-1)N/L < k < 2rN/L, r \leqslant 0 \\ \pi, & 2rN/L < k < (2r+1)N/L, r < 0 \end{cases} \tag{2.79}$$

与任何序列的N点DFT一样，矩形序列的N点DFT也是k的周期函数，周期为N；也可以看成DTFT在一个频率周期$0\leqslant\omega<2\pi$或$-\pi\leqslant\omega<\pi$内N个等间隔频率点上的取样值。因此，若用连续频率变量ω取代离散频率变量$\omega_k=2\pi k/N$，则式(2.74)变成连续谱

$$X(e^{j\omega}) = e^{j\omega[n_0-(L-1)/2]}\frac{\sin(\omega L/2)}{\sin(\omega/2)} \tag{2.80}$$

其中的$\sin(\omega L/2)/\sin(\omega/2)\equiv A(\omega)$称为狄利克雷核，它是$\omega$的$2\pi$周期函数，如图2-10(a)所示。它在$\omega=0(k=0)$附近的局部展开后的图形示于图2-10(b)，其中的取样点表示振幅$A(k)$。图2-10(c)是幅度$|X(k)|$，它由一个主瓣和一系列旁瓣组成，主瓣以$\omega=0(k=0)$为中心，并在该处有最大取样值

$$\begin{aligned} X(0) &= \lim_{k\to 0}|X(k)| = \lim_{k\to 0}\frac{d}{dk}X(k) = \lim_{k\to 0}\frac{d}{dk}\left[\frac{\sin(\pi kL/N)}{\sin(\pi k/N)}\right] \\ &= \lim_{k\to 0}\frac{\cos(\pi kL/N)}{\cos(\pi k/N)}\cdot\frac{\pi L/N}{\pi/N} = \frac{\cos(0)}{\cos(0)}L = L \end{aligned} \tag{2.81}$$

主瓣两边第一个过零点之间的距离称为主瓣宽度。以取样点度量的主瓣宽度等于

$$B = 2N/L \tag{2.82}$$

它与序列长度L呈反比关系。离主瓣越远的旁瓣幅度越小，但永远不会衰减到零。旁瓣的存在带来一系列缺点，例如，引起数字滤波器通带内产生波纹，使过渡带“滚降”变慢等。这些缺点使数字滤波器设计变得复杂，并给应用带来困难。例如，利用DFT进行谱分析时，高振幅信号的旁瓣可能淹没相邻低振幅信号。

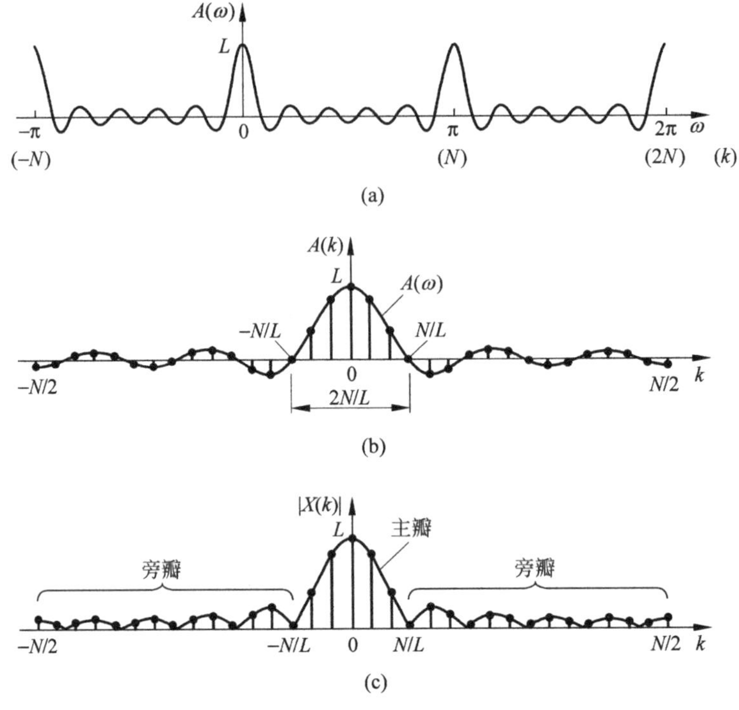

图 2-10　宽为 L、长为 N 的非对称矩形序列的 DFT 的振幅和幅度

图 2-11 所示的对称矩形序列，$n_0=(L-1)/2$。

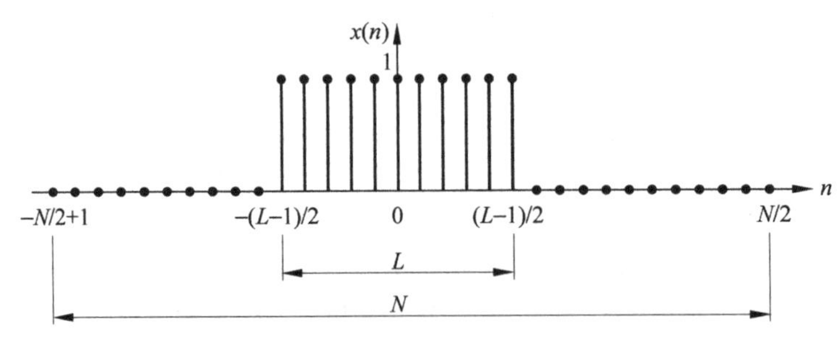

图 2-11　宽为 L、长为 N 的对称矩形序列

由式(2.74)得到对称矩形序列的 DFT 为

$$X(k)=\frac{\sin(\pi kL/N)}{\sin(\pi k/N)}=A(k) \tag{2.83}$$

与式(2.74)比较，式(2.83)中没有指数因子。这是因为 $x(n)$是偶对称的，所以它的 DFT 是实序列。$X(k)$的幅度与非对称矩形序列的相同。虽然 $X(k)$的虚部为零，但是它的相角并不一定恒等于零，实际上，$X(k)$的相角有的取样值等于零，有的等于 $+\pi$ 或 $-\pi$。

式(2.81)和式(2.82)说明，矩形序列非零取样值的宽度 L 直接影响 DFT 主瓣的峰值 $X(0)$和宽度 B。在序列总长度 N 保持不变的条件下，B 与 L 成反比，即主瓣宽度随着 L 的增加而变窄。当 L 增加到最大即等于序列总长度 N 时，对称矩形序列的非零取样值的起点 $n_0=-(N-1)/2$，这时式(2.83)变为

$$X(k)=\frac{\sin(\pi k)}{\sin(\pi k/N)} \tag{2.84}$$

对应的主瓣峰值达到最大 $X(0)=N$，主瓣宽度变为最窄 $B=2$，旁瓣很快衰减。重要的是小 k 值对应的 $X(k)$，这时有 $\sin(\pi k/N)\approx\pi k/N$，所以

$$X(k)\approx N\frac{\sin(\pi k)}{\pi k} \tag{2.85}$$

用 N 归一化的 DFT 为

$$\widetilde{X}(k)\equiv\frac{X(k)}{N}\approx\frac{\sin(\pi k)}{\pi k} \tag{2.86}$$

式(2.80)、式(2.84)和式(2.86)是文献中经常出现的矩形序列的 DFT 或 DTFT 的 3 种不同表示形式，它们的一般形式为

$$\frac{\sin(Lx/2)}{\sin(x/2)},\quad \frac{\sin(x)}{\sin(x/N)},\quad \frac{\sin(x)}{x} \tag{2.87}$$

2.4 利用 DFT 进行信号频谱分析

利用 DFT 分析信号的频谱，只需采集信号的有限个数据 $x_N(n)(0\leqslant n\leqslant N-1)$，而且只计算有限个分析频率 $\omega_k=2\pi k/N(k=0,1,\cdots,N-1)$ 上的频谱分量。可将 $x_N(n)$ 看成用长为 N 的矩形窗从无限长序列 $x(n)$ 中截取出来的，即

$$x_N(n)=w_R(n)x(n) \tag{2.88}$$

式中，$w_R(n)$ 是矩形窗，定义为

$$w_R(n)=\begin{cases}1, & 0\leqslant n\leqslant N-1\\ 0, & \text{其余}\end{cases} \tag{2.89}$$

$x_N(n)$ 的连续频谱为

$$X_N(\omega)=\sum_{n=-\infty}^{\infty}x_N(n)\mathrm{e}^{-\mathrm{j}\omega n}=\sum_{n=0}^{N-1}x(n)\mathrm{e}^{-\mathrm{j}\omega n} \tag{2.90}$$

在 N 个等间隔频率点 $\omega_k=2\pi k/N(k=0,1,\cdots,N-1)$ 上对 $X_N(\omega)$ 取样，得到 $x_N(n)$ 的 N 点 DFT 为

$$X_N(k)=\sum_{n=0}^{N-1}x(n)\mathrm{e}^{-\mathrm{j}2\pi kn/N},\quad k=0,1,\cdots,N-1$$

2.4.1 加窗截断造成频谱泄漏和分辨率降低

1. 加窗截断造成 DTFT 的频谱泄漏

设从无限长正弦序列 $x(n)=\cos(\omega_0 n)=\cos(2\pi Mn/N)$ 中取出一段长为 N 的正弦序列 $x_N(n)$

$$x_N(n)=w_R(n)\cos(2\pi Mn/N) \tag{2.91}$$

式中，M 是 N 个取样值对应的正弦周期数。由于 $\omega_0=2\pi M/N=2\pi f_0/f_s$，所以 $f_s=f_0N/M$ 或 $f_s=N/(MT_0)$。$x_N(n)$ 的 DTFT（即连续频谱）为

$$X_N(\omega)=\frac{1}{2}[W_R(\omega-2\pi M/N)+W_R(\omega+2\pi M/N)] \tag{2.92}$$

式中,$W_R(\omega)$是矩形窗 $w_R(n)$的 DTFT

$$W_R(\omega)=e^{-j\omega(N-1)/2}\frac{\sin(\omega N/2)}{\sin(\omega/2)} \tag{2.93}$$

式(2.92)说明,$X_N(\omega)$由主瓣中心位于 $\omega_0=2\pi M/N$ 和 $-\omega_0=-2\pi M/N$ 的两个矩形窗谱组成。图 2-12(a)是 $M=3$ 和 $N=64$ 时 $X_N(\omega)$的幅度。注意,图 2-12(b)是无限长正弦序列的理想频谱 $X(\omega)$,它的能量集中在$\pm\omega_0$ 频率上;而图 2-12(a)所示的有限长正弦序列的频谱 $X_N(\omega)$却按照矩形窗谱的形状将能量扩展到整个频率范围,这是加窗截断造成的频谱泄漏,简称为泄漏。

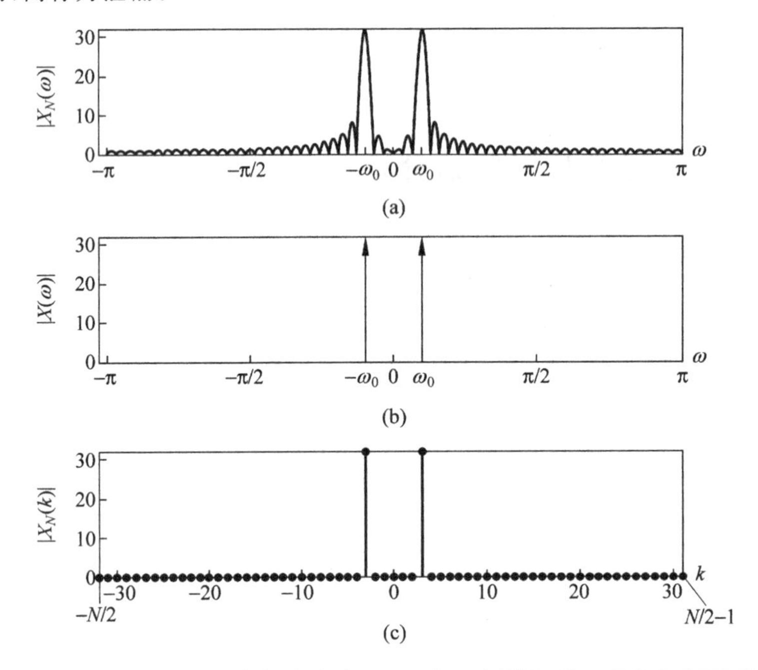

图 2-12 长为 $N=64$ 的正弦序列(包含 $M=3$ 个正弦周期)的 DTFT 和 DFT 的幅度

2. 加窗截断使 DTFT 的频率分辨率下降

设无限长序列 $x(n)$由频率不同的两个正弦分量组成

$$x(n)=\cos(\omega_1 n)+\cos(\omega_2 n)$$

用矩形窗 $w_R(n)$截取 $0\leqslant n\leqslant N-1$ 中的一段得到有限长序列 $x_N(n)$,其 DTFT 为

$$X_N(\omega)=\frac{1}{2}[W_R(\omega-\omega_1)+W_R(\omega+\omega_1)+W_R(\omega-\omega_2)+W_R(\omega+\omega_2)] \tag{2.94}$$

$W_R(\omega)$是矩形窗 $w_R(n)$的 DTFT,称为矩形窗谱。式(2.94)说明,$X_N(\omega)$由位于$\pm\omega_1$ 和$\pm\omega_2$ 的 4 个矩形窗谱组成。$W_R(\omega)$的主瓣宽度为 $B=2N/N=2$(用样本数度量),或 $B=2\times 2\pi/N$(rad)(用数字频率度量)。若频率差 $|\omega_1-\omega_2|<B/2=2\pi/N$,则矩形窗谱 $W_R(\omega-\omega_1)$与 $W_R(\omega-\omega_2)$、$W_R(\omega+\omega_1)$与 $W_R(\omega+\omega_2)$的主瓣将有重叠,以致无法区分频谱成分 ω_1 和 ω_2;只有当$|\omega_1-\omega_2|\geqslant 2\pi/N$ 时,才能在 $X_N(\omega)$中观察到两个分开的主

瓣。因此,矩形窗谱 $W_R(\omega)$的主瓣宽度限制了区分相邻频率成分的能力。常将矩形窗谱主瓣宽度的一半定义为频率分辨率

$$\Delta\omega = \frac{2\pi}{N}\text{rad} \tag{2.95}$$

或

$$\Delta f = \frac{\Delta\omega}{2\pi}f_s = \frac{\Delta\omega}{2\pi T_s} = \frac{1}{NT_s} = \frac{f_s}{N}\text{Hz} \tag{2.96}$$

式中,T_s 是时域取样间隔;N 是取样点数;NT_s 是序列 $x_N(n)$的时间长度(单位为秒)。式(2.96)表明,频率分辨率与序列的时间长度成反比,序列越长,则分辨率 Δf 的数值越小,表示频率分辨能力越强。在 T_s 一定的情况下,增大 N 意味着采集更多的信号取样数据。

3. 加窗截断造成 DFT 的频谱泄漏

在式(2.92)中以 $\omega_k=2\pi k/N$ 代替 ω,得到 DFT

$$X_N(k) = \frac{1}{2}[W_R(2\pi(k-M)/N) + W_R(2\pi(k+m)/N)] \tag{2.97}$$

$$= e^{j[\pi(M-k)-\pi(M-k)/N]}\frac{1}{2}\frac{\sin[\pi(M-k)]}{\sin[\pi(M-k)/N]} + e^{j[\pi(M+k)-\pi(M+k)/N]}\frac{1}{2}\frac{\sin[\pi(M+k)]}{\sin[\pi(M+k)/N]} \tag{2.98}$$

$X_N(k)$的幅度为

$$|X_N(k)| = \frac{1}{2}\left|\frac{\sin[\pi(M-k)]}{\sin[\pi(M-k)/N]}\right| + \frac{1}{2}\left|\frac{\sin[\pi(M+k)]}{\sin[\pi(M+k)/N]}\right| \tag{2.99}$$

设有两个正弦序列 $x_1(n)=\sin(2\pi\cdot 3\cdot n/64)$和 $x_2(n)=\sin(2\pi\cdot 3.4\cdot n/64)$,可以看出它们具有相同的 $N=64$,但 M 值不同,前者的 $M=3$ 而后者的 $M=3.4$。将 M 和 N 的数值代入式(2.99),得到它们的 DFT 的幅度分别示于图 2-13(a)和图 2-13(b)。注意二者的明显区别:$|X_1(k)|$除了在 $k=3$ 和 $k=-3$(即 $k=61$)两个分析频率上的值不等于 0 外,其他所有的值都等于 0;但是,$|X_2(k)|$却在几乎所有分析频率上都有非零值。这说明$|X_1(k)|$准确地描述了信号 $x_1(n)$中只含有标号为 $k=M=3$ 的频率成分,而$|X_2(k)|$却发生了频谱泄漏。

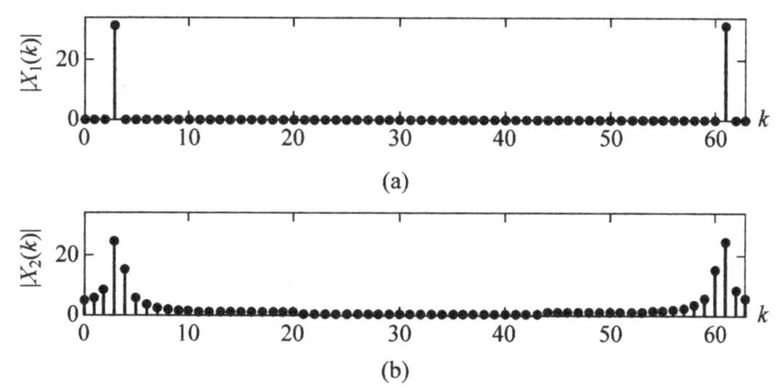

图 2-13 DFT 中的频谱泄漏现象

为了清楚起见,将连续谱与DFT的幅度绘在一起,如图2-14所示,图中只绘出了半个周期。

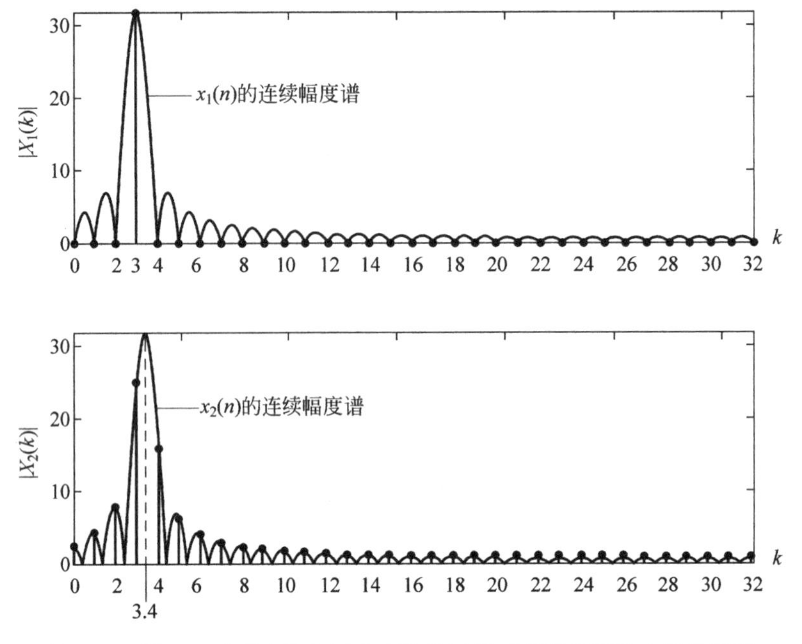

图2-14　图2-13中的$|X_1(k)|$和$|X_2(k)|$沿时间轴展开放大后的图形

可以看出,$|X_1(\omega)|$的主瓣中心$\omega_1=3(2\pi/64)$恰等于$k=3$的分析频率,因此,能够用分析频率准确描述。但是,$|X_2(\omega)|$的主瓣中心$\omega_2=3.4(2\pi/64)$介于$k=3$和$k=4$的分析频率之间,所以无法用任何一个分析频率来描述。所有分析频率都是基频$f_1=f_s/N$的整数倍,所以只有当M是整数即$\omega=M(2\pi/N)$等于$2\pi/N$的整数倍时,DFT才能准确地描述DTFT;而当M不是整数时,DFT只能近似地表示信号的频率分量。

DFT的频谱泄漏现象可以这样形象地解释:假想N个等间隔分析频率点上各有一个存放信号能量的"频盒",若信号频率恰等于某个分析频率,则DFT把信号的全部能量存放在该分析频率点的频盒中;反之,若信号频率不等于任何分析频率,而介于某两个相邻分析频率之间,则DFT把信号能量分散地存放在所有N个频盒中。各频盒中存放能量的多少按照中心位于信号频率的矩形窗谱的形状进行分配,因为DFT是分析频率点上对连续谱的取样。

一个值得注意的现象是,虽然矩形窗谱本身是对称的,但是发生泄漏现象的$|X_2(k)|$却不是对称的。这是因为,DFT是周期序列,它的相邻周期产生了混叠,如图2-15所示。

4. 加窗截断使DFT的频率分辨率降低

DFT是在N个等间隔分析频率点上对连续频谱的取样,因此,只能用N个离散分析频率来近似表示信号中的频率分量。如果$|X(k)|$在k_0处有峰值,那么,可以判定信号

中含有下列频率范围内的某个频率分量

$$(k_0-1)2\pi/N<\omega_0<(k_0+1)2\pi/N \tag{2.100}$$

但是并不能确定信号中频率分量的准确数值。式(2.100)对应的实际频率范围是

$$(k_0-1)f_s/N<f_0<(k_0+1)f_s/N \tag{2.101}$$

或

$$(k_0-1)/(NT_s)<f_0<(k_0+1)/(NT_s) \tag{2.102}$$

式中，f_s 是取样频率；N 是数据长度。以上 3 个公式的频率估计误差为$\pm\frac{2\pi}{N}$rad 或$\pm f_s/N$(单位为 Hz)。

如果序列 $x_N(n)$的时间长度 NT_s 用 t_N 表示，则式(2.102)又可以表示成

$$(k_0-1)/t_N<f_0<(k_0+1)/t_N \tag{2.103}$$

即频率估计误差为 $\Delta f=\pm 1/t_N$，它与输入数据序列的时间长度成反比。如果信号中含有两个频率分量，它们的频率差小于 $2/t_N$，那么，无论取样频率多高，也不能根据 DFT 分辨它们。

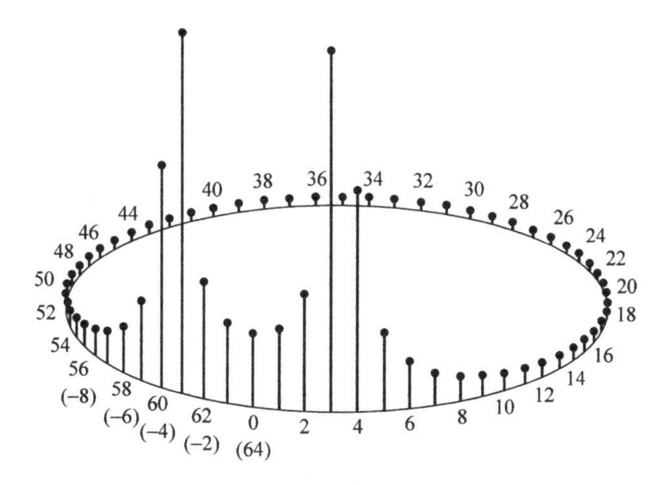

图 2-15 $|X_2(k)|$的周期性表示

2.4.2 序列加窗对 DFT 的影响

在 DFT 中，频谱泄漏由矩形窗谱的旁瓣引起，分辨率降低是因为矩形窗谱的主瓣不是无限窄。因此，为减小泄漏需降低旁瓣幅度，为提高分辨率应减小主瓣宽度。主瓣宽度 B 与信号长度(或数据量)L 和 DFT 的分析频率点数 N 的关系是 $B=2N/L$，在 N 一定时，增加 L 可以减小 B。因此，通常将信号长度增加为 $L=N$，即矩形窗 $w_R(n)$是一个全 1 矩形序列，它的频谱主瓣两边第一个过零点分别对应于 $k=1$ 和 $k=-1$，因而主瓣宽度 $B=2$。遗憾的是，增加 L 固然能够减小 B，从而提高分辨率，但对旁瓣幅度却没有影响，因而无助于减小频谱泄漏。矩形窗谱的旁瓣是由于矩形窗时间序列的前后沿跳变引起的，因此为了减小频谱泄漏，应选择前后沿缓慢变化的非矩形窗，它们的旁瓣幅度比矩

形窗的低而且衰减快。但是非矩形窗的主瓣比矩形窗的宽,因而分辨率比矩形窗低。因此,采用非矩形窗减小泄漏是以降低频率分辨率为代价的。

常用的窗函数有:

(1) 矩形窗

$$w_{R}(n)=1,\quad 0\leqslant n\leqslant N-1 \tag{2.104}$$

(2) Hanning 窗

$$w_{HAN}(n)=0.5\left(1-\frac{2\pi}{N-1}n\right),\quad 0\leqslant n\leqslant N-1 \tag{2.105}$$

(3) Hamming 窗

$$w_{HAM}(n)=0.54-0.46\cos\left(\frac{2\pi}{N-1}n\right),\quad 0\leqslant n\leqslant N-1 \tag{2.106}$$

(4) 三角形窗(与 Bartlett 窗和 Parzen 窗很相似)

$$w_{TRI}(n)=\begin{cases}\dfrac{2}{N}n, & 1\leqslant n\leqslant N/2\\ \dfrac{2(N-n+1)}{N}, & N/2+1\leqslant n\leqslant N\end{cases}\quad (N\text{ 为偶数}) \tag{2.107}$$

$$w_{TRI}(n)=\begin{cases}\dfrac{2}{N+1}n, & 1\leqslant n\leqslant (N+1)/2\\ \dfrac{2(N-n+1)}{N+1}, & (N+1)/2< n\leqslant N\end{cases}\quad (N\text{ 为奇数}) \tag{2.108}$$

(5) Blackman 窗

$$\begin{aligned}w_{BLK}(n)=&0.42-0.5\cos\left(\frac{2\pi}{N-1}n\right)\\&+0.08\cos\left(\frac{4\pi}{N-1}n\right),\quad 0\leqslant n\leqslant N-1\end{aligned} \tag{2.109}$$

(6) Kaiser 窗

$$w_{K}(n)=\frac{I_0\left[\beta\sqrt{1-\left(1-\dfrac{2n}{N-1}\right)^2}\right]}{I_0[\beta]},\quad 0\leqslant n\leqslant N-1 \tag{2.110}$$

或

$$w_{K}(n)=\frac{I_0\left[\beta\sqrt{\left(\dfrac{N-1}{2}\right)^2-\left(n-\dfrac{N-1}{2}\right)^2}\right]}{I_0\left[\beta\left(\dfrac{N-1}{2}\right)\right]},\quad 0\leqslant n\leqslant N-1 \tag{2.111}$$

其中,$I_0[]$是零阶第一类修正贝塞尔函数;β是控制窗函数形状的参数。

图 2-16 画出了以上 6 个窗函数在宽度 $N=32$ 时的图形。

为了便于比较,图 2-17 将它们画在同一个图中;为了图形清晰,选择了很长的序列长度 $N=1024$;Kaiser 窗的参数仍选为 $\beta=4$。

图 2-18 和图 2-19 分别是 6 个窗函数的线性和对数幅度谱,幅度已用$|W(0)|$归一化。其中,Kaiser 窗选择参数 $\beta=4$。

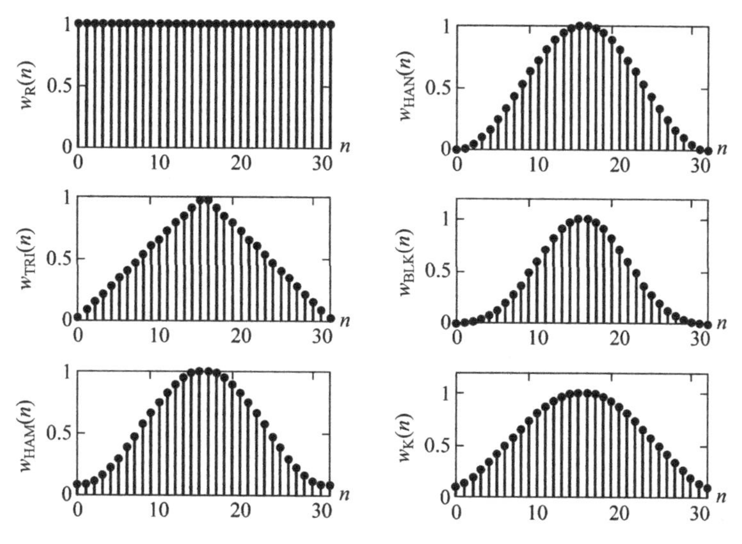

图 2-16　常用窗函数的时间序列图形（$N=32$，Kaiser 窗的 $\beta=4$）

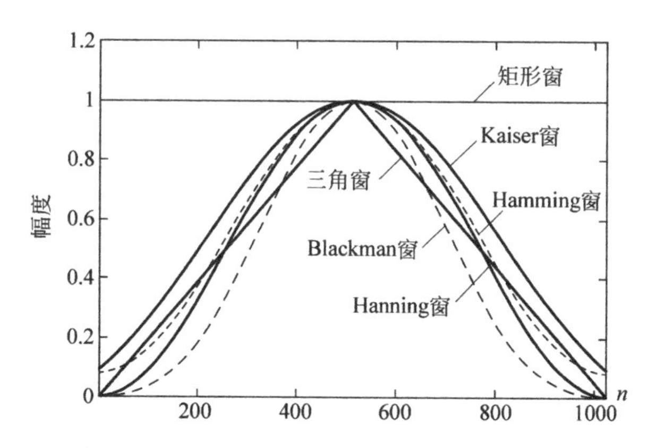

图 2-17　常用窗函数的时间序列图形（$N=1024$，Kaiser 窗的 $\beta=4$）

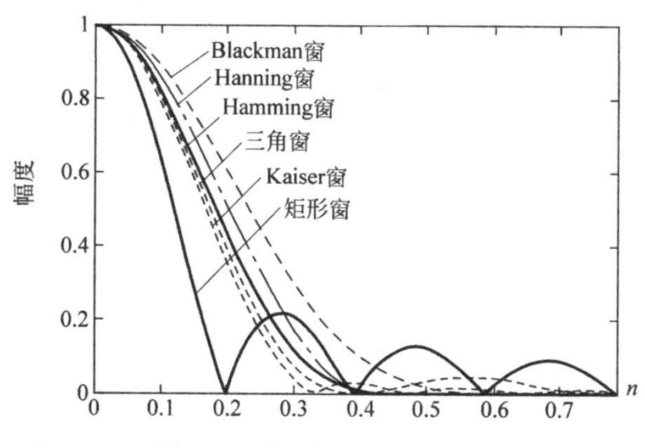

图 2-18　窗函数的线性幅度谱

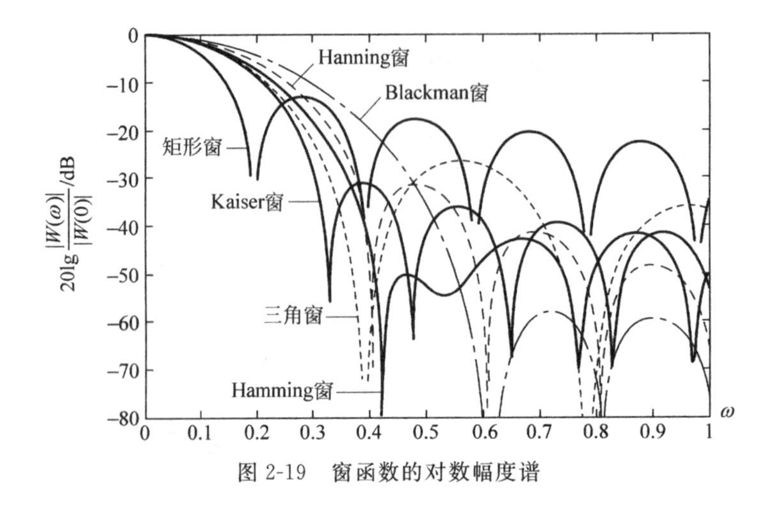

图 2-19　窗函数的对数幅度谱

可以看出,6个窗函数的主瓣宽度增加的顺序是矩形窗、Kaiser窗、三角窗、Hamming窗、Hanning窗和Blackman窗。旁瓣幅度由大变小的顺序是矩形窗、三角窗、Kaiser窗、Hanning窗、Hamming窗和Blackman窗。矩形窗谱的主瓣最窄,但矩形窗谱的旁瓣幅度最大,旁瓣幅度次大的是三角窗和Kaiser窗,其余窗谱的旁瓣都很小。

图2-20将6个窗函数在$0\leqslant\omega\leqslant\pi$范围内的幅度谱分开画出以便观察旁瓣的衰减情况。可以看出,矩形窗谱的主瓣虽然最窄,但是它的旁瓣比其他窗谱高很多,而且衰减慢很多; Hamming窗和Blackman窗的旁瓣最低,相对来说,前者的主瓣又比后者窄很多。所以综合比较的结果,一般认为Hamming窗是最好的。值得注意的是,Kaiser窗的主瓣宽度和旁瓣幅度可以通过参数β来调整。因此,适当选择该参数能够在主瓣宽度和旁瓣幅度之间达到很好的折中,这一特点是其他窗函数所没有的。

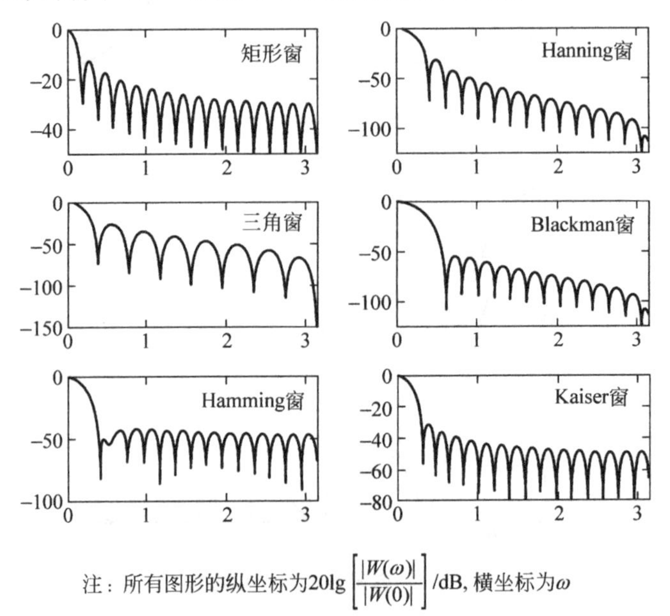

注：所有图形的纵坐标为$20\lg\left[\frac{|W(\omega)|}{|W(0)|}\right]$/dB,横坐标为$\omega$

图 2-20　各窗函数的幅度谱

为了定量描述窗谱的性能，通常定义图 2-21 所示的 3 个指标。

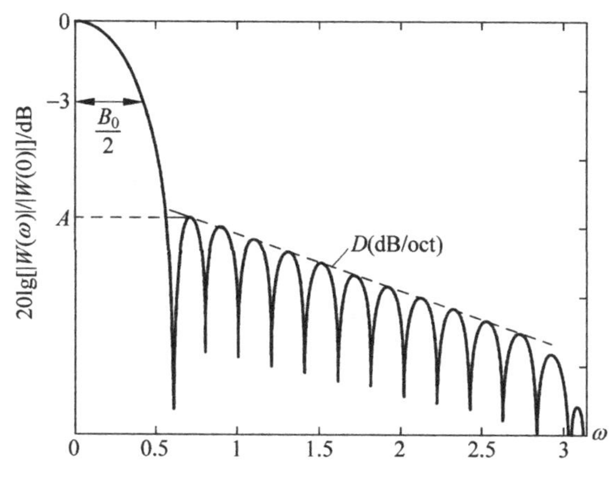

图 2-21　描述窗函数幅度谱的主要参数

(1) 3dB 带宽 B_0：归一化幅度谱下降到−3dB 时的主瓣宽度，单位为 $2\pi/N$。

(2) 最大旁瓣幅度 A：主瓣两边第一个旁瓣幅度，单位为 dB。

(3) 旁瓣衰减速率 D：旁瓣幅度每倍频程下降的分贝数，单位为 dB/oct。

好的窗函数具有尽可能小的 B_0 和 A，尽可能大的 D。表 2-2 列出了除 Kaiser 窗以外的常用窗函数的指标，假设窗宽 $N=33$。

表 2-2　常用窗函数的频域性能指标($N=33$)

窗函数类型	频域性能指标			
	$B_0/(2\pi/N)$	$B/(2\pi/N)$	A/dB	D/(dB/oct)
矩形窗	0.89	2	−13	−6
三角窗	1.28	4	−27	−12
Hamming 窗	1.3	4	−43	−6
Hanning 窗	1.44	4	−32	−18
Blackman 窗	1.68	6	−57	−18

2.4.3　序列补零对 DFT 的影响

在有限长序列后面添加零取样值使序列长度增加，称为序列补零。序列补零有许多用处：增加 DFT 分析频率点数，使分析频率间隔减小，从而使 DFT 能更细致地描述信号频谱；将两个序列延长为具有相等长度，以便用循环卷积计算线性卷积；使序列长度等于 2 的幂，以提高 FFT 的计算速度。

设序列 $x(n)$长为 N，补 $pN-N$ 个零后成为长为 pN 的序列 $x_E(n)$，p 为正整数，即

$$x_E(n)=\begin{cases}x(n), & 0\leqslant n\leqslant N-1\\ 0, & N\leqslant n\leqslant pN-1\end{cases}\tag{2.112}$$

$x(n)$和 $x_E(n)$的 DFT 分别为

$$X(k)=\sum_{n=0}^{N-1}x(n)W_N^{kn} \tag{2.113}$$

和

$$X_E(k)=\sum_{n=0}^{pN-1}x_E(n)W_{pN}^{kn}=\sum_{n=0}^{N-1}x(n)W_{pN}^{kn} \tag{2.114}$$

$X(k)$与$X_E(k)$仅有变换核的周期不同，前者是N，后者是pN。将式(2.114)中的$x(n)$用$X(k)$表示，得到

$$X_E(k)=\sum_{n=0}^{pN-1}\frac{X(l)}{N}\sum_{l=0}^{N-1}W_N^{-nl}W_{pN}^{kn} \tag{2.115}$$

注意到

$$W_N=\exp\left(-\mathrm{j}\,\frac{2\pi}{N}\right)=\exp\left(-\mathrm{j}\,\frac{2\pi p}{pN}\right)=W_{pN}^{p}$$

所以式(2.115)可写成

$$X_E(k)=\sum_{l=0}^{pN-1}\frac{X(l)}{N}\sum_{n=0}^{N-1}W_{pN}^{(k-pl)n} \tag{2.116}$$

与式(2.74)的推导类似，由式(2.116)得出

$$X_E(k)=\frac{1}{N}\sum_{l=0}^{pN-1}X(l)\,\frac{\mathrm{e}^{\mathrm{j}\pi(pl-k)/p}\sin[\pi(k-pl)/p]}{\mathrm{e}^{\mathrm{j}\pi(pl-k)/(pN)}\sin[\pi(k-pl)/(pN)]} \tag{2.117}$$

由式(2.117)看出，当$k=pl$时，$X_E(k)=X(l)$，即$X_E(pl)=X(l)$；当$k\neq pl$时，$X_E(k)$由式(2.115)确定，它们是对$X(k)$的插值。

序列补零增加了DFT的分析频率点，使信号频谱描述更精细。但是，补零没有增加任何新信息，因此不能提高频率分辨率。频率分辨率取决于窗函数主瓣的宽度，与分析频率的点数无关。主瓣宽度由输入数据量决定，无论补多少个零都没有增加有效数据量。因此，为了提高分辨率，需要采集更多的信号数据。

注意，DFT的分析频率间隔与频率分辨率是两个完全不同的概念。频率分辨率Δf说明分辨相邻频率分量的能力，取决于主瓣宽度，而主瓣宽度取决于序列的有效长度N。频率分辨率$\Delta f=f_s/N$，这个数值越小表示频率分辨能力越强。当信号中两个频率分量的频率差小于这个数值时，无论序列后面补多少个零，也无法根据DFT分辨它们。补零只是增加了DFT的分析频率点数。为了能够分辨两个频率分量，必须在保持取样频率不变的情况下增加信号的有效长度，或在信号有效长度不变的情况下提高取样频率。

例2.10 已知$x(n)=[1,1,1,1]$，$0\leqslant n\leqslant 3$。在$x(n)$后面补12个零取样值得到序列

$$x_1(n)=\begin{cases}1, & 0\leqslant n\leqslant 3\\ 0, & 4\leqslant n\leqslant 15\end{cases}$$

在$x(n)$后面补12个数值为1的取样值得到序列

$$x_2(n)=[1,1,1,1,1,1,1,1,1,1,1,1,1,1,1,1],\quad 0\leqslant n\leqslant 15$$

(1) 计算3个序列的DTFT。

(2) 计算$x(n)$的4点DFT，$x_1(n)$和$x_2(n)$的16点DFT。

(3) 画出 $x(n)$ 的 4 点 DFT、$x_1(n)$ 和 $x_2(n)$ 的 16 点 DFT 的幅度和相位特性，同时在图上画出 DTFT 的图形。讨论所得到的结果。

解 (1) $X(e^{j\omega})=\sum_{n=0}^{3}e^{-j\omega n}=\frac{1-e^{-j4\omega}}{1-e^{-j\omega}}=\frac{\sin(2\omega)}{\sin(\omega/2)}\exp\left(-j\frac{3\omega}{2}\right)$

$$X_1(e^{j\omega})=\sum_{n=0}^{15}e^{-j\omega n}=\sum_{n=0}^{3}e^{-j\omega n}=X(e^{j\omega})=\frac{\sin(2\omega)}{\sin(\omega/2)}\exp\left(-j\frac{3\omega}{2}\right)$$

$$X_2(e^{j\omega})=\sum_{n=0}^{15}e^{-j\omega n}=\frac{1-e^{-j16\omega}}{1-e^{-j\omega}}=\frac{\sin(8\omega)}{\sin(\omega/2)}\exp\left(-j\frac{15\omega}{2}\right)$$

$$|X(e^{j\omega})|=|X_1(e^{j\omega})|=\left|\frac{\sin(2\omega)}{\sin(\omega/2)}\right|,\quad |X_2(e^{j\omega})|=\left|\frac{\sin(8\omega)}{\sin(\omega/2)}\right|$$

$$\varphi(\omega)=\varphi_1(\omega)=\begin{cases}-3\omega/2, & A(\omega)>0\\ -3\omega/2\pm\pi, & A(\omega)<0\end{cases},\quad \text{其中 } A(\omega)=\frac{\sin(2\omega)}{\sin(\omega/2)}$$

$$\varphi_2(\omega)=\begin{cases}-15\omega/2, & A_2(\omega)>0\\ -15\omega/2\pm\pi, & A_2(\omega)<0\end{cases},\quad \text{其中 } A_2(\omega)=\frac{\sin(8\omega)}{\sin(\omega/2)}$$

(2) 计算 $x(n)$ 的 4 点 DFT：$W_4^1=\exp\left(-j\frac{2\pi}{4}\right)=-j, W_4^2=-1, W_4^3=j$

$$\begin{pmatrix}X(0)\\X(1)\\X(2)\\X(3)\end{pmatrix}=\begin{bmatrix}1&1&1&1\\1&W_4^1&W_4^2&W_4^3\\1&W_4^2&W_4^4&W_4^6\\1&W_4^3&W_4^6&W_4^9\end{bmatrix}\begin{pmatrix}1\\1\\1\\1\end{pmatrix}=\begin{bmatrix}1&1&1&1\\1&W_4^1&W_4^2&W_4^3\\1&W_4^2&1&W_4^2\\1&W_4^3&W_4^2&W_4\end{bmatrix}\begin{pmatrix}1\\1\\1\\1\end{pmatrix}$$

$$=\begin{bmatrix}1&1&1&1\\1&-j&-1&j\\1&-1&1&-1\\1&j&-1&-j\end{bmatrix}\begin{bmatrix}1\\1\\1\\1\end{bmatrix}=\begin{bmatrix}4\\0\\0\\0\end{bmatrix}$$

计算 $x_1(n)$ 的 16 点 DFT：$W_{16}^1=\exp\left(-j\frac{2\pi}{16}\right)=\exp\left(-j\frac{\pi}{8}\right)$

$$\begin{aligned}
X(0)&=4\\
X(1)&=1+W_{16}^1+W_{16}^2+W_{16}^3=3.0137-j2.0137\\
X(2)&=1+W_{16}^2+W_{16}^4+W_{16}^6=1-j2.4142\\
X(3)&=1+W_{16}^3+W_{16}^6+W_{16}^9=-0.2483-j1.2483\\
X(4)&=1+W_{16}^4+W_{16}^8+W_{16}^{12}=0\\
X(5)&=1+W_{16}^5+W_{16}^{10}+W_{16}^{15}=0.8341+j0.1659\\
X(6)&=1+W_{16}^6+W_{16}^{12}+W_{16}^2=1-j0.4142\\
X(7)&=1+W_{16}^7+W_{16}^{14}+W_{16}^5=0.4005-j0.5995\\
X(8)&=1+W_{16}^8+W_{16}^0+W_{16}^8=0
\end{aligned}$$

其余的 $X(k)$ 与以上数值对称，即 $X(k)=X(16-k)$，$9\leqslant k\leqslant 15$。

计算 $x_2(n)$ 的 16 点 DFT：$W_{16}=\exp\left(-j\frac{2\pi}{16}\right)$，注意到 W_{16}^{nk} 的对称性，得到

$$X(k)=\sum_{n=0}^{15}W_{16}^{nk}=1+W_{16}^{k}+W_{16}^{2k}+\cdots+W_{16}^{15k}=\begin{cases}1, & k=0\\0, & 1\leqslant k\leqslant 15\end{cases}$$

(3) 图 2-22 是 4 点 DFT 的幅度和相位响应的图形,虚线是 $x(n)$的 $X(e^{j\omega})$。

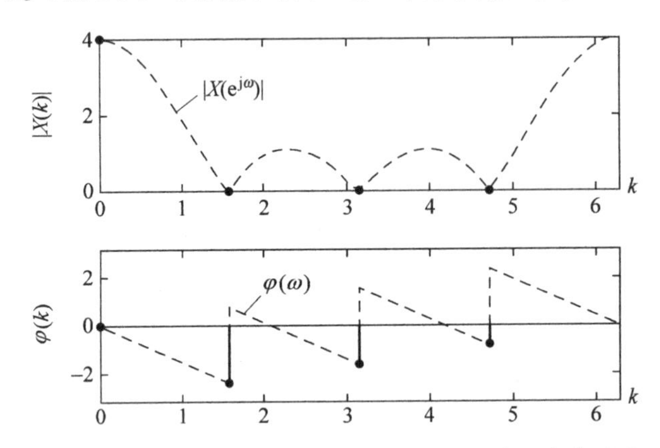

图 2-22 例 2.10 的 DTFT 和 4 点 DFT 的幅度和相位响应

$|X(k)|$与$|X(e^{j\omega})|$的 4 个取样值准确相等,除$|X(0)|=4$外其余都等于零,因此从 DFT 可以推测 $x(n)$是由一个直流信号取样得到的序列。若将 4 点序列 $x(n)$周期性延拓成一个周期序列,则该周期序列的确是一个幅度恒定的序列(直流信号)。理想的直流信号的幅度谱只在 $k=0$(或 $\omega=0$)有唯一非零值,在其他频率上均为零,但是,虚线所示的$|X(e^{j\omega})|$却不是这样,这是由于信号数据量太少(只有 4 个)造成的。此外注意到,幅度为零所对应的相位并不等于零,这是由于 MATLAB 计算的是相位主值,而且在这些点振幅 $A(\omega)$突然改变符号,相位发生$+\pi$ 或$-\pi$ 的跳变。

图 2-23 是序列补零后得到的序列 $x_1(n)$的 DFT 的幅度和相位,其中虚线所示的是 $X_1(e^{j\omega})$的图形,它与补零前的 $X(e^{j\omega})$相同。

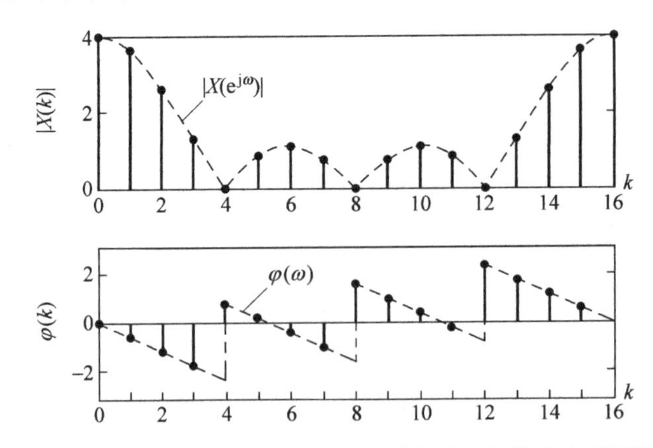

图 2-23 例 2.10 的 DTFT 和 16 点 DFT 的幅度和相位响应(序列补零)

可以看出,补零的结果得到了更密的频率点,但是并没有改善频谱的分辨率(虚线所示的包络)。要改善频谱的分辨率,需要增加信号的数据量。

图 2-24 是将信号的数据量增加到 $N=16$ 所得到的 DFT 和 DTFT 的图形。可以看出，用增加有效取样值的办法将序列延长为 16 点，不仅得到了更密的频率点，而且也改善了频谱的分辨率(虚线所示的包络主瓣变窄)。

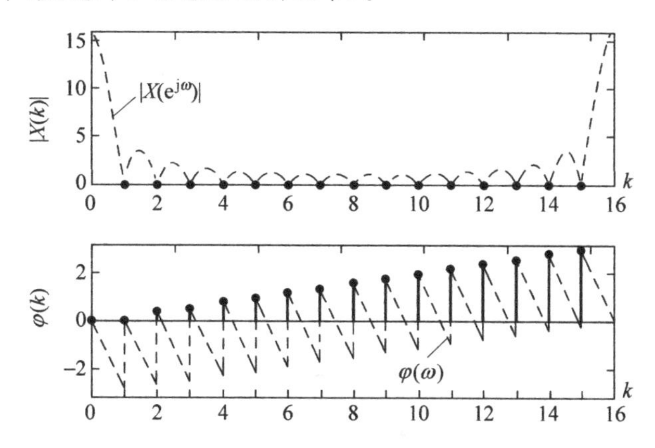

图 2-24　例 2.10 的 DTFT 和 16 点 DFT 的幅度和相位响应(序列增加有效取样值)

例 2.11　已知序列

$$x_1(n)=\cos(0.48\pi n)+\cos(0.52\pi n),\quad 0\leqslant n\leqslant 9$$

$$x_2(n)=\begin{cases}\cos(0.48\pi n)+\cos(0.52\pi n), & 0\leqslant n\leqslant 9\\ 0, & 10\leqslant n\leqslant 99\end{cases}$$

$$x_3(n)=\cos(0.48\pi n)+\cos(0.52\pi n),\quad 0\leqslant n\leqslant 99$$

利用 MATLAB 画出它们的 DFT 的幅度和相位，同时画出连续谱的图形。

解　MATLAB 程序如下：

```
% 产生信号
N1 = 10; n1 = 0:N1 - 1;x1 = cos(0.48 * pi * n1) + cos(0.52 * pi * n1);
N2 = 100;n2 = 0:N2 - 1;x2 = [x1,zeros(1,N2 - N1)];
x3 = cos(0.48 * pi * n2) + cos(0.52 * pi * n2);
% 计算连续谱
w = linspace(0,2 * pi,512);
X1w = x1 * exp( - j * n1' * w);X2w = x2 * exp( - j * n2' * w);X3w = x3 * exp( - j * n2' * w);
% 计算 DFT
k1 = 0:N1 - 1;WN1 = exp( - j * 2 * pi/N1);nk1 = n1' * k1;WNnk1 = WN1.^nk1;
k2 = 0:N2 - 1;WN2 = exp( - j * 2 * pi/N2);nk2 = n2' * k2;WNnk2 = WN2.^nk2;
X1k = x1 * WNnk1;X2k = x2 * WNnk2;X3k = x3 * WNnk2;
% 绘图
subplot(3,1,1)
plot((N1/(2 * pi)) * w,abs(X1w))
hold on
stem(k1,abs(X1k),'fill','MarkerSize',2)
axis([0 N1/2 0 N1])
subplot(3,1,2)
plot((N2/(2 * pi)) * w,abs(X2w))
hold on
```

```
stem(k2,abs(X2k),'fill','MarkerSize',2)
axis([0 N2/2 0 N1])
subplot(3,1,3)
plot((N2/(2 * pi)) * w,abs(X3w))
hold on
stem(k2,abs(X3k),'fill','MarkerSize',2)
axis([0 N2/2 0 N2/2])
hold off
```

运行以上程序,得到图 2-25 所示的图形。可以清楚看出,用补零方法增加分析频率点的密度,与增加信号有效长度来改善频谱分辨率是有区别的。

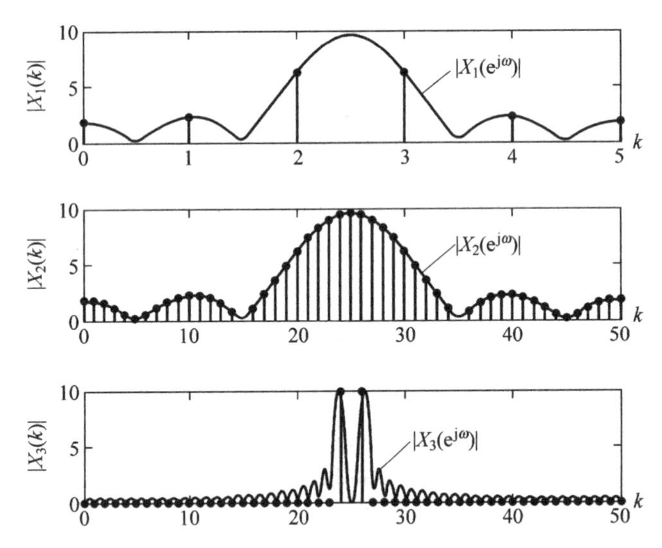

图 2-25　例 2.11 的 DTFT 和 DFT 的幅度响应(序列增加有效取样值)

2.5　利用 DFT 计算线性卷积

线性卷积是数字信号处理中最重要的运算之一。DFT 可用 FFT 快速计算,所以利用它计算线性卷积获得了广泛应用。

2.5.1　基本原理

利用 DFT 计算线性卷积的基础是卷积定理:两序列的循环卷积的 DFT 等于两序列的 DFT 的乘积。其中 DFT 用 FFT 完成。因此,首先要理解线性卷积与循环卷积的关系。

设 $x(n)$和 $h(n)$分别是长为 L 和 M 的有限长序列,它们的线性卷积 $y(n)$是长为 $N=L+M-1$ 的序列。为了用循环卷积计算线性卷积,要求循环卷积的长度不小于线性卷积的长度 N。设循环卷积长度等于线性卷积长度 N,这意味着需要用补零方法将两个序列都延长成为 N 点序列 $x_N(n)$和 $h_N(n)$。然后分别计算 $x_N(n)$和 $h_N(n)$的 N 点 DFT $X_N(k)$和

$H_N(k)$,并计算乘积 $Y_N(k)=X_N(k)H_N(k)$。最后计算 $Y_N(k)$的 N 点 IDFT,便得到线性卷积 $y_N(n)=y(n)=x(n)*h(n)$。计算过程如图 2-26 所示。

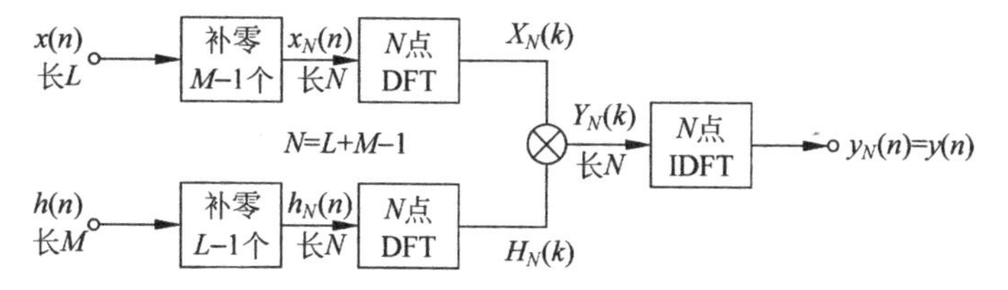

图 2-26 用 DFT 计算两有限长序列的线性卷积的原理图

例 2.12 用 DFT 计算 $x(n)=[1,\ 2]$与 $h(n)=[1,\ 1]$的线性卷积,$0\leqslant n\leqslant 1$。将计算结果与直接计算结果进行比较。

解 $L=M=2, N\geqslant L+N-1=3$。取 $N=4$,可使 DFT 和 IDFT 的计算得到简化。

(1) 用补零方法将两个序列延长成为 4 点序列

$$x_N(n)=[1,\ 2,\ 0,\ 0]$$
$$h_N(n)=[1,\ 1,\ 0,\ 0]$$

(2) 分别计算 $x_N(n)$和 $h_N(n)$的 4 点 DFT

$$\begin{bmatrix}1 & 1 & 1 & 1\\ 1 & W_4^1 & W_4^2 & W_4^3\\ 1 & W_4^2 & W_4^0 & W_4^2\\ 1 & W_4^3 & W_4^2 & W_4^1\end{bmatrix}=\begin{bmatrix}1 & 1 & 1 & 1\\ 1 & -\mathrm{j} & -1 & \mathrm{j}\\ 1 & -1 & 1 & -1\\ 1 & \mathrm{j} & -1 & -\mathrm{j}\end{bmatrix}$$

$$X_N(k)=\begin{bmatrix}1 & 1 & 1 & 1\\ 1 & -\mathrm{j} & -1 & \mathrm{j}\\ 1 & -1 & 1 & -1\\ 1 & \mathrm{j} & -1 & -\mathrm{j}\end{bmatrix}\begin{bmatrix}1\\2\\0\\0\end{bmatrix}=\begin{bmatrix}3\\1-2\mathrm{j}\\-1\\1+2\mathrm{j}\end{bmatrix}$$

$$H_N(k)=\begin{bmatrix}1 & 1 & 1 & 1\\ 1 & -\mathrm{j} & -1 & \mathrm{j}\\ 1 & -1 & 1 & -1\\ 1 & \mathrm{j} & -1 & -\mathrm{j}\end{bmatrix}\begin{bmatrix}1\\1\\0\\0\end{bmatrix}=\begin{bmatrix}2\\1-\mathrm{j}\\0\\1+\mathrm{j}\end{bmatrix}$$

(3) 计算乘积 $Y_N(k)=X_N(k)H_N(k)$

$$Y_N(k)=\begin{bmatrix}3\\1-2\mathrm{j}\\-1\\1+2\mathrm{j}\end{bmatrix}\begin{bmatrix}2\\1-\mathrm{j}\\0\\1+\mathrm{j}\end{bmatrix}=\begin{bmatrix}6\\-1-3\mathrm{j}\\0\\-1+3\mathrm{j}\end{bmatrix}$$

(4) 计算 $Y_N(k)$的 4 点 IDFT

$$y_N(n)=\frac{1}{4}\begin{bmatrix}1 & 1 & 1 & 1\\ 1 & W_4^{-1} & W_4^{-2} & W_4^{-3}\\ 1 & W_4^{-2} & W_4^{0} & W_4^{-2}\\ 1 & W_4^{-3} & W_4^{-2} & W_4^{-1}\end{bmatrix}\begin{bmatrix}6\\-1-3\mathrm{j}\\0\\-1+3\mathrm{j}\end{bmatrix}$$

$$=\frac{1}{4}\begin{bmatrix}1 & 1 & 1 & 1\\ 1 & \mathrm{j} & -1 & -\mathrm{j}\\ 1 & -1 & 1 & -1\\ 1 & -\mathrm{j} & -1 & \mathrm{j}\end{bmatrix}\begin{bmatrix}6\\ -1-3\mathrm{j}\\ 0\\ -1+3\mathrm{j}\end{bmatrix}=\begin{bmatrix}1\\ 3\\ 2\\ 0\end{bmatrix}$$

直接计算 $x(n)$ 与 $h(n)$ 的线性卷积

$$y(n)=\begin{bmatrix}1 & 0\\ 1 & 1\\ 0 & 1\end{bmatrix}\begin{bmatrix}1\\ 2\end{bmatrix}=\begin{bmatrix}1\\ 3\\ 2\end{bmatrix}$$

可以看出,两种方法的计算结果相同,即 $y_N(n)=y(n)$。

2.5.2 分段卷积

实际应用中,参加线性卷积运算的一个序列非常长,但不能等到整个卷积运算完成之后才获得结果。解决这个问题的办法是分段卷积,通常有以下两种方法。

1. 重叠相加法

设序列 $x(n)$ 和 $h(n)$ 分别长为 L' 和 M,$L'\gg M$。将 $x(n)$ 分成长为 L 的段

$$x(n)=\sum_{i=0}^{\infty}x_i(n) \tag{2.118}$$

式中,$x_i(n)$ 是第 i 段

$$x_i(n)=\begin{cases}x(n), & iL\leqslant n\leqslant (i+1)L-1\\ 0, & \text{其余}\end{cases} \tag{2.119}$$

$x(n)$ 与 $h(n)$ 的线性卷积为

$$y(n)=\sum_{i=0}^{\infty}[x_i(n)*h(n)]=\sum_{i=0}^{\infty}y_i(n) \tag{2.120}$$

式中,$h(n)$ 的自变量范围是 $0\leqslant n\leqslant M-1$;$y_i(n)=x_i(n)*h(n)$ 是 $x(n)$ 的第 i 段与 $h(n)$ 的子卷积,长为 $N=L+M-1$,自变量范围是 $iL\leqslant n\leqslant iL+L+M-2$。$x(n)$ 的第 $i+1$ 段与 $h(n)$ 的子卷积是 $y_{i+1}(n)=x_{i+1}(n)*h(n)$,自变量范围是 $(i+1)L\leqslant n\leqslant (i+1)L+L+M-2$。因此,$y_i(n)$ 的后 $M-1$ 点与 $y_{i+1}(n)$ 的前 $M-1$ 点重叠,范围是 $(i+1)L\leqslant n\leqslant (i+1)L+M-2$,如图 2-27 的阴影部分所示。

在图 2-27 中,$y_i(n)$ 的后 $M-1$ 点的数值(阴影表示)不是正确的卷积结果,因为 $x_i(n)$ 在 $n\geqslant (i+1)L$ 以后的值都被截断并置为 0,因而在计算 $y_i(n)$ 的后 $M-1$ 点时缺少一些参加求和的乘积项。幸运的是,计算 $y_i(n)$ 的后 $M-1$ 点时所缺失的部分数据,恰好就是计算 $y_{i+1}(n)$ 前 $M-1$ 点时所使用的部分数据,所以前者可以用后者来弥补,因此将二者相加便得到区间 $(i+1)L\leqslant n\leqslant (i+1)L+M-2$ 内完整的卷积结果。图 2-28 说明两个阴影部分互补得到完整卷积结果。注意,$x(n)$ 的每段 $x_i(n)$ 与 $h(n)$ 的线性卷积 $y_i(n)$ 可以用循环卷积来实现,因而可以利用 FFT 提高计算速度。

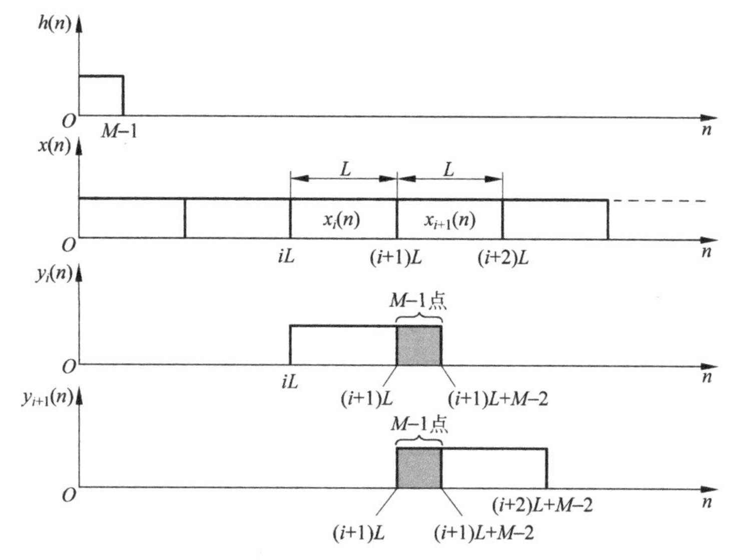

图 2-27　重叠相加法示意图

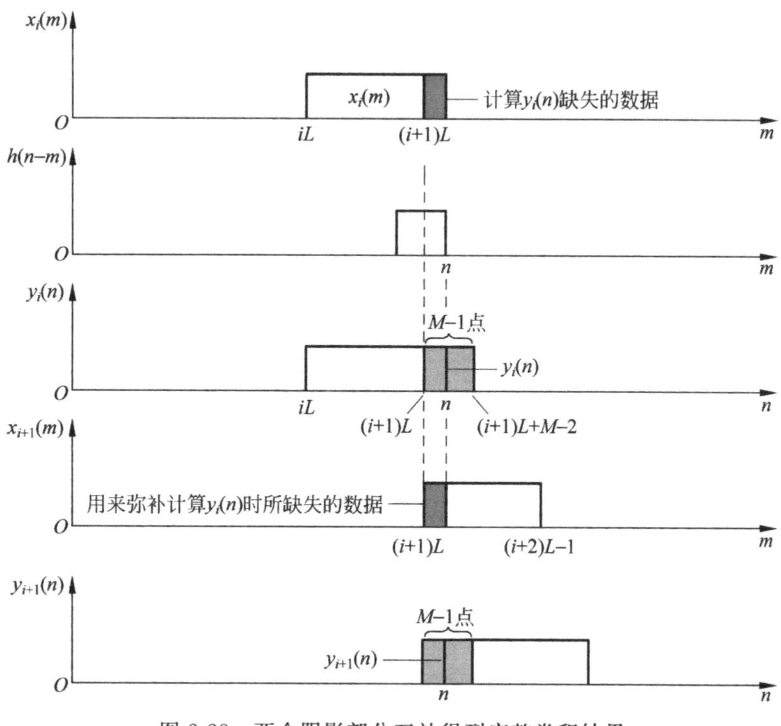

图 2-28　两个阴影部分互补得到完整卷积结果

2. 重叠保留法

重叠保留法与重叠相加法的区别在于，将数据 $x(n)$ 分成长为 $N=L+M-1$ 的段 $x_i(n)$，且相邻段有 $M-1$ 点相重叠。计算每段与 $h(n)$ 的 N 点循环卷积

$$y_N^{(i)}(n) = x_i(n) \circledcirc h(n) \tag{2.121}$$

$y_N^{(i)}(n)$是长为 N 的序列,它的前 $M-1$ 个值由于循环卷积运算中的混叠而遭到破坏,即这 $M-1$ 个值与线性卷积的值不一致,必须抛弃。为了进行 N 点循环卷积,$h(n)$后面需要补 $L-1$ 个零。第一段数据与其余段不同,它的有效长度取为 L,并在其前面补 $M-1$ 个零以使段长为 N。$x_i(n)$与 $h(n)$的循环卷积都用 FFT 来计算。重叠保留法的计算原理如图 2-29 所示。

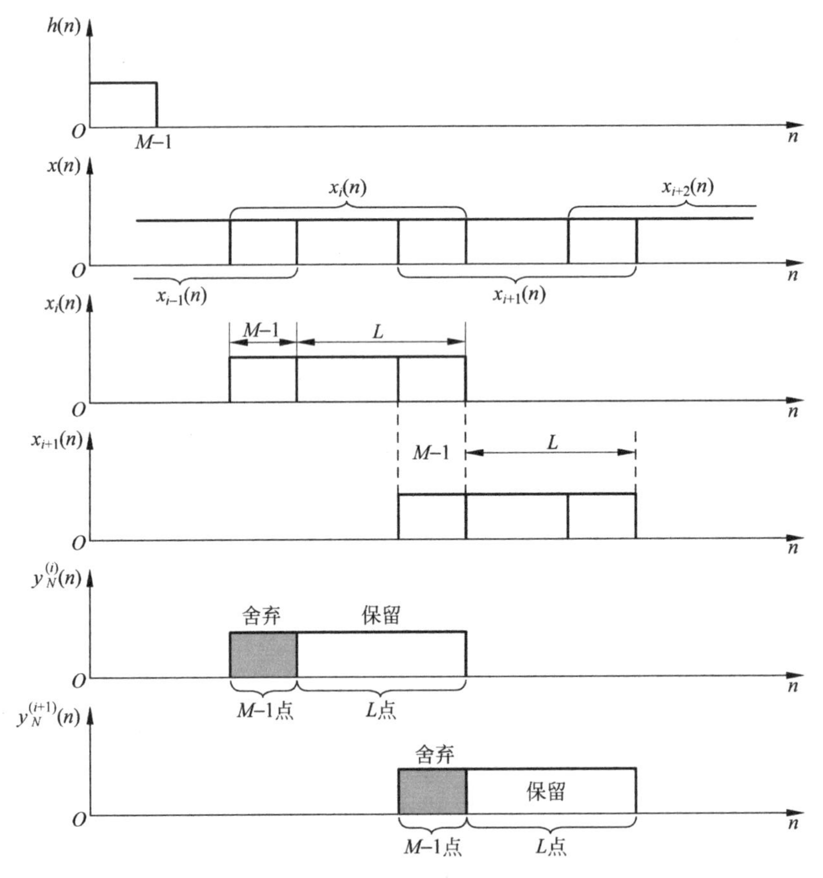

图 2-29　重叠保留法示意图

2.6　DFT 的快速计算方法:快速傅里叶变换

直接按照定义计算 DFT

$$X(k)=\sum_{n=0}^{N-1}x(n)W_N^{nk},\quad 0\leqslant k\leqslant N-1 \tag{2.122}$$

计算每个 $X(k)$需要 N 次复数乘法和 $N-1$ 次复数加法,因而计算所有 $X(k)$需要 N^2 次复数乘法和 $N(N-1)\approx N^2$ 次复数加法。当 N 很大时,这是很大的计算负担。FFT 算法的基本思想,是把 N 点 DFT 不断地分解成点数更小的 DFT,同时利用旋转因子 W_N^{nk} 的对称性和周期性来简化计算。在 N 等于 2 的幂的情况下,最后可以一直分解成 $N/2$ 个 2 点 DFT,这类算法称为基-2 FFT。

2.6.1 时间抽取基-2 FFT 算法的信号流图

设 $N=2^r$，r 为正整数。按照 n 是偶数或奇数，将 N 点复序列 $x(n)$ 分成两部分

$$X(k)=\sum_{n=0}^{N/2-1}x(2n)W_N^{2nk}+\sum_{n=0}^{N/2-1}x(2n+1)W_N^{(2n+1)k} \tag{2.123}$$

利用关系式

$$W_N^2=(\mathrm{e}^{-\mathrm{j}2\pi/N})^2=\mathrm{e}^{-\mathrm{j}2\pi/(N/2)}=W_{N/2} \tag{2.124}$$

将式(2.123)写成

$$X(k)=\sum_{n=0}^{N/2-1}x(2n)W_{N/2}^{nk}+W_N^k\sum_{n=0}^{N/2-1}x(2n+1)W_{N/2}^{nk},\quad 0\leqslant k\leqslant N-1 \tag{2.125}$$

进一步把序列 $X(k)$ 分成前后两半来计算。$X(k)$ 的前 $N/2$ 点为

$$X(k)=\sum_{n=0}^{N/2-1}x(2n)W_{N/2}^{nk}+W_N^k\sum_{n=0}^{N/2-1}x(2n+1)W_{N/2}^{nk},\quad 0\leqslant k\leqslant N/2-1 \tag{2.126}$$

由于现在 $0\leqslant k\leqslant N/2-1$，所以式(2.126)中两个和式都是 $N/2$ 点 DFT，分别用 $X_e(k)$ 和 $X_o(k)$ 表示，则式(2.126)简化为

$$X(k)=X_e(k)+W_N^kX_o(k),\quad 0\leqslant k\leqslant N/2-1 \tag{2.127}$$

利用式(2.127)，$X(k)$ 的后 $N/2$ 点可以表示为

$$X(k+N/2)=X_e(k+N/2)+W_N^{k+N/2}X_o(k+N/2),\quad 0\leqslant k\leqslant N/2-1 \tag{2.128}$$

考虑到 $X_e(k)$ 和 $X_o(k)$ 都是周期为 $N/2$ 的序列，具有性质

$$X_e(k+N/2)=X_e(k)\quad 和\quad X_o(k+N/2)=X_o(k)$$

同时利用旋转因子的性质

$$W_N^{k+N/2}=\exp\left[-\mathrm{j}\frac{2\pi}{N}(k+N/2)\right]=-\exp\left[-\mathrm{j}\frac{2\pi k}{N}\right]=-W_N^k \tag{2.129}$$

式(2.128)可简化为

$$X(k+N/2)=X_e(k)-W_N^kX_o(k),\quad 0\leqslant k\leqslant N/2-1 \tag{2.130}$$

令

$$Y_o(k)=W_N^kX_o(k) \tag{2.131}$$

则式(2.127)与式(2.130)可表示为

$$\begin{cases}X(k)=X_e(k)+Y_o(k)\\X(k+N/2)=X_e(k)-Y_o(k)\end{cases},\quad 0\leqslant k\leqslant N/2-1 \tag{2.132}$$

式(2.132)的信号流图如图 2-30 所示，称为“蝶形计算单元”。

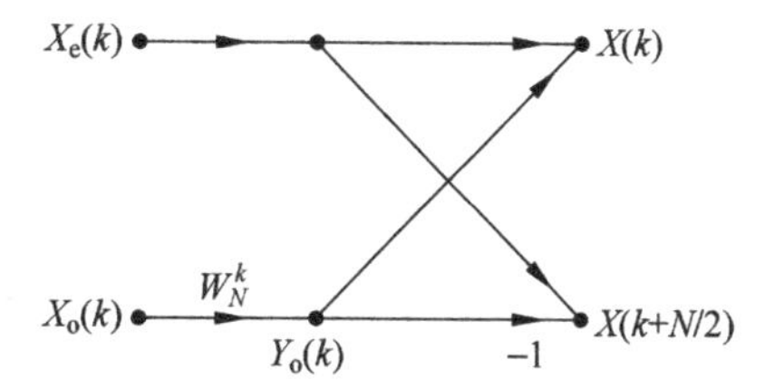

图 2-30　时间抽取基-2 FFT 算法的蝶形计算单元

这样，通过对输入序列进行一次“奇偶分解”，就把一个 N 点 DFT 的计算转换成两个 $N/2$ 点 DFT 的计算和 $N/2$ 个蝶形计算。具体计算过程是：先计算两个 $N/2$ 点 DFT 得到 $X_e(k)$ 和 $X_o(k)$，然后用 $N/2$ 个蝶形计算单元按照式(2.132)将它

们组合成 $X(k)$ 的前一半和后一半。图 2-31 是 $N=8$ 时的信号流图。

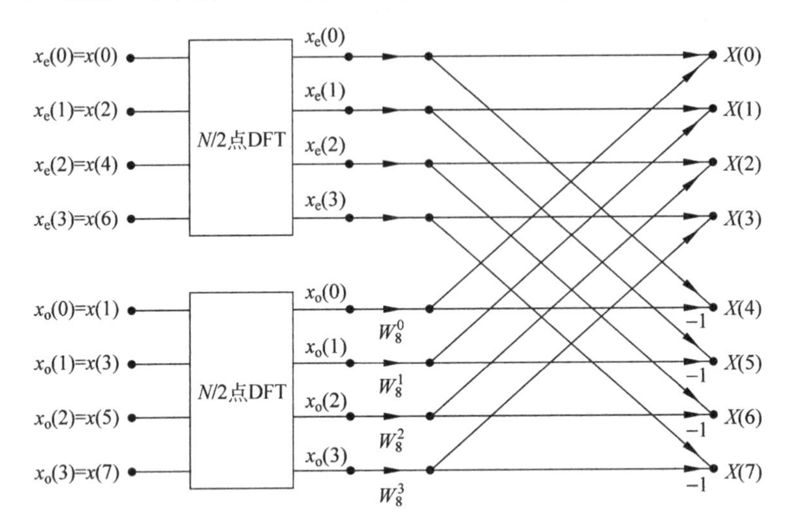

图 2-31　奇-偶分解 DFT 的信号流图($N=8$)

计算每个 $N/2$ 点 DFT 需要 $(N/2)^2$ 次复数乘法，近似 $(N/2)^2$ 次复数加法，计算每个蝶形需要 1 次复数乘法和 2 次复数加法，所以图 2-31 所示的复数乘法和复数加法次数分别为

$$C'_{\mathrm{M}}=2(N/2)^2+N/2=N^2/2+N/2 \tag{2.133}$$

和

$$C'_{\mathrm{A}}\approx N^2/2+N \tag{2.134}$$

比直接计算的计算量几乎减少一半。

既然时间抽取分解能够减少计算量，因此希望把这一分解过程继续进行下去，即把每个长为 $N/2$ 点的偶数和奇数下标的序列按照各自的偶数序号和奇数序号进一步各分解成两个长为 $N/4$ 点的序列，则两个 $N/2$ 点 DFT 就进一步分解成 4 个 $N/4$ 点 DFT。继续这种分解，经过 $r-1$ 次分解后，最后得到 $N/2$ 个两点 DFT。这就是时间抽取基-2 FFT 算法，其完整的信号流图如图 2-32 所示(以 $N=8$ 为例)。

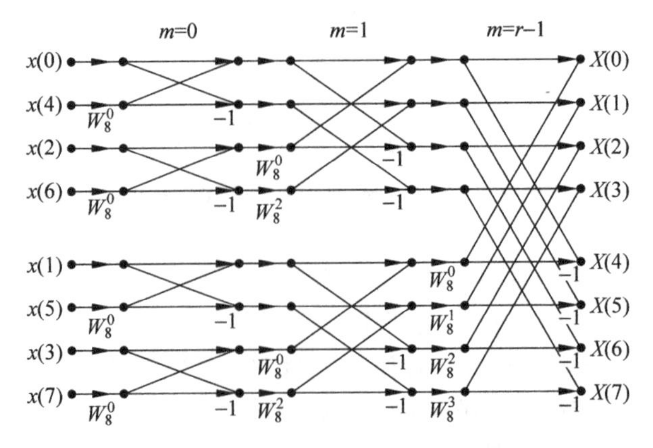

图 2-32　时间抽取基-2 FFT 算法的完整信号流图($N=8$)

2.6.2 时间抽取基-2 FFT 算法结构的特点

1. 级、组、蝶形单元结构

算法由 r 级组成，$r=\log_2 N$，级的序号为 $0\leqslant m\leqslant r-1$。每级有 $N/2$ 个蝶形单元，它们是由于分解产生的。例如，末级($m=r-1$)的 $N/2$ 个蝶形单元是第 $r-m=1$ 次分解得到的，中间级($m=r-2$)是第 2 次分解得到的，等等。一般而言，第 m 级的蝶形单元是第 $r-m$ 次分解得到的。除第 $m=0$ 级外，各级的蝶形都是分组交错的；第 $m=0$ 级每组只有 1 个蝶形，所以没有蝶形交错。第 m 级蝶形单元的输入和输出关系为

$$\begin{cases}X_{m+1}(p)=X_m(p)+Y_m(q)\\X_{m+1}(q)=X_m(p)-Y_m(q)\end{cases}\tag{2.135}$$

信号流图如图 2-33 所示。

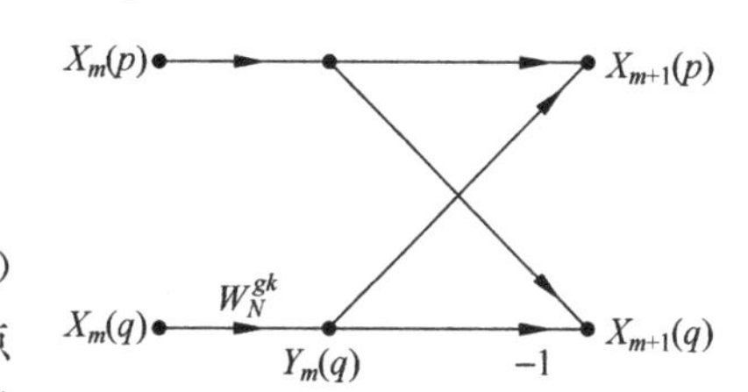

图 2-33　时间抽取 FFT 算法蝶形单元的信号流图

其中

$$Y_m(q)=W_N^{gk}X_m(q),\quad k=0,\cdots,N/2^{r-m}-1\tag{2.136}$$

p 和 q 分别是蝶形单元的输入和输出的上、下节点标号；W_N^{gk} 是下输入节点的旋转因子；g 是每级蝶形的分组数。蝶形单元上、下节点序号之差称为上、下节点距离，第 m 级蝶形单元上、下节点距离为

$$l=q-p=2^m\tag{2.137}$$

例如，在图 2-32 中，第 $m=0$ 级的 $l=1$，第 $m=1$ 级的 $l=2$，而第 $m=2$ 级的 $l=4$。

同一级中相邻组对应蝶形单元之间的距离称为组距。第 m 级的组距等于

$$s=2^{m+1}\tag{2.138}$$

第 $m=0$ 级的 $s=2$，第 $m=1$ 级的 $s=4$，而第 $m=2$ 级的 $s=8$。

第 m 级中的蝶形分组的组数为

$$g=N/s=2^{r-m-1}\tag{2.139}$$

每组蝶形数为

$$b=(N/2)/g=s/2=2^m\tag{2.140}$$

图 2-32 共有 $r=\log_2 8=3$ 级，每级含 $N/2=4$ 个蝶形；第 $m=0$ 级的组距 $s=2^{0+1}=2$，组数 $g=N/s=4$，每组蝶形数 $b=s/2=1$；第 $m=1$ 级的组距 $s=2^{1+1}=4$，组数 $g=2$，每组蝶形数 $b=2$；第 $m=2$ 级的 $s=8$，$g=1$，$b=4$。

2. 原位计算

第 m 级的输入 $X_m(p)$ 和 $X_m(q)$ 只用于计算本级输出 $X_{m+1}(p)$ 和 $X_{m+1}(q)$，一旦完成计算，输入即无保存的必要，因此可以用本级的输入存储单元存放本级的输出。第 m 级的输出即第 $m+1$ 级的输入。这样，从第 $m=0$ 级直到最后第 $m=r-1$ 级，可以逐级把蝶

形单元的计算结果存放在输入数据的存储单元中，称为“原位计算”。利用原位计算可以大幅度减少存储单元的数量。

3. 旋转因子的分布和取值规律

每个蝶形的下输入节点前有一个旋转因子。为了找到旋转因子的分布和取值规律，现在来考察蝶形计算单元所起的作用。最后一级即第 $r-1$ 级只有 $g=1$ 组，$N/2$ 蝶形单元的作用，是把 2 个 $N/2$ 点 DFT 的计算结果组合成 1 个 N 点 DFT，所以 $N/2$ 个旋转因子为 W_N^k，其中 $k=0,1,\cdots,N/2-1$；第 $r-2$ 级有 $g=2$ 组，每组有 $N/4$ 个蝶形单元，其作用是把 4 个 $N/4$ 点 DFT 的计算结果组合成 2 个 $N/2$ 点 DFT，但两组旋转因子相同，都是 W_N^{2k}，其中 $k=0,1,\cdots,N/4-1$；以此类推，第 m 级有 $g=2^{r-m-1}$组，每组有 $b=(N/2)/g=s/2=2^m$ 个蝶形单元，其作用是把 2^{r-m}个 $N/2^{r-m}$点 DFT 组合成 2^{r-m-1}个 $N/2^{r-m-1}$点 DFT，每组蝶形的旋转因子相同，都是 W_N^{gk}，其中 $k=0,1,\cdots,N/2^{r-m}-1$。这就是式(2.136)所表示的结果。由于第 m 级有 $g=N/s=N/2^{m+1}$组，每组 $b=2^m$ 个蝶形，蝶形从上到下序号为 $k=0,1,\cdots,b-1$，所以旋转因子为

$$W_N^{gk} = W_N^{(N/2^{m+1})k} = W_{2^{m+1}}^k, \quad 0 \leqslant k \leqslant 2^m - 1 \tag{2.141}$$

这是确定旋转因子的有用公式。

2.6.3 时间抽取基-2 FFT 算法的计算量

N 点时间抽取基-2 FFT 算法由 $r=\log_2 N$ 级组成，每级含 $N/2$ 个蝶形，因此共需完成$(N/2)\log_2 N$ 个蝶形计算。计算每个蝶形需要 1 次复数乘法和 2 次复数加法，因此，复数乘法和复数加法的总次数分别为

$$C_M = (N/2)\log_2 N \tag{2.142}$$

和

$$C_A = N\log_2 N \tag{2.143}$$

其中包括乘以 $W_N^0=1$、$W_N^{N/4}=-\mathrm{j}$、$W_N^{N/2}=-1$ 和 $W_N^{3N/4}=\mathrm{j}$ 的计算。实际上，这些乘法运算可以省略，所以实际的乘法运算次数比用式(2.142)估计的要少。

式(2.142)和式(2.143)的计算量的数量级是 $N\log_2 N$，表示为 $O[N\log_2 N]$，而直接计算 DFT 的运算量的数量级是 $O[N^2]$。图 2-34 所示的是 FFT 和 DFT 的运算量随着 N 变化的关系曲线，纵坐标运算量是指复数乘法或复数加法次数的数量级，横坐标是计算 DFT 的点数。

图 2-34 中，图(a)的纵坐标是线性坐标，N 值范围 $1\leqslant N\leqslant 1024$。为了看清 N 较小时两条曲线的情况，图(b)对应的 N 值范围取为 $1\leqslant N\leqslant 32$，纵坐标为对数坐标。从图(a)看出，DFT 的运算量随着数据量的增加急剧增大，而 FFT 的运算量却增加非常缓慢；图(b)表明，数据量超过 10 以后，利用 FFT 来计算 DFT 能够显著节约运算量。

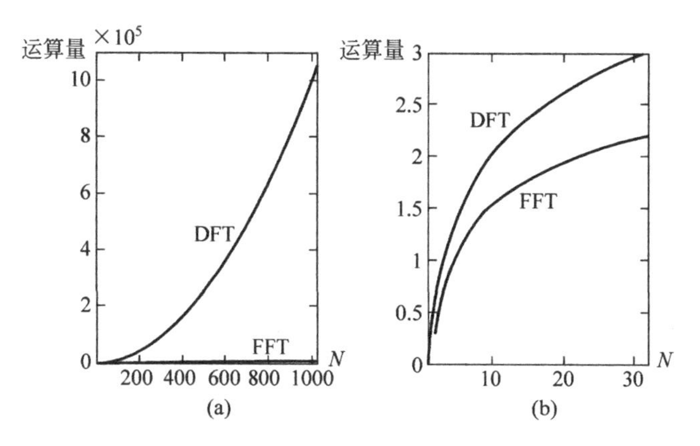

图 2-34 FFT 和 DFT 的运算量随 N 变化的关系曲线

在较多应用中，N 的范围很大，达到 $1024 \leqslant N \leqslant 8192$。在此情况下，常将运算量随 N 变化的关系曲线画在双对数坐标系中，如图 2-35 所示。可以看出，当 $N=1024$ 时，DFT 的运算量为 $1024^2=1.049\times10^6$，而 FFT 的运算量是

$$1024 \times \log_2(1024) = 1.024 \times 10^4$$

即 FFT 的运算量比 DFT 减少约两个数量级。

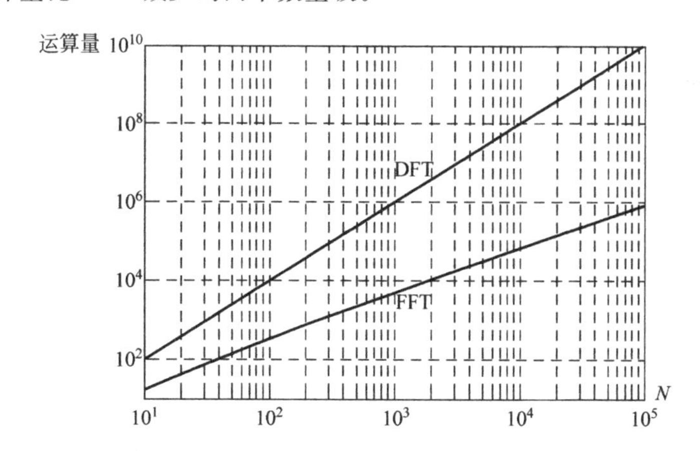

图 2-35 对数坐标系中 FFT 和 DFT 运算量随着 N 变化的关系曲线

2.6.4 倒序：输入时间序列的重排

从图 2-32 看出，经过多次时间抽取后，第 1 级输入数据的序号被打乱。打乱后的序号与原始序号之间的关系是：前者与后者的二进制表示恰成倒序关系，即把后者的二进制表示的比特排列顺序倒过来，便得到前者的二进制表示，因此将前者称为倒序，后者称为正序。表 2-3 以 $N=8$ 为例说明正序和倒序二进制表示之间的关系。

表 2-3　正序和倒序二进制表示之间的关系($N=8$)

正序十进制表示 n	正序二进制表示 $n_2n_1n_0$	倒序二进制表示 $n_0n_1n_2$	倒序的十进制表示 m
0	000	000	0
1	001	100	4
2	010	010	2
3	011	110	6
4	100	001	1
5	101	101	5
6	110	011	3
7	111	111	7

正序和倒序二进制表示之间的比特倒置关系，源于对输入时间序列的多次“奇偶抽取”，如图 2-36 所示。图中，右侧是正序标号，左侧是倒序标号。从右到左的树形结构表示依次对时间标号进行“奇偶抽取”，每次抽取后总是将偶数标号放在上边。在 N 很大时，按照倒序标号输入数据并不方便。因此，实际中仍然按照正序标号将输入数据存入存储单元，然后通过“比特倒序”运算把正序标号转换成倒序标号。按照倒序排列的输入数据仍然存放在原来的正序输入数据存储单元中，这可以用计算机程序来完成。

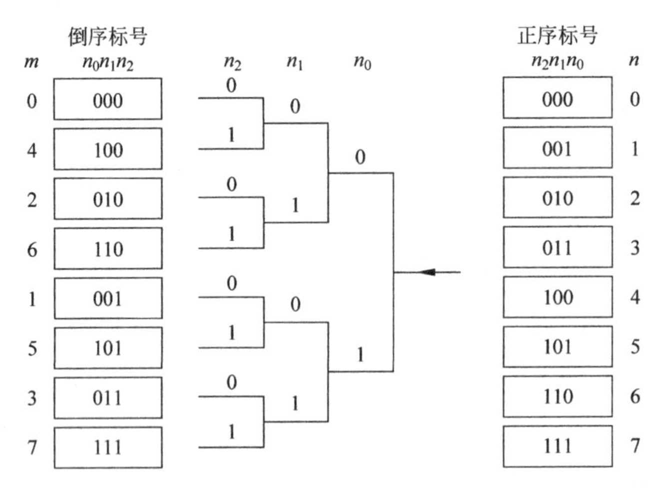

图 2-36　“奇偶抽取”引起序列下标变化($N=8$)

2.6.5　时间抽取基-2 FFT 的其他算法结构

在图 2-32 所示的时间抽取基-2 FFT 的信号流图中，保持连接各节点的支路及其传输系数不变，任意改变节点位置后得到的信号流图的计算结果不变。因此，可以得出图 2-37 和图 2-38 所示的另外两个等效的信号流图。图 2-37 与图 2-32 的区别是它的输入序列为正序，而输出序列为倒序。图 2-38 结构的优点是输入和输出序列都是正序，都不需要倒序运算，缺点是不能进行原位计算，因此，需要多用 N 个存储单元。

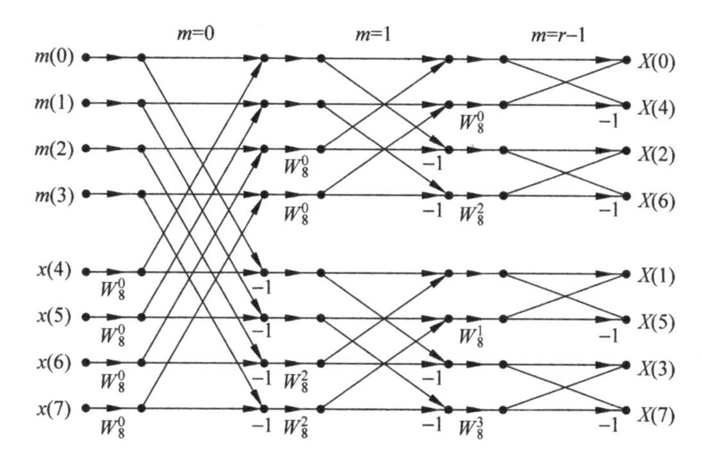

图 2-37　输入正序而输出倒序的时间抽取基-2 FFT 信号流图(N=8)

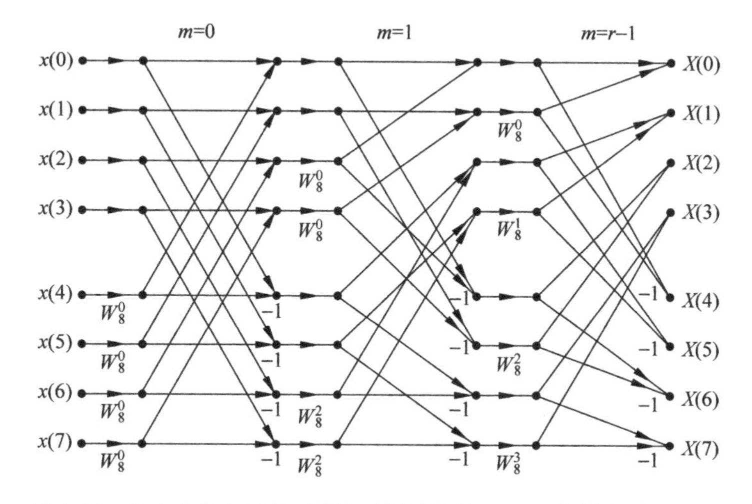

图 2-38　输入和输出都是正序的时间抽取基-2 FFT 信号流图(N=8)

2.6.6　频率抽取基-2 FFT 算法

频率抽取基-2 FFT 算法的构造原则，是不断将输入序列分成前后各一半，并按照频率下标是奇数或偶数来分别计算输出序列的两部分。这种算法的推导过程与时间抽取基-2 FFT 算法相同，得到的算法结构形式也相同，只是蝶形的旋转因子不同。

图 2-39 所示的是 $N=8$ 情况下频率抽取基-2 FFT 算法的完整信号流图。它与图 2-37 所示的时间抽取基-2 FFT 算法结构相同，只是旋转因子有区别。

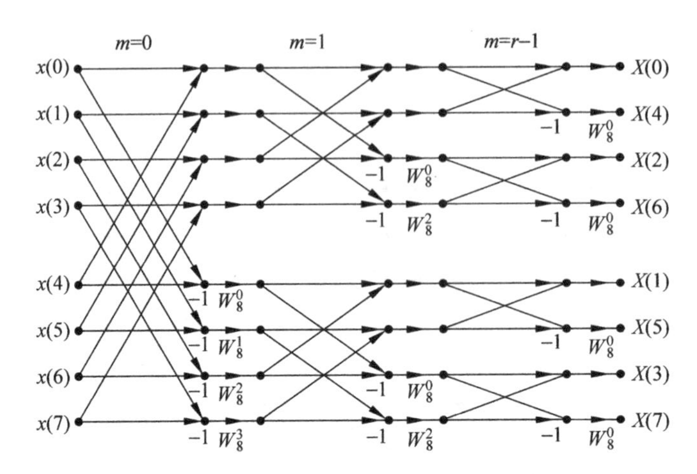

图 2-39 输入正序而输出倒序的频率抽取基-2 FFT 信号流图($N=8$)

频率抽取基-2 FFT 算法的蝶形计算单元如图 2-40 所示，它与图 2-33 所示的时间抽取基-2 FFT 算法的蝶形计算单元的主要区别在于，它的旋转因子在蝶形单元输出下节点之后，而图 2-33 的旋转因子在蝶形单元输入下节点之前。

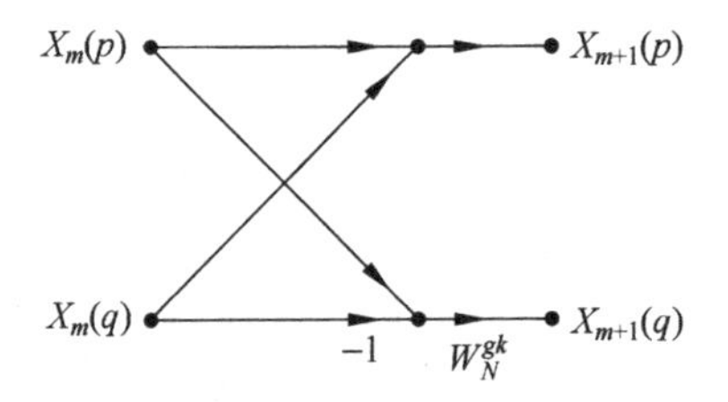

图 2-40 频率抽取基-2 FFT 算法的蝶形计算模块

图 2-40 的输入与输出的关系为

$$\begin{cases} X_{m+1}(p) = X_m(p) + X_m(q) \\ X_{m+1}(q) = [X_m(p) - X_m(q)]W_N^{gk} \end{cases}, \quad 0 \leqslant k \leqslant N/2^{m+1} - 1 \tag{2.144}$$

如果保持图 2-39 第 1 级的结构不变，而将第 3 级的输出序列改变成正序的，那么将得到图 2-41 的结构。这种频率抽取基-2 FFT 算法结构与图 2-38 所示的时间抽取基-2 FFT 算法结构形式一样也具有输入和输出序列都不需要进行倒序运算的优点，和不能进行原位计算的缺点。

若保持图 2-41 最后级(第 $m=r-1$ 级)的结构不变，而将输入序列改变成倒序的，那么将得到图 2-42 的结构。这种频率抽取基-2 FFT 算法结构与图 2-32 所示的时间抽取基-2 FFT 算法结构形式一样也具有可以进行原位计算的优点，和输入序列需要进行倒序运算的缺点。

频率抽取基-2 FFT 算法与时间抽取基-2 FFT 算法的计算量相同。区别频率抽取基-2 FFT 与时间抽取基-2 FFT 算法结构的主要方法，是根据蝶形单元的旋转因子的位置。具体说，旋转因子位于下输出节点之后为频率抽取算法，位于下输入节点之前则为时间抽取算法。在 MATLAB 中有两个内部函数 fft 和 ifft 分别用于计算 FFT 和逆 FFT。

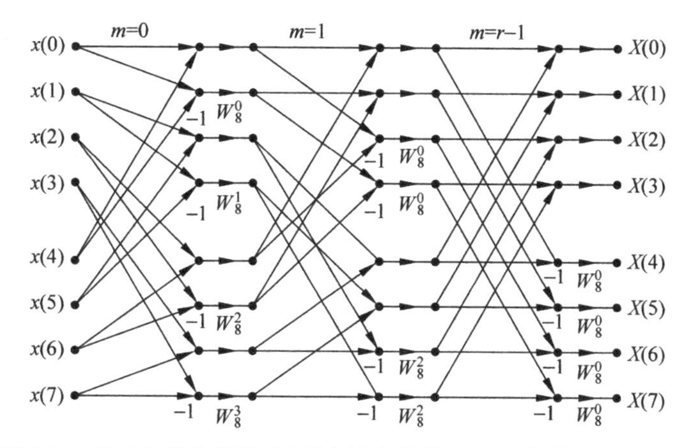

图 2-41　输入和输出都是正序的频率抽取基-2 FFT 信号流图($N=8$)

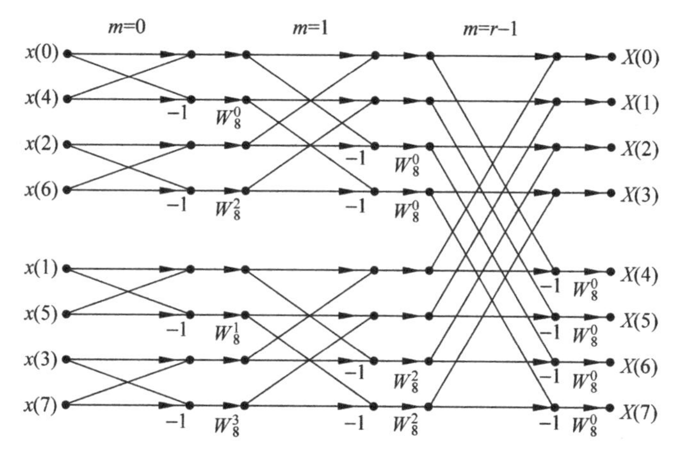

图 2-42　输入倒序而输出正序的频率抽取基-2 FFT 信号流图($N=8$)

2.6.7 计算 FFT 的 MATLAB 内部函数

MATLAB 中的内部函数 fft 和 ifft 分别用于计算 FFT 和逆 FFT,其基本计算公式为

$$X(k)=\sum_{n=1}^{N}x(n)W_N^{(n-1)(k-1)},\quad 1\leqslant k\leqslant N \tag{2.145}$$

$$x(n)=\frac{1}{N}\sum_{n=1}^{N}X(k)W_N^{-(n-1)(k-1)},\quad 1\leqslant n\leqslant N \tag{2.146}$$

式中,$W_N=\mathrm{e}^{-\mathrm{j}2\pi/N}$。注意,MATLAB 规定序列的下标 n 和 k 都取正整数。这两个内部函数主要有下列两种调用形式。

(1) X=fft(x):用 FFT 算法计算输入矢量 x 的 DFT,返回矢量 X 的长度与输入矢量 x 的长度相同。若 x 是矩阵,则分别计算矩阵每个列矢量的 DFT,返回的计算结果仍按列矢量存放在矩阵中。

例如,设 x=[1 2 3],执行 X=fft(x),则得到 6.0000,−1.5000+0.8660i,−1.5000−0.8660i。若 x=[1 4 7; 2 5 8; 3 6 9],执行 X = fft (x),则得到

$$\begin{bmatrix} 6.000 & 15.000 & 24.000 \\ -1.5000+0.8660i & -1.5000+0.8660i & -1.5000+0.8660i \\ -1.5000-0.8660i & -1.5000-0.8660i & -1.5000-0.8660i \end{bmatrix}$$

(2) X=fft(x , N)：与前种调用形式的区别在于，这种调用指定了 DFT 的长度 N，而不管输入序列的长度是多少。若输入序列的长度比 N 长，则在调用函数 fft 时自动将输入序列截短为 N；反之，若输入序列的长度比 N 短，则自动在输入序列后面补零使之延长为 N。例如，设 x=[1 2 3 4 5]，执行 X= fft (x,3)，则得到[6.0000，−1.5000+0.8660i，−1.5000−0.8660i]，与 x=[1 2 3]的情况下调用 fft 函数得到的结果相同。在 x=[1 2 3] 时，若调用 X=fft(x, 8)，则得到 8 点 DFT：

6.0000，2.4142−4.4142i，−2.0000−2.0000i，−0.4142 + 1.5858i，2.0000，−0.4142−1.5858i，−2.0000 + 2.0000i，2.4142 + 4.4142i。

函数 fft 的主要用途是对信号进行频谱分析。因此，在调用它时常常要同时用到 MATLAB 的其他几个内部函数，一般形式如下：

```
X = fft (x , N) ;          % 计算 N 点 FFT
A = abs (X ) ;             % 计算幅度谱
Phi = angle (X );          % 计算相位谱
S= A . ^2 / N ;            % 计算功率谱
```

例 2.13 设连续时间信号 $s(t)$由两个正弦信号叠加组成，它们的幅度和频率分别为 0.8 和 100Hz，1.2 和 300Hz。又知道该信号已被最大幅度为 1、均值为 0 的噪声所污染。现在，以 f_s=1000Hz 的频率对该污染信号取样，获得数字信号 $x(n)$。根据 $x(n)$的 1000 个取样数据，利用 MATLAB 估计信号所包含的频率成分。试编写完整的 MATLAB 的 m 文件，画出污染后的数字信号 $x(n)$的包络和它的幅度谱的图形，并根据画出的图形估计信号中包含的频率成分的频率和幅度。绘制 $x(n)$的包络时，n 的取值范围限于 $0\leqslant n\leqslant 100$。

解 求解该题的 m 文件如下：

```
Fs = 1000; T = 1/Fs; L = 1000; n = (0:L-1) * T;
s = 0.8 * sin(2 * pi * 100 * n) + 1.2 * sin(2 * pi * 300 * n);
x = s + 2 * randn(size(n));
NFFT = 2^nextpow2(L); X = fft(x,NFFT)/L;
f = Fs/2 * linspace(0,1,NFFT/2);
subplot(2,1,1);
plot(Fs * n(1:100),x(1:100))
subplot(2,1,2);
plot(f,2 * abs(X(1:NFFT/2)))
```

运行程序得到图 2-43。显然，从 $x(n)$无法估计信号的频率成分。但是，从$|X(f)|$能够较准确估计信号所含的两个频率及其幅度，分别为 100Hz 和 0.7 以及 300Hz 和 1.1。由于每次产生的噪声是随机的，所以每次得到的幅度估计的准确度要受到噪声的影响。

在 MATLAB 中，计算逆 DFT 的函数 ifft 的调用方式与上述的 fft 相同。

例 2.14 调用函数 ifft 计算例 2.13 中所得到的 $X(k)$的逆变换 $x_1(n)$。画出 $0\leqslant n\leqslant 100$ 范围内 $x(n)$和 $x_1(n)$的包络，并进行比较。

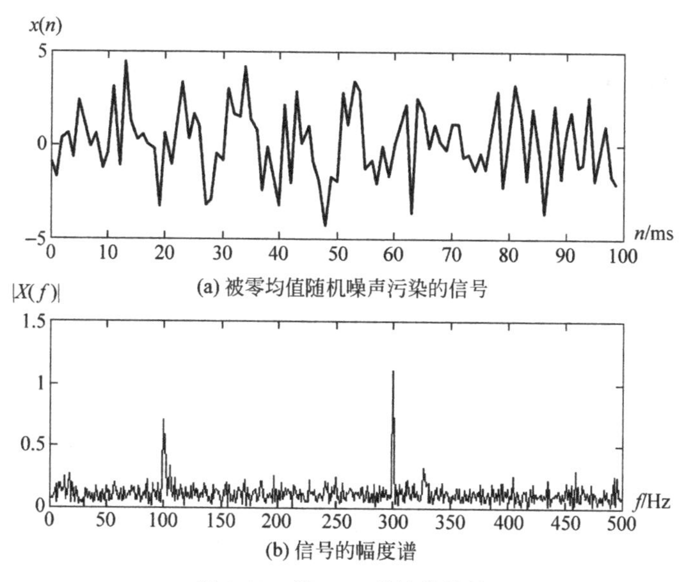

(a) 被零均值随机噪声污染的信号

(b) 信号的幅度谱

图 2-43　例 2.13 的计算结果

解　将例 2.13 中的 m 文件中 X=fft(x,NFFT)/L 之后的部分改写为

```
x1 = ifft(X);
subplot(2,1,1);
plot(Fs * n(1:100),x(1:100)); grid
subplot(2,1,2);
plot(Fs * n(1:100),x1(1:100)); grid
```

运行程序得到图 2-44。可以看出，除了信号幅度的比例相差 1000 倍外，$x(n)$和 $x_1(n)$的包络的图形完全相同。之所以信号幅度的比例不同，是因为 x1 是根据 X 计算的，而 X 等于 fft(x)的 1/L。

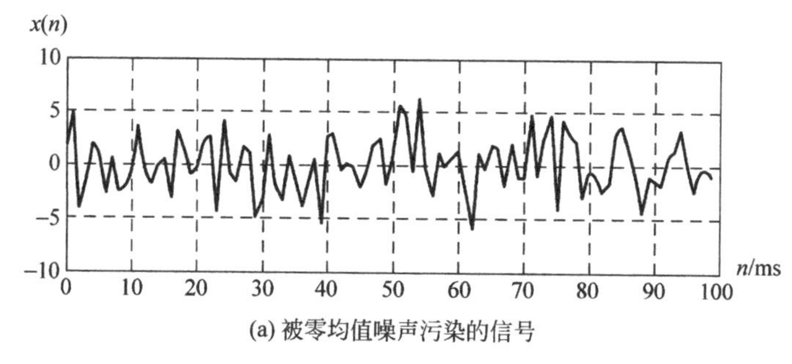

(a) 被零均值噪声污染的信号

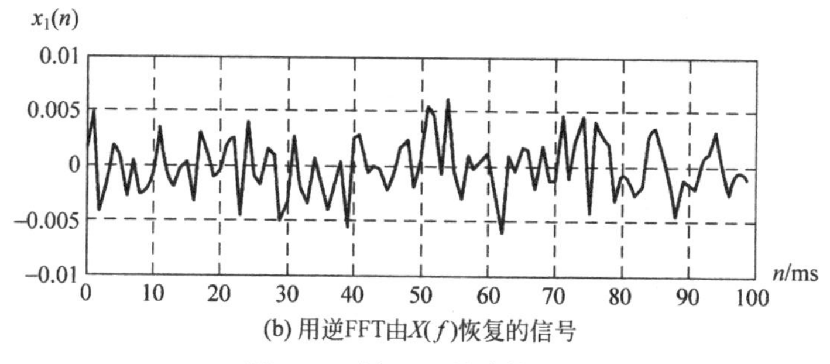

(b) 用逆FFT由X(f)恢复的信号

图 2-44　例 2.14 的计算结果

2.7 实际应用FFT算法时需要考虑的几个问题

2.7.1 输入数据的采集和处理

1. 以足够高的取样频率采集足够多的输入数据

当输入信号是模拟信号时,为了防止频域混叠失真,取样频率必须高于信号的频带宽度的2倍,通常取为带宽的2.5～4倍。如果不知道信号的带宽而只知道取样频率,而且已知在1/2取样频率附近存在很大幅度的频谱分量,那么就不要轻易相信所得到的FFT的计算结果。因为,通常遇到的信号的频谱幅度在理论上都应该随着频率的增加而下降。如果发现某个频谱分量的频率随着取样频率在改变,那么就很值得怀疑是否发生了频域混叠现象。如果怀疑可能有频域混叠,那么就应该在模拟输入信号数字化前,用一个截止频率高于感兴趣的频率,但低于1/2取样频率的模拟低通滤波器进行滤波。

在取样频率 f_s 确定后,根据要求的频率分辨率 Δf 确定输入数据的个数 N 和采集数据的时间长度 $N=t_{data}f_s=f_s/\Delta f$。

2. 用补零办法延长输入数据序列的长度使之等于2的幂

为了提高基-2 FFT算法的效率,最好使输入序列的长度等于2的幂。将输入序列长度截短到等于2的幂不是一个好办法,因为这将降低FFT的频率分辨率。序列补零可以增加DFT的分析频率点数,减小分析频率间隔,从而提高DFT描述信号频谱的精细程度,因此,在计算FFT时,可以用补零办法使输入数据序列长度等于2的幂。这至少不会降低FFT的频率分辨率。

3. 输入序列加窗以减小FFT的频谱泄漏

DFT分析的频谱泄漏是矩形窗谱的旁瓣引起的。为了减小频谱泄漏,应降低窗谱的旁瓣幅度。矩形窗谱的旁瓣是由于矩形窗的前后沿的剧烈跳变引起的,因此,应选择前后沿变化比较缓慢的非矩形窗。但是,非矩形窗的频谱主瓣比矩形窗谱的宽,因而分辨率比矩形窗的低。这意味着,用非矩形窗减小频谱泄漏将付出降低频率分辨率的代价。加窗应在补零前进行,因为这不会改变窗函数的形状。

输入序列加非矩形窗固然能减小但却不能完全消除频谱泄漏现象,即仍然有可能发生大幅度频谱分量掩盖附近的小幅度频谱分量的现象。因此,在输入信号中含有较大直流分量的情况下,在加窗之前最好先减去直流成分。

2.7.2 FFT计算结果的解读

FFT的计算结果是 $X(k)$,其中 k 是FFT的分析频率的序号,$0\leqslant k\leqslant N-1$。解读

FFT 的计算结果时，首先需要算出每个 k 值对应的绝对频率。由于离散频率点间隔等于 f_s/N，所以序号 k 对应的绝对频率是 kf_s/N(Hz)。实序列 $x(n)$的 FFT 具有对称性，只有 $0\leqslant k\leqslant N/2-1$ 范围内的 $X(k)$才是独立的，所以只需要计算这个范围内的绝对频率。如果输入时间序列是复序列，则需计算整个 $0\leqslant k\leqslant N-1$ 范围内的绝对频率。

有时需要根据 FFT 的计算结果确定输入时间序列的幅度。但需注意，FFT 的计算结果一般是复数序列

$$X(k) = X_{\text{real}}(k) + \text{j}X_{\text{imag}}(k) \tag{2.147}$$

因此 FFT 的输出幅度为

$$|X(k)| = \sqrt{X_{\text{real}}^2(k) + X_{\text{imag}}^2(k)} \tag{2.148}$$

由于正弦信号的 DFT 的幅度等于实际幅度的 $N/2$ 倍，复指数信号的 DFT 的幅度等于实际幅度的 N 倍，所以为了根据 FFT 的计算结果确定时域信号所含正弦分量的正确幅度，需要将 FFT 的输出幅度除以 $N/2$(输入为实序列时)或 N(输入为复序列时)。如果原始时域数据经过了加窗处理，那么还需要考虑窗函数造成的幅度衰减。

根据 FFT 的计算结果确定的信号功率谱为

$$|X(k)|^2 = X_{\text{real}}^2(k) + X_{\text{imag}}^2(k) \tag{2.149}$$

或

$$P(k) = 10\lg\left(\frac{|X(k)|^2}{|X(k)|_{\max}^2}\right) = 20\lg\left(\frac{|X(k)|}{|X(k)|_{\max}}\right) \tag{2.150}$$

式(2.150)是以分贝为单位的归一化功率谱，其幅度采用对数坐标，增强了小幅度的分辨率，因此能够提供关于功率谱的丰富信息。此外，由于用 FFT 的最大幅度 $|X(k)|_{\max}$ 归一化，所以考虑频率分量的绝对幅度已经没有多大意义，这意味着已无必要考虑尺度因子 N 或 $N/2$ 和窗函数引起幅度衰减等问题。

习题

2.1 利用式(2.12)计算序列 $x(n)=\{1,2,0,5\}(0\leqslant n\leqslant 3)$的 4 点 DFT。

2.2 利用式(2.13)计算习题 2.1 所得到的 DFT 的逆变换，并将结果与习题 2.1 的序列 $x(n)$进行比较。

2.3 计算序列 $x(n)=\{0,1,2,3\}$的 4 点 DFT，得到 $X(n)$；再计算 $X(n)$的 IDFT 以验证结果的正确性。

2.4 已知一个数字信号如图 2-45 所示，从其中取出 $0\leqslant n\leqslant 7$ 范围内的 8 个数据 $x(n)$。画出 $x(n)$的 8 点 DFT 的幅度谱 $|X(k)|$ 和相位谱 $\varphi(k)$的图形，$|X(k)|$ 和 $\varphi(k)$的周期是多少？

2.5 已知 $x(n)=\text{e}^{-0.5n}[u(n)-u(n-4)]$，画出它的 DFT 和 DTFT 的幅度谱的图形。

2.6 已知一个数字信号的 DTFT 为 $X(\text{e}^{\text{j}\omega})=1-0.2\text{e}^{-\text{j}\omega}+0.35\text{e}^{-\text{j}2\omega}$，求该信号的 8 点 DFT 的幅度和相位。

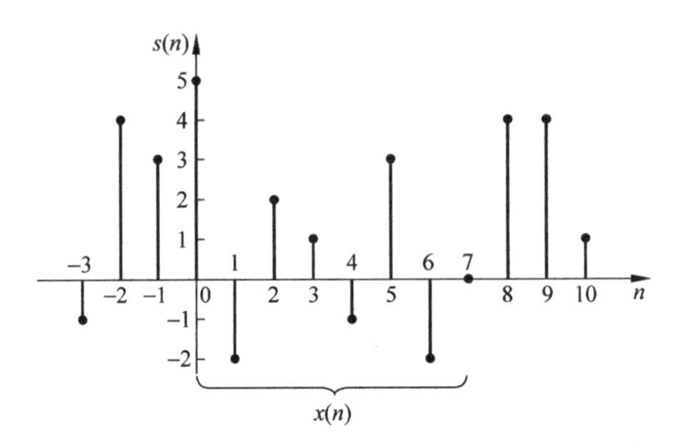

图 2-45　习题 2.4 中的数字信号和用于计算 DFT 的数据

2.7　已知数字信号的 4 个取样值 $x(n)=2\sin(\pi n/2)$，$0\leqslant n\leqslant 3$。计算它的 4 点 DFT，并画出图形。

2.8　已知一个数字滤波器的单位冲激响应为 $h(n)=(0.95)^n$，$0\leqslant n\leqslant 3$。计算它的 4 点 DFT，并画出图形。

2.9　已知下列 3 个数字信号

(1) $x_1(n)=\{1,2,3,4\}$

(2) $x_2(n)=\{1,2,3,4,1,2,3,4\}$

(3) $x_3(n)=\{1,2,3,4,1,2,3,4,1,2,3,4\}$

比较它们的 DFT 有什么异同。

2.10　已知序列

$$x(n)=\begin{cases}0.8^n, & n=0,2,4,\cdots\\ 0, & \text{其余}\end{cases}$$

(1) 求该序列的离散时间傅里叶变换 $X(e^{j\omega})$。

(2) 在 N 个等间隔频率点 $\omega_k=2\pi k/N(0\leqslant k\leqslant N-1)$ 上对 $X(e^{j\omega})$ 取样，得到 N 点离散傅里叶变换 $X(k)$。

(3) 利用(2)的结果 $X(k)$ 重构一个序列 $\tilde{x}(n)$。

(4) 画出 $x(n)$ 和 $X(e^{j\omega})$ 的图形。

(5) 画出 $N=8$ 和 $N=16$ 两种情况下 $|X(k)|$ 和 $\tilde{x}(n)$ 的图形。

2.11　计算序列 $x(n)=\alpha^n\sin(n\omega_0)u(n)$ 的 N 点 DFT。

2.12　已知 $x(n)=3\delta(0)-\delta(n-1)+2\delta(n-3)+\delta(n-4)$。

(1) 计算 $x(n)$ 的 5 点 DFT $X(k)$。画出 $|X(k)|$ 的图形。

(2) 在 $x(n)$ 后面补 3 个零，构成序列 $y(n)$。计算 $y(n)$ 的 8 点 DFT。画出 $|Y(k)|$ 的图形。

(3) 计算 $x(n)$ 的 DTFT $X(e^{j\omega})$，画出 $|X(e^{j\omega})|$ 的图形。对照(1)和(2)的图形，将 $|X(k)|$ 与 $|Y(k)|$ 进行比较。

2.13 已知序列 $x(n)$ 的 8 点 DFT $X(k)$ 如图 2-46 所示。

(1) 在 $x(n)$ 的每两个相邻取样值之间插入一个零取样值，得到一个长为 16 点的序列 $y(n)$，即

$$y(n)=\begin{cases}x(n/2), & n\text{ 为偶数}\\ 0, & n\text{ 为奇数}\end{cases}$$

用 $X(k)$ 表示 $y(n)$ 的 16 点 DFT $Y(k)$，并画出 $Y(k)$ 的图形。

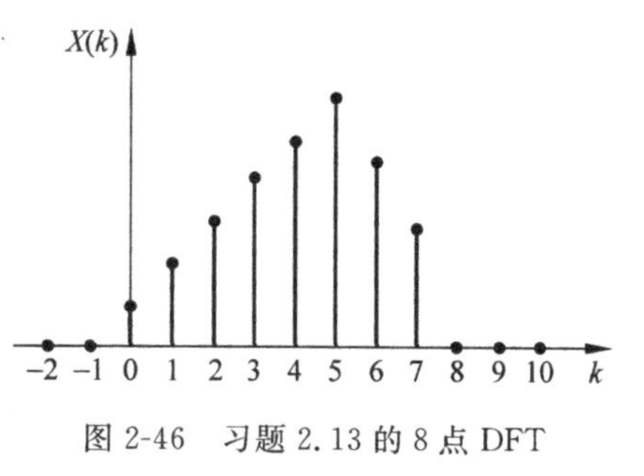

图 2-46 习题 2.13 的 8 点 DFT

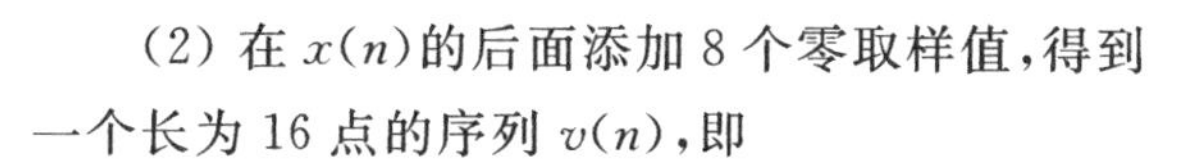

(2) 在 $x(n)$ 的后面添加 8 个零取样值，得到一个长为 16 点的序列 $v(n)$，即

$$v(n)=\begin{cases}x(n), & 0\leqslant n\leqslant 7\\ 0, & 8\leqslant n\leqslant 15\end{cases}$$

用 $X(k)$ 表示 $v(n)$ 的 16 点 DFT $V(k)$，并画出 $V(k)$ 的图形。

2.14 计算 $x(n)=4+\cos^2(2\pi n/N)(n=0,1,\cdots,N-1)$ 的 N 点 DFT。

2.15 已知

$$X(k)=\begin{cases}3, & k=0\\ 1, & 1\leqslant k\leqslant 9\end{cases}$$

求 $X(k)$ 的 IDFT。

2.16 计算 $x(n)=\cos(n\omega_0)(0\leqslant n\leqslant N-1)$ 的 N 点 DFT。在 $\omega_0=2\pi k_0/N$ 和 $\omega_0\neq 2\pi k_0/N$（k_0 为整数）两种情况下，所得到的 DFT 有什么区别？

2.17 设 $X_1(k)$ 是长为 10 的序列 $x_1(n)$ 的 10 点 DFT，$X_2(k)$ 是序列 $x_2(n)$ 的 z 变换 $X_2(z)$ 在半径为 0.5 的圆上等间隔 10 个点上的值，$k=0$ 的点是 $z_0=0.5\mathrm{e}^{\mathrm{j}\pi/10}$。求 $x_2(n)$ 与 $x_1(n)$ 之间的关系。

2.18 宽带音频信号常用取样频率 $f_s=44.1\text{kHz}$，假设采集了 4096 个取样值，该数字信号的长度为多少秒？

2.19 有一个长为 2ms 的语音信号，用 8kHz 频率取样。

(1) 求采集的取样值的数目 N。

(2) N 点 DFT 的分析频率间隔等于多少？

2.20 已知连续时间信号 $x(t)$ 由 3 个正弦信号相加得到，它们的频率、幅度和初相位分别为：$f_1=1\text{kHz},A_1=2,\varphi_1=0$；$f_2=1.5\text{kHz},A_2=1,\varphi_2=\pi/2$；$f_3=2\text{kHz},A_3=0.5,\varphi_3=\pi$。以取样频率 $f_s=10\text{kHz}$ 对 $x(t)$ 取样得到序列 $x(n)$。计算 $x(n)$ 的 8 点 DFT，并画出幅度谱和相位谱。

2.21 设模拟信号 $x(t)$ 以 8kHz 取样得到 $x(n)$，计算 $x(n)$ 的 512 点 DFT $X(k)$。$X(k)$ 的频率间隔是多少？$k=0$、127、255 和 511 各点对应的频率是多少？

2.22 设一个正弦信号的频率为 $f=6\text{kHz}$，以 $f_s=40\text{kHz}$ 取样得到数字信号 $x(n)$。试问 $|X_1(k)|$、$|X_2(k)|$ 和 $|X_3(k)|$ 的最大值各出现在什么位置？这里，$|X_1(k)|$、

$|X_2(k)|$和$|X_3(k)|$分别是$x(n)$的32点、64点和128点DFT的幅度。

2.23 下列数字信号都是以$f_s=12\text{kHz}$对相应的模拟信号进行取样得到的。试确定它们的16点DFT的最大幅度分别出现在什么位置。

(1) $x_1(n)=\cos(\pi n/7)$

(2) $x_2(n)=\sin(2\pi n/3)$

(3) $x_3(n)=\cos(3\pi n/4)$

(4) $x_4(n)=\cos(\pi n/4)+\cos(5\pi n/9)$

2.24 已知被噪声污染的信号中包含一个频率为1kHz的频率成分，现在需要从信号中检测出该频率成分来。假设采用DFT分析方法，而且要求DFT的分析频率间隔不大于0.5Hz，试问最少需要多少个取样数据？

2.25 以$f_s=22\text{kHz}$对模拟正弦信号进行取样得到$x(n)=\sin(4\pi n/7)$。

(1) 求$x(n)$的数字频率ω_0和实际频率f_0。

(2) 设$x(n)$的N点DFT用$X(k)$表示，为了使$|X(k)|$的峰值所对应的频率f_k相对于实际频率f_0的误差不大于10Hz，N的数值最小应该为多少(要求N为2的幂)？

(3) 当N选为(2)中得到的数值时，求$|X(k)|$的峰值出现的位置。

2.26 图2-47所示的是一个信号的128点DFT的幅度的前64点的图形。设取样频率$f_s=4\text{kHz}$，试根据该幅度谱的图形估计信号中频率分量的频率和幅度。

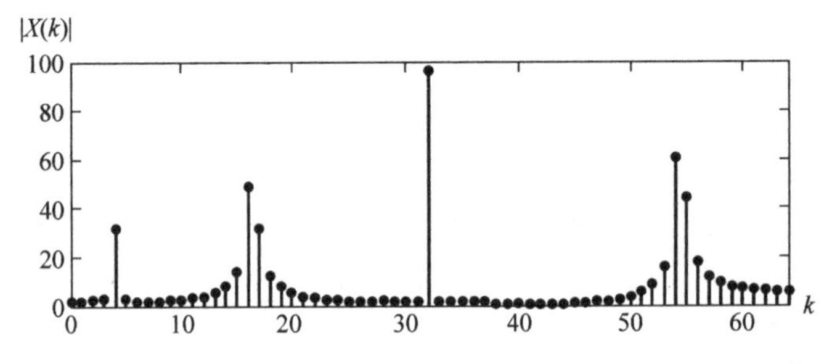

图2-47 习题2.26中的128点DFT的幅度谱的前64个取样值

2.27 已知一个模拟信号

$x(t)=\cos(240\pi t)+0.8\cos(320\pi t)+1.3\cos(420\pi t)+1.5\cos(720\pi t)$以$f_s=500\text{Hz}$取样，得到一个长为$N=64$点的序列$x(n)$。图2-48所示是$x(n)$的64点DFT的幅度的图形。试解释图中幅度超过10的每个取样值所代表的意义。

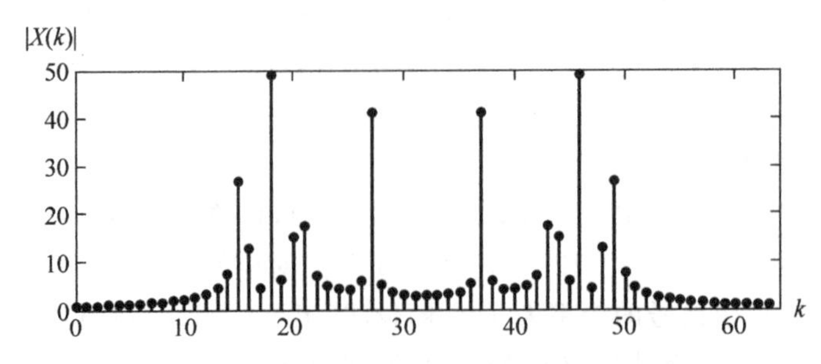

图2-48 习题2.27中的64点DFT的幅度谱

2.28 已知一个长为 6 点的序列 $x(n)=\delta(n)+2\delta(n-5)$，和一个长为 7 点的序列 $h(n)=u(n)-u(n-7)$。

(1) 求 $x(n)$的 10 点 DFT，用 $X(k)$表示。

(2) 用(1)所求出的 $X(k)$构造序列 $Y(k)=e^{j4\pi k/10}X(k)$，计算 $Y(k)$的 IDFT，表示为 $y(n)$。

(3) 计算 $h(n)$的 10 点 DFT，表示为 $H(k)$。

(4) 构造序列 $W(k)=H(k)X(k)$，计算 $W(k)$的 IDFT，表示为 $w(n)$。

注意：本题要求利用 DFT 的性质求解。

2.29 已知序列 $x(n)=\delta(n)+2\delta(n-1)+3\delta(n-2)+4\delta(n-3)$的 6 点 DFT 是 $X(k)$。利用 DFT 的性质求解以下问题：

(1) 求 6 点序列 $Y(k)=W_6^{4k}X(k)$所对应的序列 $y(n)$。这里，$W_6=e^{-j2\pi/6}$。

(2) 求 6 点序列 $V(k)=\mathrm{Re}[X(k)]$所对应的序列 $v(n)$。这里，$\mathrm{Re}[X(k)]$表示 $X(k)$的实部。

(3) 求 3 点序列 $U(k)=X(2k)$所对应的序列 $u(n)$。

2.30 设序列 $x(n)$是由模拟信号 $x(t)$经取样得到的，取样频率为 $f_s=10\text{kHz}$。现在，根据 $x(n)$的 $N=1024$ 个数据计算 1024 点 DFT，得到 $X(k)$。$X(k)$的相邻取样值之间的频率间隔是多少 Hz？这个频率间隔是频率分辨率吗？为什么？

2.31 设 $x(n)=\delta(n)+3\delta(n-1)$，$h(n)=\delta(n)+2\delta(n-1)+\delta(n-2)$。计算它们的线性卷积 $y(n)$和 3 点循环卷积 $y_c(n)$，比较两种卷积结果。

2.32 为了使习题 2.31 的循环卷积结果等于线性卷积结果，循环卷积的点数必须不少于 4。现在计算 4 点循环卷积，并将结果与习题 2.31 的线性卷积结果进行比较，看它们是否相同。

2.33 已知两个序列

$$x(n)=\delta(n)+2\delta(n-1)+\delta(n-2)$$
$$h(n)=\delta(n)+\delta(n-1)+2\delta(n-2)$$

(1) 计算 $x(n)$的 4 点 DFT $X(k)$。

(2) 设 $x_c(n)$是 $x(n)$与自己的 4 点循环卷积。利用时域卷积定理，由 $X(k)$计算 $x_c(n)$的 4 点 DFT $X_c(k)$。

(3) 由 $X_c(k)$计算 $x_c(n)$。

(4) 利用矩阵公式计算 $x(n)$与 $h(n)$的 4 点循环卷积 $y_c(n)$。

(5) 利用 DFT 计算 $x(n)$与 $h(n)$的 4 点循环卷积 $y_c(n)$，并将结果与(4)的结果进行比较。

2.34 已知两个序列

$$x(n)=0.8^{|n|},\quad -\infty\leqslant n\leqslant\infty$$

$$h(n)=\begin{cases}1, & 0\leqslant n\leqslant 3\\ 0, & 其余\end{cases}$$

(1) $x(n)$与$h(n)$的线性卷积用$y(n)$表示,$y(n)$的长度是多少?

(2) 为了计算$y(n)$在$0 \leqslant n \leqslant 2$区间的值,需要利用$x(n)$的哪些取样值?

(3) 用基-2 FFT算法完成(2)的计算。

2.35 设一个线性时不变滤波器的单位冲激响应$h(n)$是长为64点的有限长序列,$x(n)$是滤波器的输入序列,共有8000个数据。现在考虑用$N=128$点FFT算法来计算滤波器的输出,因此需要采用重叠相加法或重叠保留法。假设选择重叠相加法。试估计为了完成对输入信号的滤波,总共需要进行多少个128点FFT运算。

2.36 设数字滤波器的单位冲激响应为64点,用它对一段长为10s的语音信号进行滤波。为此,以$f_s=8\text{kHz}$的速率对语音信号进行取样,得到取样数据序列$x(n)$。采用重叠保留法,利用1024点FFT算法。试估计完成滤波需要多少次1024点FFT变换。

2.37 下列数字信号都是以频率$f_s=12\text{kHz}$对模拟信号进行取样得到的。试确定它们的16点DFT的最大幅度分别出现在什么位置。

(1) $x_1(n)=\cos(\pi n/7)$

(2) $x_2(n)=\sin(2\pi n/3)$

(3) $x_3(n)=\cos(3\pi n/4)$

(4) $x_4(n)=\cos(\pi n/4)+\cos(5\pi n/9)$

2.38 设一个模拟信号由两个正弦信号组成

$$x(t) = \sin(2000\pi t) + 0.5\sin(4000\pi t + 3\pi/4)$$

以$f_s=8\text{kHz}$的速率取样后得到数字信号

$$x(n) = \sin(\pi n/4) + 0.5\sin(\pi n/2 + 3\pi/4)$$

$x(n)$的8个数据如下

$$x(0) = 0.3536 \quad x(1) = 0.3536 \quad x(2) = 0.6464 \quad x(3) = 1.0607$$
$$x(4) = 0.3536 \quad x(5) = -1.0607 \quad x(6) = -1.3536 \quad x(7) = -0.3536$$

利用时间抽取基-2 FFT算法计算8点DFT。

2.39 设模拟信号$x(t)$由频率为f_1和f_2的两个正弦分量组成

$$x(t) = A_1\cos(2\pi f_1 t) + A_2\cos(2\pi f_2 t)$$

以取样频率f_s取样,然后用宽度为N的矩形窗截断,得到序列

$$x(n) = A_1\cos(2\pi f_1 n/f_s) + A_2\cos(2\pi f_2 n/f_s) \quad (n = 0,1,\cdots,N-1)$$

用数字频率表示的$x(n)$的一般表达式为

$$x(n) = A_1\cos(\omega_1 n) + A_2\cos(\omega_2 n), \quad (n = 0,1,\cdots,N-1)$$

设$f_s=8\text{kHz}$,$f_1=1.50\text{kHz}$,$f_2=1.55\text{kHz}$或2.05kHz,$A_1=A_2=1$,$N=64$。

(1) 将f_1和f_2换算成数字频率,即求ω_1和ω_2的值。

(2) 调用函数fft计算64点DFT。

(3) 对$f_2=1.55\text{kHz}$和2.05kHz两种情况,画出DFT的幅度谱。

(4) 64点DFT的分析频率间隔和频率分辨率各等于多少?

2.40 用补零的方法将输入数据点数增加为 $N=128$，重做上题中的(2)、(3)和(4)，并将所得结果与上题进行比较。你能得出什么结论？为了看清 DFT 幅度谱的细节，可以只画出 128 点 DFT 的幅度在 $0 \leqslant k \leqslant 63$ 范围内的局部图形。

2.41 将采集的输入数据点数增加到 $N=128$，重做习题 2.39 中的(2)、(3)和(4)，并将所得结果与习题 2.39 和习题 2.40 进行比较。你能得出什么结论？为了看清 DFT 幅度谱的细节，可以像习题 2.40 那样只画出 128 点 DFT 的幅度在 $0 \leqslant k \leqslant 63$ 范围内的局部图形。

第3章 数字滤波器的结构和有限字长效应

数字滤波器的结构和有限字长效应是设计和实现数字滤波器的重要基础。数字滤波器可以用线性常系数差分方程或有理传输函数描述

$$y(n)=-\sum_{k=1}^{N-1}a_k y(n-k)+\sum_{k=0}^{M-1}b_k x(n-k) \tag{3.1}$$

$$H(z)=\frac{\sum_{k=0}^{M-1}b_k z^{-k}}{\sum_{k=0}^{N-1}a_k z^{-k}} \tag{3.2}$$

由式(3.1)或式(3.2)可导出数字滤波器的不同结构。

3.1 FIR 滤波器的直接型结构和级联结构

$a_0=1$ 和 $a_k=0(1\leqslant k\leqslant N-1)$时，式(3.1)或式(3.2)描述 FIR 滤波器

$$y(n)=\sum_{k=0}^{M-1}b_k x(n-k) \tag{3.3}$$

$$H(z)=\sum_{k=0}^{M-1}b_k z^{-k} \tag{3.4}$$

由式(3.4)可看出滤波器的冲激响应

$$h(n)=\begin{cases}b_n, & 0\leqslant n\leqslant M-1\\ 0, & 其余\end{cases} \tag{3.5}$$

因此，式(3.3)也可用冲激响应表示成

$$y(n)=\sum_{k=0}^{M-1}h(k)x(n-k) \tag{3.6}$$

式(3.3)和式(3.4)是构造 FIR 滤波器各种结构的基础。

3.1.1 FIR 直接型结构

FIR 直接型结构又称为抽头延时线结构或横向结构，直接按照式(3.3)或式(3.4)构造，图 3-1 是其信号流图。

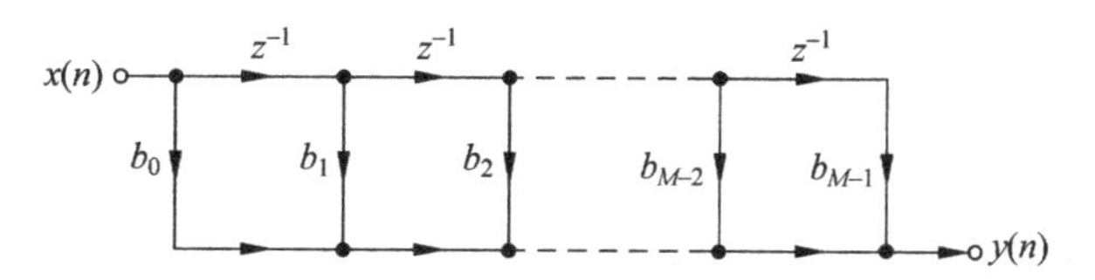

图 3-1 FIR 滤波器的直接型结构的信号流图

3.1.2 FIR级联结构

FIR滤波器的阶越高,它的直接型结构对有限字长效应越敏感,这个问题将在本章末讨论。因此,常用低阶直接型结构的级联来实现高阶滤波器。由 K 级 2 阶子系统组成的级联结构,其传输函数为

$$H(z) = \prod_{k=1}^{K} H_k(z) \tag{3.7}$$

式中

$$H_k(z) = \beta_{k0} + \beta_{k1} z^{-1} + \beta_{k2} z^{-2}, \quad k = 1,2,\cdots,K \tag{3.8}$$

$H(z)$的参数 b_0(见式(3.4))可均分给每一级,也可集中于某一级。实系数滤波器的零点为实数或共轭复数对,因此,常将每对共轭复数零点或任意两个实数零点组合成一个实系数 2 阶子系统。图 3-2 的级联结构将 b_0 集中于第一级,因此,所有 2 阶子系统的 $\beta_{k0}=1$。

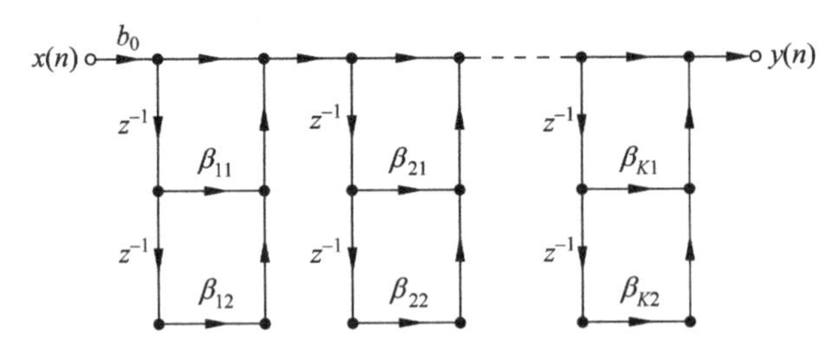

图 3-2 FIR 滤波器的级联结构

例 3.1 已知一个 FIR 滤波器的传输函数为

$$H(z) = 3[(1-0.4z^{-1})^2 + 0.25z^{-2}](1+0.3z^{-1})(1-0.6z^{-1})(1+0.9z^{-1})$$

画出用 2 阶子系统级联结构实现的信号流图。

解 零点:$z_{1,2}=0.4\pm \mathrm{j}0.5$, $z_3=-0.3$, $z_4=0.6$, $z_5=-0.9$

将一对复共轭零点 $z_{1,2}$,两个实数零点 z_3 和 z_4 各组合成一个 2 阶子系统,剩下的零点 z_5 组成一个 1 阶子系统,直流增益 $b_0=3$。3 个子系统的传输函数分别为

$$H_1(z) = (1-0.4z^{-1})^2 + 0.25z^{-2} = 1-0.8z^{-1} + 0.41z^{-2}$$

$$H_2(z) = (1+0.3z^{-1})(1-0.6z^{-1}) = 1-0.3z^{-1} - 0.18z^{-2}$$

$$H_3(z) = 1+0.9z^{-1}$$

图 3-3 所示的是 3 个子系统的级联结构的信号流图。

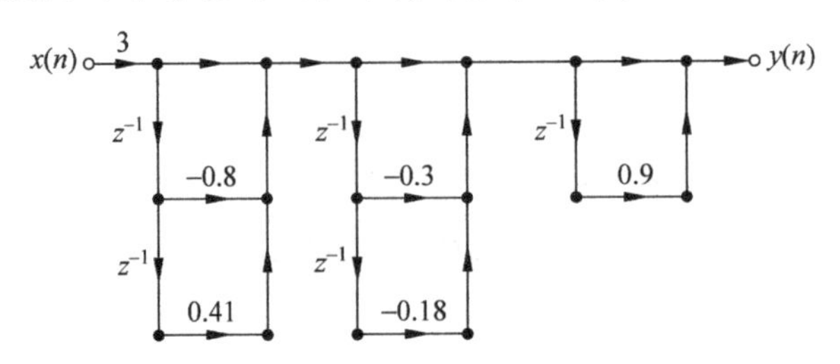

图 3-3 例 3.1 的滤波器用 3 个子系统级联实现的结构

3.2 FIR 滤波器的格型结构

图 3-4 所示的是 N 阶 FIR 滤波器的格型结构的信号流图，它由 N 级构成，每级有两个输入和两个输出。

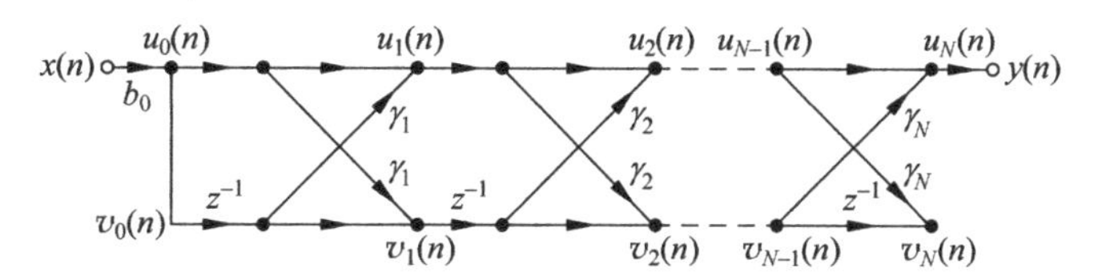

图 3-4　FIR 滤波器的格型结构

第 i 级的输出与输入的关系为

$$\begin{cases} u_i(n) = u_{i-1}(n) + \gamma_i v_{i-1}(n-1) \\ v_i(n) = \gamma_i u_{i-1}(n) + v_{i-1}(n-1) \end{cases},\quad 1 \leqslant i \leqslant N \tag{3.9}$$

$$\begin{cases} u_0(n) = v_0(n) = b_0 x(n) \\ y(n) = u_N(n) \end{cases} \tag{3.10}$$

式中，γ_i 称为反射系数。从输入 $x(n)$ 到第 i 级输出 $u_i(n)$ 和 $v_i(n)$ 的传输函数分别为

$$H_i(z) = \frac{U_i(z)}{X(z)} = b_0\frac{U_i(z)}{U_0(z)} = b_0 A_i(z) \tag{3.11}$$

和

$$G_i(z) = \frac{V_i(z)}{X(z)} = b_0\frac{V_i(z)}{U_0(z)} = b_0 D_i(z) \tag{3.12}$$

其中

$$A_i(z) = \frac{U_i(z)}{U_0(z)} = \frac{H_i(z)}{b_0} = \sum_{k=0}^{i}\left(\frac{b_k}{b_0}\right)z^{-k} = \sum_{k=0}^{i} a_k z^{-k},\quad 1 \leqslant i \leqslant N \tag{3.13}$$

$$D_i(z) = \frac{V_i(z)}{U_0(z)} = \frac{G_i(z)}{b_0} = \sum_{k=0}^{i}\left(\frac{b_{i-k}}{b_0}\right)z^{-k} = \sum_{k=0}^{i} a_{i-k} z^{-k},\quad 1 \leqslant i \leqslant N \tag{3.14}$$

式中，$a_0=1$。可以看出，$A_i(z)$ 和 $D_i(z)$ 的系数均为 $a_k=b_k/b_0$，但排列顺序相反；$A_i(z)$ 与 $D_i(z)$ 具有关系

$$D_i(z) = z^{-i}A_i(z^{-1}) \tag{3.15}$$

由式(3.10)

$$U_0(z) = V_0(z) = b_0 X(z) \tag{3.16}$$

由式(3.9)写出

$$\begin{bmatrix} U_i(z) \\ V_i(z) \end{bmatrix} = \begin{bmatrix} 1 & \gamma_i z^{-1} \\ \gamma_i & z^{-1} \end{bmatrix}\begin{bmatrix} U_{i-1}(z) \\ V_{i-1}(z) \end{bmatrix},\quad 1 \leqslant i \leqslant N \tag{3.17}$$

式(3.17)两边除以 $U_0(z)$，并利用式(3.13)和式(3.14)，得到

$$\begin{bmatrix} A_i(z) \\ D_i(z) \end{bmatrix} = \begin{bmatrix} 1 & \gamma_i z^{-1} \\ \gamma_i & z^{-1} \end{bmatrix} \begin{bmatrix} A_{i-1}(z) \\ D_{i-1}(z) \end{bmatrix}, \quad 1 \leqslant i \leqslant N \tag{3.18}$$

由式(3.18)解出

$$A_{i-1}(z) = \frac{1}{1-\gamma_i^2}[A_i(z) - \gamma_i D_i(z)], \quad 1 \leqslant i \leqslant N \tag{3.19}$$

根据式(3.13),有

$$\lim_{z\to\infty} A_i(z) = 1 \tag{3.20}$$

式(3.20)对任意 i 成立,所以,由式(3.18)的第 2 式得到

$$\gamma_i = \lim_{z\to\infty} D_i(z) \tag{3.21}$$

根据以上推导归纳出由 $H(z)$ 计算反射系数的迭代算法如下:

(1) 初始化:利用式(3.11)将 FIR 滤波器的传输函数写成

$$H(z) = b_0 A_N(z)$$

并利用式(3.15)由 $A_N(z)$ 计算 $D_N(z)$

$$D_N(z) = z^{-N} A_N(z^{-1})$$

利用式(3.21)求初始反射系数

$$\gamma_N = \lim_{z\to\infty} D_N(z)$$

(2) 从 $i=N$ 到 $i=2$,利用式(3.19)、式(3.15)和式(3.21)迭代运算

$$A_{i-1}(z) = \frac{1}{1-\gamma_i^2}[A_i(z) - \gamma_i D_i(z)]$$

$$D_{i-1} = z^{-(i-1)} A_{i-1}(z^{-1})$$

$$\gamma_{i-1} = \lim_{z\to\infty} D_{i-1}(z)$$

例 3.2 已知 $H(z)=2+6z^{-1}-4z^{-2}$,求 2 阶格型滤波器的反射系数。画出格型滤波器的信号流图。

解 (1) 初始化

$$H(z) = b_0 A_2(z) = 2(1+3z^{-1}-2z^{-2})$$

$$D_2(z) = z^{-2} A_2(z^{-1}) = z^{-2} + 3z^{-1} - 2$$

$$\gamma_2 = \lim_{z\to\infty} D_2(z) = \lim_{z\to\infty}(z^{-2}+3z^{-1}-2) = -2$$

(2) 迭代计算 $i=2,1$

$$\begin{aligned} A_1(z) &= \frac{1}{1-\gamma_2^2}[A_2(z) - \gamma_2 D_2(z)] \\ &= \frac{1}{1-(-2)^2}[(1+3z^{-1}-2z^{-2}) + 2(z^{-2}+3z^{-1}-2)] \\ &= \frac{-1}{3}(-3+9z^{-1}) = 1-3z^{-1} \end{aligned}$$

$$D_1(z) = z^{-1} A_1(z^{-1}) = z^{-1}(1-3z) = z^{-1} - 3$$

$$\gamma_1 = \lim_{z\to\infty} D_1(z) = \lim_{z\to\infty}(z^{-1}-3) = -3$$

最后得到 $b_0=2, \gamma_1=-3, \gamma_2=-2$。格型结构信号流图如图 3-5 所示。

当滤波器的阶较高时，笔算是很麻烦的。因此 MATLAB 提供了函数 tf2latc 和 latc2tf 来实现传输函数系数与格型参数间的转换。例如，调用 MATLAB 函数来做例 3.2，只需执行下列两条语句 b=[1 3 −2]；k=tf2latc(b)；即可得到 k=[−3 −2]。与例 3.2 的计算结果相同。反之，利用语句 b=latc2tf(k)；则得到 b=[1 3 −2]。这也反过来验证了传输函数系数与格型参数间的对应关系。关于这两个函数，3.7 节将详细介绍。

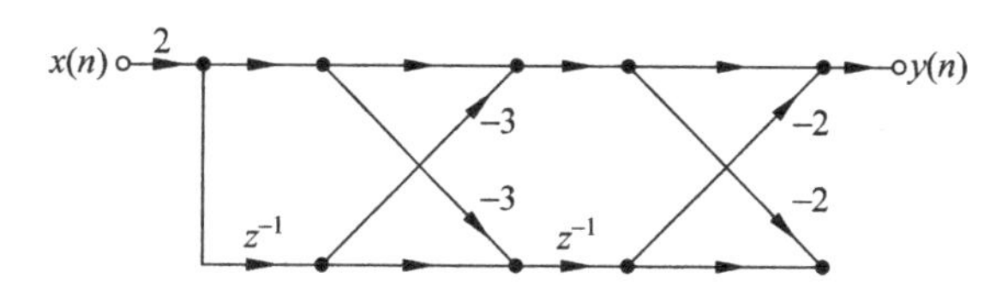

图 3-5　例 3.2 的 2 阶格型滤波器的信号流图

3.3　线性相位 FIR 滤波器

3.3.1　线性相位滤波器的定义

为了定义线性相位滤波器，首先需要引入相延时与群延时的概念。

设 FIR 滤波器的频率响应为

$$H(e^{j\omega}) = |H(e^{j\omega})| e^{j\varphi(\omega)}$$

当输入正弦信号

$$x(n) = A\cos(\omega_0 n) \tag{3.22}$$

时，滤波器的输出信号为

$$y(n) = |H(e^{j\omega_0})| A\cos[\omega_0 n + \varphi(\omega_0)] \tag{3.23}$$

若将式(3.23)写成等效形式

$$y(n) = |H(e^{j\omega_0})| A\cos\left[\omega_0\left(n + \frac{\varphi(\omega_0)}{\omega_0}\right)\right] \tag{3.24}$$

则可看出，相位滞后 $\varphi(\omega_0)$ 使输出信号产生延时

$$t_p(\omega_0) = -\frac{\varphi(\omega_0)}{\omega_0} \tag{3.25}$$

称为相延时。利用相延时可以将式(3.24)表示为

$$y(n) = |H(e^{j\omega_0})| A\cos[\omega_0(n - t_p(\omega_0))] \tag{3.26}$$

相位滞后和相延时都是频率的函数。如果复杂信号的不同频率分量通过滤波器的相延时不同，则将使输出信号产生相位失真。只有所有频率分量以相同相延时通过滤波器时，才能避免相位失真。这要求滤波器具有线性相位 $\varphi(\omega) = -k\omega$，或相延时等于常数 $t_p(\omega) = k$。相位响应对频率的导数的负值称为群延时

$$t_g(\omega) = -\frac{d\varphi(\omega)}{d\omega} \tag{3.27}$$

群延时也是频率的函数，但应注意它与相延时的含义不同，如图 3-6 所示。

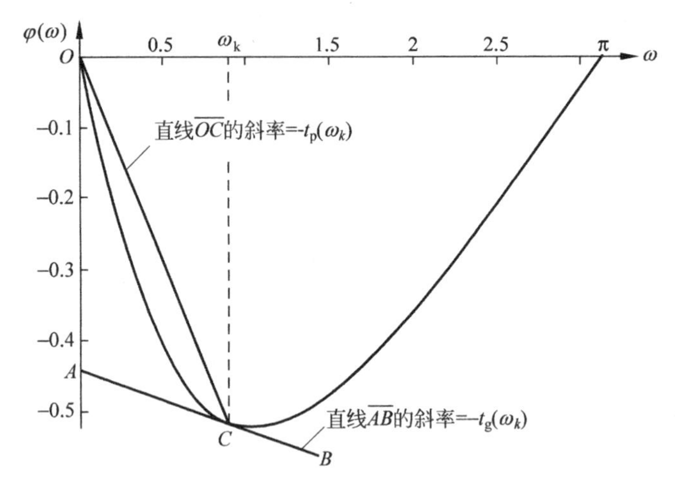

图 3-6　相延时与群延时

线性相位滤波器的定义：令 ω_z 表示一个频率集合，其上的幅度响应 $|H(\mathrm{e}^{\mathrm{j}\omega})|=0$。当且仅当这个频率集合以外的群延时等于常数，则称滤波器是广义线性相位滤波器，简称为线性相位滤波器。

根据定义，线性相位滤波器的相位响应为

$$\varphi(\omega)=\alpha-\omega\tau+\beta(\omega) \tag{3.28}$$

式中，τ 是恒定的群延时；α 是常数；分段恒定函数 $\beta(\omega)$ 在间断点 ω_z 产生 0 到 π 之间的跳变。

线性相位滤波器的频率响应也可以用振幅响应和相位响应表示

$$H(\mathrm{e}^{\mathrm{j}\omega})=A(\omega)\mathrm{e}^{\mathrm{j}\varphi(\omega)} \tag{3.29}$$

式中，振幅响应 $A(\omega)$ 是可正可负的实函数，在频率 ω_z 上改变符号；相位响应为

$$\varphi(\omega)=\alpha-\omega\tau \tag{3.30}$$

振幅响应与幅度响应具有关系

$$|A(\omega)|=|H(\mathrm{e}^{\mathrm{j}\omega})| \tag{3.31}$$

设计线性相位数字滤波器时，只关心相位响应在通带内的线性，而不关心幅度响应或振幅响应为零的频率 ω_z 上的相位，因为这些频率分量不会出现在滤波器输出端。通常 ω_z 是有限个孤立频率点，更多时候是空集合。

3.3.2　线性相位 FIR 滤波器的冲激响应应满足的条件

将 FIR 滤波器的频率响应写成

$$H(\mathrm{e}^{\mathrm{j}\omega})=\sum_{n=0}^{M}h(n)\mathrm{e}^{-\mathrm{j}\omega n}=\sum_{n=0}^{M}h(n)[\cos(\omega n)-\mathrm{j}\sin(\omega n)]$$

式中，M 是滤波器的阶。由上式得出相位响应为

$$\varphi(\omega) = \arctan \frac{-\sum_{n=0}^{M} h(n)\sin(\omega n)}{\sum_{n=0}^{M} h(n)\cos(\omega n)}$$

或

$$\tan\varphi(\omega) = \frac{-\sum_{n=0}^{M} h(n)\sin(\omega n)}{\sum_{n=0}^{M} h(n)\cos(\omega n)}$$

由此得到

$$\sum_{n=0}^{M} h(n)\cos(\omega n)\sin\varphi(\omega) = -\sum_{n=0}^{M} h(n)\sin(\omega n)\cos\varphi(\omega)$$

即

$$\sum_{n=0}^{M} h(n)\sin[\varphi(\omega) + \omega n] = 0 \tag{3.32}$$

分两种情况讨论：

(1) $\alpha=0, \varphi(\omega)=-\tau\omega$，群延时和相延时都等于常数 τ。式(3.32)可写成

$$\sum_{n=0}^{M} h(n)\sin[\omega(n-\tau)] = 0 \tag{3.33}$$

由于 $\sin[\omega(n-\tau)]$关于冲激响应序列中心点 $\tau=M/2$ 奇对称，因此，要求 $h(n)$关于中点偶对称，式(3.33)才能成立，即

$$h(n) = h(M-n) \tag{3.34}$$

(2) $\alpha=\pm\pi/2, \varphi(\omega)=\pm\pi/2-\tau\omega$，群延时等于常数 τ，但相延时不等于群延时。式(3.32)可写成

$$\sum_{n=0}^{M} h(n)\sin\left[\pm\frac{\pi}{2} + \omega(n-\tau)\right] = 0 \tag{3.35}$$

由于 $\sin[\pm\pi/2+\omega(n-\tau)]$关于序列中点 $\tau=M/2$ 偶对称，所以要求 $h(n)$关于中点奇对称，式(3.35)才能成立，即

$$h(n) = -h(M-n) \tag{3.36}$$

例 3.3 已知一个 FIR 滤波器的传输函数为

$$H(z) = b_0 + b_1 z^{-1} + b_2 z^{-2} + b_1 z^{-3} + b_0 z^{-4}$$

(1) 判断该滤波器是否是线性相位滤波器。

(2) 求滤波器的频率特性、振幅响应和相位响应表达式。求群延时和相延时。

解 (1) 滤波器的阶为 $M=N-1=4$。由传输函数直接写出冲激响应

$$h(n) = \{b_0, b_1, b_2, b_1, b_0\}$$

它关于中点 $M/2=2$ 偶对称，所以是线性相位滤波器。

(2) 滤波器的频率特性为

$$\begin{aligned} H(\omega) &= b_0[1+\exp(-j4\omega)] + b_1[\exp(-j\omega)+\exp(-j3\omega)] + b_2\exp(-j2\omega) \\ &= \exp(-j2\omega)\{b_0[\exp(j2\omega)+\exp(-j2\omega)] + b_1[\exp(j\omega)+\exp(-j\omega)] + b_2\} \\ &= \exp(-j2\omega)\{2b_0\cos(2\omega) + 2b_1\cos(\omega) + b_2\} \end{aligned}$$

由 $H(\omega)$得出振幅响应和相位响应表达式

$$A(\omega) = 2b_0\cos(2\omega) + 2b_1\cos(\omega) + b_2 \quad 和 \quad \varphi(\omega) = -2\omega$$

可以看出,$A(\omega)$是 ω 的实偶函数,可以为正或负。由 $\varphi(\omega)$计算群延时和相延时

$$t_g(\omega) = t_p(\omega) = -\frac{d\varphi(\omega)}{d\omega} = -\frac{d(-2\omega)}{d\omega} = 2$$

例 3.4 已知一个 FIR 滤波器的传输函数为

$$H(z) = b_0 + b_1 z^{-1} - b_1 z^{-3} - b_0 z^{-4}$$

重做例 3.3。

解 (1) $M=N-1=4$。冲激响应为 $h(n)=\{b_0, b_1, 0, -b_1, -b_0\}$,关于 $M/2=2$ 奇对称,所以是线性相位滤波器。

(2) 频率特性

$$\begin{aligned} H(\omega) &= b_0[1-\exp(-j4\omega)] + b_1[\exp(-j\omega)-\exp(-j3\omega)] \\ &= \exp(-j2\omega)\{b_0[\exp(j2\omega)-\exp(-j2\omega)] + b_1[\exp(j\omega)-\exp(-j\omega)]\} \\ &= \exp(-j2\omega)\{2b_0\sin(2\omega) + 2b_1\sin(\omega)\} \end{aligned}$$

由 $H(\omega)$得出振幅响应和相位响应表达式

$$A(\omega) = 2b_0\sin(2\omega) + 2b_1\sin(\omega) \quad 和 \quad \varphi(\omega) = -2\omega$$

$A(\omega)$是 ω 的实奇函数,可以为正或负。群延时和相延时为

$$t_g(\omega) = t_p(\omega) = -\frac{d\varphi(\omega)}{d\omega} = -\frac{d(-2\omega)}{d\omega} = 2$$

3.3.3 4 种类型线性相位 FIR 滤波器

为了叙述方便,将线性相位 FIR 滤波器必须满足的条件式(3.34)或式(3.36)合写为

$$h(n) = \pm h(M-n) \tag{3.37}$$

其中,M 可以是偶数或奇数。常将线性相位 FIR 滤波器分成以下 4 种类型:

Ⅰ型:$h(n)$关于中点 $M/2$ 偶对称,M 为偶数;

Ⅱ型:$h(n)$关于中点 $M/2$ 偶对称,M 为奇数;

Ⅲ型:$h(n)$关于中点 $M/2$ 奇对称,M 为偶数;

Ⅳ型:$h(n)$关于中点 $M/2$ 奇对称,M 为奇数。

它们的冲激响应如图 3-7 所示。

M 阶 FIR 滤波器的传输函数是 z^{-1}的 M 次多项式,在 $z=0$ 处的 M 阶极点总在单位圆内,所以滤波器总是稳定的。线性相位响应条件式(3.37)也约束了滤波器的零点位置。将式(3.37)代入传输函数定义式

$$H(z) = \sum_{n=0}^{M} h(n)z^{-n} = \pm\sum_{n=0}^{M} h(M-n)z^{-n}$$

令 $m=M-n$ 并代入上式,得到

$$H(z) = \pm z^{-M}\sum_{m=0}^{M} h(m)z^{m} = \pm z^{-M}H(z^{-1}) \tag{3.38}$$

从式(3.38)可以看出 4 种类型线性相位 FIR 滤波器零点分布的以下特点:

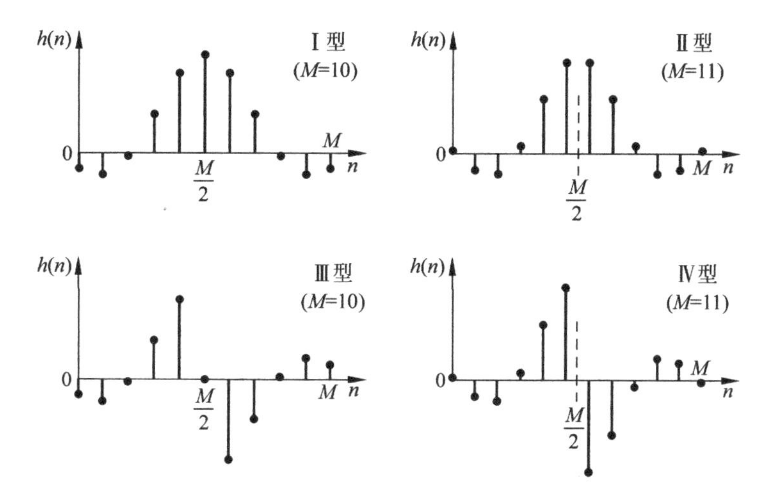

图 3-7　4 种类型线性相位 FIR 滤波器的冲激响应

(1) 在频率响应两个端点频率上的零点。$0\leqslant\omega\leqslant\pi$ 范围内的频率响应包含了频率特性的全部信息,其中两个端点频率 $\omega=0$ 和 $\omega=\pi$ 上的零点特别重要。两个端点频率分别对应于 z 平面上的 $z=1$ 和 $z=-1$。对于Ⅰ型线性相位滤波器,式(3.38)取正号,M 为偶数,因此在两个端点频率上不受任何约束,所以Ⅰ型线性相位滤波器适合做任何频率特性的滤波器;对于Ⅱ型线性相位滤波器,式(3.38)取正号,M 为奇数,$H(-1)=-H(-1)$,即在 $z=-1$ 处有一个零点,所以Ⅱ型线性相位滤波器不能做高通或带阻滤波器,只能做低通或带通滤波器;对于Ⅲ型线性相位滤波器,式(3.38)取负号,M 为偶数,由于 $H(-1)=-H(-1)$ 和 $H(1)=-H(1)$,即在 $z=-1$ 和 $z=1$ 都是零点,所以Ⅲ型线性相位滤波器不能做低通、高通或带阻滤波器,只能做带通滤波器;对于Ⅳ型线性相位滤波器,式(3.38)取负号,M 为奇数,$H(1)=-H(1)$,因此 $z=1$ 是零点,所以Ⅳ型线性相位滤波器不能做低通或带阻滤波器,只能做高通和带通滤波器。

(2) 零点分布的一般规律。如果 $h(n)$ 是实序列,则 $H(z)$ 的零点或为实数,或为成对的共轭复数。另一方面,根据式(3.38)的约束条件,若 $H(z)$ 有一个复数零点 $z_0=r_0\mathrm{e}^{\mathrm{j}\varphi_0}(r_0\neq1)$,则必存在另一个复数零点 $z_0^{-1}=r_0^{-1}\mathrm{e}^{-\mathrm{j}\varphi_0}$,二者呈倒数关系。这样,对于 $r_0\neq1$,$H(z)$ 的复数零点一定以 4 个一组的形式出现,它们之间呈共轭倒数关系,即 4 个一组的复数零点为

$$z_0=r_0\mathrm{e}^{\mathrm{j}\varphi_0},z_0^*=r_0\mathrm{e}^{-\mathrm{j}\varphi_0},z_0^{-1}=r_0^{-1}\mathrm{e}^{-\mathrm{j}\varphi_0},(z_0^{-1})^*=(z_0^*)^{-1}=r_0^{-1}\mathrm{e}^{\mathrm{j}\varphi_0}$$

对于 $r\neq1$,$H(z)$ 的实数零点一定以 2 个一组的形式出现,它们之间呈简单的倒数关系。图 3-8 所示的是线性相位 FIR 滤波器零点分布的 4 种形式。其中,图 3-8(a)的实数零点单个出现在 $z=1$ 或 $z=-1$ 上;图 3-8(b)的实数零点成对出现在实轴上;图 3-8(c)的复数零点成对出现在单位圆上;图 3-8(d)的复数零点 4 个一组出现,呈共轭倒数关系,既不在实轴上也不在单位圆上。

在设计线性相位 FIR 滤波器时,常利用振幅响应。4 种类型线性相位 FIR 滤波器的振幅响应各有自己的特点。

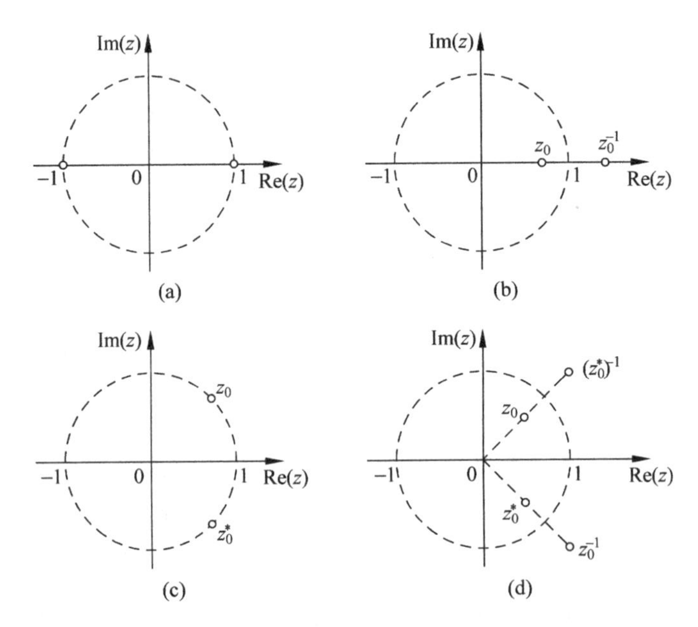

图 3-8　线性相位 FIR 滤波器的 4 种零点分布形式

(1) Ⅰ型线性相位 FIR 滤波器：冲激响应关于中点偶对称，M 为偶数。

下面，将频率响应定义式分段求和，并在第 2 个和式中进行变量置换：$n \to M-n$，然后利用式(3-37)，即

$$
\begin{aligned}
H(\mathrm{e}^{\mathrm{j}\omega}) &= \sum_{n=0}^{\frac{M}{2}-1} h(n)\mathrm{e}^{-\mathrm{j}\omega n} + \sum_{n=\frac{M}{2}+1}^{M} h(n)\mathrm{e}^{-\mathrm{j}\omega n} + h\left(\frac{M}{2}\right)\mathrm{e}^{-\mathrm{j}\omega\left(\frac{M}{2}\right)} \\
&= \sum_{n=0}^{\frac{M}{2}-1} h(n)\mathrm{e}^{-\mathrm{j}\omega n} + \sum_{n=0}^{\frac{M}{2}-1} h(M-n)\mathrm{e}^{-\mathrm{j}\omega(M-n)} + h\left(\frac{M}{2}\right)\mathrm{e}^{-\mathrm{j}\omega\left(\frac{M}{2}\right)} \\
&= \sum_{n=0}^{\frac{M}{2}-1} h(n)\left[\mathrm{e}^{-\mathrm{j}\omega n} + \mathrm{e}^{-\mathrm{j}\omega(M-n)}\right] + h\left(\frac{M}{2}\right)\mathrm{e}^{-\mathrm{j}\omega\left(\frac{M}{2}\right)} \\
&= \mathrm{e}^{-\mathrm{j}\omega\frac{M}{2}}\left\{\sum_{n=0}^{\frac{M}{2}-1} 2h(n)\cos\left[\omega\left(n-\frac{M}{2}\right)\right] + h\left(\frac{M}{2}\right)\right\}
\end{aligned}
\tag{3.39}
$$

由式(3.39)得出Ⅰ型线性相位 FIR 滤波器的相位响应和振幅响应分别为

$$
\varphi_1(\omega) = -\frac{M}{2}\omega \tag{3.40}
$$

$$
A_1(\omega) = h\left(\frac{M}{2}\right) + \sum_{n=0}^{\frac{M}{2}-1} 2h(n)\cos\left[\omega\left(n-\frac{M}{2}\right)\right] \tag{3.41}
$$

令 $m=M/2-n$，则式(3.41)可写成

$$
A_1(\omega) = h\left(\frac{M}{2}\right) + \sum_{m=1}^{\frac{M}{2}} 2h\left(\frac{M}{2}-m\right)\cos(\omega m) \tag{3.42}
$$

令

$$a(m)=\begin{cases}h\left(\dfrac{M}{2}\right), & m=0\\ 2h\left(\dfrac{M}{2}-m\right), & 1\leqslant m\leqslant \dfrac{M}{2}\end{cases}\tag{3.43}$$

则式(3.42)简化为

$$A_1(\omega)=\sum_{m=0}^{\frac{M}{2}}a(m)\cos(\omega m)\tag{3.44}$$

由于 $\cos(\omega m)$是 ω 的偶函数,所以 $A_1(\omega)$关于 $\omega=0$ 和 π 偶对称。

用类似方法推导其他 3 种类型线性相位 FIR 滤波器的振幅响应和相位响应,结果如下。

(2) Ⅱ型线性相位 FIR 滤波器:冲激响应关于中点偶对称,M 为奇数。相位响应与Ⅰ型相同。

$$A_2(\omega)=\sum_{m=1}^{(M+1)/2}b(m)\cos\left[\omega\left(m-\frac{1}{2}\right)\right]\tag{3.45}$$

$A_2(\omega)$关于 $\omega=\pi$ 奇对称,$A_2(\pi)=0$;$A_2(\omega)$关于 $\omega=0$ 偶对称,$A_2(0)\neq 0$。其中

$$b(m)=2h\left(\frac{M-1}{2}-m\right),\quad 1\leqslant m\leqslant \frac{M-1}{2}\tag{3.46}$$

(3) Ⅲ型线性相位 FIR 滤波器:冲激响应关于中点奇对称,M 为偶数。

$$\varphi_3(\omega)=-\frac{M}{2}\omega+\frac{\pi}{2}\tag{3.47}$$

$$A_3(\omega)=\sum_{m=1}^{\frac{M}{2}}c(m)\sin(m\omega)\tag{3.48}$$

$A_3(\omega)$关于 $\omega=0$ 和 π 奇对称,且有 $A_3(0)=A_3(\pi)=0$。其中

$$c(m)=2h\left(\frac{M}{2}-m\right),\quad 1\leqslant m\leqslant \frac{M}{2}\tag{3.49}$$

(4) Ⅳ型线性相位 FIR 滤波器:冲激响应关于中点奇对称,M 为奇数。相位响应与Ⅲ型相同。

$$A_4(\omega)=\sum_{m=1}^{(M+1)/2}d(m)\sin\left[\left(m-\frac{1}{2}\right)\omega\right]\tag{3.50}$$

$A_4(\omega)$关于 $\omega=\pi$ 偶对称;$A_4(\omega)$关于 $\omega=0$ 奇对称。其中

$$d(m)=2h\left(\frac{M+1}{2}-m\right),\quad 1\leqslant m\leqslant \frac{M+1}{2}\tag{3.51}$$

根据 4 种类型线性相位 FIR 滤波器的振幅响应各自的特点再次看出,Ⅰ型线性相位 FIR 滤波器适合做低通、高通、带通和带阻等滤波器;Ⅱ型适合做低通和带通滤波器,但不能做高通和带阻滤波器;Ⅲ型不适合做低通、高通和带阻滤波器,只能做带通滤波器;Ⅳ型可以做高通和带通滤波器,而不能做低通和带阻滤波器。

表 3-1 列出了 4 种类型线性相位 FIR 滤波器的主要特点。

表 3-1　4 种类型线性相位 FIR 滤波器的主要特点

类型	$h(n)$	M	$\varphi(\omega)$	$A(\omega)$ 关于 $\omega=0$	端点零点	应　用
Ⅰ型	偶对称	偶数	$-\frac{M}{2}\omega$	偶对称	无	低通、高通、带通、带阻
Ⅱ型	偶对称	奇数	$-\frac{M}{2}\omega$	偶对称	$z=-1$	低通、带通
Ⅲ型	奇对称	偶数	$-\frac{M}{2}\omega+\frac{\pi}{2}$	奇对称	$z=\pm1$	带通
Ⅳ型	奇对称	奇数	$-\frac{M}{2}\omega+\frac{\pi}{2}$	奇对称	$z=1$	高通、带通

3.3.4　线性相位 FIR 滤波器的结构

根据冲激响应的偶对称或奇对称性质，可以把线性相位 FIR 滤波器的结构加以简化。例如，图 3-9 和图 3-10 所示的是具有偶对称冲激响应的线性相位 FIR 滤波器在奇数阶和偶数阶两种情况下的简化结构。

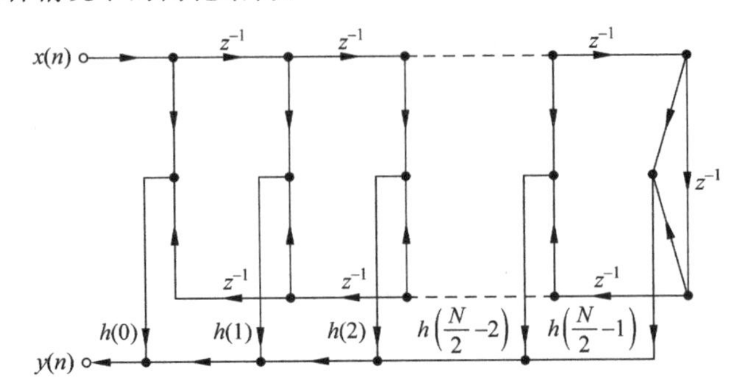

图 3-9　线性相位 FIR 滤波器的直接型结构(冲激响应偶对称，$M=N-1$ 为奇数)

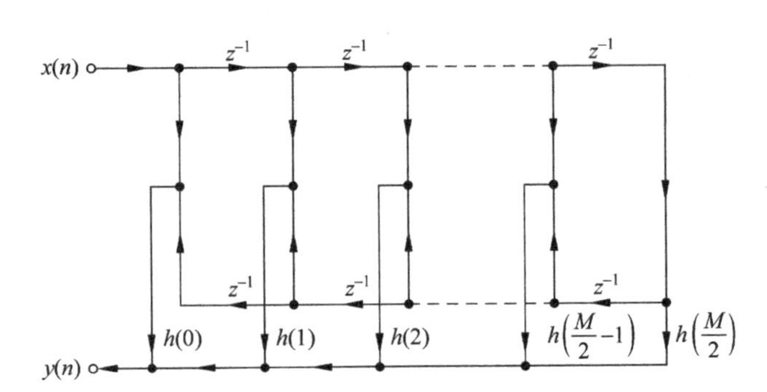

图 3-10　线性相位 FIR 滤波器的直接型结构(冲激响应偶对称，$M=N-1$ 为偶数)

例 3.5　已知滤波器的冲激响应为

$$h(n)=\frac{1}{25}\frac{\sin[25\pi(n-12)/128]}{\sin[\pi(n-12)/128]},\quad 0\leqslant n\leqslant 24$$

利用 MATLAB 作为工具，画出滤波器的冲激响应、振幅响应、相位响应和极-零点图。

解 编写MATLAB程序：

```
% Produce h(n)
M = 24;n = 0:M;
h = (sin(25 * pi * (n - 12)/128 + 1e - 10)./sin(pi * (n - 12)/128 + 1e - 10))/25;
h(M/2 + 1) = 1;
% Compute amplitude response
N = length(h);p = (N - 1)/2;                % Group delay
L = floor((N - 1)/2);                       % Order of amplitude response
n1 = 1:L + 1;w = [0:500] * pi/500;          % Frequency vector
if all(abs(h(n1) - h(N + 1 - n1))<1e - 8)  % If symetry
   A = 2 * h(n1) * cos(((N + 1)/2 - n1)' * w) - mod(N,2) * h(L + 1);
   type = 2 - mod(N,2);
elseif  all(abs(h(n1) + h(N + 1 - n1))<1e - 8)&h((L + 1) * mod(N,2) = = 0)
% If antisymmetry
   A = 2 * h(n1) * sin(((N + 1)/2 - n1)' * w);
   type = 4 - mod(N,2);
else error('error!not a linear filter')
end
% Compute physe response
[H,w1] = freqz(h);
phy = angle(H);
% Plot
subplot(3,1,1)
stem(n,h,'fill','MarkerSize',2)
axis([0 M  - 0.5 1])
subplot(3,1,2)
plot(w,A)
axis([0 pi  - 1 6])
subplot(3,1,3)
plot(w,phy)
axis([0 pi  - 12 * pi 0])
figure
zplane(h,1)
```

计算冲激响应序列值时，正弦函数自变量增加微量10^{-10}的目的是避免出现0/0奇异点；接着将序列中点的值校正到正确值。计算幅度响应时，需要判别冲激响应序列是偶对称或奇对称的，以便选择不同的计算公式。直接调用函数zplane画出极-零点图。

运行程序得到图3-11和图3-12。可以看出，冲激响应关于中点偶对称，所以是线性相位滤波器。振幅响应在阻带内有正有负，正负符号交替时，相位发生$0\sim\pi$之间的跳变。通带内的相位是线性变化的，其中的间断点是由于计算主值相位引起的。阻带内的相位跳变，除了符号交替的原因外，也与计算主值相位的人为因素有关。全部极点在单位圆内。除一组共轭倒数对称关系的4个零点外，其余20个零点都位于单位圆上，并成对对称。

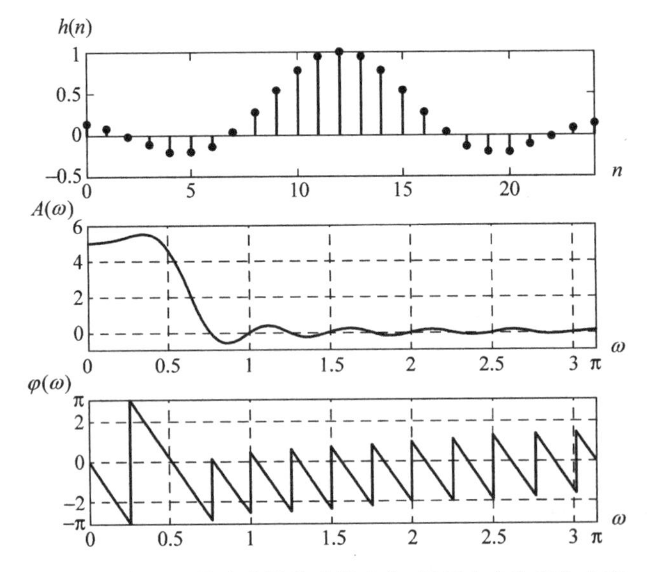

图 3-11　例 3.5 的滤波器的冲激响应、振幅响应和相位响应

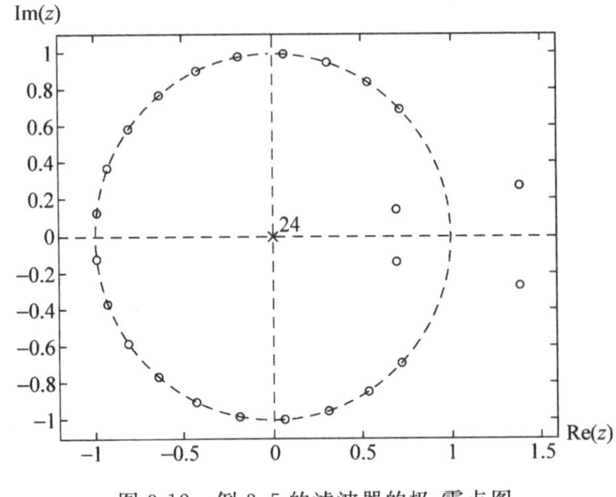

图 3-12　例 3.5 的滤波器的极-零点图

3.4　FIR 滤波器的频率取样结构

频率取样结构的参数是频率响应的取样值(即 DFT)而不是冲激响应值。

3.4.1　频率取样结构的推导

将 DFT 的逆变换公式代入传输函数的定义式,得到用 $H(k)$表示的 $H(z)$,称为内插公式,FIR 滤波器的频率取样结构就是按照这个内插公式构成的

$$H(z)=\frac{1-z^{-N}}{N}\sum_{k=0}^{N-1}\frac{H(k)}{1-W_N^{-k}z^{-1}} \tag{3.52}$$

将式(3.52)看成两个传输函数之积

$$H(z)=H_1(z)H_2(z) \tag{3.53}$$

其中

$$H_1(z)=\frac{1}{N}(1-z^{-N}) \tag{3.54}$$

$$H_2(z)=\sum_{k=0}^{N-1}\frac{H(k)}{1-W_N^{-k}z^{-1}}=\sum_{k=0}^{N-1}H_k(z) \tag{3.55}$$

式(3.55)中

$$H_k(z)=\frac{H(k)}{1-W_N^{-k}z^{-1}} \tag{3.56}$$

因此,频率取样结构是两个 FIR 子系统 $H_1(z)$和 $H_2(z)$的级联。其中,$H_2(z)$是 N 个 1 阶系统 $H_k(z)$的并联。图 3-13 所示的是 FIR 滤波器频率取样结构的信号流图。对于窄带滤波器,大多数 $H(k)$值为零,因此,$H_2(z)$的许多 1 阶系统不存在。

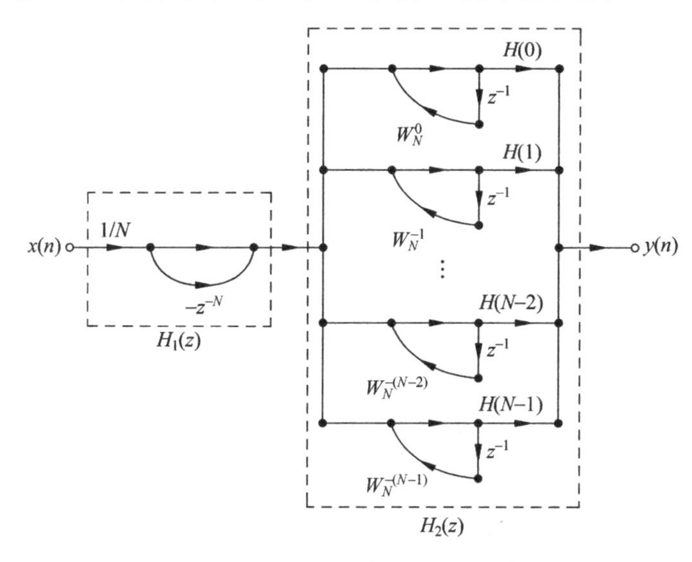

图 3-13　FIR 滤波器的频率取样结构的信号流图

$H_1(z)$是 N 阶 FIR 系统,在单位圆上有 N 个等间隔分布的零点

$$z_k=\sqrt[N]{1}=e^{j2\pi k/N},\quad 0\leqslant k\leqslant N-1 \tag{3.57}$$

$H_1(z)$的幅度响应为(未考虑常数因子 $1/N$)

$$|H_1(e^{j\omega})|=|1-e^{-j\omega N}|=2\left|\sin\left(\frac{N\omega}{2}\right)\right| \tag{3.58}$$

图 3-14 是 $H_1(z)$的幅度响应和极-零点图以及 $H_2(z)$的极-零点图(设 $N=8$)。$H_1(z)$的幅度响应呈梳状,故称为梳状滤波器,图 3-14(a)所示的是它的幅度响应;图 3-14(b)是 $H_1(z)$的极-零点图,在 $z=0$ 处有 N 阶极点;图 3-14(c)所示的是 $H_1(z)$的幅度响应在

$0\leqslant\omega\leqslant 2\pi$ 范围内的3维图形；图3-14(d)是 $H_2(z)$ 的极-零点图。

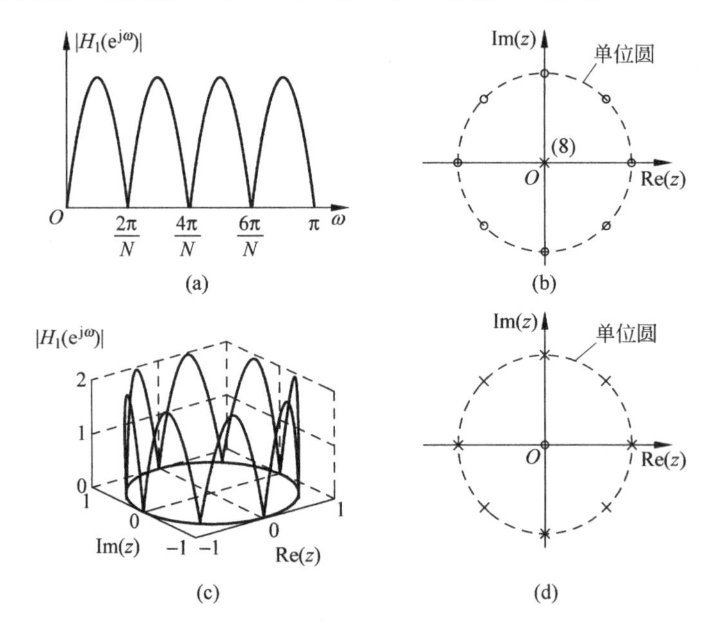

图3-14 子系统 $H_1(z)$ 的幅度响应和极-零点图以及 $H_2(z)$ 的极-零点图

$H_2(z)$ 的 N 个极点均匀分布在单位圆上(图3-14(d))

$$p_k = W_N^{-k} = e^{j2\pi k/N},\quad 0\leqslant k\leqslant N-1 \tag{3.59}$$

它们与 $H_1(z)$ 的零点相互抵消。$H_2(z)$ 的 N 个零点中有一个位于 $z=0$，其余 $N-1$ 个由 $H(k)$ 决定。$H_1(z)$ 在 $z=0$ 处的一个极点被 $H_2(z)$ 在 $z=0$ 处的零点抵消掉后，在 $z=0$ 处还剩下 $N-1$ 个极点，它们与并联系统的 $N-1$ 个零点共同形成整个滤波器的零点和极点。

式(3.56)的 $H_k(z)$ 是谐振频率为 $\omega_k=2\pi k/N$ 的一阶谐振系统，其幅度响应在 p_k 上的最大值直接由 $H(k)$ 控制。

3.4.2 频率取样结构的改进

(1) 为确保滤波器的稳定性，将 $H_2(z)$ 的极点和 $H_1(z)$ 的零点同时向圆内移动少许，即用 rz^{-1} 取代式(3.52)中的 $z(r\approx 1, r<1)$，以保证 $H_1(z)$ 的 N 个零点与 $H_2(z)$ 的 N 个极点准确抵消。

(2) 将每对复共轭极点的两个1阶谐振网络组合成一个实系数2阶网络；乘以 $H(k)$ 时利用实序列的DFT的对称性质。这样，可以用实数乘法代替复数乘法运算。

做了以上两方面改进后，得到

$$H(z)\approx\frac{1-r^N z^{-N}}{N}\left[\sum_{k=0}^{\frac{N}{2}-1}\frac{2\,|H(k)|}{N}B_k(z)+\frac{\frac{H(0)}{N}}{1-rz^{-1}}+\frac{\frac{H(N/2)}{N}}{1+rz^{-1}}\right] \tag{3.60}$$

其中

$$B_k(z)=\frac{\cos\varphi(k)-r\cos[\varphi(k)-2\pi k/N]z^{-1}}{1-2r\cos(2\pi k/N)z^{-1}+r^2z^{-2}} \tag{3.61}$$

它是实系数2阶网络，其信号流图示于图3-15。

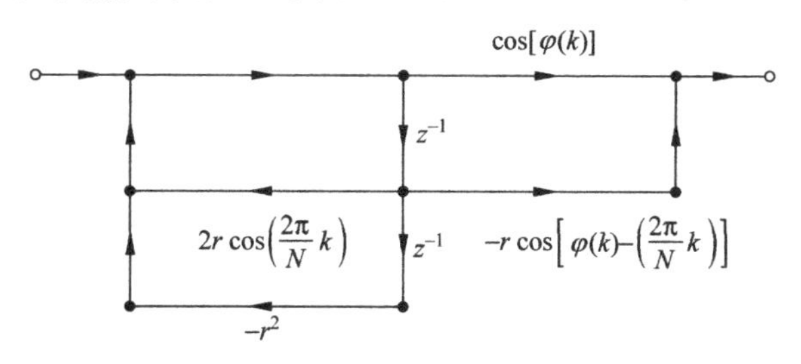

图3-15 实系数2阶网络 $B_k(z)$ 的信号流图

按照式(3.60)构成FIR滤波器频率取样结构的信号流图，如图3-16所示。

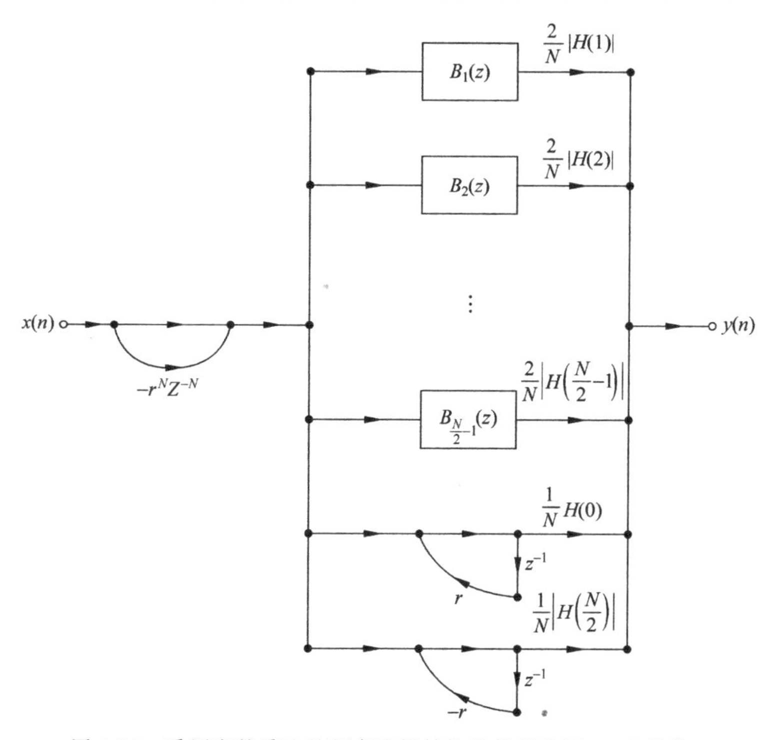

图3-16 采用实数乘法的频率取样结构的信号流图(N为偶数)

例3.6 已知一个滤波器的冲激响应为

$$h(n)=\begin{cases}\dfrac{1}{64}\left(1-\cos\dfrac{2\pi}{64}n\right), & 0\leqslant n\leqslant 63\\ 0, & \text{其余}\end{cases}$$

画出该滤波器频率取样结构的信号流图，并比较它与直接型结构的计算复杂度。

解 $h(n)$的64点DFT

$$H(k)=\sum_{n=0}^{63}h(n)W_{64}^{nk}=\frac{1}{64}\sum_{n=0}^{63}W_{64}^{nk}-\frac{1}{64}\sum_{n=0}^{63}\cos\left(\frac{2\pi}{64}n\right)W_{64}^{nk}$$

其中,第一个和式为

$$\frac{1}{64}\sum_{n=0}^{63}W_{64}^{nk}=\begin{cases}1, & k=0\\0, & k\neq 0\end{cases}$$

第二个和式是频率为 $2\pi/64$ 的余弦序列的 64 点 DFT,等于

$$\frac{1}{64}\sum_{n=0}^{63}\cos\left(\frac{2\pi}{64}n\right)W_{64}^{nk}=\frac{1}{64}\begin{cases}\frac{64}{2}, & k=1,63\\0, & \text{其余}\end{cases}$$

两个和式之和即为 $H(k)$,因此

$$H(k)=\begin{cases}1, & k=0\\-\frac{1}{2}, & k=1,63\\0, & \text{其余}\end{cases}$$

根据 $H(k)$ 即可画出该滤波器频率取样结构的信号流图,如图 3-17 所示。该结构有 67 个单位延时器,计算每个输出需要 3 次乘法和 6 次加法运算。而直接型结构有 63 个单位延时器,计算每个输出需要 32 次乘法和 63 次加法运算。

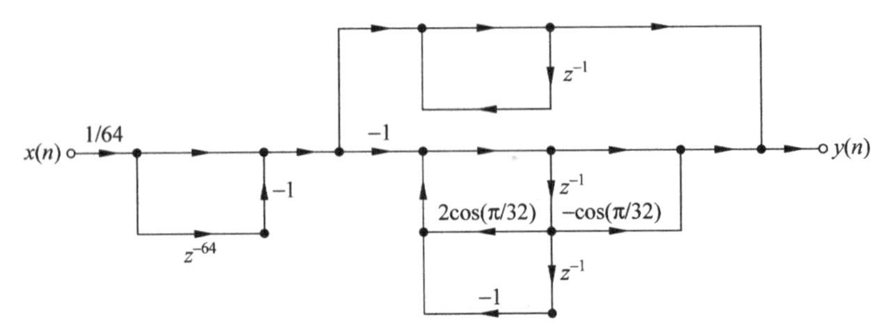

图 3-17　例 3.6 滤波器的频率取样结构的信号流图

3.5 IIR 滤波器的结构

3.5.1 IIR 滤波器的直接型结构

N 阶 IIR 滤波器的有理多项式传输函数和常系数差分方程分别为

$$H(z)=\frac{\sum_{i=0}^{N}b_i z^{-i}}{1+\sum_{i=1}^{N}a_i z^{-i}} \tag{3.62}$$

和

$$y(n)=\sum_{i=0}^{N}b_i x(n-i)-\sum_{i=1}^{N}a_i y(n-i) \tag{3.63}$$

这里,设分子和分母多项式的阶相等。如果分子多项式的阶低于分母多项式,则补零使之相等。根据式(3.62)或式(3.63)可构成 IIR 滤波器的直接Ⅰ型、直接Ⅱ型和直接Ⅱ型

转置等 3 种结构。

1. IIR 直接Ⅰ型

将式(3.62)分解成两个传输函数之积

$$H(z)=\left(\frac{1}{1+\sum_{i=1}^{N}a_iz^{-i}}\right)\sum_{i=0}^{N}b_iz^{-i}=H_{AR}(z)H_{MA}(z) \tag{3.64}$$

式中

$$H_{MA}(z)=\sum_{i=0}^{N}b_iz^{-i} \tag{3.65}$$

$$H_{AR}(z)=\frac{1}{1+\sum_{i=1}^{N}a_iz^{-i}} \tag{3.66}$$

分别称为滤波器的滑动平均(MA)和自回归(AR)部分。

$H_{MA}(z)$的输出为

$$V(z)=H_{MA}(z)X(z) \tag{3.67}$$

或

$$v(n)=\sum_{i=0}^{N}b_ix(n-i) \tag{3.68}$$

滤波器的输出为

$$Y(z)=H_{AR}(z)V(z) \tag{3.69}$$

或

$$y(n)=v(n)-\sum_{i=1}^{N}a_iy(n-i) \tag{3.70}$$

$X(z)$或 $x(n)$是滤波器的输入。

按照式(3.68)和式(3.70)实现的结构是 IIR 滤波器的直接Ⅰ型结构,如图 3-18 所示。

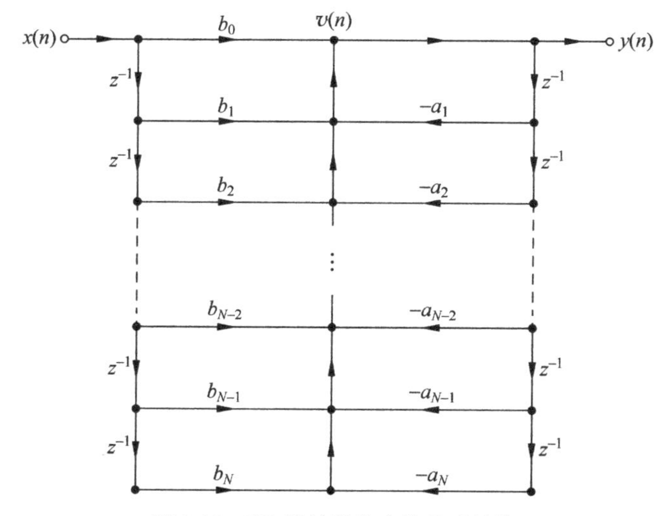

图 3-18 IIR 滤波器的直接Ⅰ型结构

2. IIR 直接Ⅱ型

交换式(3.64)中滑动平均和自回归部分的次序

$$H(z)=\sum_{i=0}^{N}b_iz^{-i}\left(\frac{1}{1+\sum_{i=1}^{N}a_iz^{-i}}\right)=H_{\mathrm{MA}}(z)H_{\mathrm{AR}}(z) \tag{3.71}$$

便得到 IIR 滤波器的直接Ⅱ型结构,如图 3-19 所示。它是实现 IIR 滤波器的标准结构,所用延时(存储)单元比直接Ⅰ型少一半。

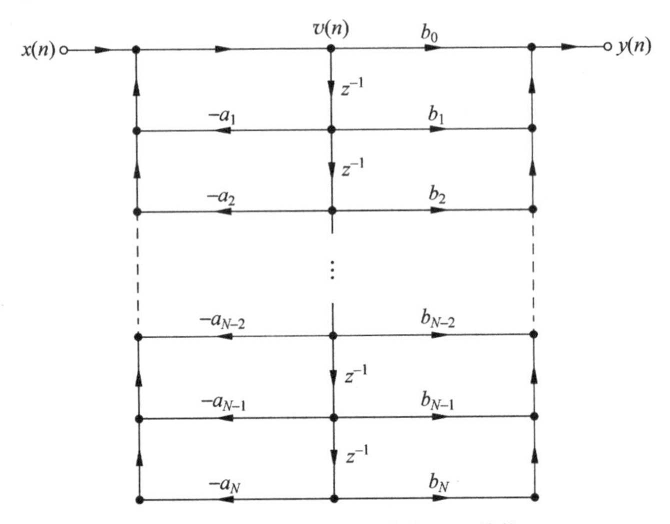

图 3-19 IIR 滤波器的直接Ⅱ型结构

例 3.7 已知一个 IIR 滤波器的传输函数为

$$H(z)=\frac{2(1+z^{-3})}{(1+0.6z^{-1}+0.25z^{-2})(1-0.8z^{-1})(1+0.7z^{-1})}$$

画出它的直接Ⅱ型结构的信号流图。

解 将 $H(z)$的分子和分母多项式展开

$$H(z)=\frac{2+2z^{-3}}{1+0.5z^{-1}-0.37z^{-2}-0.361z^{-3}-0.14z^{-4}}$$

根据上式画出的直接Ⅱ型结构信号流图如图 3-20 所示。

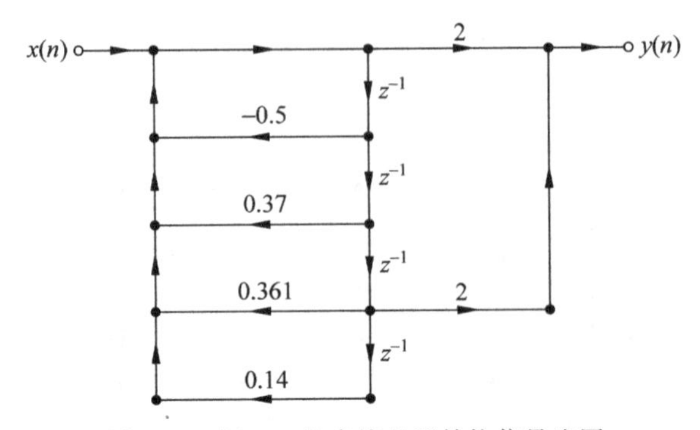

图 3-20 例 3.7 的直接Ⅱ型结构信号流图

3. IIR 直接Ⅱ型的转置结构

网络转置定理：把网络中所有支路的方向反向，保持加权系数不变，并互换输出与输入的位置，得到的新网络称为原网络的转置网络。转置网络与原网络具有相同数目的延时单元和相同数目的系数，具有相同传输函数，从输入到输出的传输关系保持不变。将转置定理应用于 IIR 滤波器的直接Ⅱ型结构，得到图 3-21 所示的 IIR 直接Ⅱ型转置结构。

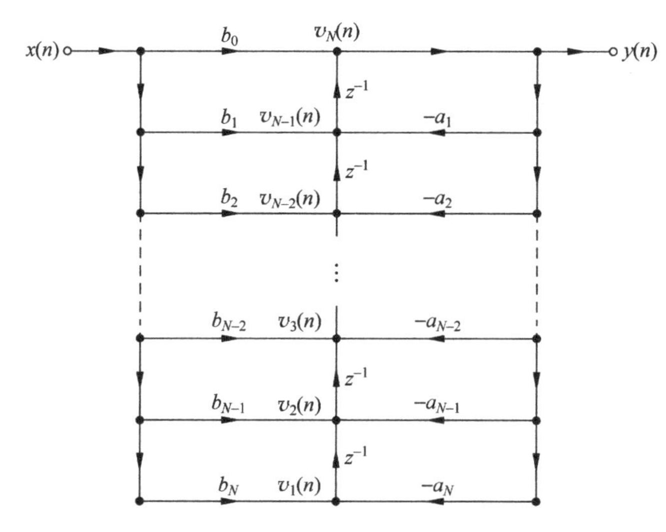

图 3-21 IIR 直接Ⅱ型转置结构的信号流图

例 3.8 画出例 3.7 滤波器的直接Ⅱ型转置结构的信号流图。

解 按照网络转置定理，将图 3-20 所有支路反向，保持加权系数不变，并交换输入和输出。按习惯将输入和输出分别置于左边和右边，得到图 3-22 所示的直接Ⅱ型转置结构信号流图。

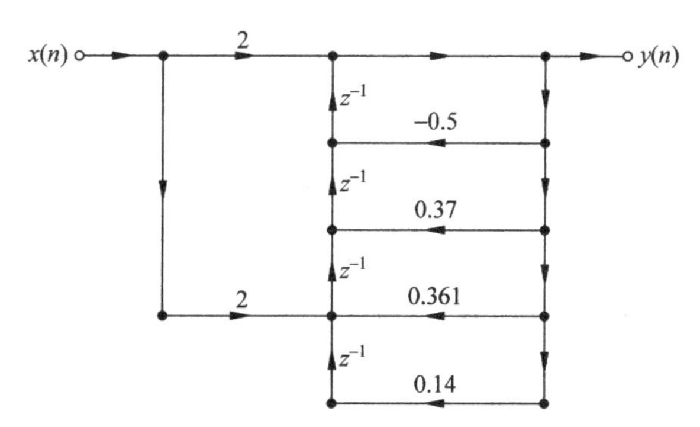

图 3-22 例 3.8 的直接Ⅱ型转置结构信号流图

3.5.2 IIR 滤波器的并联结构

将 N 阶 IIR 滤波器的传输函数展开成部分分式

$$H(z) = A_0 + \sum_{i=1}^{N} \frac{A_i z}{z - p_i} \tag{3.72}$$

式中，$p_i \neq 0$；$A_0 = H(0)$；A_i 等于 $H(z)/z$ 在 $z = p_i$ 的留数

$$A_i = \left.\frac{H(z)(z-p_i)}{z}\right|_{z=p_i}, \quad 1 \leqslant i \leqslant N \tag{3.73}$$

式(3.72)是 N 个 1 阶子系统的并联，参数 p_i 和 A_i 通常都是复数。如果 $H(z)$的系数 a_i 和 b_i 是实数，则 p_i 和 A_i 是以共轭对形式出现的复数或实数。将每对共轭复数极点组合成实系数 2 次因式，得到 K 个实系数 2 阶子系统 $H_i(z)$的并联结构

$$H(z) = A_0 + \sum_{i=1}^{K} H_i(z) \tag{3.74}$$

如图 3-23 所示。式中，N 为偶数时 $K = N/2$，N 为奇数时 $K = (N-1)/2$。

设第 i 个 2 阶子系统 $H_i(z)$由共轭复数极点或两个实数极点 p_i 和 p_j 构成，即

$$H_i(z) = \frac{A_i z}{z - p_i} + \frac{A_j z}{z - p_j} = \frac{\beta_{i0} + \beta_{i1} z^{-1}}{1 + \alpha_{i1} z^{-1} + \alpha_{i2} z^{-2}} \tag{3.75}$$

式中

$$\begin{cases} \beta_{i0} = A_i + A_j \\ \beta_{i1} = -(A_i p_j + A_j p_i) \\ \alpha_{i1} = -(p_i + p_j) \\ \alpha_{i2} = p_i p_j \end{cases} \tag{3.76}$$

2 阶常系数子系统 $H_i(z)$的信号流图如图 3-24 所示。

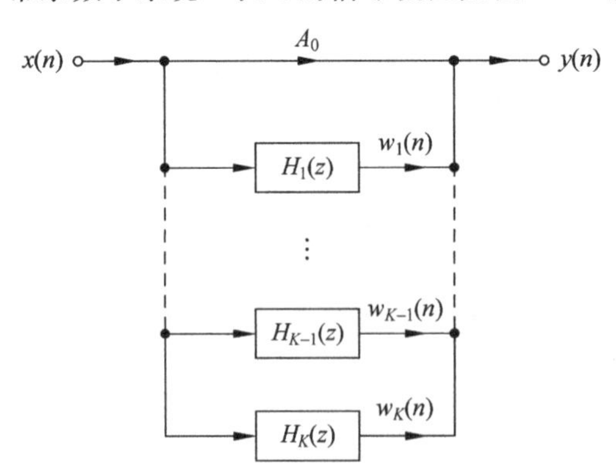

图 3-23 IIR 滤波器并联结构信号流图

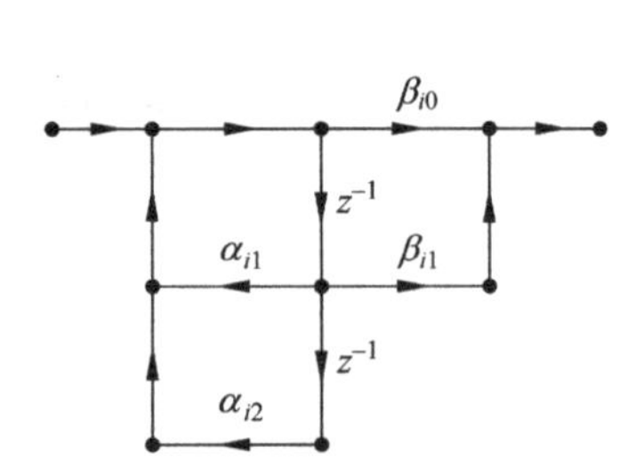

图 3-24 2 阶常系数子系统 $H_i(z)$ 的信号流图

例 3.9 画出例 3.7 滤波器的并联结构的信号流图。

解 求极点：$p_{1,2} = -0.3 \pm \mathrm{j}0.4$，$p_3 = 0.8$，$p_4 = -0.7$。用复数共轭极点 p_1 和 $p_2 = p_1^*$ 组成 $H_1(z)$，用实数极点 p_3 和 p_4 组成 $H_2(z)$。利用式(3.73)计算留数

$$\frac{H(z)}{z}=\frac{2(1+z^{-3})}{z[1-(-0.3+\mathrm{j}0.4)z^{-1}][1-(-0.3-\mathrm{j}0.4)z^{-1}](1-0.8z^{-1})(1+0.7z^{-1})}$$
$$=\frac{2(z^3+1)}{[z-(-0.3+\mathrm{j}0.4)][z-(-0.3-\mathrm{j}0.4)](z-0.8)(z+0.7)}$$
$$A_1=\left.\frac{2(z^3+1)}{[z-(-0.3-\mathrm{j}0.4)](z-0.8)(z+0.7)}\right|_{z=-0.3+\mathrm{j}0.4}=1.6330+\mathrm{j}3.8921$$
$$A_2=\left.\frac{2(z^3+1)}{[z-(-0.3+\mathrm{j}0.4)](z-0.8)(z+0.7)}\right|_{z=-0.3-\mathrm{j}0.4}=1.6330-\mathrm{j}3.8921$$
$$A_3=\left.\frac{2(z^3+1)}{[z-(-0.3+\mathrm{j}0.4)][z-(-0.3-\mathrm{j}0.4)](z+0.7)}\right|_{z=0.8}=1.4715$$
$$A_4=\left.\frac{2(z^3+1)}{[z-(-0.3+\mathrm{j}0.4)][z-(-0.3-\mathrm{j}0.4)](z-0.8)}\right|_{z=-0.7}=-2.7375$$
$$A_0=H(0)=0$$

利用式(3.76)计算2阶子系统的参数和传输函数

$$\beta_{10}=A_1+A_2=3.266$$
$$\beta_{11}=-(A_1p_2+A_2p_1)=-2.1339$$
$$\alpha_{11}=-(p_1+p_2)=0.6$$
$$\alpha_{12}=p_1p_2=0.25$$
$$H_1(z)=\frac{\beta_{10}+\beta_{11}z^{-1}}{1+\alpha_{11}z^{-1}+\alpha_{12}z^{-2}}=\frac{3.266-2.1339z^{-1}}{1+0.6z^{-1}+0.25z^{-2}}$$
$$\beta_{20}=A_3+A_4=-1.266$$
$$\beta_{21}=-(A_3p_4+A_4p_3)=3.2201$$
$$\alpha_{21}=-(p_3+p_4)=-0.1$$
$$\alpha_{22}=p_3p_4=-0.56$$
$$H_2(z)=\frac{\beta_{20}+\beta_{21}z^{-1}}{1+\alpha_{21}z^{-1}+\alpha_{22}z^{-2}}=\frac{-1.266+3.2201z^{-1}}{1-0.1z^{-1}-0.56z^{-2}}$$

因此得到图3-25所示的并联型结构信号流图。

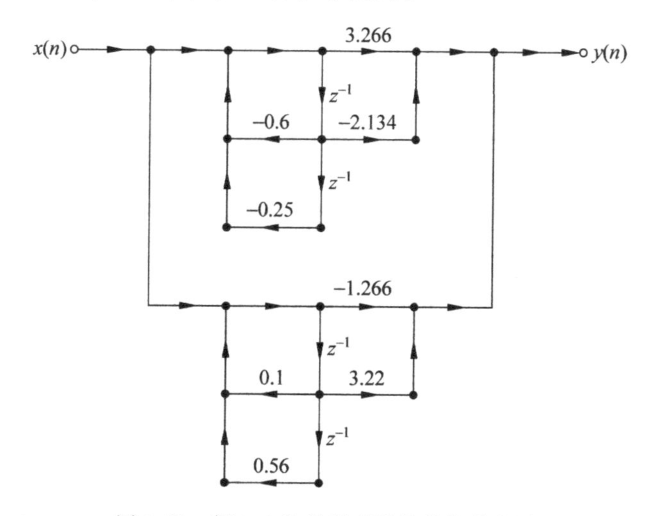

图3-25 例3.9的并联型结构的信号流图

3.5.3 IIR 滤波器的级联结构

将 N 阶 IIR 滤波器的传输函数的分子和分母多项式分别进行因式分解

$$H(z)=\frac{\sum_{i=0}^{N}b_iz^{-i}}{1+\sum_{i=1}^{N}a_iz^{-i}}=b_0\prod_{i=1}^{N}\frac{1-z_iz^{-1}}{1-p_iz^{-1}} \tag{3.77}$$

如果分子和分母多项式的阶不等，分别为 M 和 N 且 $M<N$，则式(3.77)将包含因子 z^{N-M}，说明在 $z=0$ 处有 $N-M$ 阶零点。若所有系数 a_i 和 b_i 是实数，则所有零点 z_i 和极点 p_i 是实数或共轭复数对。若将每对复共轭极点和每对复共轭零点各合并成一个实系数 2 次因式作为分子和分母多项式，则式(3.77)化成 K 个 2 次有理因式之积

$$H(z)=b_0\prod_{i=1}^{K}H_i(z),\quad K=N/2;\ N\text{ 为偶数} \tag{3.78}$$

或

$$H(z)=b_0\frac{1-z_0z^{-1}}{1-p_0z^{-1}}\prod_{i=1}^{K}H_i(z),\quad K=\frac{N-1}{2};\ N\text{ 为奇数} \tag{3.79}$$

按照式(3.78)或式(3.79)构成 IIR 滤波器的级联结构，如图 3-26 所示。图中，第 i 个实系数 2 阶子系统的有理传输函数为

$$H_i(z)=\frac{1+\beta_{i1}z^{-1}+\beta_{i2}z^{-2}}{1+\alpha_{i1}z^{-1}+\alpha_{i2}z^{-2}} \tag{3.80}$$

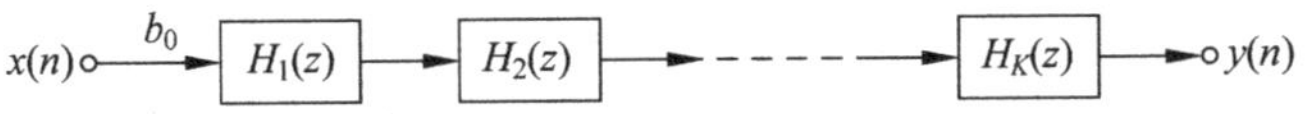

$x(n)\xrightarrow{b_0}\boxed{H_1(z)}\rightarrow\boxed{H_2(z)}\rightarrow\cdots\rightarrow\boxed{H_K(z)}\rightarrow y(n)$

图 3-26 IIR 滤波器级联结构的信号流图(N 为偶数)

设 $H_i(z)$ 由极点 p_r 和 p_s 与零点 z_l 和 z_m 组成，即

$$H_i(z)=\frac{(1-z_lz^{-1})(1-z_mz^{-1})}{(1-p_rz^{-1})(1-p_sz^{-1})}=\frac{1-(z_l+z_m)z^{-1}+z_lz_mz^{-2}}{1-(p_r+p_s)z^{-1}+p_rp_sz^{-2}} \tag{3.81}$$

式中，p_r 与 p_s 是一对共轭复数极点或任意两个实数极点；z_l 与 z_m 是一对共轭复数零点或任意两个实数零点；$H_i(z)$的参数一定是实数。比较式(3.81)与式(3.80)得出

$$\begin{cases}\beta_{i1}=-(z_l+z_m),\quad \beta_{i2}=z_lz_m\\ \alpha_{i1}=-(p_r+p_s),\quad \alpha_{i2}=p_rp_s\end{cases} \tag{3.82}$$

每对极点 p_r 和 p_s 可以与任何一对零点 z_l 和 z_m 搭配，因此可以组合成多达$(K!)^2$ 种不同的实系数级联系统，这是级联结构优于并联结构的地方。第 i 个实系数 2 阶子系统的信号流图如图 3-27 所示。

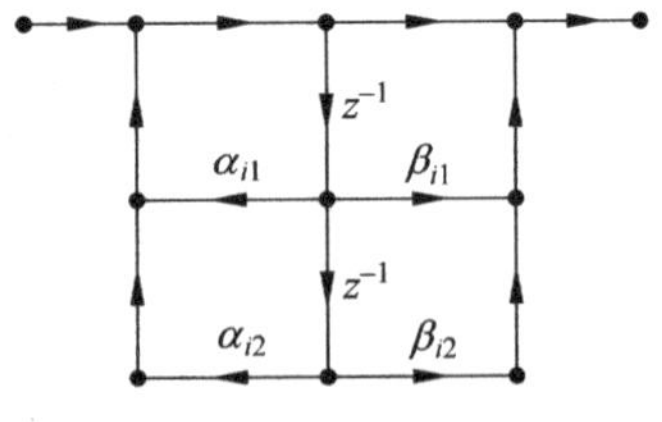

图 3-27 IIR 滤波器级联结构的实系数 2 阶子系统的信号流图

例 3.10 画出例 3.7 滤波器级联结构的信号流图。

解 将传输函数写成 z 的正幂形式

$$H(z)=\frac{2(1+z^{-3})}{(1+0.6z^{-1}+0.25z^{-2})(1-0.8z^{-1})(1+0.7z^{-1})}$$
$$=\frac{2z(z^3+1)}{(z^2+0.6z+0.25)(z-0.8)(z+0.7)}$$

求出极点

$$p_{1,2}=-0.3\pm \mathrm{j}0.4,\quad p_3=0.8,\quad p_4=-0.7$$

分别把 p_1 和 p_2、p_3 和 p_4 各配成一对，得到两个分母多项式

$$D_1(z)=1+0.6z^{-1}+0.25z^{-2}\quad 和\quad D_2(z)=1-0.1z^{-1}-0.56z^{-2}$$

求出零点

$$z_{1,2}=\cos\left(\frac{\pi}{3}\right)\pm \mathrm{j}\sin\left(\frac{\pi}{3}\right)=\frac{1}{2}\pm \mathrm{j}\frac{\sqrt{3}}{2},\quad z_3=-1,\quad z_4=0$$

将 z_1 和 z_2、z_3 和 z_4 分别组成两个分子多项式

$$N_1(z)=\left(1-\frac{1+\mathrm{j}\sqrt{3}}{2}z^{-1}\right)\left(1-\frac{1-\mathrm{j}\sqrt{3}}{2}z^{-1}\right)=1-z^{-1}+z^{-2}$$

$$N_2(z)=1+z^{-1}$$

这样，分子和分母多项式各有 2 个，可以搭配成两种组合

$$组合1\begin{cases}H_1(z)=\dfrac{N_1(z)}{D_1(z)}=\dfrac{1-z^{-1}+z^{-2}}{1+0.6z^{-1}+0.25z^{-2}}\\[2ex] H_2(z)=\dfrac{N_2(z)}{D_2(z)}=\dfrac{1+z^{-1}}{1-0.1z^{-1}-0.56z^{-2}}\end{cases}$$

$$组合2\begin{cases}H_1(z)=\dfrac{N_2(z)}{D_1(z)}=\dfrac{1+z^{-1}}{1+0.6z^{-1}+0.25z^{-2}}\\[2ex] H_2(z)=\dfrac{N_1(z)}{D_2(z)}=\dfrac{1-z^{-1}+z^{-2}}{1-0.1z^{-1}-0.56z^{-2}}\end{cases}$$

图 3-28 所示的是按照组合 1 构成的级联结构的信号流图，其中，$b_0=2$。

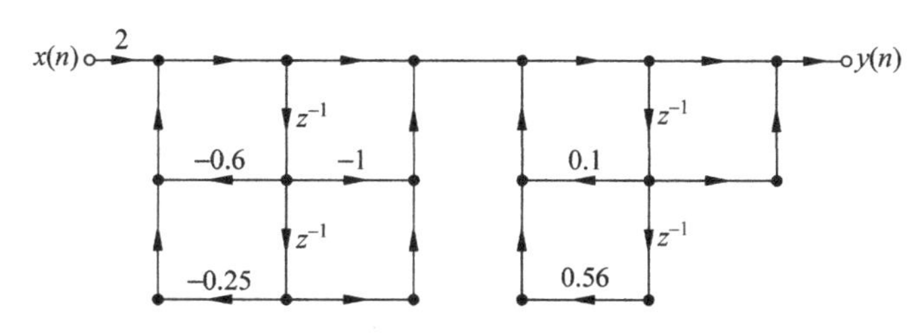

图 3-28　例 3.10 的一种级联结构的信号流图

从这个例题看出级联结构比并联结构更加灵活的优点，它可以通过零点和极点的不同搭配得到不同的结构。如果 IIR 滤波器由 K 个 2 阶子系统级联组成，由于分子和分母多项式各有 K 个，有$(K!)^2$ 种不同搭配方法，所以共有$(K!)^2$ 种不同的级联结构。

3.6 全通滤波器和最小相位滤波器

具有有理传输函数的任何数字滤波器都可以用一个最小相位滤波器和一个全通滤波器级联来实现,因此这两种滤波器具有重要地位。

3.6.1 全通滤波器

全通滤波器是指幅度响应等于常数(通常等于1)的滤波器,即

$$|H_{ap}(e^{j\omega})| = 1, \quad 0 \leqslant \omega < 2\pi \tag{3.83}$$

设滤波器传输函数的分子和分母多项式的系数相同但排列次序相反,即

$$H_{ap}(z) = \frac{a_N + a_{N-1}z^{-1} + \cdots + z^{-N}}{1 + a_1 z^{-1} + \cdots + a_N z^{-N}} = \frac{\sum_{i=0}^{N} a_i z^{-N+i}}{\sum_{i=0}^{N} a_i z^{-i}}, \quad a_0 = 1 \tag{3.84}$$

式中,a_i 为实数。若用 $A(z)$ 表示分母多项式,则分子多项式为 $z^{-N}A(z^{-1})$,因此,式(3.84)可写成

$$H_{ap}(z) = \frac{z^{-N}A(z^{-1})}{A(z)} \tag{3.85}$$

由此得到$|H_{ap}(e^{j\omega})|=1$,即满足式(3.83)的全通约束条件。因此,式(3.84)的有理传输函数描述的是全通滤波器。由式(3.85)看出,若 $p_i = re^{j\theta}$ 是极点,则必存在零点 $z_i = p_i^{-1} = r^{-1}e^{-j\theta}$,因此,全通滤波器的极点和零点的数目相等。由于 a_i 为实数,所以极点为实数或成对的共轭复数,这样,每个实数极点在其倒数位置上伴随有另一个实数零点,每对共轭复数极点在它们各自的倒数位置上各另有一个复数零点,这另外两个复数零点也互成共轭关系。若要求全通滤波器是稳定和因果的,则全部极点必须在单位圆内,因此全部零点必然在单位圆外。这样,N 阶全通滤波器的传输函数可以用极点和零点表示为

$$H_{ap}(z) = \prod_{i=1}^{N} \frac{z^{-1} - p_i^*}{1 - p_i z^{-1}} \tag{3.86}$$

式中,极点 $z=p_i$ 与零点 $z=(p_i^*)^{-1}$ 成对出现。若它是因果和稳定的,则有$|p_i|<1$。

一般情况下,实系数全通滤波器传输函数的通用形式为

$$H_{ap}(z) = \prod_{i=1}^{K_R} \frac{z^{-1} - \alpha_i}{1 - \alpha_i z^{-1}} + \prod_{i=1}^{K_C} \frac{(z^{-1} - \beta_i^*)(z^{-1} - \beta_i)}{(1 - \beta_i z^{-1})(1 - \beta_i^* z^{-1})} \tag{3.87}$$

式中,α_i 是实数极点;β_i 是复数极点。对于因果和稳定的全通滤波器,有$|\alpha_i|<1$ 和$|\beta_i|<1$。K_R 是实数极点或实数零点的数目,K_C 是复数极点或复数零点的数目。

$N=1$ 和 $N=2$ 对应于最简单的全通滤波器,它们的传输函数为

$$H_{ap}(z) = \frac{z^{-1} - \alpha_1}{1 - \alpha_1 z^{-1}}, \quad \text{实数极点和零点} \tag{3.88}$$

和

$$H_{ap}(z)=\frac{(z^{-1}-\beta_1)(z^{-1}-\beta_1^*)}{(1-\beta_1 z^{-1})(1-\beta_1^* z^{-1})},\quad \text{复数极点和零点} \tag{3.89}$$

式中，α_1 是实数极点；α_1^{-1} 是实数零点，如图 3-29(a)所示。若为复数极点 $\beta_1=re^{j\theta}$，则必有共轭复数极点 $\beta_1^*=re^{-j\theta}$，它们对应的复数零点分别为

$$(\beta_1^*)^{-1}=(re^{-j\theta})^{-1}=r^{-1}e^{j\theta}\quad 和 \quad \beta_1^{-1}=r^{-1}e^{-j\theta}$$

二者也有共轭关系，如图 3-29(b)所示。

只有 1 个极点 $z_1=re^{j\theta}$ 和 1 个零点 $(z_1^*)^{-1}=r^{-1}e^{j\theta}$ 的全通滤波器的频率响应为

$$H_{ap}(e^{j\omega})=\frac{e^{-j\omega}-re^{-j\theta}}{1-re^{j\theta}e^{-j\omega}}=e^{-j\omega}\frac{1-r\cos(\omega-\theta)-jr\sin(\omega-\theta)}{1-r\cos(\omega-\theta)+jr\sin(\omega-\theta)}$$

由此得到相位响应

$$\varphi_{ap}(\omega)=-\omega-2\arctan\frac{r\sin(\omega-\theta)}{1-r\cos(\omega-\theta)} \tag{3.90}$$

图 3-29 中图(c)和图(d)分别是图(a)和图(b)全通滤波器的相位响应，图(e)和图(f)是图(c)和图(d)的展开相位。当 ω 从零变到 π 时，全通滤波器的相位响应单调减小。

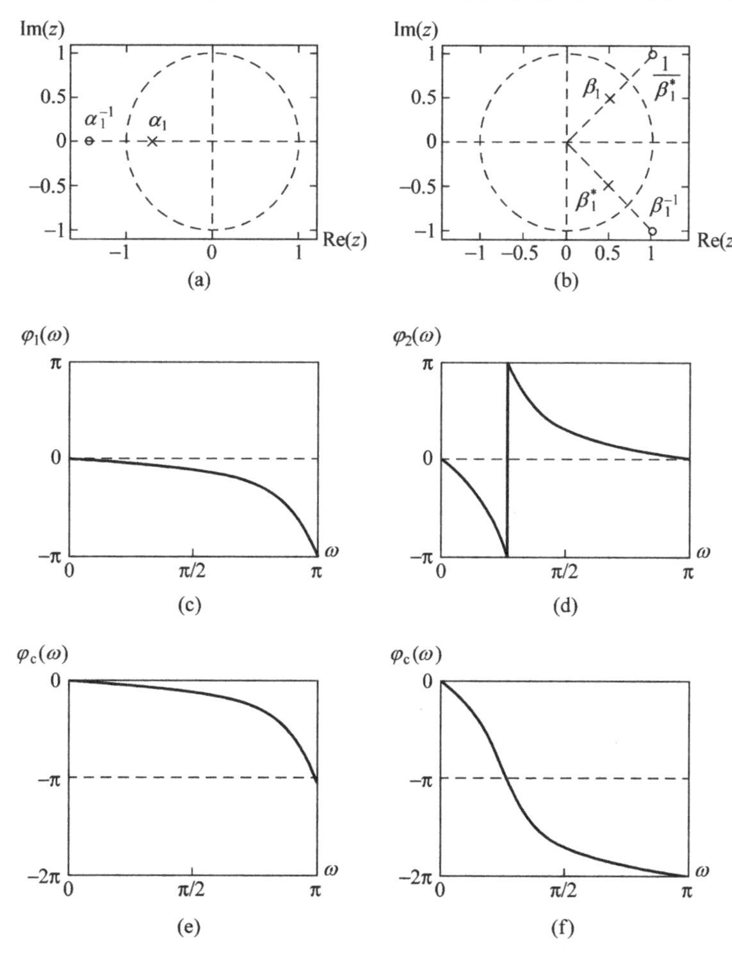

图 3-29 实系数全通滤波器的极-零点图和相位响应

由式(3.90)计算群延时,得到

$$t_g(\omega) = -\frac{\mathrm{d}\varphi_{ap}(\omega)}{\mathrm{d}\omega} = \frac{1-r^2}{1+r^2-2r\cos(\omega-\theta)} \tag{3.91}$$

对于因果和稳定的全通滤波器,有 $r<1$,所以 $t_g(\omega)\geqslant 0$。高阶全通滤波器的群延时等于式(3.91)的群延时之和,所以,全通滤波器的群延时总是正的。

3.6.2 最小相位滤波器

设有两个1阶FIR滤波器 $H_1(z)=1+0.5z^{-1}$ 和 $H_2(z)=z^{-1}+0.5$,它们的零点互为倒数,即 $z_2=z_1^{-1}$。它们的冲激响应分别为

$$h_1(n) = \delta(n)+0.5\delta(n-1) \quad 和 \quad h_2(n) = 0.5\delta(n)+\delta(n-1)$$

频率响应分别为

$$H_1(\mathrm{e}^{\mathrm{j}\omega}) = 1+0.5\cos\omega - \mathrm{j}0.5\sin\omega$$

和

$$H_2(\mathrm{e}^{\mathrm{j}\omega}) = 0.5+\cos\omega - \mathrm{j}\sin\omega$$

幅度响应和相位响应分别为

$$|H_1(\mathrm{e}^{\mathrm{j}\omega})| = |H_2(\mathrm{e}^{\mathrm{j}\omega})| = \sqrt{\frac{5}{4}+\cos\omega}$$

和

$$\varphi_1(\omega) = -\arctan\frac{\sin\omega}{2+\cos\omega}$$

$$\varphi_2(\omega) = -\arctan\frac{\sin\omega}{0.5+\cos\omega}$$

如图3-30所示。

可见,$H_1(z)$和$H_2(z)$的幅度响应相同,但相位响应有以下区别:①$\varphi_1(\omega)$偏离频率轴最小,$\varphi_2(\omega)$偏离频率轴最大;②当频率从$\omega=0$变到$\omega=\pi$时,$\varphi_1(\omega)$变化$\varphi_1(\pi)-\varphi_1(0)=0$,而$\varphi_2(\omega)$变化$\varphi_2(\pi)-\varphi_2(0)=-\pi$。若把$H_2(z)$看成是将$H_1(z)$的零点$z_1=-0.5$从单位圆内移到单位圆外倒数位置$z_1^{-1}=-2$上得到的,则可看出,将零点从单位圆内移到单位圆外倒数位置上,不影响幅度响应,但使相位滞后变大。

将1阶FIR滤波器的讨论推广到N阶。设N阶FIR滤波器的全部N个零点都在单位圆内,当把它们逐个地或任意一个地移到单位圆外各自的倒数位置上时,总共可得到2^N个不同的N阶FIR滤波器,它们具有相同的幅度响应和不同的相位响应。其中,有一个滤波器的所有零点在单位圆内,它具有最小相位滞后,当频率从$\omega=0$变到$\omega=\pi$时,它的相位变化为零,称为最小相位滤波器;有一个滤波器的所有零点在单位圆外,它具有最大相位滞后,当频率从$\omega=0$变到$\omega=\pi$时,它的相位变化为$-N\pi$,称为最大相位滤波器;其余2^N-2个滤波器在单位圆内外都有零点,它们的相位滞后介于最小相位滤波器和最大相位滤波器之间,相位变化等于$-K\pi$,这里K是单位圆外零点的数目,这些滤波器称为混合相位滤波器。但是,并非所有2^N-2个混合相位滤波器的传输函数都是

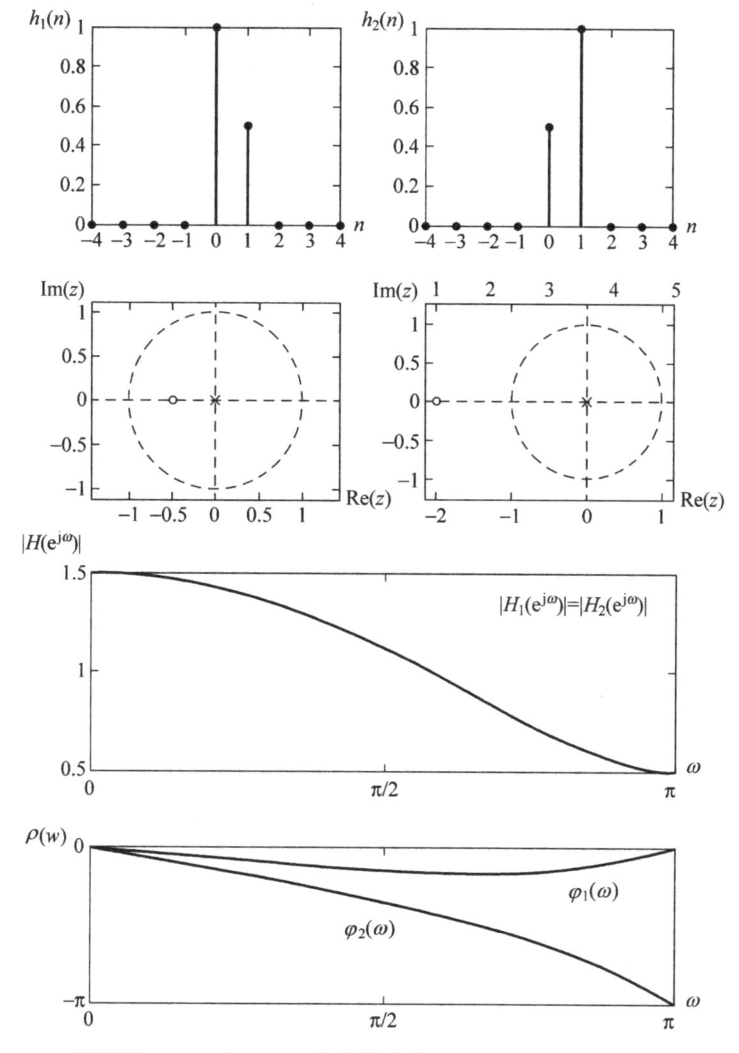

图 3-30 滤波器 $H_1(z)$和 $H_2(z)$的冲激响应、极-零点图、幅度响应和相位响应

实系数的，如果要求它们都是实系数的，则必须要求复数零点按照共轭复数对配置。任何成对的共轭复数零点只可能有两种可能配置方法，即都在单位圆内或都在单位圆外，不允许将它们拆开分别放在单位圆内或外。但每两个实数零点可以有 4 种可能配置方法。

由于群延时是相位响应对频率的导数，所以最小相位滤波器的群延时最小，最大相位滤波器的群延时最大，混合相位滤波器的群延时介于二者之间。或者说，最小相位滤波器的冲激响应包络具有最小延时，最大相位滤波器的冲激响应包络具有最大延时，而混合相位滤波器的冲激响应包络延时介于以上二者之间。

最小相位滤波器的概念是根据零点位置定义的，注意到 IIR 滤波器的零点是由传输函数的分子多项式决定的，而分子多项式本身是一个 FIR 滤波器，所以上面关于 FIR 最小相位滤波器的讨论和结论也完全适用于 IIR 滤波器。对于 IIR 滤波器，它的传输函数为

$$H(z)=\frac{B(z)}{A(z)}$$

如果要求它是因果和稳定的,则它的全部极点必须在单位圆内；如果它的全部零点也在单位圆内,则它还是最小相位滤波器；如果它的全部零点都在单位圆外,则它是最大相位滤波器；如果它的部分零点在单位圆内,部分在单位圆外,则它是混合相位滤波器。IIR滤波器的逆滤波器的传输函数为

$$H^{-1}(z)=\frac{A(z)}{B(z)}$$

为了使逆滤波器是因果和稳定的,要求 $B(z)$的根都在单位圆内,即要求 $H(z)$是最小相位的。因此,IIR 滤波器 $H(z)$的最小相位性质,保证了它的逆滤波器 $H^{-1}(z)$的稳定性质。反过来说,$H^{-1}(z)$的最小相位性质($A(z)$的根都在单位圆内),保证了 $H(z)$的稳定性质。根据这里的结论可以作出另一判断,即混合相位滤波器的逆滤波器一定是不稳定的。

例 3.11 已知一个滤波器的传输函数为

$$H_1(z)=\frac{1+0.1z^{-1}-0.3z^{-2}}{1-0.64z^{-2}}$$

(1) 求与它具有相同幅度响应的其他滤波器的传输函数。

(2) 指出最小和最大相位滤波器。

(3) 画出这些滤波器的极-零点图、幅度响应和相位响应。并比较它们的相位响应。

解 (1) 由于两个极点 $p_1=0.8$ 和 $p_2=-0.8$ 都在单位圆内,所以该滤波器是稳定和因果的。滤波器有两个实数零点 $z_1=0.5$ 和 $z_2=-0.6$。因此,得到

$$H_1(z)=\frac{(1-0.5z^{-1})(1+0.6z^{-1})}{1-0.64z^{-2}}$$

两个实数零点可以有 4 种可能配置方案。其余 3 种方案的传输函数是

$$H_2(z)=\frac{(1-0.5z^{-1})(z^{-1}+0.6)}{1-0.64z^{-2}}=\frac{0.6+0.7z^{-1}-0.5z^{-2}}{1-0.64z^{-2}}$$

$$H_3(z)=\frac{(z^{-1}-0.5)(1+0.6z^{-1})}{1-0.64z^{-2}}=\frac{-0.5+0.7z^{-1}+0.6z^{-2}}{1-0.64z^{-2}}$$

$$H_4(z)=\frac{(z^{-1}-0.5)(z^{-1}+0.6)}{1-0.64z^{-2}}=\frac{-0.3+0.1z^{-1}+z^{-2}}{1-0.64z^{-2}}$$

(2) $H_1(z)$的全部零点在单位圆内,所以是最小相位滤波器。$H_4(z)$的全部零点在单位圆外,所以是最大相位滤波器。$H_2(z)$和 $H_3(z)$在单位圆内外都有零点,所以它们是混合相位滤波器。

(3) 图 3-31(a)、(b)、(c)和(d)分别是 $H_1(z)$、$H_2(z)$、$H_3(z)$和 $H_4(z)$的极-零点图。图 3-32 是幅度响应和相位响应。4 个滤波器的幅度响应相同,如图 3-32(a)所示。图 3-32(b)是展开相位,其中,最小相位滤波器的相位响应 $\varphi_1(\omega)$偏离频率轴最小,最大相位滤波器的相位响应 $\varphi_4(\omega)$偏离频率轴最大,其余两个混合相位滤波器的 $\varphi_2(\omega)$和 $\varphi_3(\omega)$的相位偏离介于 $\varphi_1(\omega)$和 $\varphi_4(\omega)$二者之间。当频率从 $\omega=0$ 变到 $\omega=\pi$ 时,最小相位滤波器的相位变化 $\varphi_1(\pi)-\varphi_1(0)=0$(单位圆外无零点),最大相位滤波器的相位变化$\varphi_4(\pi)-\varphi_4(0)=$

-2π(单位圆外有2个零点),混合相位滤波器的相位变化 $\varphi_3(\pi)-\varphi_3(0)=\varphi_2(\pi)-\varphi_2(0)=-\pi$(单位圆外1个零点)。

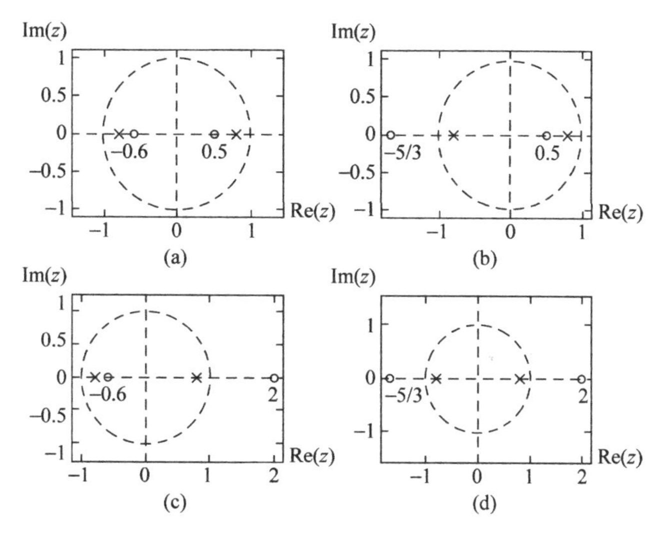

图 3-31 例 3.11 中 4 个滤波器的极-零点图

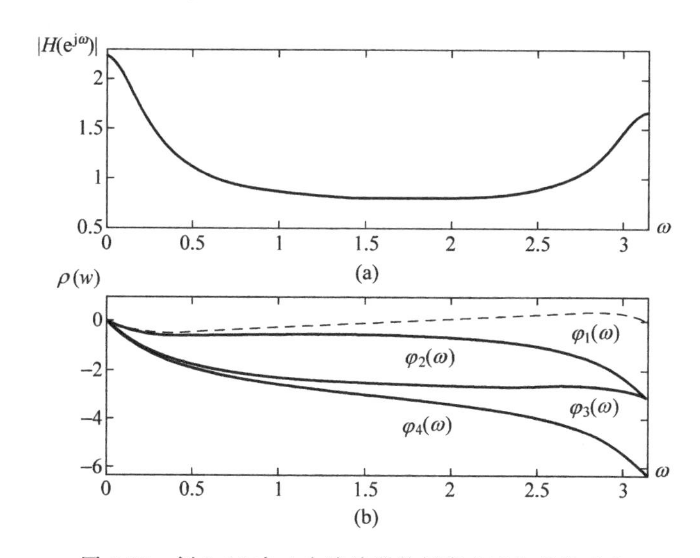

图 3-32 例 3.11 中 4 个滤波器的幅度响应和相位响应

3.6.3 非最小相位 IIR 滤波器的分解

设一个非最小相位 IIR 滤波器在单位圆外有唯一零点 z_1,其传输函数表示为

$$H(z)=F(z)(1-z_1z^{-1}),\quad |z_1|>1 \tag{3.92}$$

式中,$F(z)$是 $N-1$ 阶最小相位 IIR 滤波器。将式(3.92)写成等效形式

$$H(z)=F(z)(z^{-1}-z_1^*)\frac{1-z_1z^{-1}}{z^{-1}-z_1^*},\quad |z_1|>1 \tag{3.93}$$

令

$$H_{\min}(z)=F(z)(z^{-1}-z_1^*),\quad |z_1|>1 \tag{3.94}$$

式中,因式$(z^{-1}-z_1^*)$是单位圆内零点,所以式(3.94)表示一个最小相位滤波器。令

$$H_{\mathrm{ap}}(z)=\frac{1-z_1z^{-1}}{z^{-1}-z_1^*},\quad |z_1|>1 \tag{3.95}$$

式中,零点z_1与极点$1/z_1^*$呈共轭倒数关系,所以式(3.95)表示一个稳定、因果并具有最大相位的全通滤波器。将式(3.94)和式(3.95)代入式(3.93),得到

$$H(z)=H_{\min}(z)H_{\mathrm{ap}}(z) \tag{3.96}$$

即任何非最小相位IIR滤波器$H(z)$可分解成一个最小相位滤波器$H_{\min}(z)$与一个全通滤波器$H_{\mathrm{ap}}(z)$的级联,如图3-33所示。$H_{\min}(z)$称为$H(z)$的最小相位形式。

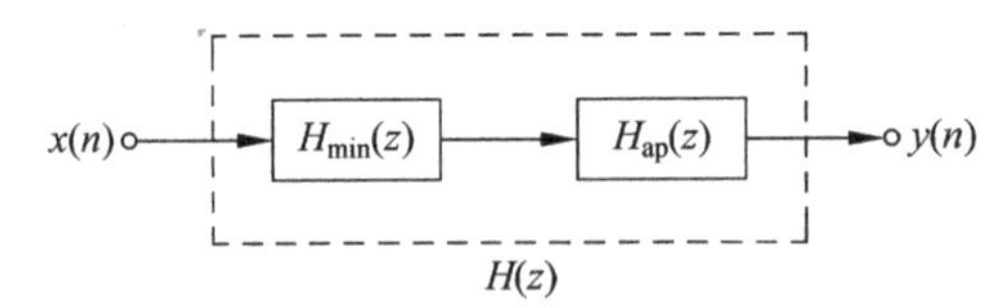

图3-33 IIR滤波器分解成最小相位滤波器与全通滤波器的级联

由于一个滤波器的逆滤波器的幅度响应等于该滤波器的幅度响应的倒数,所以$H_{\mathrm{ap}}(z)$的逆滤波器$H'_{\mathrm{ap}}(z)$也是全通滤波器。式(3.96)两边同乘以$H'_{\mathrm{ap}}(z)$,得到由$H(z)$求最小相位形式的公式

$$H_{\min}(z)=H(z)H'_{\mathrm{ap}}(z) \tag{3.97}$$

式中

$$H'_{\mathrm{ap}}(z)=\frac{z^{-1}-z_1^*}{1-z_1z^{-1}},\quad |z_1|>1 \tag{3.98}$$

将以上讨论推广到一般情况。设一个N阶IIR滤波器在单位圆外有M个零点,即

$$H(z)=F(z)\prod_{i=1}^{M}(1-z_iz^{-1}),\quad |z_i|>1 \tag{3.99}$$

式中,$F(z)$是$N-M$阶最小相位IIR滤波器。将式(3.99)写成等效形式

$$H(z)=F(z)\prod_{i=1}^{M}(z^{-1}-z_i^*)\prod_{i=1}^{M}\frac{1-z_iz^{-1}}{z^{-1}-z_i^*},\quad |z_i|>1 \tag{3.100}$$

令

$$H_{\min}(z)=F(z)\prod_{i=1}^{M}(z^{-1}-z_i^*),\quad |z_i|>1 \tag{3.101}$$

$$H_{\mathrm{ap}}(z)=\prod_{i=1}^{M}\frac{1-z_iz^{-1}}{z^{-1}-z_i^*},\quad |z_i|>1 \tag{3.102}$$

其中,零点z_i与极点$1/z_i^*$呈共轭倒数关系。将式(3.101)和式(3.102)代入式(3.100),同样得到式(3.96)。因此,由$H(z)$求$H_{\min}(z)$仍然利用式(3.97),不过其中的$H'_{\mathrm{ap}}(z)$应改为

$$H'_{\mathrm{ap}}(z)=\prod_{i=1}^{M}\frac{z^{-1}-z_i^*}{1-z_iz^{-1}},\quad |z_i|>1 \tag{3.103}$$

将式(3.99)和式(3.103)代入式(3.97)，得到

$$H_{\min}(z)=F(z)\prod_{i=1}^{M}(z^{-1}-z_i^*),\quad |z_i|>1 \tag{3.104}$$

归纳以上推导结果，可以得出将 N 阶 IIR 滤波器 $H(z)$ 分解成最小相位滤波器 $H_{\min}(z)$ 与全通滤波器 $H_{\mathrm{ap}}(z)$ 的级联的编程方法如下：

(1) 令 $H_{\min}(z)=H(z)$，$H_{\mathrm{ap}}(z)=1$。分解 $H(z)$ 的分子多项式

$$B(z)=\prod_{i=1}^{N}(1-z_iz^{-1})$$

(2) 迭代运算：i 从 1 到 N

如果 $|z_i|>1$，则计算

$$H'_{\mathrm{ap}}(z)=\frac{z^{-1}-z_i^*}{1-z_iz^{-1}},\quad |z_i|>1$$

$$H_{\min}(z)=H_{\min}(z)H'_{\mathrm{ap}}(z)$$

$$H_{\mathrm{ap}}(z)=H'_{\mathrm{ap}}(z)H_{\mathrm{ap}}(z)$$

例 3.12 将具有下列传输函数的 IIR 滤波器分解成最小相位滤波器与全通滤波器的级联

$$H(z)=\frac{0.2[(1+0.5z^{-1})^2+1.5^2z^{-2}]}{1-0.64z^{-2}}$$

画出原滤波器、最小相位滤波器和全通滤波器的幅度响应和相位响应。

解 容易看出，极点为 $p_{1,2}=\pm 0.8$，都在单位圆内，所以该 IIR 滤波器是稳定的；零点为 $z_{1,2}=-0.5\pm \mathrm{j}1.5$，都在单位圆外，所以该 IIR 滤波器是最大相位滤波器。

用式(3.101)求 $H(z)$ 的最小相位形式

$$\begin{aligned}H_{\min}(z)&=F(z)\prod_{i=1}^{M}(z^{-1}-z_i^*)=\frac{0.2}{1-0.64z^{-2}}\prod_{i=1}^{2}(z^{-1}-z_i^*)\\&=\frac{0.2[z^{-1}-(-0.5-\mathrm{j}1.5)][z^{-1}-(-0.5+\mathrm{j}1.5)]}{1-0.64z^{-2}}\\&=\frac{0.2(2.5+z^{-1}+z^{-2})}{1-0.64z^{-2}}=\frac{0.5(1+0.4z^{-1}+0.4z^{-2})}{1-0.64z^{-2}}\end{aligned}$$

用式(3.102)求全通滤波器

$$\begin{aligned}H_{\mathrm{ap}}(z)&=\prod_{i=1}^{2}\frac{1-z_iz^{-1}}{z^{-1}-z_i^*}\\&=\frac{[1-(-0.5+\mathrm{j}1.5)z^{-1}][1-(-0.5-\mathrm{j}1.5)z^{-1}]}{[z^{-1}-(-0.5-\mathrm{j}1.5)][z^{-1}-(-0.5+\mathrm{j}1.5)]}\\&=\frac{1+z^{-1}+2.5z^{-2}}{2.5+z^{-1}+z^{-2}}=\frac{0.4(1+z^{-1}+2.5z^{-2})}{1+0.4z^{-1}+0.4z^{-2}}\end{aligned}$$

图 3-34 是 $H(z)$、$H_{\min}(z)$ 和 $H_{\mathrm{ap}}(z)$ 的幅度响应和展开相位响应的图形。

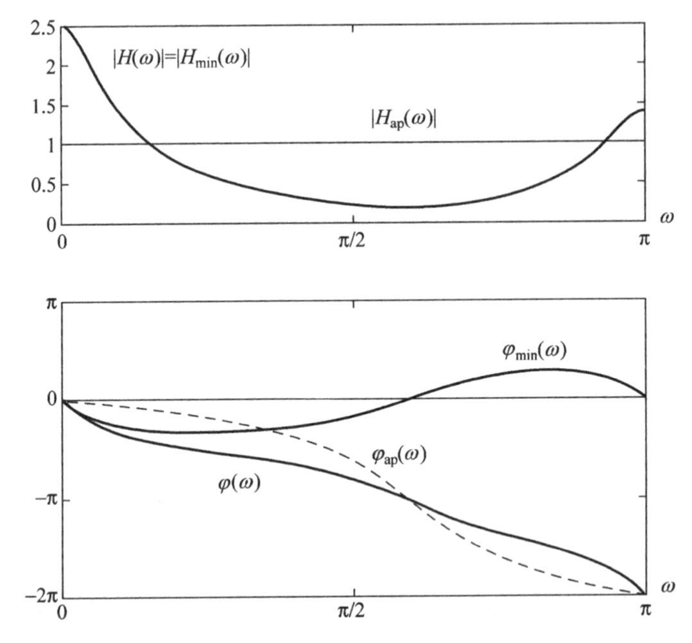

图 3-34　例 3.12 的 $H(z)$、$H_{\min}(z)$和 $H_{ap}(z)$的幅度响应和相位响应

3.7　IIR 滤波器的格型结构

3.7.1　全极点格型滤波器

全极点滤波器的传输函数和差分方程分别为

$$H(z)=\frac{1}{A(z)}=\frac{1}{1+\sum_{i=1}^{N}a_i z^{-i}}=\frac{Y(z)}{X(z)} \tag{3.105}$$

和

$$y(n)=-\sum_{i=1}^{N}a_i y(n-i)+x(n) \tag{3.106}$$

全极点滤波器的逆滤波器的传输函数为

$$H^{-1}(z)=A(z)=1+\sum_{i=1}^{N}a_i z^{-i} \tag{3.107}$$

它是一个 FIR 滤波器,仍设输入为 $x(n)$输出为 $y(n)$,则逆滤波器的差分方程为

$$x(n)=-\sum_{i=1}^{N}a_i x(n-i)+y(n) \tag{3.108}$$

对比式(3.106)与式(3.108),如果将全极点滤波器的 $y(n)$改作输入,将 $x(n)$改作输出,则式(3.106)变换成式(3.108)。这意味着,交换全极点滤波器的输入和输出,则得到它的逆滤波器,逆滤波器是一个 FIR 滤波器。这启示我们,可以由 FIR 滤波器的格型结构

推出全极点滤波器的格型结构。

将式(3.108)写成简化形式

$$y(n)=\sum_{i=0}^{N}a_i x(n-i),\quad a_0=1 \tag{3.109}$$

式(3.109)描述的是传输函数为 $A(z)$ 的 FIR 滤波器，而式(3.106)是传输函数为 $H(z)=A^{-1}(z)$ 的 IIR 滤波器。所以，只要把 FIR 滤波器的输入与输出角色互换，即得出对应的 IIR 滤波器；反之亦然。

根据以上讨论，若将图 3-4 所示的 N 阶 FIR 格型滤波器的输入和输出重新定义如下

$$x(n)=u_N(n) \tag{3.110}$$

$$y(n)=u_0(n)=v_0(n) \tag{3.111}$$

则式(3.9)的第一个公式应改写成降阶递归计算，而第二个公式保持不变，于是得到

$$\begin{cases}u_{i-1}(n)=u_i(n)-\gamma_i v_{i-1}(n-1)\\ v_i(n)=\gamma_i u_{i-1}(n)+v_{i-1}(n-1)\end{cases},\quad 1\leqslant i\leqslant N \tag{3.112}$$

注意：式(3.112)实质上与式(3.9)相同。全极点滤波器的格型结构按照式(3.112)构造，如图 3-35 所示。图中，从 $x(n)=u_N(n)$ 到 $y(n)=u_0(n)=v_0(n)$ 是前向通路，按照降阶计算；从 $y(n)$ 到 $v_N(n)$ 是后向通路或反馈通路，按照升阶计算。

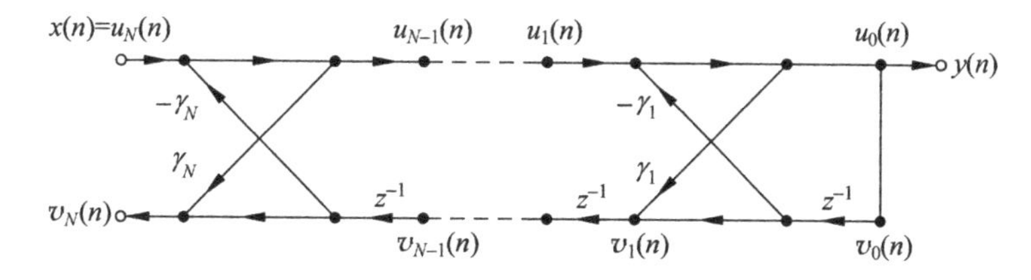

图 3-35 全极点格型滤波器信号流图

滤波器的极点由反馈通路形成。例如，对于最简单的 1 阶 IIR 滤波器($N=1$)，有

$$x(n)=u_1(n) \tag{3.113}$$

$$u_0(n)=u_1(n)-\gamma_1 v_0(n-1) \tag{3.114}$$

$$v_1(n)=\gamma_1 u_0(n)+v_0(n-1) \tag{3.115}$$

$$y(n)=u_0(n)=v_0(n) \tag{3.116}$$

式(3.115)也可以表示成

$$v_1(n)=\gamma_1 y(n)+y(n-1) \tag{3.117}$$

可以看出，式(3.114)描述一个 1 阶 IIR 滤波器，而式(3.117)描述一个 1 阶 FIR 滤波器。由式(3.114)看出，极点是在降阶计算 $u(n)$ 时引入反馈的结果，如图 3-36 所示。

对于 N 阶全极点格型滤波器，有

$$H_f(z)=\frac{Y(z)}{X(z)}=\frac{U_0(z)}{U_N(z)}=\frac{1}{A(z)} \tag{3.118}$$

$$H_b(z)=\frac{V_N(z)}{Y(z)}=\frac{V_N(z)}{V_0(z)}=D_N(z)=z^{-N}A(z^{-1}) \tag{3.119}$$

$H_b(z)$的系数与$A(z)$的系数相同,但次序相反。图 3-35 中从 $v_0(n)$到 $v_N(n)$的路径与图 3-4 的完全相同,这是 FIR 格型结构与 IIR 格型结构共有的全零点路径,称为后向路径,沿这条路径的传输函数是 $H_b(z)$。因此,全极点格型结构与全零点格型结构使用的是同一组参数 γ_i,$1\leqslant i\leqslant N$;唯一区别是信号流图各个支路的方向和节点的连接不同。因此,根据传输函数系数 a_i 求全极点格型结构系数 γ_i 的方法,与全零点格型结构中将 b_i 转换成γ_i 的方法完全相同。

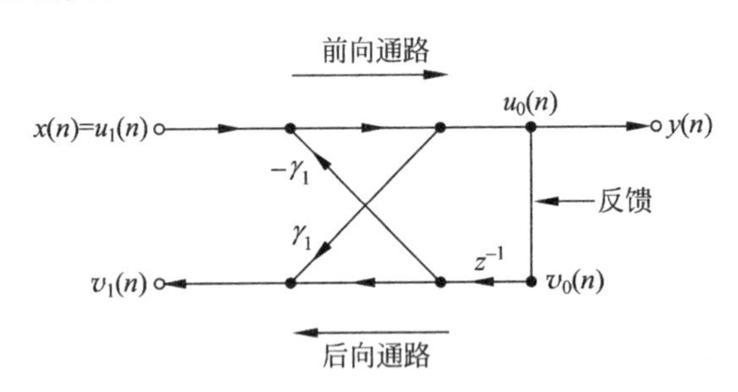

图 3-36　1 阶全极点格型结构的信号流图

FIR 滤波器是全零点滤波器,只在 $z=0$ 处有 N 阶极点,因此它的格型结构不需要考虑稳定性问题。但是,IIR 格型滤波器需要考虑稳定性问题。为了使 IIR 格型滤波器稳定,必须要求$|\gamma_i|<1$,因为只有这样才能保证 $A(z)$的根(即滤波器的极点)在单位圆内。

3.7.2　极点-零点格型滤波器

设 N 阶 IIR 滤波器的传输函数为

$$H(z)=\frac{B(z)}{A(z)}=\frac{\sum_{i=0}^{N}b_iz^{-i}}{1+\sum_{i=1}^{N}a_iz^{-i}} \tag{3.120}$$

它的直接Ⅱ型结构的信号流图如图 3-37 所示。

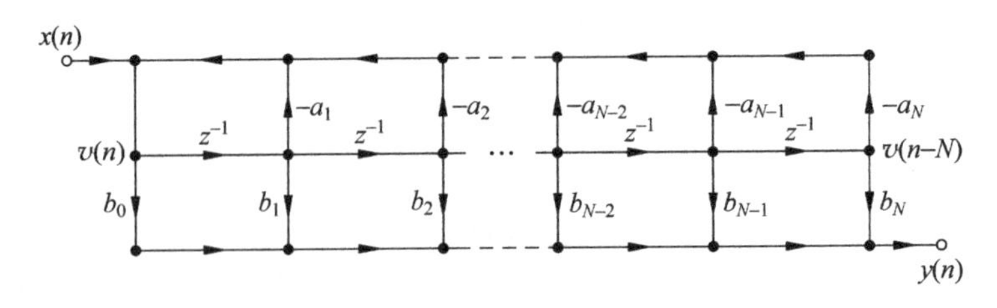

图 3-37　IIR 滤波器的直接Ⅱ型结构的信号流图

图 3-37 上部分的差分方程为

$$v(n)=-\sum_{i=1}^{N}a_iv(n-i)+x(n) \tag{3.121}$$

它表示一个全极点滤波器。下部分的差分方程为

$$y(n) = \sum_{i=0}^{N} b_i v(n-i) \tag{3.122}$$

它表示一个全零点滤波器。下部分的输入是上部分延时器的输出。

在图3-35中，从$v_0(n)$到$v_N(n)$的传输函数$H_b(z)$由式(3.119)决定，它表示一个全零点系统。因此，$v_i(n)$的任意线性组合也是一个全零点系统。这样，当图3-37上部分用全极点格型结构实现时，下部分仍然可以用全零点系统实现$v_i(n)$的线性组合，不过加权系数不再是原来的$b_i(0\leqslant i\leqslant N)$，而应当加以改变，改变后的加权系数称为梯形参数，用$c_i(0\leqslant i\leqslant N)$表示。这样，便可得到图3-38所示的极点-零点格型滤波器的信号流图。图中，反射系数(或格型参数)γ_i由参数a_i转换得到，计算方法与全零点格型结构中将b_i转换成γ_i的方法相同。梯形参数c_i由系数b_i推导得到，为此，写出图3-38的输出

$$y(n) = \sum_{i=0}^{N} c_i v_i(n) \tag{3.123}$$

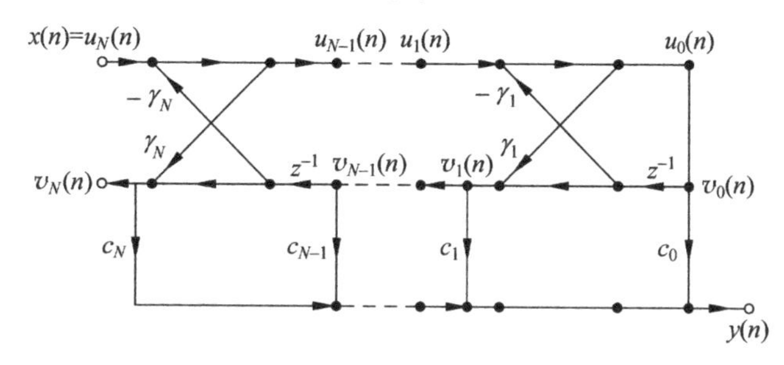

图3-38 极点-零点格型滤波器的信号流图

或

$$Y(z) = \sum_{i=0}^{N} c_i V_i(z) \tag{3.124}$$

由此得出极点-零点格型滤波器的传输函数

$$H_{pz}(z) = \frac{Y(z)}{X(z)} = \sum_{i=0}^{N} c_i \frac{V_i(z)}{X(z)} \tag{3.125}$$

考虑到$X(z)=U_N(z)$和$U_0(z)=V_0(z)$，所以式(3.125)可以写成

$$H_{pz}(z) = \sum_{i=0}^{N} c_i \frac{V_i(z)}{V_0(z)} \frac{U_0(n)}{U_N(z)} \tag{3.126}$$

式中，$V_i(z)/V_0(z)$是从$v_0(n)$到$v_i(n)$的全零点通路的传输函数，用$D_i(z)$表示，见式(3.14)；$U_0(z)/U_N(z)=1/A(z)$是从$u_N(n)$到$u_0(n)$的全极点通路的传输函数，见式(3.118)。所以式(3.126)可表示为

$$H_{pz}(z) = \frac{1}{A(z)} \sum_{i=0}^{N} c_i D_i(n) \tag{3.127}$$

令式(3.127)表示的极点-零点格型滤波器的传输函数$H_{pz}(z)$与式(3.120)表示的IIR滤波器的传输函数$H(z)$相等，得出

$$B(z) = \sum_{i=0}^{N} c_i D_i(z) \tag{3.128}$$

这就是由IIR滤波器的系数 b_i 计算梯形参数 c_i 的公式。在给定 $B(z)$的情况下，为了计算 c_i，需要知道 $D_i(z)$。在由参数 a_i 计算反射系数 γ_i 的方法中，已经包含对 $D_i(z)$的计算。令式(3.128)左右两边同次项系数相等，得到一个方程组，便可解出 c_i。

例 3.13 画出下列传输函数定义的IIR滤波器的格型结构的信号流图。

$$H(z)=\frac{0.15+0.5168z^{-1}+0.5260z^{-2}+0.1z^{-3}}{1+0.26z^{-1}+0.568z^{-2}-0.1z^{-3}}$$

解 首先，利用分母多项式求反射系数。

(1) 初始化：已知

$$A_3(z)=1+0.26z^{-1}+0.568z^{-2}-0.1z^{-3}$$

由 $A_3(z)$计算 $D_3(z)$

$$D_3(z)=z^{-3}A_3(z^{-1})=z^{-3}+0.26z^{-2}+0.568z^{-1}-0.1$$

计算初始反射系数

$$\gamma_3=\lim_{z\to\infty}D_3(z)=-0.1$$

(2) 迭代运算：$i=3,2$

$$\begin{aligned}A_2(z)&=\frac{1}{1-\gamma_3^2}[A_3(z)-\gamma_3D_3(z)]\\&=\frac{1}{1-(-0.1)^2}[(1+0.26z^{-1}+0.568z^{-2}-0.1z^{-3})\\&\quad+0.1\times(-0.1+0.568z^{-1}+0.26z^{-2}+z^{-3})]\\&=1+0.32z^{-1}+0.6z^{-2}\end{aligned}$$

$$D_2(z)=z^{-2}A_2(z^{-1})=0.6+0.32z^{-1}+z^{-2}$$

$$\gamma_2=\lim_{z\to\infty}D_2(z)=0.6$$

$$\begin{aligned}A_1(z)&=\frac{1}{1-\gamma_2^2}[A_2(z)-\gamma_2D_2(z)]\\&=\frac{1}{1-0.6^2}[(1+0.32z^{-1}+0.6z^{-2})-0.6\times(0.6+0.32z^{-1}+z^{-2})]\\&=1+0.2z^{-1}\end{aligned}$$

$$D_1(z)=z^{-1}A_1(z^{-1})=0.2+z^{-1}$$

$$\gamma_1=\lim_{z\to\infty}D_1(z)=0.2$$

这样，求出的反射系数是 $\gamma_1=0.2$，　$\gamma_2=0.6$，　$\gamma_3=-0.1$

其次，由分子多项式求梯形参数。利用公式 $B(z)=\sum_{i=0}^{N}c_iD_i(z)$ 得到

$$\begin{aligned}B(z)&=0.15+0.5168z^{-1}+0.5260z^{-2}+0.1z^{-3}\\&=c_0D_0(z)+c_1D_1(z)+c_2D_2(z)+c_3D_3(z)\\&=c_0+c_1(0.2+z^{-1})+c_2(0.6+0.32z^{-1}+z^{-2})\\&\quad+c_3(-0.1+0.568z^{-1}+0.26z^{-2}+z^{-3})\end{aligned}$$

由上式得到方程组

$$c_0+0.2c_1+0.6c_2-0.1c_3=0.15$$
$$c_1+0.32c_2+0.568c_3=0.5168$$
$$c_2+0.26c_3=0.5260$$
$$c_3=0.1$$

从最后一个方程开始,逐个向前求解,得到

$$c_2=0.5,\quad c_1=0.3,\quad c_0=-0.2$$

图 3-39 所示的是格型结构的信号流图。

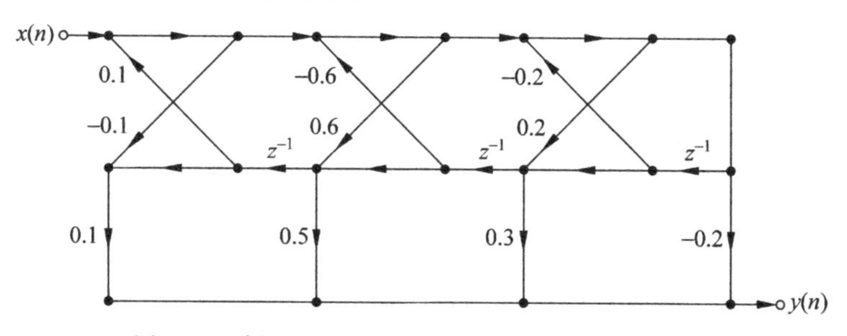

图 3-39　例 3.13 的极点-零点格型结构的信号流图

从例 3.13 看出,计算极点-零点格型结构的参数是很麻烦的。在实际应用中,可以调用在 3.2 节中曾经提到过的 MATLAB 函数 tf2latc 和 latc2tf 来实现 IIR 滤波器的传输函数系数与格型参数之间的转换。调用方式是:

(1) [k,v]=tf2latc(b,a):输入参数 b 和 a 分别是 IIR 滤波器的传输函数的分子和分母系数矢量(行矢量),分母系数用 a_0 归一化,见式(3.120)。输出参数为反射系数矢量 k 和梯形参数 c_i 构成的矢量 v。

(2) k=tf2latc(1,a):求全极点 IIR 滤波器的格型参数。

(3) [k,v]=tf2latc(1,a):与(2)的调用方式的区别是,输出参数 v 指出了标量梯形系数的正确位置,v 的其余元素均为零。

(4) [num,den]=latc2tf(k,v):由 IIR 滤波器的反射系数矢量 k 和梯形参数矢量 v,求传输函数的分子和分母系数矢量 num 和 den。

(5) [num,den]=latc2tf(k,'irroption'):与(4)的调用方式的区别在于,输入参数'irroption'指定滤波器的特点。'allpole'表示全极点 IIR 滤波器,'allpass'表示全通 IIR 滤波器。

例如,对于例 3.13,只需运行以下 MATLAB 语句

```
b = [0.15 0.5168 0.5260 0.1]; a = [1 0.26 0.568 - 0.1]; [k,v] = tf2latc(b,a);
```

即可得到 k=[0.2 0.6 −0.1],v=[−0.2 0.3 0.5 0.1]。与笔算结果一致。

3.8　滤波器的有限字长效应

用软件或硬件实现滤波器时,滤波器的参数和信号都必须量化成有限位的二进制数,这将改变滤波器的频率特性,这种现象称为有限字长效应。

3.8.1 二进制数表示方法

二进制数表示方法在计算机课程中已经学习过了,这里扼要复习其中部分内容。二进制数有定点制和浮点制两种基本表示方法。浮点制的动态范围远大于定点制,但定点制处理器的速度快,价格便宜。当用软件在计算机上实现滤波器时,通常都采用二进制浮点制。例如,MATLAB 使用 64 位字长浮点制,其中尾数 53 位,指数 11 位。专用 DSP 硬件既有浮点制的,也有定点制的。

相邻数之间的间隔称为精度。定点制的精度是均匀和固定的。定点制由于动态范围远小于浮点制,因此必须采用定标办法防止溢出。虽然定点制和浮点制都有有限字长效应问题,但是,浮点制特别是 MATLAB 中采用的双精度浮点制,其有限字长效应非常小。

在定点制中,用一个 m 位二进制数

$$b = b_0 b_1 \cdots b_{m-1}, \quad b_i \in (0,1) \tag{3.129}$$

表示实数 x 时,可以有原码、反码和补码 3 种格式。表示正数时,3 种格式相同;3 种格式的区别在于对负数的表示方法不同。归一化的二进制数通常将小数点置于 b_0 与 b_1 之间,因此,实数 x 的原码表示为

$$x = (-1)^{b_0} \cdot \sum_{i=1}^{m-1} b_i 2^{-i} \tag{3.130}$$

式中,b_0 固定作为符号位,$b_0=0$ 表示正数,$b_0=1$ 表示负数。用反码表示负数的方法是将正数的二进制表示的每位取反。用补码表示负数的方法,是将正数的二进制表示的每位取反,然后在最低有效位加 1。补码的符号位的任何进位都要舍弃。

式(3.130)能够表示的数值范围是 $-1 \leqslant x \leqslant 1$,大多数需要表示的数都超出这个范围。更大的数值需要用定标因子 c 来调整。若选择定标因子 $c=2^k$,则定标运算实际上是将小数点向右移动 k 位。这样,数值范围扩大为 $-c \leqslant x \leqslant c$,但是却使精度下降。精度又称为量化步长,是指相邻数之间的间隔,定义为

$$q = \frac{c}{2^{m-1}} \tag{3.131}$$

式中,m 是二进制数的位数(包括符号位),它决定量化步长的大小,所以有时也将字长 m 称为二进制数的精度。当定标因子 $c=2^k$ 时,相当于用 $k+1$ 位表示整数部分(包括符号位),用其余 $m-(k+1)$ 位表示分数部分,如图 3-40 所示。定点制的精度是恒定的,q 越大表示精度越低;在 m 一定的情况下,q 与动态范围 $2c$ 成正比。

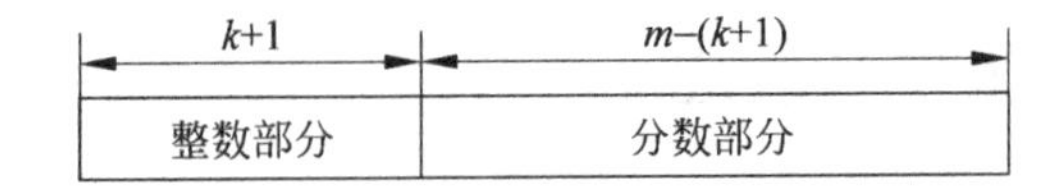

图 3-40 m 位二进制数的定点表示(利用定标因子 $c=2^k$)

浮点制将实数表示为

$$x = 2^E M \tag{3.132}$$

其中，尺度因子 2^E 的指数 E 称为阶码，用定点二进制整数表示；尾数 M 用定点二进制小数表示。阶码的字长决定动态范围，尾数的字长决定精度；进行浮点运算时，常将尾数归一化为 $0.5\leqslant M<1$，并通过调整阶码来同时获得高精度和大动态范围。两浮点数相乘，阶码相加而尾数相乘，因此尾数的乘积需要量化。两浮点数相加，需要通过移动阶码低的数的尾数小数点位置将阶码调整到相同，然后将尾数相加，所以加法也引入了量化。当阶码足够大，使所有数都在 $|x|<2^E$ 范围内时，量化只影响尾数。但是尾数的量化误差要乘以 2^E，这意味着尾数量化误差与被量化数有关。

3.8.2 信号的量化误差

模拟信号 $x_a(t)$ 经取样成为取样信号 $x(n)$，然后被量化成为数字信号 $\hat{x}(n)$。$x(n)$ 在时间上离散了，但幅度仍然是连续的，因此需要用无限多位二进制数表示

$$x = \sum_{i=1}^{\infty} b_i 2^{-i}, \quad b_i \in (0,1) \tag{3.133}$$

x 经舍入量化成为字长为 m 位（含符号位）的数字信号，表示为

$$\hat{x}_R \equiv Q_m(x) = q\left\lceil \frac{x+q/2}{q} \right\rceil \tag{3.134}$$

式中，$\lceil\ \rceil$ 表示“向下取整”。而截尾量化后的数值为

$$\hat{x}_T \equiv Q_m(x) = q\left\lceil \frac{x}{q} \right\rceil \tag{3.135}$$

式中，q 由式(3.131)确定。式(3.134)或式(3.135)表示量化器的输入 x 与输出 $\hat{x}$ 之间的非线性函数关系，称为量化特性。图 3-41(a)是 $m=4$ 时根据式(3.134)画出的舍入量化特性曲线，其中 X_{max} 是量化器的限幅电平。

用 m 位定点二进制数表示的舍入量化值为

$$\hat{x}_R = \sum_{i=1}^{m-1} b_i 2^{-i} + b_m 2^{-(m-1)}, \quad b_i \in (0,1) \tag{3.136}$$

式(3.136)的含义是，若第 m 位为 1，则将其加到第 $m-1$ 位上；若第 m 位为 0，则将其舍弃。舍入量化值 $\hat{x}_R$ 与量化前的精确值 x 之差称为舍入量化误差，用 e_R 表示

$$e_R = \hat{x}_R - x = b_m 2^{-m} - \sum_{i=m+1}^{\infty} b_i 2^{-i}, \quad b_i \in (0,1) \tag{3.137}$$

由式(3.137)看出，若 $b_m=1$ 而对于 $i\geqslant m$ 的所有 $b_i=0$，则 $e_R=2^{-m}=q/2$，这是 e_R 的最大可能取值；若 $b_m=0$ 而对于 $i\geqslant m$ 的所有 $b_i=1$，则

$$e_R = -\sum_{i=m+1}^{\infty} 2^{-i} = -\frac{2^{-m}}{1-2} = -q/2$$

这是 e_R 的最小可能取值。因此，e_R 的可能取值范围是

$$-q/2 \leqslant e_R \leqslant q/2 \tag{3.138}$$

舍入量化误差如图 3-41(b)所示。

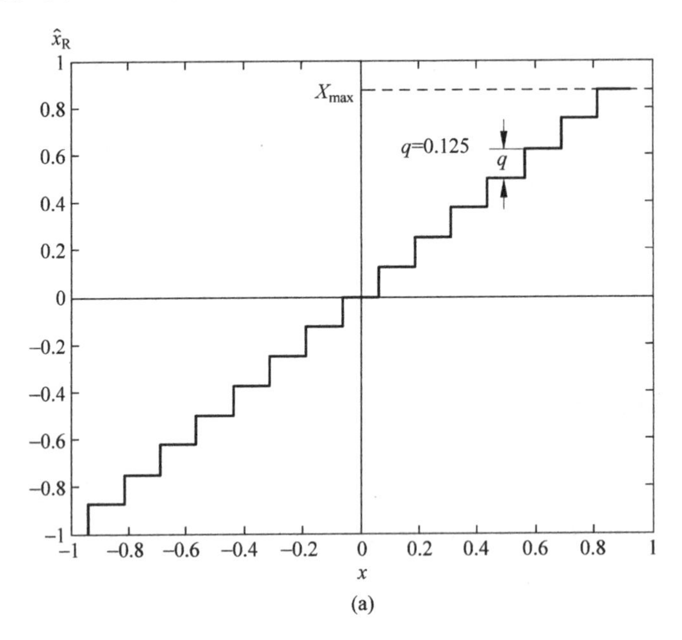

(a)

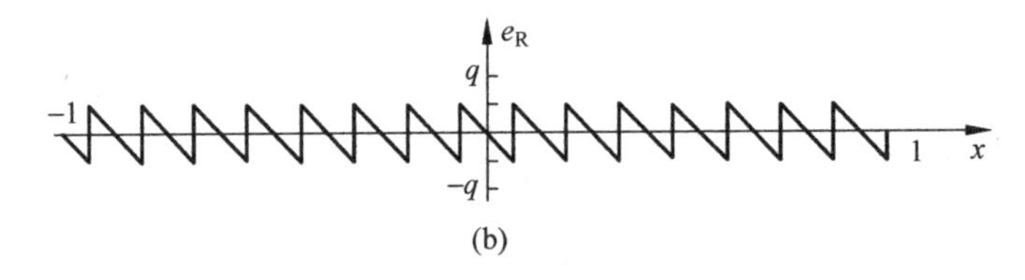

(b)

图 3-41　舍入量化特性和舍入量化误差($m=4$)

类似地,可以得出 m 位定点二进制数表示的截尾量化值、截尾量化误差和截尾量化误差的取值范围分别为

$$\hat{x}_{\mathrm{T}}=\sum_{i=1}^{m-1} b_i 2^{-i},\quad b_i \in (0,1) \tag{3.139}$$

$$\begin{aligned} e_{\mathrm{T}} &= \hat{x}_{\mathrm{T}}-x=\sum_{i=1}^{m-1} b_i 2^{-i}-\sum_{i=1}^{\infty} b_i 2^{-i} \\ &= -\sum_{i=m}^{\infty} b_i 2^{-i},\quad b_i \in (0,1) \end{aligned} \tag{3.140}$$

$$-q \leqslant e_{\mathrm{T}} \leqslant 0 \tag{3.141}$$

如图 3-42 所示。

当 x 是随机信号且量化级数非常多时,量化误差也是随机的,而且是均匀分布的。因此,舍入和截尾量化误差的概率密度函数分别为

$$p_{\mathrm{R}}(e)=\begin{cases}1/q, & -q/2 \leqslant e_{\mathrm{R}} \leqslant q/2 \\ 0, & \text{其余}\end{cases} \tag{3.142}$$

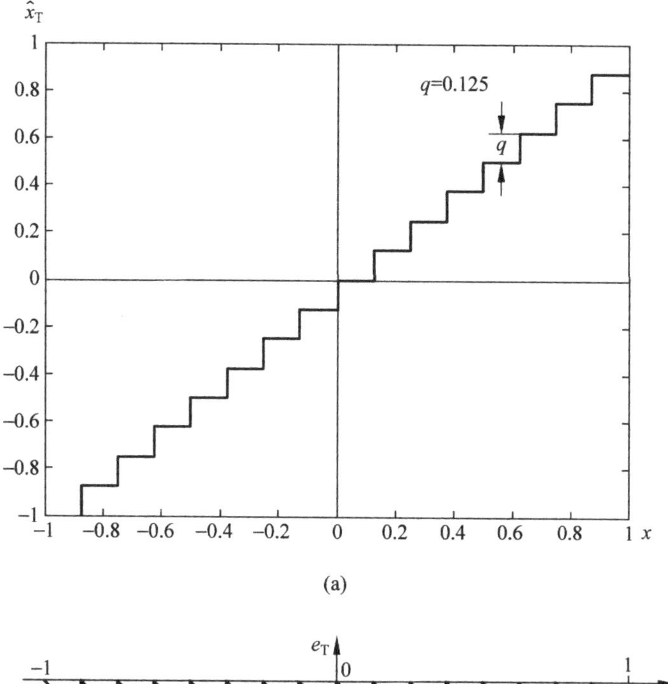

图 3-42　截尾量化特性和截尾量化误差($m=4$)

和

$$p_T(e)=\begin{cases}1/q, & -q\leqslant e_T\leqslant 0\\ 0, & 其余\end{cases} \tag{3.143}$$

如图 3-43(a)和图 3-43(b)所示。

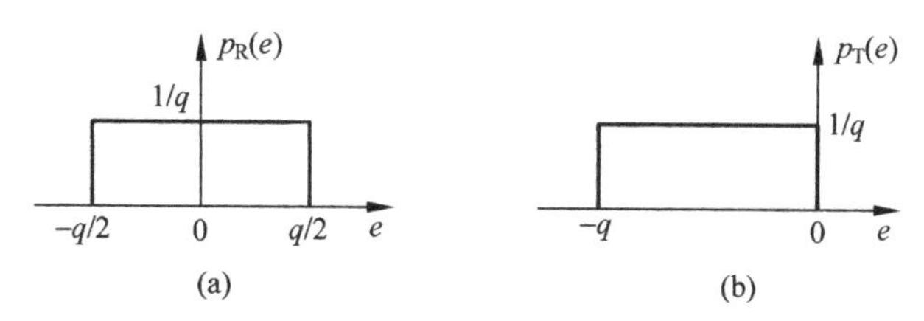

图 3-43　舍入和截尾量化误差的概率密度函数

根据式(3.142)和式(3.143)不难算出舍入和截尾量化误差的均值和方差

$$m_R=E[e_R]=\int_{-\infty}^{\infty}e_R p_R(e_R)\mathrm{d}e_R=\frac{1}{q}\int_{-q/2}^{q/2}e_R\mathrm{d}e_R=0 \tag{3.144}$$

$$m_T=E[e_T]=\int_{-\infty}^{\infty}e_T p_T(e_T)\mathrm{d}e_T=\frac{1}{q}\int_{-q}^{0}e_T\mathrm{d}e_T=-q/2 \tag{4.145}$$

$$\sigma_R^2=E[e_R^2]=\int_{-\infty}^{\infty}e_R^2 p_R(e_R)\mathrm{d}e_R=\frac{1}{q}\int_{-q/2}^{q/2}e_R^2\mathrm{d}e_R=q^2/12 \tag{3.146}$$

$$\sigma_{\mathrm{T}}^2 = E[e_{\mathrm{T}}^2] = \int_{-\infty}^{\infty} e_{\mathrm{T}}^2 p_{\mathrm{T}}(e_{\mathrm{T}}) \mathrm{d}e_{\mathrm{T}} = \frac{1}{q}\int_{-q/2}^{0} e_{\mathrm{T}}^2 \mathrm{d}e_{\mathrm{T}} = q^2/12 \tag{3.147}$$

量化误差构成的离散时间随机序列 $e_{\mathrm{R}}(n)$ 或 $e_{\mathrm{T}}(n)$ 统一用 $e(n)$ 表示,称为量化噪声。进行有限字长分析时常采用图 3-44 所示的线性噪声模型。其中,$x_{\mathrm{a}}(t)$是模拟信号;$x(n)$是取样信号;$e(n)$是量化噪声。因此,有

$$\hat{x}(n) = x(n) + e(n) \tag{3.148}$$

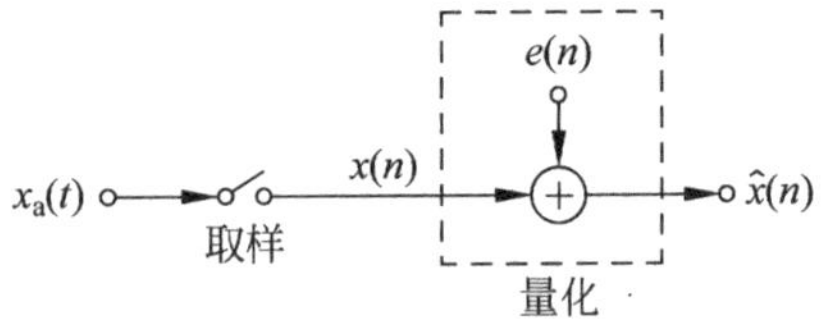

图 3-44　量化过程的线性噪声模型

在大多数情况下量化步长很小,量化器输入信号 $x(n)$的相邻取样值之差比量化步长大很多,这意味着从一个取样值到相邻取样值的变化跨越了许多量化步长,因此,量化噪声$e(n)$具有以下性质:它是平稳白噪声序列;它在自己的取值范围内均匀分布;它与量化器输入信号 $x(n)$不相关。

信号平均功率 σ_x^2 与量化噪声平均功率之比,称为信号量化噪声比,用 SQNR 表示。舍入量化噪声均值为零,因此它的平均功率等于方差 σ_{R}^2。因此,量化器的 SQNR 为

$$\mathrm{SQNR}_x = 10\lg \frac{\sigma_x^2}{\sigma_{\mathrm{R}}^2}(\mathrm{dB}) \tag{3.149}$$

将式(3.146)代入式(3.149),并考虑到式(3.131)(取 $c=1$),得到

$$\mathrm{SQNR}_x = 10\lg\sigma_x^2 + 10.79 + 6.02(m-1)(\mathrm{dB}) \tag{3.150}$$

式中,m 是字长(含符号位)。由式(3.150)看出,量化器字长每增加 1 位,量化器的信噪比提高约 6dB。

设信号 $x(n)$的幅度范围是$-c \leqslant x(n) \leqslant c$,乘以定标因子 c^{-1}后被归一化为$-1 \leqslant c^{-1}x(n) \leqslant 1$,其平均功率为 $c^{-2}\sigma_x^2$,于是,式(3.150)变成

$$\mathrm{SQNR}_x = 10\lg\sigma_x^2 + 10.79 + 6.02(m-1) + 20\lg c^{-1}(\mathrm{dB}) \tag{3.151}$$

因为 $c^{-1}<1$,所以式(3.151)中的末项小于零,这意味着,为了避免溢出和限幅失真而乘以定标因子,将使输入信噪比下降 $20\lg c$(dB)。

例 3.14　设 $x(n)$是一个在$[-2,2]$均匀分布的平稳随机信号,采用舍入量化,为使 SQNR 不低于 80dB,求量化器的字长。

解　信号归一化定标因子 $c^{-1}=2^{-1}$。归一化信号平均功率为

$$\sigma_x^2 = \int_{-2}^{2} x^2 p_x(x)\mathrm{d}x = \frac{1}{4}\int_{-2}^{2} x^2 \mathrm{d}x = \frac{4}{3}$$

将 $\mathrm{SQNR} \geqslant 80$、$c^{-1}=2^{-1}\sigma_x^2=1/3$代入式(3.151)得到

$$80 \leqslant 10\lg\frac{4}{3} + 10.79 + 6.02(m-1) + 20\lg 2^{-1}(\mathrm{dB})$$

由上式解出 $m \geqslant 13.2593$,向上取整数得到 $m=14$(含符号位)。

在数字滤波器中,当乘积或乘积之和被量化时,将引入量化噪声。例如,在图 3-45 的 $N-1$ 阶 FIR 滤波器中,引入了乘法运算的舍入噪声源 $e_i(n)$,$0 \leqslant i \leqslant N-1$。这些噪声源相等且都直接加在滤波器输出节点上。因此,输出端上的总噪声为

$$f(n) = \sum_{i=0}^{N-1} e_i(n) \tag{3.152}$$

式中，舍入噪声 $e_i(n)$ 的幅度在 $[-q/2, q/2]$ 内均匀分布，其方差为 $\sigma_e^2=q^2/12$。由于 N 个舍入噪声源统计独立，所以出现在滤波器输出端上的噪声平均功率等于

$$\sigma_f^2 = \frac{Nq^2}{12} \tag{3.153}$$

由式(3.153)看出，FIR 滤波器的 σ_f^2 与滤波器的系数无关。

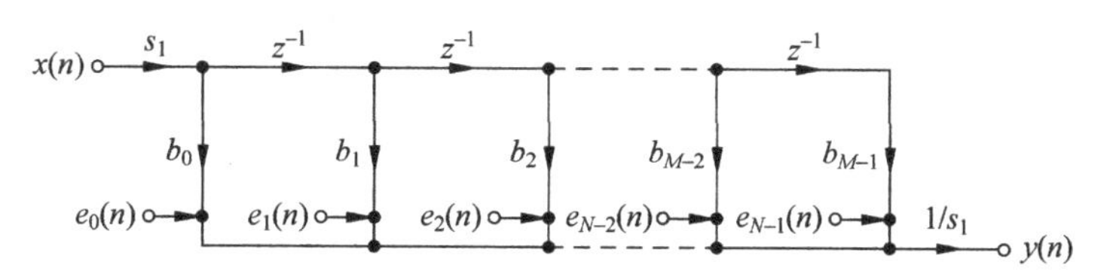

图 3-45　$N-1$ 阶 FIR 滤波器直接型结构的线性噪声模型

设有一个冲激响应为 $h(n)$ 的 $N-1$ 阶 FIR 滤波器，输入端作用一个量化后的信号 $\hat{x}(n)$，则滤波器的输出为

$$\hat{y}(n) = \hat{x}(n) * h(n) = x(n) * h(n) + e(n) * h(n) = y(n) + f(n)$$

由于 $x(n)$ 与 $e(n)$ 不相关，所以式中的卷积运算可以分解成相互独立的两部分，其中 $y(n)=x(n) * h(n)$ 是未量化信号 $x(n)$ 产生的输出，$f(n)=e(n) * h(n)$ 是量化噪声 $e(n)$ 产生的输出。由于 $e(n)$ 是均值为零的白噪声，且与 $x(n)$ 不相关，所以输出量化噪声 $f(n)$ 与输出信号 $y(n)$ 也不相关，于是，输出量化噪声的平均功率为

$$\begin{aligned}
\sigma_f^2 &= E[f^2(n)] = E\left[\sum_{i=0}^{N-1} h(i) f(n-i) \sum_{j=0}^{N-1} h(j) f(n-j)\right] \\
&= \sum_{i=0}^{N-1}\sum_{j=0}^{N-1} h(i)h(j)E[f(n-i)f(n-j)] \\
&= \sum_{i=0}^{N-1} h^2(i)E[f^2(n-i)] \\
&= \left[\sum_{i=0}^{N-1} h^2(i)\right]E[f^2(n)] = \left[\sum_{i=0}^{N-1} h^2(i)\right]\sigma_e^2
\end{aligned} \tag{3.154}$$

式(3.154)表明，输出量化噪声与输入量化噪声的平均功率成正比，比例常数为

$$\Gamma = \sum_{n=0}^{\infty} h^2(n) \tag{3.155}$$

称为滤波器的功率增益。

图 3-46 所示的是 $N-1$ 阶 FIR 滤波器的级联结构的线性噪声模型。它由 $K=N/2$ 级 2 阶子系统组成，N 为偶数，$e_i(n)$ 表示每级中 3 个舍入噪声源之和。由于每级都是直接型结构，所以按照式(3.153)，所有 $e_i(n)$ 的平均功率都等于 $\sigma_{ei}^2=q^2/4, 1\leqslant i\leqslant K$。其中，量化步长 $q=c/2^{m-1}$，m 是含符号位的字长，因此，$\sigma_{ei}^2=c^2 2^{-2m}$。

图 3-46 所示级联结构输出端的噪声平均功率为

$$\sigma_f^2 = \sum_{i=1}^{K} \Gamma_i \sigma_{ei}^2 \tag{3.156}$$

式中，Γ_i 是第 i 个噪声源 $e_i(n)$ 加入点(即第 i 级的输出点)至滤波器输出端的功率增益。

由式(3.155)可知

$$\Gamma_i = \sum_{n=0}^{2(K-i)} h_i^2(n) \tag{3.157}$$

式中,$h_i(n)$是第 i 个噪声源 $e_i(n)$加入点至滤波器输出端的单位冲激响应,它是一个长为 $2(K-i)$的序列,因为它是由最后$(K-i)$个 2 阶子系统组成的。将式(3.157)代入式(3.156),得到

$$\sigma_f^2 = \sigma_{ei}^2 \sum_{i=1}^{K} \sum_{n=0}^{2(K-i)} h_i^2(n) = c^2 2^{-2m} \sum_{i=1}^{K} \sum_{n=0}^{2(K-i)} h_i^2(n) \tag{3.158}$$

由式(3.158)看出,σ_f^2 与滤波器系数有关。

图 3-46 所示级联结构共有 K 级,故有 $K!$ 种排列次序。不同排列次序的级联结构具有不同的 $h_i(n)$和 Γ_i,因此有不同的输出噪声平均功率 σ_f^2。显然应当选取使 σ_f^2 最小的一种级联次序。但是,当 K 很大时,试探每一种排列次序是不实际的。通过对低阶 FIR 滤波器的详细实验研究发现,大多数排列次序的输出噪声都很小,其中最好排列次序能够获得最小功率增益和最平坦的幅度响应。为了使级联结构获得正确的最后输出,必须保证每级的输出不发生溢出,因此,每级输入端都应当插入定标因子。

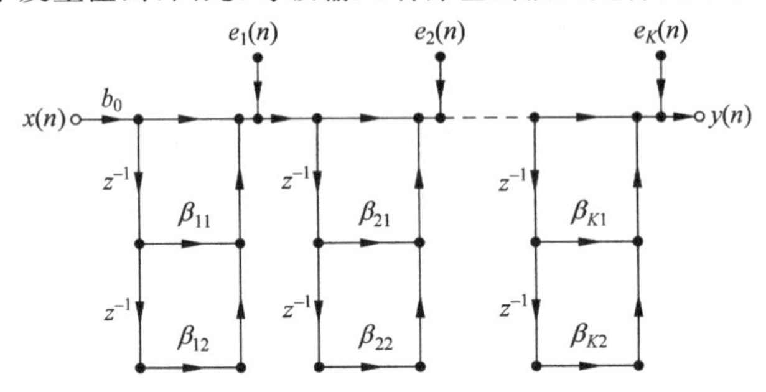

图 3-46 FIR 滤波器级联结构的线性噪声模型

3.8.3 滤波器系数的量化

实现数字滤波器时,滤波器系数必须量化成有限位二进制数。引入的量化误差将造成滤波器的零、极点偏离预定位置,使滤波器的频率特性发生改变。

1. FIR 滤波器的系数量化误差

由于多项式特别是高次多项式的根对多项式系数的变化很敏感,因此,高阶 FIR 滤波器的系数量化误差会引起零点位置发生很大改变。滤波器在单位圆上的零点特别重要,因为在这些频率上要求滤波器将输入信号衰减为零。例如,为了利用一个 2 阶 FIR 滤波器彻底滤掉频率为 ω_0 的信号,需要在单位圆上 $z=\pm\exp(j\omega_0)$处设置两个零点,即要求滤波器的传输函数为

$$\begin{aligned} H(z) &= [1-\exp(j\omega_0)z^{-1}][1-\exp(-j\omega_0)z^{-1}] \\ &= 1-2\cos(\omega_0)z^{-1}+z^{-2} \end{aligned} \tag{3.159}$$

即滤波器的系数为 $h(0)=1$、$h(1)=-2\cos\omega_0$ 和 $h(2)=1$。当对这 3 个系数进行量化时，$h(0)$ 和 $h(2)$ 不会有任何量化误差，只有 $h(1)$ 会产生很小的量化误差。这意味着量化后零点仍然在单位圆上，仅仅由于 $h(1)$ 的量化误差使频率 ω_0 有微小改变。这说明用 2 阶节的级联来实现高阶 FIR 滤波器，有利于减小系数量化的影响。

大多数应用都要求 FIR 滤波器具有线性相位，因此，系数量化对相位线性的影响是 FIR 滤波器实现中需要考虑的重要问题。线性相位 FIR 滤波器的单位冲激响应是偶对称或奇对称的，因此，可以用图 3-9 或图 3-10 所示的直接型结构实现，其中，$h(i)$ 和 $h(N-1-i)$ 用相同系数实现。因此，系数量化不影响滤波器的线性相位特性，而只影响幅度响应。如果 $h(n)$ 是实数，则 $H(z)$ 的零点或为实数，或为呈共轭倒数关系并以 4 个一组的形式出现的复数，表示为

$$z_0=re^{j\varphi_0},\quad z_0^*=re^{-j\varphi_0},\quad z_0^{-1}=r^{-1}e^{-j\varphi_0},\quad (z_0^{-1})^*=(z_0^*)^{-1}=r^{-1}e^{j\varphi_0}$$

利用这些零点构成 4 阶子系统

$$\begin{aligned}H(z)&=(1-re^{j\omega_0}z^{-1})(1-re^{-j\omega_0}z^{-1})(1-r^{-1}e^{-j\omega_0}z^{-1})(1-r^{-1}e^{j\omega_0}z^{-1})\\&=(r^{-1}-2\cos(\omega_0)z^{-1}+rz^{-2})(r-2\cos(\omega_0)z^{-1}+r^{-1}z^{-2})\end{aligned}\tag{3.160}$$

式(3.160)表示两个 2 阶子系统的级联，每个子系统的冲激响应本身是对称的，所以仍然是线性相位的，而且不受系数量化的影响。由这两个 2 阶子系统级联组成的 4 阶子系统也保持了线性相位的特性，图 3-47 是其信号流图。

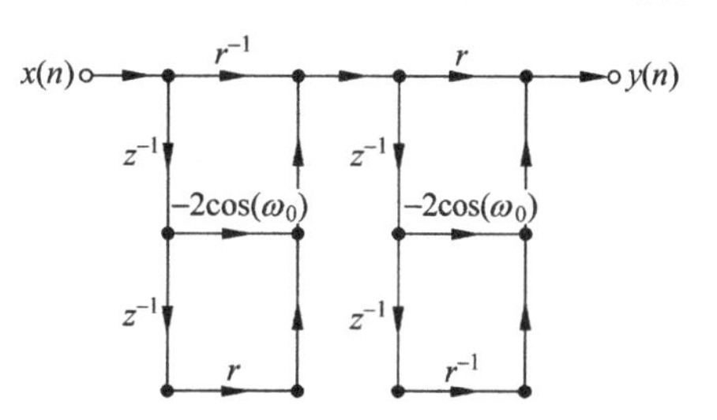

图 3-47　具有线性相位的 4 阶子系统

因此，用零点呈倒数关系的 2 阶子系统或成共轭倒数关系的 4 阶子系统的级联结构实现线性相位 FIR 滤波器，能够最大限度地减小系数量化对滤波器线性相位性质的影响。

2. IIR 滤波器的系数量化误差

IIR 滤波器的传输函数为

$$H(z)=\frac{\sum_{i=0}^{M}b_iz^{-i}}{1+\sum_{i=1}^{N}a_iz^{-i}}\tag{3.161}$$

式中，分子和分母多项式的系数 b_i 和 a_i 都要量化。因此，系数量化不仅对零点而且对极点都有影响。系数被量化成 m 位后的传输函数表示成

$$H_q(z)=\frac{B(z)}{A(z)}=\frac{\sum_{i=0}^{M}b_{qi}z^{-i}}{1+\sum_{i=1}^{N}a_{qi}z^{-i}}\tag{3.162}$$

式中，量化后系数 $b_{qi}=b_i+\Delta b_i$ 和 $a_{qi}=a_i+\Delta a_i$，其中 Δb_i 和 Δa_i 是量化误差。

与 FIR 滤波器一样，由于多项式特别是高阶多项式的根对于系数的变化很敏感，因此，高阶滤波器的零点和极点的位置对系数的量化误差很敏感。而零点和极点位置的变

化会影响滤波器的性能,在严重情况下甚至会影响滤波器的稳定。例如,如果 $H(z)$是一个窄带低通或高通滤波器,它的全部极点本来都在单位圆内,但是当系数量化后,可能一些极点转移到了单位圆外,从而使滤波器变得不稳定;即使极点都不移出单位圆,但只要有一个单位圆附近的极点或零点的位置发生变动,就会引起滤波器的幅度响应产生很大变化。

为了说明极点位置对系数量化误差的敏感程度,引入极点灵敏度的概念。设滤波器的极点都是1阶极点,因此,式(3.162)可以用极点表示为

$$H_{\mathrm{q}}(z)=\frac{\sum_{i=0}^{M} b_{\mathrm{q}i} z^{-i}}{\prod_{k=1}^{N}\left[1-\left(p_{k}+\Delta p_{k}\right) z^{-1}\right]} \tag{3.163}$$

式中,p_k 是系数量化前的第 k 个极点;Δp_k 是系数量化后极点 p_k 的位置变化,称为极点误差。极点误差 Δp_k 是由系数量化误差 Δa_i 引起的,它们之间的关系是

$$\Delta p_{k}=\sum_{i=1}^{N} \frac{\partial p_{k}}{\partial a_{i}} \Delta a_{i}, \quad k=1,2,\cdots,N \tag{3.164}$$

式中,$\partial p_k/\partial a_i$ 称为极点灵敏度,它表示第 k 个极点的位置对系数 a_i 的量化误差 Δa_i 的敏感程度。类似地可以定义零点灵敏度。

由于

$$\left.\frac{\partial A(z)}{\partial a_{i}}\right|_{z=p_{k}}=\left.\frac{\partial A(z)}{\partial p_{k}}\right|_{z=p_{k}} \frac{\partial p_{k}}{\partial a_{i}}$$

式中

$$\left.\frac{\partial A(z)}{\partial a_{i}}\right|_{z=p_{k}}=-\sum_{i=1}^{N} p_{k}^{-i}, \quad\left.\frac{\partial A(z)}{\partial p_{k}}\right|_{z=p_{k}}=-p_{k}^{-N} \prod_{\substack{l=1 \\ l \neq k}}^{N}\left(p_{k}-p_{l}\right)$$

所以得到

$$\frac{\partial p_{k}}{\partial a_{i}}=\frac{\left.\frac{\partial A(z)}{\partial a_{i}}\right|_{z=p_{k}}}{\left.\frac{\partial A(z)}{\partial p_{k}}\right|_{z=p_{k}}}=\frac{\sum_{i=1}^{N} p_{k}^{N-i}}{\prod_{\substack{l=1 \\ l \neq k}}^{N}\left(p_{k}-p_{l}\right)} \tag{3.165}$$

从式(3.165)得出两点结论:

(1) 式(3.165)的分母是每个极点与第 k 个极点之间的距离之乘积,若所有极点聚集在一起,则该乘积非常小,因此极点灵敏度很高,这意味着同样大小的系数量化误差将引起极点位置发生较大移动。例如,低通和高通滤波器的极点分别聚集在 $z=1$ 和 $z=-1$ 周围,带通滤波器的极点分两组分别聚集在 $z=-\mathrm{e}^{\mathrm{j}\omega_0}$ 和 $z=\mathrm{e}^{-\mathrm{j}\omega_0}$ 附近,这里 ω_0 是通带的中心频率,因此,低通和高通滤波器各极点间的距离都比带通滤波器的小很多,所以低通和高通滤波器的极点灵敏度比带通滤波器的要大。通常用 $\Delta\omega/\omega_{\mathrm{s}}$ 来度量极点密集程度,这里,$\Delta\omega$ 是滤波器的带宽;ω_{s} 是取样频率;$\Delta\omega/\omega_{\mathrm{s}}$ 越小表示极点越密集。在给定 $\Delta\omega$ 的情况下,ω_{s} 越高则极点越密集,因此极点灵敏度也越高。

(2) 稳定的因果IIR滤波器的全部极点都在单位圆内，一般情况下有 $|p_k - p_l| < 1$，因此，极点数目越多则乘积 $\prod_{\substack{l=1 \\ l \neq k}}^{N}(p_k - p_l)$ 越小，这意味着滤波器的阶越高则极点灵敏度也越高。所以，一般都采用1阶或2阶节组成的级联或并联结构实现高阶IIR滤波器，而很少采用直接型结构。(当然，1阶或2阶节本身还是采用直接型结构。)每个2阶节由一对复共轭极点组成，一般情况下，特别是在窄带带通滤波器情况下，两个复共轭极点相距较远，所以每个2阶节的极点灵敏度都很低。各2阶节是相互独立的，所以很适合级联或并联结构；其中，级联结构更便于独立控制各2阶节的极点和零点。

2阶节由两个复共轭极点构成

$$p_{1,2} = r\mathrm{e}^{\pm \mathrm{j}\varphi}$$

其传输函数表示为

$$H(z) = \frac{B(z)}{(1 - r\mathrm{e}^{\mathrm{j}\varphi}z^{-1})(1 - r\mathrm{e}^{-\mathrm{j}\varphi}z^{-1})} = \frac{B(z)}{1 - 2r\cos(\varphi)z^{-1} + r^2 z^{-2}}$$

影响极点位置的系数是：$a_1 = -2r\cos\varphi$ 和 $a_2 = r^2$。可以看出，极点在实轴上的坐标值 $r\cos\varphi$ 与系数 a_1 成正比，而极点矢量的长度 r 完全由系数 a_2 确定。特别值得注意的是 r 与系数 a_2 之间的非线性关系，这意味着系数量化后极点的可能位置不是均匀分布的。为了使系统稳定，系数 a_1 应当在 $(-c, c)$ 范围内，这里 $c=2$。图3-48所示的是 $m=4$ 情况下稳定极点的可能位置，系数量化后极点只能出现在图中的网格点上，从而引入极点的位置误差。可以看出，在实轴附近极点非常稀，半径越小极点越稀，因此量化误差较大，如低通和高通滤波器；而在 $z=\mathrm{j}$ 附近极点很密，因此量化误差较小，如带通滤波器。

当IIR滤波器用级联或并联结构实现时，极点与零点如何配对以及2阶节的级联次序，对输出噪声功率都有重要影响。一般规则是：①z 平面上靠近单位圆的极点与附近的零点配对，直到所有极点和零点配对完为止；②级联结构中2阶节可以按极点与单位圆距离的远近排序，可以从最近到最远，也可以反过来从最远到最近，目标是得到希望的输出噪声形状和方差。

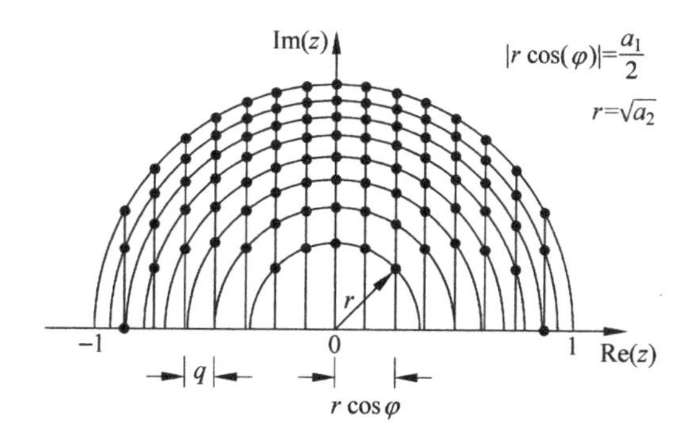

图3-48 系数用4位字长量化后极点的可能位置

3.8.4 溢出和定标

当用定点制实现滤波器时，避免溢出是一个重要考虑。不发生溢出是指滤波器中每个节点上的信号幅度都小于1。设滤波器输入信号的幅度$|x(n)|\leqslant c$，则第k个节点上的信号幅度为

$$|w_k(n)| = \left|\sum_{i=-\infty}^{\infty} h_k(i)x(n-i)\right| \leqslant c\sum_{i=-\infty}^{\infty} |h_k(i)| \tag{3.166}$$

不发生溢出是指$|w_k(n)|<1$对所有节点成立，由式(3.166)看出，其充分条件是

$$c \leqslant \frac{1}{\sum\limits_{i=-\infty}^{\infty} |h_k(i)|} \tag{3.167}$$

如果式(3.167)不满足，$x(n)$可以乘以小于1的定标因子s使

$$sc \leqslant \frac{1}{\sum\limits_{i=-\infty}^{\infty} |h_k(i)|} \tag{3.168}$$

就保证了不发生溢出。

在图3-49所示的FIR滤波器的直接型结构的信号流图中，输入信号乘以定标因子s避免溢出，相应地在输出端需要乘以$1/s$以还原正确的输出信号。对于其他结构的FIR滤波器，凡是有加法运算的地方都要考虑避免溢出的问题。

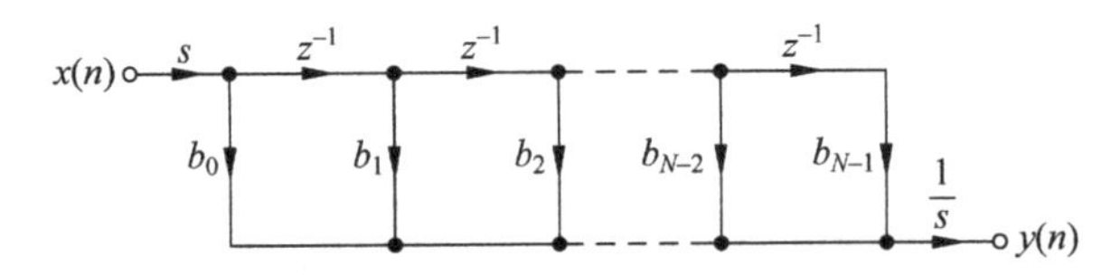

图3-49 输入信号定标的FIR滤波器直接型结构信号流图

例3.15 已知一个IIR滤波器的差分方程

$$y(n) = -0.8y(n-1) + x(n) - 0.9x(n-1)$$

用直接Ⅱ型结构实现，乘法运算结果采用m位字长(含符号位)舍入量化。设输入信号幅度$|x(n)|<c$，求不发生溢出的充分条件。

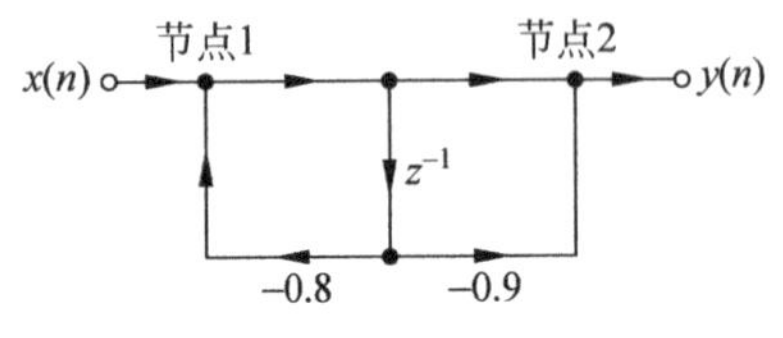

图3-50 例3.15的IIR滤波器的信号流图

解 根据差分方程画出滤波器的信号流图如图3-50所示。

从输入到第1个节点输出的冲激响应为$h_1(n)=0.8^n u(n)$，因此

$$\sum_{n=-\infty}^{\infty} |h_1(n)| = \sum_{n=0}^{\infty} 0.8^n = \frac{1}{1-0.8} = 5$$

从输入到节点 2 输出的冲激响应为

$$h_2(n)=0.8^n u(n)-0.9(0.8)^{n-1}u(n-1)=\delta(n)-0.1(0.8)^{n-1}u(n-1)$$

因此

$$\sum_{n=-\infty}^{\infty}|h_2(n)|=1+0.1\sum_{n=1}^{\infty}0.8^{n-1}=1+0.1\sum_{n=0}^{\infty}0.8^n=1+\frac{0.1}{1-0.8}=1.5$$

根据式(3.167),不发生溢出的充分条件是

$$c\leqslant\frac{1}{\sum_{i=-\infty}^{\infty}|h_k(i)|}=\frac{1}{\sum_{i=-\infty}^{\infty}|h_1(i)|}=\frac{1}{5}=0.2$$

3.9 IIR 滤波器的零输入极限环现象

稳定的 IIR 滤波器,当输入信号变为零以后,其输出信号也将逐渐衰减为零。但是,当用有限字长定点制实现时,在一定条件下,当输入信号变为零以后,输出信号并不逐渐衰减为零,而趋近于某个恒定幅度或维持等幅振荡,这种现象称为零输入极限环现象。有溢出极限环现象和颗粒噪声极限环现象两种,前者是由于加法溢出引起的,幅度可能很大,但是如果对求和节点的输出信号采取限幅或对输入信号采取定标措施,溢出极限环现象可以避免;后者是反馈环路中乘法运算引入量化噪声的结果,幅度等于量化步长 q,一般较小。零输入极限环现象比较复杂,难以进行一般性分析,下面以 1 阶 IIR 滤波器为例说明颗粒噪声极限环现象产生的原因和避免的方法。

设有一个 1 阶 IIR 滤波器,它的差分方程为

$$y(n)=0.5y(n-1)+x(n) \tag{3.169}$$

图 3-51(a)和图 3-51(b)分别是滤波器反馈环路中没有和有量化时的信号流图,Q[ ]表示量化特性。图(b)的差分方程为

$$\hat{y}(n)=Q[0.5y(n-1)]+x(n) \tag{3.170}$$

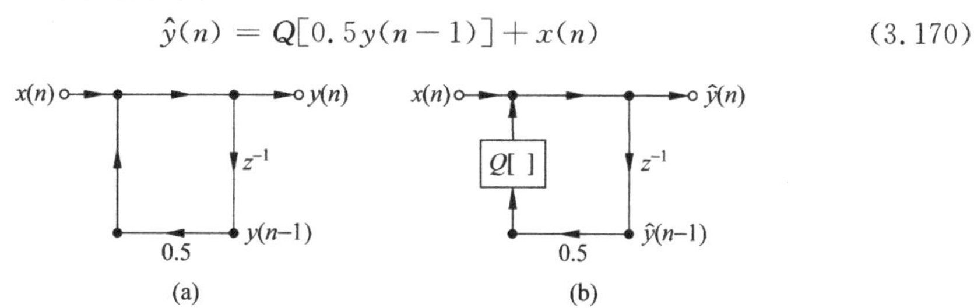

图 3-51　1 阶 IIR 滤波器在反馈环路中没有和有量化时的信号流图

假设信号和系数用 4 位(含符号位)定点数表示,乘法运算结果进行舍入量化。当输入信号 $x(n)=(7/8)\delta(n)$时,分别用式(3.169)和式(3.170)迭代计算精确输出 $y(n)$和有限字长实现时的输出$\hat{y}(n)$,得到表 3-2 列出的结果。

表 3-2 利用式(3.169)和式(3.170)计算得到的结果

n	$x(n)$（二进制）	$0.5\,\hat{y}(n-1)$（二进制）	$Q[0.5\,\hat{y}(n-1)]$（二进制）	$\hat{y}(n)$		$y(n)$（十进制）
				二进制	十进制	
0	0.111	0.000000	0.000	0.111	7/8	7/8
1	0.000	0.011100	0.100	0.100	1/2	7/16
2	0.000	0.010000	0.010	0.010	1/4	7/32
3	0.000	0.001000	0.001	0.001	1/8	7/64
4	0.000	0.000100	0.001	0.001	1/8	7/128
5	0.000	0.000100	0.001	0.001	1/8	7/256
⋮	⋮	⋮	⋮	⋮	⋮	⋮

考察表 3-2，当输入信号 $x(n)$ 从 $n=1$ 开始变成 0 以后，随着 n 的增加，$y(n)$ 逐渐衰减并最终趋近于 0；但是，$\hat{y}(n)$ 衰减到 1/8 以后就维持不变，如图 3-52 所示。注意到，在 $n=3$ 以后，乘积 $0.5\,\hat{y}(n-1)$ 的量化值不再发生变化，这正是 $\hat{y}(n)$ 此后维持不变的原因。这也可以从量化对极点位置的影响的角度来观察。滤波器的精确极点为 $p=0.5$，因此滤波器是稳定的；但在 $n=3$ 以后，乘积 $0.5\,\hat{y}(n-1)$ 的量化值不再改变，恒等于 $\hat{y}(n-1)=1/8$，即式(3.170)变成

$$\hat{y}(n)=\hat{y}(n-1)+x(n),\quad n\geqslant 3$$

该式说明极点从原来的位置移到了单位圆上 $z=1$ 处，滤波器的稳定性遭到破坏。

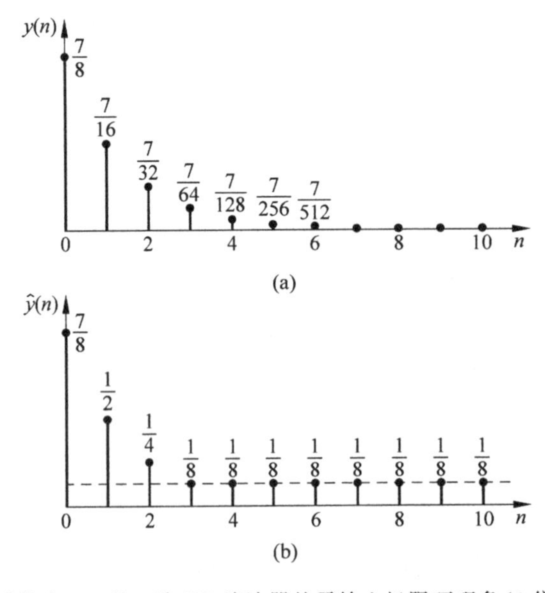

图 3-52 系数为 0.5 的 1 阶 IIR 滤波器的零输入极限环现象(4 位舍入量化)

对于系数为 −0.5 的 1 阶 IIR 滤波器可以进行类似分析，最后得到的输出示于图 3-53。进入极限环后，滤波器的输出 $\hat{y}(n)$ 形成周期等于 2、幅度等于 1/8 的振荡。

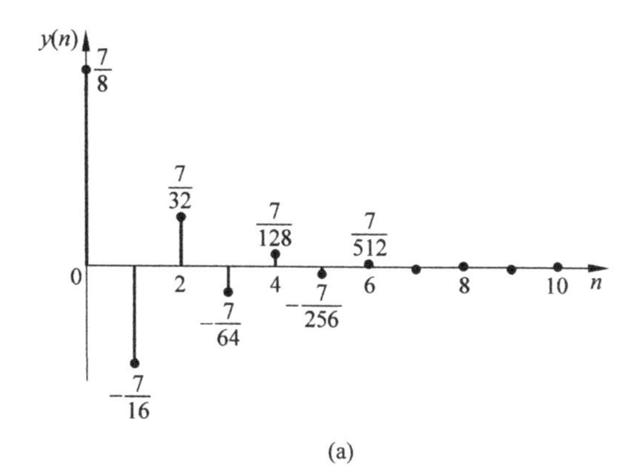

(a)

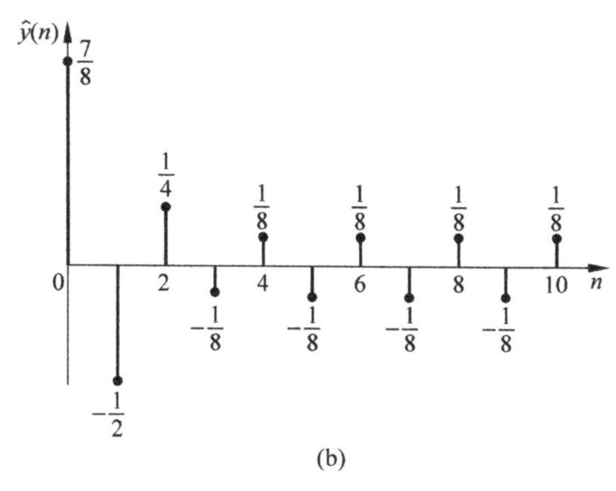

(b)

图 3-53 系数为−0.5 的 1 阶 IIR 滤波器的零输入极限环现象(4 位舍入量化)

可以用类似的方法讨论截尾量化的情况。零输入极限环现象在 2 阶 IIR 滤波器中也有可能出现。对于用并联结构实现的高阶 IIR 滤波器,由于在输入为零时各子系统的输出相互独立,所以,任何一个或多个子系统产生的极限环现象,都会在滤波器输出端反映出来。而对于用级联结构实现的高阶 IIR 滤波器,只有第 1 级才会有零输入,其他级可能出现自己特有的极限环,或只是对它前面的级的极限环进行滤波。至于用其他结构实现的高阶 IIR 滤波器,它们的极限环现象及其分析更为复杂。

在实际应用中,一般要求在输入信号等于零时,滤波器的输出也尽快变成零,即要求避免发生零输入极限环现象。避免的方法有多种。例如,增加字长既能够避免加法溢出,又能够避免极限环的发生或减小极限环的幅度;采用双精度乘法累加,即在两倍字长的乘积累加后进行量化,可以消除发生极限环的可能性。零输入极限环现象只在 IIR 滤波器中才有可能发生,FIR 滤波器没有反馈支路,完全没有产生零输入极限环的条件。所以,如果避免极限环是很重要的要求,那么,FIR 滤波器不失为一个好的选择。虽然在滤波器中应当避免零输入极限环现象,但是极限环现象也有可用之处。例如,利用极限环现象来构造信号发生器。

习题

3.1 已知一个 FIR 滤波器的冲激响应

$$h(n)=0.8^n[u(n)-u(n-7)]$$

画出用直接型结构实现的信号流图。求所需的加法器、乘法器和存储器的数目。

3.2 试证明习题3.1的滤波器的传输函数可以表示成如下形式

$$H(z)=\frac{1-0.8^7z^{-7}}{1-0.8z^{-1}}$$

根据该传输函数画出一个FIR滤波器与一个IIR滤波器的级联结构的信号流图。求所需的加法器、乘法器和存储器的数目。

3.3 已知一个FIR滤波器的传输函数

$$H(z)=10(1-0.6z^{-1}-0.16z^{-2})[(1-0.4z^{-1})^2+0.25z^{-2}]$$

画出用级联结构实现该滤波器的信号流图。

3.4 已知一个FIR滤波器的传输函数为

$$H(z)=3[(1-0.4z^{-1})^2+0.25z^{-2}](1+0.3z^{-1})(1-0.6z^{-1})(1+0.9z^{-1})$$

画出用2阶子系统级联结构实现该滤波器的信号流图。

3.5 已知一个FIR滤波器的传输函数为

$$H(z)=1+2z^{-1}+3z^{-2}+4z^{-3}$$

画出用格型结构实现该滤波器的信号流图。

3.6 用格型结构实现习题3.4的传输函数,画出信号流图。

3.7 已知$M-1$阶滑动平均滤波器的差分方程为

$$y(n)=\frac{1}{M}\sum_{k=0}^{M-1}x(n-k)$$

求它的传输函数和单位冲激响应。判断它是否为线性相位滤波器,如果是,它属于哪一种类型?计算该滤波器的群延时。

3.8 已知一个8阶实系数线性相位FIR滤波器的4个零点

$$z_{1,2}=\pm \mathrm{j}0.5,\quad z_{3,4}=\pm 0.8$$

(1) 求该滤波器的其他零点,画出极-零点图。

(2) 假设直流增益等于2,求滤波器的传输函数。

(3) 假设输入信号通过该滤波器时产生延时20ms,求滤波器的取样频率。

3.9 求下列4个线性相位FIR滤波器的传输函数、振幅响应和零点。

(1) $h_1(n)=[h_1(0),h_1(1),h_1(2)]=[1,1,1]$

(2) $h_2(n)=[h_2(0),h_2(1)]=[1,1]$

(3) $h_3(n)=[h_3(0),h_3(1),h_3(2)]=[1,0,-1]$

(4) $h_4(n)=[h_4(0),h_4(1)]=[1,-1]$

3.10 已知一个FIR滤波器的单位取样响应等于

$$h(n)=-0.1[\delta(n)+\delta(n-6)]+0.2[\delta(n-1)+\delta(n-5)]+0.5[\delta(n-2)+\delta(n-4)]+\delta(n-3)$$

(1) 画出$h(n)$的图形。判断它是否为线性相位滤波器。

(2) 计算它的频率响应和群延时。画出相位响应的图形。

(3) 用乘法器最少的直接型结构实现该滤波器,画出信号流图。

3.11 已知一个 FIR 滤波器的单位取样响应

$$h(n)=-0.1[\delta(n)+\delta(n-6)]+0.02[\delta(n-1)+\delta(n-5)]$$
$$+0.1[\delta(n-2)+\delta(n-4)]+0.4\delta(n-3)$$

判断它是否为线性相位滤波器。不计算出它的相位响应，你能粗略画出它的相位响应图形吗？假设已知输入信号的幅度$|x(n)|<1$，试估计输出信号幅度的上限。

3.12 已知一个 FIR 滤波器的单位取样响应为

$$h(n)=\frac{1}{32}\left[1-\cos\left(\frac{\pi}{16}n\right)\right][u(n)-u(n-32)]$$

求该滤波器的直接型结构和频率取样结构，并比较两种结构的计算量。

3.13 已知一个 IIR 滤波器的传输函数为

$$H(z)=\frac{2(1+1.25z^{-1})(1+0.25z^{-2})}{1-0.81z^{-2}}$$

(1) 求该滤波器的最小相位形式，并画出最小相位滤波器的极-零点图。

(2) 求该滤波器的最大相位形式，并画出最大相位滤波器的极-零点图。

(3) 幅度响应相同的实系数传输函数有多少个？

3.14 1 阶全通滤波器的传输函数为

$$H(z)=\frac{z^{-1}-a}{1-az^{-1}},\quad a\text{ 为实数}$$

(1) 写出它的两种不同形式的差分方程。

(2) 画出直接Ⅱ型结构的信号流图。

(3) 根据差分方程画出只有一个乘法支路的信号流图。

(4) 设一个 2 阶全通滤波器的传输函数为

$$H(z)=\frac{z^{-1}-a}{1-az^{-1}}\cdot\frac{z^{-1}-b}{1-bz^{-1}},\quad a\text{ 和 }b\text{ 为实数}$$

利用(3)的结构实现该 2 阶全通滤波器，但要求单位延时器不超过 3 个，试画出信号流图。

(5) 分别画出(2)、(3)和(4)的全通滤波器的转置结构的信号流图。

3.15 2 阶全通滤波器的传输函数具有以下形式

$$H(z)=\frac{\beta++\alpha z^{-1}+z^{-2}}{1+\alpha z^{-1}+\beta z^{-2}}$$

其中，α 和 β 为实数。推导一种结构，用 4 个延时器和 2 个乘法器来实现。

3.16 已知一个 IIR 滤波器的传输函数表示为下列形式

$$H(z)=\frac{1+3z^{-1}+(\alpha+\beta)z^{-2}+2z^{-3}}{2+(\alpha-\beta)z^{-1}+3z^{-2}+z^{-3}}$$

为了使该滤波器是一个全通滤波器，参数 α 和 β 应怎样选取？

3.17 已知一个 IIR 滤波器的传输函数为

$$H(z)=\frac{5(1-4z^{-2})(1+0.25z^{-2})}{(1+0.64z^{-2})(1-0.16z^{-2})}$$

将该滤波器分解成一个最小相位滤波器 $H_{\min}(z)$ 与一个全通滤波器 $H_{\mathrm{ap}}(z)$ 的级联。

(1) 求最小相位滤波器 $H_{\min}(z)$,并画出它的极-零点图。

(2) 求全通滤波器 $H_{\mathrm{ap}}(z)$,并画出它的极-零点图。

3.18 求图 3-54 所示的格型滤波器的传输函数。

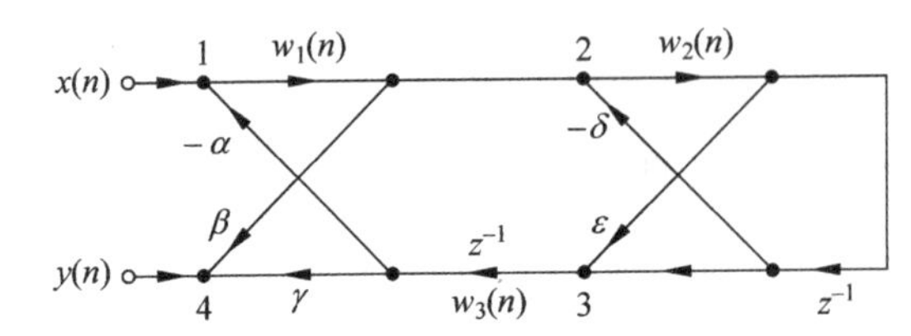

图 3-54 习题 3.18 的格型滤波器的信号流图

3.19 已知一个 IIR 滤波器的传输函数

$$H(z)=\frac{3+3z^{-1}}{1+0.5z^{-1}}$$

画出该滤波器的直接Ⅱ型和并联型结构的信号流图。

3.20 已知一个 IIR 滤波器的传输函数

$$H(z)=\frac{5(1-z^{-1})(1-1.4412z^{-1}+z^{-2})}{(1-0.5z^{-1})(1-1.2728z^{-1}+0.81z^{-2})}$$

画出该滤波器的直接Ⅱ型、级联型和并联型结构的信号流图,级联型和并联型结构都采用 2 阶子系统。调用 MATLAB 函数求反射系数,并画出格型结构的信号流图。

3.21 已知一个 IIR 滤波器的传输函数

$$H(z)=\frac{0.8-1.2z^{-1}+0.4z^{-2}}{1-0.9z^{-1}+0.6z^{-2}+0.3z^{-3}}$$

画出该滤波器的直接Ⅱ型及其转置结构的信号流图。调用 MATLAB 函数求反射系数,并画出格型结构的信号流图。

3.22 已知一个 IIR 滤波器的差分方程

$$y(n)=\frac{3}{4}y(n-1)-\frac{1}{8}y(n-2)+x(n)+\frac{1}{3}x(n-1)$$

画出该滤波器的直接Ⅰ型、直接Ⅱ型、级联型和并联型结构的信号流图,级联型和并联型结构都只采用 1 阶子系统。调用 MATLAB 函数求反射系数,并画出格型结构的信号流图。

3.23 已知一个 IIR 滤波器的差分方程

$$y(n)=-0.7y(n-2)+0.4y(n-3)+10x(n)+2x(n-1)-4x(n-2)+5x(n-3)$$

画出该滤波器的直接Ⅱ型结构的信号流图。

3.24 已知一个 IIR 滤波器的传输函数

$$H(z)=\frac{1-2z^{-1}+3z^{-2}-4z^{-3}}{1+0.8z^{-1}+0.6z^{-2}+0.4z^{-3}}$$

画出该滤波器的直接Ⅱ型及其转置结构的信号流图。

3.25 已知一个 IIR 滤波器的传输函数

$$H(z)=\frac{2(1-z^{-1}+0.24z^{-2})(1+0.64z^{-2})}{(1+1.2z^{-1}+0.27z^{-2})(1+0.81z^{-2})}$$

(1) 画出极-零点图。

(2) 画出级联结构的信号流图，要求子系统用具有实系数的直接Ⅱ型结构实现。

(3) 求滤波器的单位冲激响应，画出滤波器的直接Ⅱ型结构的信号流图。

3.26 求图 3-55 所示的格型滤波器的传输函数，并用 MATLAB 函数进行验证。

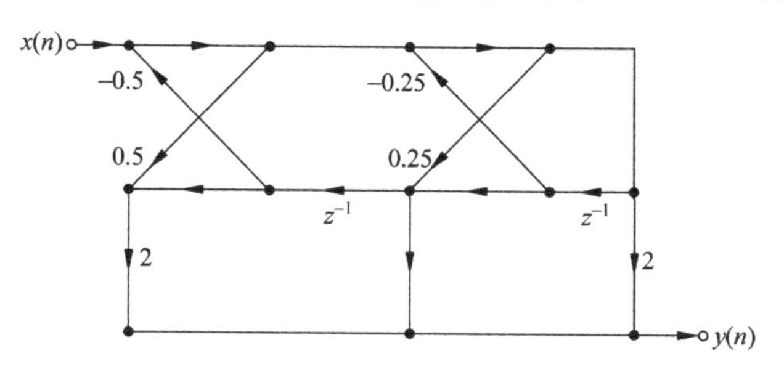

图 3-55　习题 3.26 的格型滤波器的信号流图

3.27 已知一个滤波器的传输函数为

$$H(z)=\frac{2-z^{-1}}{1+0.7z^{-1}+0.49z^{-2}}$$

求它的格型滤波器结构，并用 MATLAB 函数进行验证。

3.28 已知一个滤波器的传输函数为

$$H(z)=\frac{1+1.3125z^{-1}+0.75z^{-2}}{1+0.875z^{-1}+0.75z^{-2}}$$

求它的格型滤波器结构，并用 MATLAB 函数进行验证。

3.29 已知一个 2 阶 IIR 滤波器的传输函数为

$$H(z)=\frac{1}{(1-0.5z^{-1})(1-0.25z^{-1})}$$

采用 1 阶子系统的级联结构，乘积结果进行 8 位字长(不含符号位)舍入量化。

(1) 画出引入量化噪声后的级联结构的信号流图。

(2) 求输出噪声的平均功率。

(3) 将两个子系统的级联次序交换后，计算输出噪声的平均功率。

3.30 已知一个 IIR 滤波器用以下差分方程描述

$$y(n)=-0.7y(n-1)+3x(n)$$

设输入信号幅度最大可达到 4，输入信号和乘法运算后的结果都进行 4 位字长(含符号位)舍入量化，该滤波器是否会产生零输入极限环现象？

第4章 FIR数字滤波器设计

数字滤波器最基本的功能是频谱整形或频率选择性功能,即让信号中某些频率成分通过,同时阻止另外一些频率成分通过,因此常称为选频滤波器。

设计数字滤波器分三步:①根据应用要求确定技术指标;②计算滤波器参数;③用硬件或软件实现,包括考虑有限字长效应和选择滤波器的结构。

在技术指标确定后,面临的首要问题是选择滤波器的类型,即选择 FIR 或 IIR 滤波器,同时还要考虑对滤波器相位响应的要求。如果要求滤波器具有线性相位,则应选择 FIR 滤波器;如果不要求线性相位或相位失真不重要,则既可以选择 IIR 滤波器也可以选择 FIR 滤波器。但是,在滤波器系数数目相同的条件下,IIR 滤波器比 FIR 滤波器的旁瓣幅度低所以性能更好。因此,为了达到同样的设计指标要求,IIR 滤波器比 FIR 滤波器需要的系数更少,这意味着可以用更少的存储器和更低的计算复杂性来实现。一般而言,主要根据对幅度响应的要求来设计数字滤波器。

数字滤波器的设计方法很多,而且有不少使用起来很方便的设计工具。为了合理选择和熟练应用这些工具,需要对滤波器的设计原理和基本方法有深入理解和掌握。

FIR 滤波器的设计方法与 IIR 滤波器很不相同,分别在本章和下章详细讨论。

4.1 数字滤波器的设计指标

4.1.1 因果数字滤波器的频率响应

首先必须明确,只有因果滤波器才是物理上可实现的滤波器,因此,需要设计因果数字滤波器,今后把因果滤波器简称为实际滤波器。图 4-1 所示的是低通、高通、带通和带阻 4

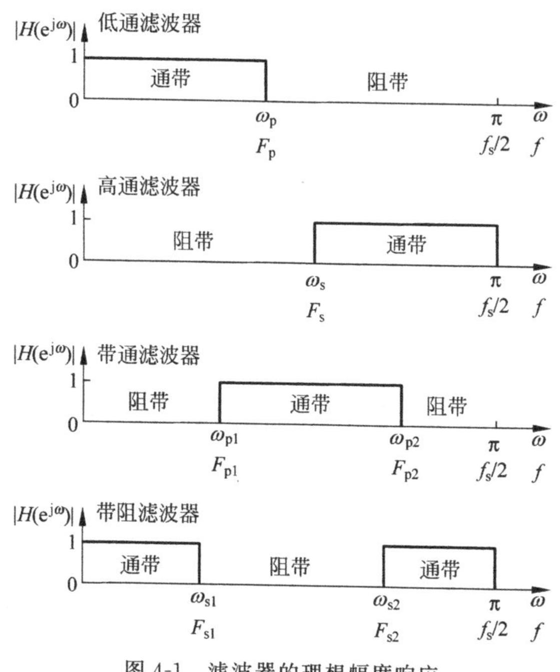

图 4-1 滤波器的理想幅度响应

类滤波器的理想幅度响应,今后把具有理想幅度响应的滤波器称为理想滤波器。数字滤波器能够处理的最高频率是 π 或 $f_s/2$,模拟信号中高于此频率的频率成分将在取样后落入 $[0,\pi]$或$[0,f_s/2]$频率区间,造成频谱混叠。理想幅度响应的特点是:①通带内 $|H(e^{j\omega})|=1$,阻带内 $|H(e^{j\omega})|=0$;②通带和阻带之间没有过渡带。虽然实际滤波器都不可能有理想幅度响应,但是理想幅度响应是滤波器设计的基础。

可以从数学上证明,理想滤波器的单位冲激响应不是因果的,而且一般是无限长的,因而是物理上不能实现的。例如,图 4-1 中的理想低通滤波器,它的频率特性为

$$H(e^{j\omega})=\begin{cases}1, & |\omega|\leqslant\omega_p\\ 0, & \omega_p<\omega\leqslant\pi\end{cases} \tag{4.1}$$

对上式求逆傅里叶变换得到理想低通滤波器的冲激响应

$$h(n)=\frac{1}{2\pi}\int_{-\omega_p}^{\omega_p} e^{j\omega n}\,d\omega=\begin{cases}\omega_p/\pi, & n=0\\ \sin(\omega_p n)/(\pi n), & n\neq 0\end{cases} \tag{4.2}$$

$h(n)$如图 4-2(a)所示,其中设 $\omega_p=\pi/4$。$h(n)$是一个非因果无限长序列。顺便指出,可以证明它不是绝对可和的,因而是不稳定的。

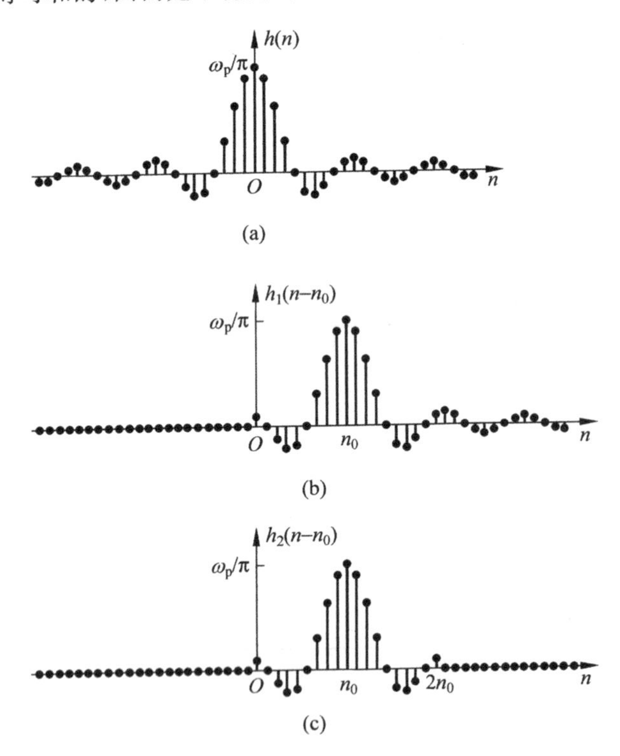

图 4-2 理想低通滤波器的单位冲激响应

冲激响应序列非因果性的一个解决办法,是将它向右延时足够长的时间 n_0,并将 $n<0$ 的所有 $h(n)$值置为零,这样得到的因果序列如图 4-2(b)所示,显然它是一个因果 IIR 滤波器。另一个解决办法,是用一个宽 $N=2n_0+1$ 的偶对称矩形窗将无限长冲激响应序列

截断，然后向右延时 n_0，得到长度为 N 的有限长偶对称序列如图 4-2(c)所示，显然它是一个线性相位因果 FIR 滤波器。两种解决办法得到的滤波器，其幅度响应都不再是理想的。例如，图 4-2(c)的线性相位 FIR 滤波器的幅度响应如图 4-3 所示，它在通带和阻带内产生了波纹，通带和阻带间出现了过渡带。图 4-3 的上图和下图分别采用线性和对数纵坐标，实线和虚线分别对应于 $N=31$ 和 $N=19$ 的情况。可以看出，增加冲激响应序列的长度不能消除波纹，这是因为波纹是由于将无限长冲激响应序列突然截断造成的，与冲激响应序列的长度无关。消除波纹的唯一办法是在通带和阻带间设立过渡带，即用边界变化缓和的窗函数截断冲激响应(称为软截断或逐渐截断)，这正是 FIR 滤波器窗函数设计方法的基本思想。

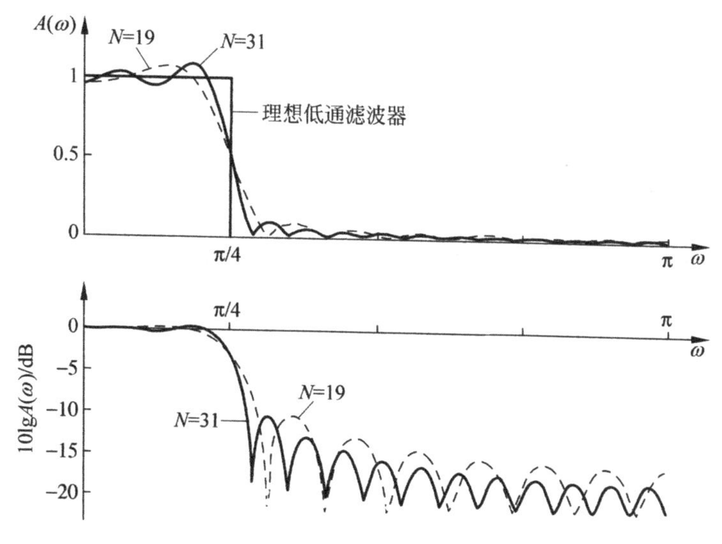

图 4-3 因果 FIR 滤波器的幅度响应

任何实序列 $h(n)$ 都可以表示成偶序列和奇序列之和

$$h(n) = h_e(n) + h_o(n) \tag{4.3}$$

式中

$$h_e(n) = \frac{1}{2}[h(n) + h(-n)] \tag{4.4}$$

$$h_o(n) = \frac{1}{2}[h(n) - h(-n)] \tag{4.5}$$

若 $h(n)$ 是因果的，则可用 $h_e(n)$ 完全恢复 $h(n)$，或用 $h_o(n)$ 部分恢复 $h(n)$，即

$$h(n) = h_e(n)[2u(n) - \delta(n)] \tag{4.6}$$

$$h(n) = 2h_o(n)u(n) + h(0)\delta(n) \tag{4.7}$$

由于 $h(n)$ 是因果的，所以是绝对可和的，因而它的频率响应 $H(e^{j\omega})$ 一定存在。由于 $h(n)$ 是实的和因果的，根据 DTFT 的对称性质，可得出

$$h_e(n) \overset{\text{DTFT}}{\Leftrightarrow} H_R(e^{j\omega}) \tag{4.8}$$

$$h_o(n) \overset{\text{DTFT}}{\Leftrightarrow} H_I(e^{j\omega}) \tag{4.9}$$

其中,$H_R(e^{j\omega})$和$H_I(e^{j\omega})$分别是$H(e^{j\omega})$的实部和虚部。式(4.8)和式(4.9)表明,冲激响应的偶部和奇部分别与频率响应的实部和虚部构成傅里叶变换对。根据式(4.6),$h(n)$完全由$h_e(n)$确定,所以$H(e^{j\omega})$完全由$H_R(e^{j\omega})$确定。类似地,根据式(4.7),$h(n)$由$h_o(n)$和$h(0)$确定,所以$H(e^{j\omega})$由$H_I(e^{j\omega})$和$h(0)$确定。这说明因果滤波器频率响应的实部和虚部之间存在着关系。为了求出这种关系,对式(4.6)取DTFT,得到

$$H(e^{j\omega}) = \frac{1}{\pi}\int_{-\pi}^{\pi} H_R(e^{jv})U(e^{j(\omega-v)})dv - h_e(0) = H_R(e^{j\omega}) + jH_I(e^{j\omega}) \tag{4.10}$$

式中,$U(e^{j\omega})$是$u(n)$的DTFT,为

$$U(e^{j\omega}) = \frac{1}{1-e^{-j\omega}} + \pi\delta(\omega) = \frac{1}{2} - j\cot\frac{\omega}{2} + \pi\delta(\omega) \tag{4.11}$$

将式(4.11)代入式(4.10),得到

$$H_I(e^{j\omega}) = \frac{1}{2\pi}\int_{-\pi}^{\pi} H_R(e^{jv})\cot\frac{\omega-v}{2}dv \tag{4.12}$$

式(4.12)描述了因果滤波器频率响应的实部和虚部之间的关系,称为希尔伯特变换(the Hilbert transform)。

数字滤波器的设计问题归结为用因果滤波器的频率特性逼近理想频率特性的函数逼近问题。由于因果滤波器可以用差分方程或传输函数或冲激响应来描述,所以,数字滤波器的设计问题,实际上就是根据因果滤波器的频率特性指标,求出差分方程或传输函数的系数,或求出冲激响应的问题。

4.1.2 数字滤波器设计指标

设计数字滤波器时,在大多数情况下,通过幅度响应给出滤波器的设计指标。图4-4所示的是因果数字低通滤波器的幅度响应。通带、过渡带和阻带的频率范围分别为$0\leqslant f\leqslant F_p$、$F_p<f<F_s$和$F_s\leqslant f\leqslant f_s/2$。$F_p$和$F_s$分别称为通带截止频率(the passband cutoff frequency)和阻带截止频率(the stopband cutoff frequency)。f_s是取样频率,对应于数字频率2π。注意,模拟信号中高于$f_s/2$的频率成分在取样后将与$(0,f_s/2)$范围的频率成分发生混叠,所以$f_s/2$是数字滤波器能够处理的最高频率。

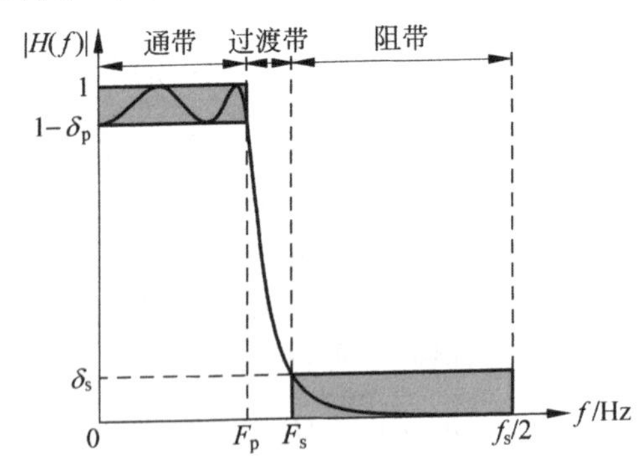

图4-4 数字低通滤波器的幅度响应

幅度响应在通带内的振荡称为通带波纹(the passband ripple),通带波纹幅度 δ_p 通常很小,即 $0<\delta\ll 1$。低通滤波器必须满足或超过下列通带设计指标

$$1-\delta_p \leqslant |H(f)| \leqslant 1, \quad 0 \leqslant f \leqslant F_p \tag{4.13}$$

某些滤波器的幅度响应在通带内没有振荡而是单调下降的。幅度响应在阻带内单调下降逐渐趋近于0。低通滤波器应满足或超过下列阻带设计指标

$$0 \leqslant |H(f)| \leqslant \delta_s, \quad F_s \leqslant f \leqslant f_s/2 \tag{4.14}$$

式中,δ_s 称为阻带衰减(the stopband attenuation),δ_s 通常也很小但必须是正的。某些滤波器的幅度响应在阻带内不是单调下降而是振荡的。

通带与阻带之间的过渡带很小,但是不能等于和小于零。在滤波器的阶趋近于无穷的极限情况下,通带波纹、阻带衰减和过渡带宽度都趋近于零,即 $\delta_p=0$、$\delta_s=0$ 和 $F_p=F_s$,便得到理想低通滤波器的幅度响应,它是非因果的,不可能物理实现。

低通滤波器的幅度响应可以与图4-4不同。例如,在通带内单调衰减,而在阻带内存在振荡;或在通带和阻带内都单调衰减;或在通带和阻带内都存在振荡。因此,通常用图4-5(a)所示的幅度响应的容许范围(阴影区域)表示低通滤波器的技术指标。除低通滤波器外,其他常用的高通、带通和带阻滤波器的技术指标示于图4-5(b)~图4-5(d)。

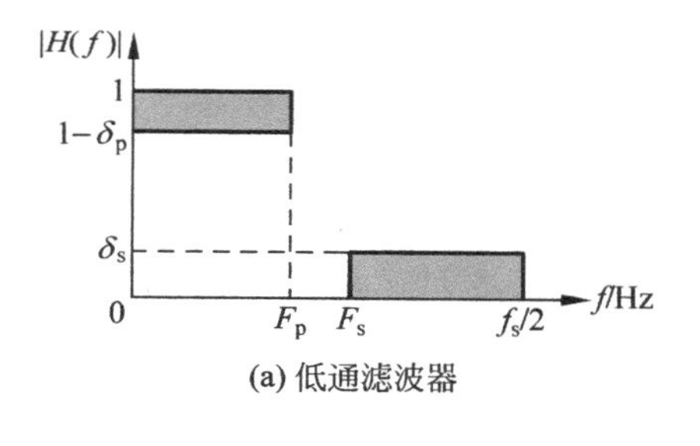

(a) 低通滤波器

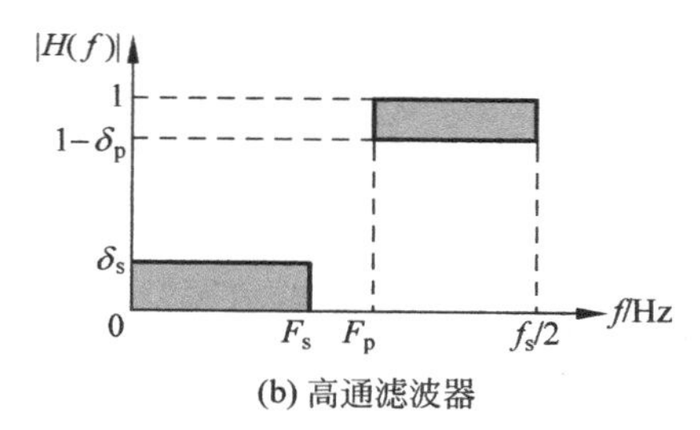

(b) 高通滤波器

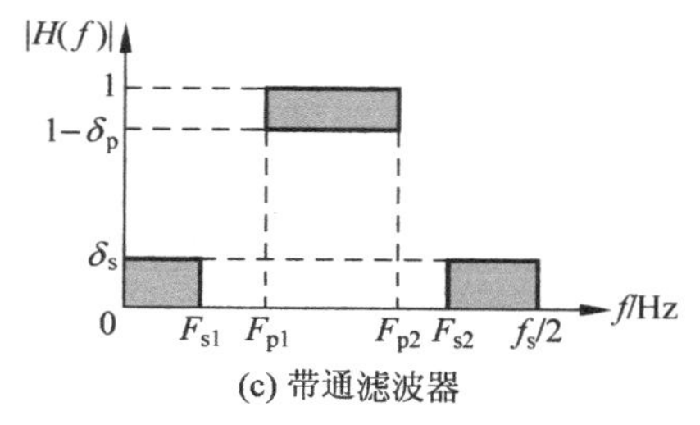

(c) 带通滤波器

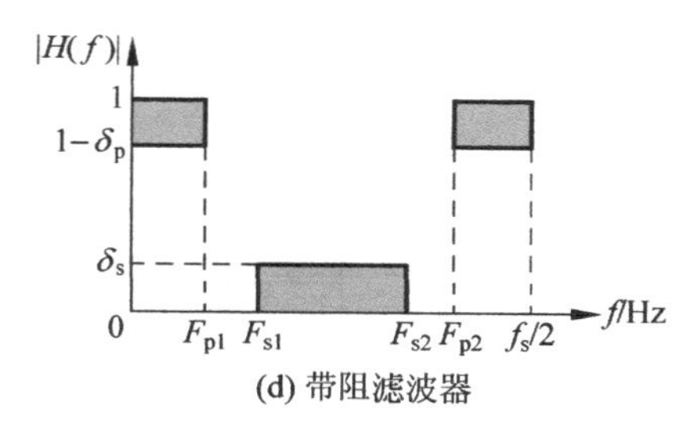

(d) 带阻滤波器

图4-5　滤波器的线性幅度响应技术指标

除了图4-5的线性幅度响应指标外,还有用分贝数表示的对数幅度响应指标,定义为

$$H_{LOG}(f) = 20\lg|H(f)|\,(\text{dB}) \tag{4.15}$$

图4-6规定了低通滤波器的对数幅度响应指标。其中,通带波纹幅度 A_p 和阻带衰减 A_s 都以dB为单位,根据式(4.15)可以得出它们与线性幅度响应指标之间的关系

$$A_p = -20\lg(1-\delta_p)\,(\text{dB}) \tag{4.16}$$

$$A_s = -20\lg(\delta_s)(\text{dB}) \tag{4.17}$$

或

$$\delta_p = 1 - 10^{-A_p/20} \tag{4.18}$$

$$\delta_s = 10^{-A_s/20} \tag{4.19}$$

注意，以上各式中 A_p 和 A_s 的单位都是 dB。

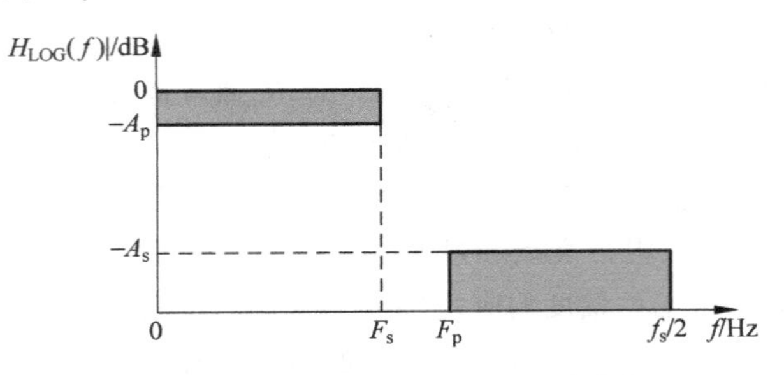

图 4-6　低通滤波器的对数幅度响应指标

4.2　FIR 滤波器的窗函数设计方法

FIR 滤波器的最大优点是稳定而且具有线性相位特性。设计线性相位 FIR 滤波器时，常根据振幅响应 $A(f)$规定设计指标。振幅响应与频率特性的关系是

$$H(e^{j2\pi fT}) = A(f)e^{\varphi(2\pi fT)} \tag{4.20}$$

式中，振幅响应 $A(f)$是正或负实数；实际频率 f 的单位是 Hz；取样周期 $T=1/f_s$。

图 4-7 是根据振幅响应 $A(f)$定义的低通 FIR 滤波器的技术指标。它与图 4-5 不同，$A(f)=1$ 是通带内振幅响应波纹的中间值，通带波纹 δ_p 表示振幅响应偏离 1 的幅度，因此通带内振幅响应的最大和最小值分别为 $1+\delta_p$ 和 $1-\delta_p$。

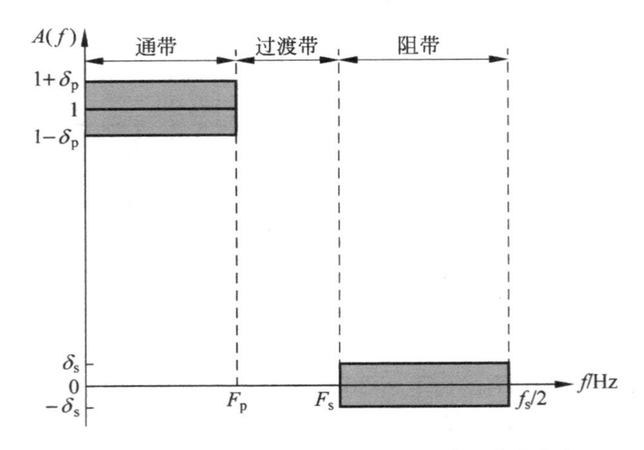

图 4-7　根据振幅响应规定的低通滤波器技术指标

4.2.1 窗函数设计方法的原理

窗函数设计法的基本思想是，首先设计一个理想滤波器，通常它的冲激响应序列是无限长和非因果的；然后通过加窗，将理想滤波器的冲激响应序列变成有限长因果序列。

设理想滤波器的频率响应为

$$H_d(f)=\sum_{n=-\infty}^{\infty}h_d(n)e^{-j2\pi fTn} \tag{4.21}$$

对应的冲激响应序列为

$$h_d(n)=T\int_{-f_s/2}^{f_s/2}H_d(f)e^{j2\pi fTn}df,\quad -\infty<n<\infty \tag{4.22}$$

将 $h_d(n)$ 延时(向右移位)足够的数值 M，并用宽度为 $2M+1$ 的窗函数 $w(n)$ 截取出 $0\leqslant n\leqslant M$ 区间上一段，得到一个有限长的对称冲激响应序列 $h(n)$，它就是要设计的 M 阶因果线性相位 FIR 滤波器，它的频率响应 $H(e^{j\omega})$ 是对理想频率响应 $H_d(e^{j\omega})$ 的逼近。

推导 FIR 滤波器设计公式时，将 4 种类型线性相位滤波器归纳成下列两类更方便。

1. 第一类：Ⅰ型和Ⅱ型线性相位 FIR 滤波器

$h(n)$ 关于 $M/2$ 偶对称，M 为偶数或奇数。根据式(3.40)，相位响应为

$$\varphi(f)=-\frac{M}{2}(2\pi fT)=-\pi fTM \tag{4.23}$$

因此，滤波器的频率响应为

$$H_d(f)=A_d(f)e^{-j\pi fTM} \tag{4.24}$$

式中，振幅响应 $A_d(f)$ 是实偶函数。求式(4.24)的逆傅里叶变换，并用窗函数 $w(n)(0\leqslant n\leqslant M)$ 截断成有限长因果序列，得到

$$\begin{aligned}h(n)&=w(n)\frac{1}{f_s}\int_{-f_s/2}^{f_s/2}[A_d(f)e^{-j\pi fTM}]e^{j2\pi fTn}df=w(n)T\int_{-f_s/2}^{f_s/2}A_d(f)e^{j2\pi fT(n-0.5M)}df\\&=2w(n)T\int_{0}^{f_s/2}A_d(f)\cos[2\pi fT(n-0.5M)]df,\quad 0\leqslant n\leqslant M\end{aligned} \tag{4.25}$$

2. 第二类：Ⅲ型和Ⅳ型线性相位 FIR 滤波器

$h(n)$ 关于 $M/2$ 奇对称，M 为偶数或奇数。根据式(3.47)，相位响应为

$$\varphi(f)=-\frac{M}{2}(2\pi fT)+\frac{\pi}{2}=-\pi fTM+\frac{\pi}{2} \tag{4.26}$$

因此，滤波器的频率响应为

$$H_d(f)=jA_d(f)e^{-j\pi fTM} \tag{4.27}$$

式中，振幅响应 $A_d(f)$ 是实奇函数。与式(4.25)的推导类似，可以得到有限长因果序列

$$h(n)=-2w(n)T\int_{0}^{f_s/2}A_d(f)\sin[2\pi fT(n-0.5M)]df,\quad 0\leqslant n\leqslant M \tag{4.28}$$

可以看出,窗函数法设计过程很简单,在确定图 4-8 所示的截断频率(the cutoff frequency)后,即可直接由式(4.25)或式(4.28)计算因果 FIR 滤波器的冲激响应。

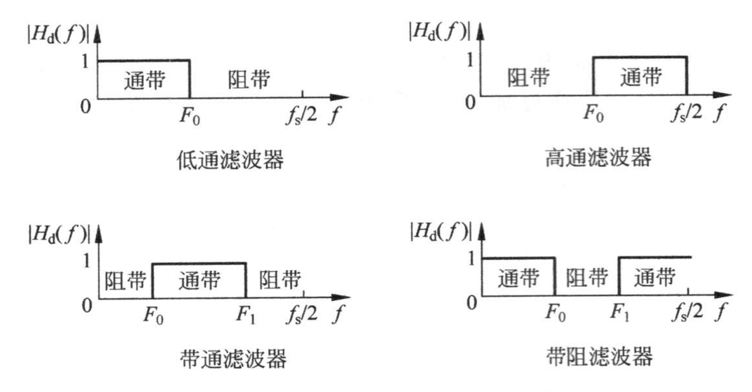

图 4-8　理想幅度响应的截断频率

Ⅰ型线性相位 FIR 滤波器适用于低通、高通、带通或带阻滤波器,因此应用最普遍。冲激响应序列偶对称,$p=M/2$ 是中点。例如,为设计截断频率为 F_0 的低通滤波器,只需将图 4-8 中的低通滤波器幅度响应的参数代入式(4.25),即可计算出滤波器的冲激响应

$$\begin{aligned} h(n) &= 2w(n)T\int_0^{F_0}\cos[2\pi fT(n-p)]\mathrm{d}f \\ &= \begin{cases} 2F_0T, & n=p \\ \dfrac{\sin[2\pi F_0T(n-p)]}{\pi(n-p)}w(n), & 0\leqslant n\leqslant M, n\neq p \end{cases} \end{aligned} \tag{4.29}$$

类似地可以推导出高通、带通和带阻滤波器的冲激响应的计算公式,如表 4-1 所示。只要已知 F_0、$T=1/f_s$、$w(n)$、M(或 p),即可求出因果 FIR 滤波器的冲激响应。

表 4-1　Ⅰ型线性相位 FIR 滤波器的冲激响应计算公式

滤波器	$h(p)$	$h(n), 0\leqslant n\leqslant M, n\neq p, p=M/2$
低通	$2F_0T$	$\dfrac{\sin[2\pi F_0T(n-p)]}{\pi(n-p)}w(n)$
高通	$1-2F_0T$	$\dfrac{-\sin[2\pi F_0T(n-p)]}{\pi(n-p)}w(n)$
带通	$2(F_1-F_0)T$	$\dfrac{\sin[2\pi F_1T(n-p)]-\sin[2\pi F_0T(n-p)]}{\pi(n-p)}w(n)$
带阻	$1-2(F_1-F_0)T$	$\dfrac{\sin[2\pi F_0T(n-p)]-\sin[2\pi F_1T(n-p)]}{\pi(n-p)}w(n)$

由表 4-1 看出,截断频率为 F_0 的高通滤波器的冲激响应,等于单位冲激 $\delta(p)$减去截断频率为 F_0 的低通滤波器的冲激响应;截断频率为 F_0 和 F_1 的带通滤波器的冲激响应,等于截断频率为 F_1 的低通滤波器与截断频率为 F_0 的低通滤波器的冲激响应之差;截断频率为 F_0 和 F_1 的带阻滤波器的冲激响应,等于截断频率为 F_0 的低通滤波器与截断频

率为 F_1 的高通滤波器的冲激响应之和。因此，低通滤波器的冲激响应是用窗函数法设计线性相位 FIR 滤波器的基础。

例 4.1 用窗函数法设计一个Ⅰ型线性相位 FIR 低通滤波器。设计指标为：截断频率 $F_0=1500\text{Hz}$，取样频率 $f_s=8000\text{Hz}$，阶 $M=40$。采用矩形窗函数。

解 $T=1/f_s=1/8000=1.25\times10^{-4}\text{s}$，$p=M/2=20$。将题给参数代入表 4-1 中低通滤波器的公式，得到

$$h_R(20)=2F_0T=2\times1500\times1.25\times10^{-4}=0.375$$

$$h_R(n)=\frac{\sin[2\pi\times1500\times1.25\times10^{-4}(n-20)]}{\pi(n-20)}$$

$$=\frac{\sin[0.375\pi(n-20)]}{\pi(n-20)},\quad 0\leqslant n\leqslant 19$$

$$h_R(n)=h_R(40-n),\quad 21\leqslant n\leqslant 40$$

下标“R”表示矩形窗。图 4-9 所示的是用 MATLAB 画出的冲激响应、幅度响应和相位响应。

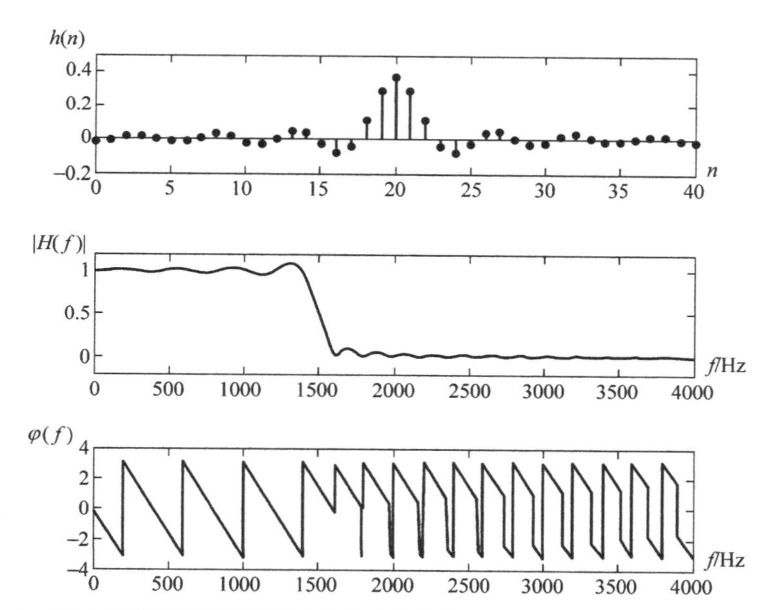

图 4-9　例 4.1 用矩形窗函数设计的低通滤波器的冲激响应、幅度响应和相位响应

由该例看出，由于冲激响应被矩形窗突然截断，幅度响应在通带和阻带内都出现了波纹，在通带与阻带之间出现了过渡带。相位响应曲线在通带内是线性的，$-\pi$ 与 π 之间的跳变是计算相位主值时造成的，可以估计出线性相位变化范围为 $0\leqslant\varphi(f)\leqslant7.5\pi$。阻带内相位跳变主要发生在频率响应等于零的频率点上，其中某些跳变是计算相位主值时造成的。

采用矩形窗的优点是计算简单，缺点是不能控制通带或阻带内波纹的大小，特别是当幅度响应有多个跳变时，不可能设计出波纹很小的幅度响应。采用非矩形窗取代矩形窗，能够减小通带或阻带内的波纹幅度，但付出的代价是增加过渡带宽度。表 4-2 列出了常用的定义在 $0\leqslant n\leqslant M$ 上的窗函数表达式。

表 4-2　窗函数设计法常用的窗函数表达式

窗函数名称	窗函数表达式($0\leqslant n\leqslant M$)
矩形窗	$w_R(n)=1$
Hanning 窗	$w_{HAN}(n)=0.5\left(1-\frac{2\pi}{M}n\right)$
Hamming 窗	$w_{HAM}(n)=0.54-0.46\cos\left(\frac{2\pi}{M}n\right)$
Blackman 窗	$w_{BLK}(n)=0.42-0.5\cos\left(\frac{2\pi}{M}n\right)+0.08\cos\left(\frac{4\pi}{M}n\right)$

例 4.2　采用 Hanning 窗、Hamming 窗和 Blackman 窗，用窗函数方法设计例 4.1 的低通滤波器。

解　利用例 4.1 的设计结果，将 $h_R(n)$ 乘以相应的窗函数即可得到本例题的设计结果。即

(1) 采用 Hanning 窗：$h_{HAN}(n)=w_{HAN}(n)h_R(n)$

(2) 采用 Hamming 窗：$h_{HAM}(n)=w_{HAM}(n)h_R(n)$

(3) 采用 Blackman 窗：$h_{BLK}(n)=w_{BLK}(n)h_R(n)$

图 4-10 是用不同窗函数设计的滤波器的幅度响应，为便于比较也列出了矩形窗的结果。

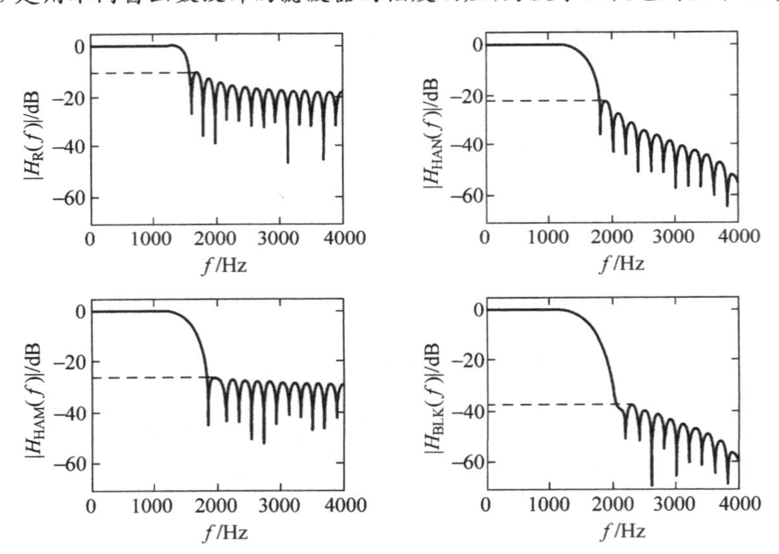

图 4-10　例 4.2 用 4 个窗函数设计的低通滤波器的幅度响应

从例 4.2 看出，矩形窗、Hanning 窗、Hamming 窗和 Blackman 窗的阻带衰减依次为 -10dB、-22dB、-26dB 和 -37dB，逐渐增加。用矩形窗设计，幅度响应在通带内尚有很小波纹，而用非矩形窗则通带内的波纹明显减小，但这是以增加过渡带宽度为代价的。过渡带宽度可以用滤波器的阶来控制，具体说，增加阶可以减小过渡带宽度。表 4-3 列出了用不同窗函数设计的滤波器的幅度响应的性能指标，其中 Kaiser 窗选择参数 $\beta=7.865$。

表 4-3 窗函数法设计的滤波器的幅度响应的性能指标

窗函数	过渡带宽度 $B=\frac{\|F_s-F_p\|}{f_s}$	通带波纹 δ_p	阻带衰减 δ_s	通带波纹 A_p/dB	阻带衰减 A_s/dB
矩形	$0.9M$	0.0819	0.0819	0.7422	21
三角形	$3.05/M$	0.0562	0.0562	0.5024	25
Hanning	$3.1/M$	0.0063	0.0063	0.055	44
Hamming	$3.3/M$	0.0022	0.0022	0.019	53
Blackman	$5.5/M$	0.00017	0.00017	0.0015	74.4
Kaiser	$5/M$	0.0001	0.0001	0.00087	80

4.2.2 窗函数法设计步骤

实际应用中，窗函数法按如下步骤进行设计：①根据应用要求确定设计指标，包括通带和阻带截止频率、通带波纹和阻带衰减以及过渡带宽度。根据阻带衰减选择窗函数。根据过渡带宽度确定滤波器的阶。②根据通带和阻带截止频率确定理想幅度响应的截断频率。③计算滤波器的冲激响应。④检查通带波纹、阻带衰减和过渡带宽度是否满足设计指标，如果不满足，则需重新选择窗函数和滤波器的阶。

窗函数法用有限长窗函数将理想冲激响应 $h_d(n)$ 截短，得到因果性有限长冲激响应 $h(n)$。式(4.21)实际上表示理想频率特性 $H_d(f)$ 的傅里叶级数展开，因此用 $h(n)$ 逼近 $h_d(n)$ 等效于用实际频率特性 $H(f)$ 逼近 $H_d(f)$；对于线性相位滤波器，则等效于用实际振幅响应 $A(f)$ 逼近理想振幅响应 $A_d(f)$。因此，在下式定义的均方误差函数最小的意义上，窗函数法设计的滤波器是最优的

$$J=\int_0^{f_s/2}[A(f)-A_d(f)]^2\mathrm{d}f \tag{4.30}$$

例 4.3 用窗函数法设计满足以下指标的线性相位带通 FIR 滤波器：$f_{p1}=1160\text{Hz}$，$f_{p2}=2840\text{Hz}$，$f_{s1}=840\text{Hz}$，$f_{s2}=3160\text{Hz}$，$\delta_p=0.01$，$\delta_s=0.01$，$f_s=8000\text{Hz}$。

解 (1) $\delta_s=0.01$ 对应于 $-A_s=20\lg\delta_s=20\lg(0.01)=-40\text{dB}$。查表 4-3，除矩形窗和三角窗外其他窗函数都可采用，其中 Hanning 窗的过渡带宽度最小，所以选用它。

带通滤波器两个过渡带宽度分别是

$$\Delta f_1=f_{p1}-f_{s1}=1160-840=320\text{Hz}$$

$$\Delta f_2=f_{s2}-f_{p2}=3160-2840=320\text{Hz}=\Delta f_1$$

根据过渡带宽度的要求，由表 4-3 得到

$$\frac{3.1}{M}=\frac{\Delta f_1}{f_s}=\frac{320}{8000}=0.04$$

由此得到滤波器的阶 $M=3.1/0.04=77.5$，向上整数得 $M=78$。

(2) 理想带通滤波器幅度响应的两个截断频率

$$F_0=\frac{f_{s1}+f_{p1}}{2}=\frac{840+1160}{2}=1000\text{Hz}$$

$$F_1=\frac{f_{p2}+f_{s2}}{2}=\frac{2840+3160}{2}=3000\text{Hz}$$

(3) 采用Ⅰ型线性相位FIR滤波器，利用表4-1中的计算公式

$$h_{\text{HAN}}(n)=\begin{cases}2(F_1-F_0)T, & n=p\\ \dfrac{\sin[2\pi F_1T(n-p)]-\sin[2\pi F_0T(n-p)]}{\pi(n-p)}w_{\text{HAN}}(n), & 0\leqslant n\leqslant p-1\end{cases}$$

式中，$p=M/2=78/2=39$。$w_{\text{HAN}}(n)$可查表4-2得出。因此，得到

$$h(39)=(F_0-F_1)T\left(1-\frac{2\pi}{M}p\right)=(F_0-F_1)T(1-\pi)$$

$$=(1000-3000)(1-\pi)/8000=0.5354$$

$$h(n)=0.5\left(1-\cos\left(\frac{2\pi}{M}n\right)\right)\frac{\sin[2\pi F_1T(n-p)]-\sin[2\pi F_0T(n-p)]}{\pi(n-p)}$$

$$=\left(1-\cos\frac{2\pi n}{M}\right)\frac{\sin[3\pi(n-39)/4]-\sin[\pi(n-39)/4]}{2\pi(n-39)},\quad 0\leqslant n\leqslant 78$$

冲激响应和幅度响应如图4-11所示，可以看出完全满足指标要求。

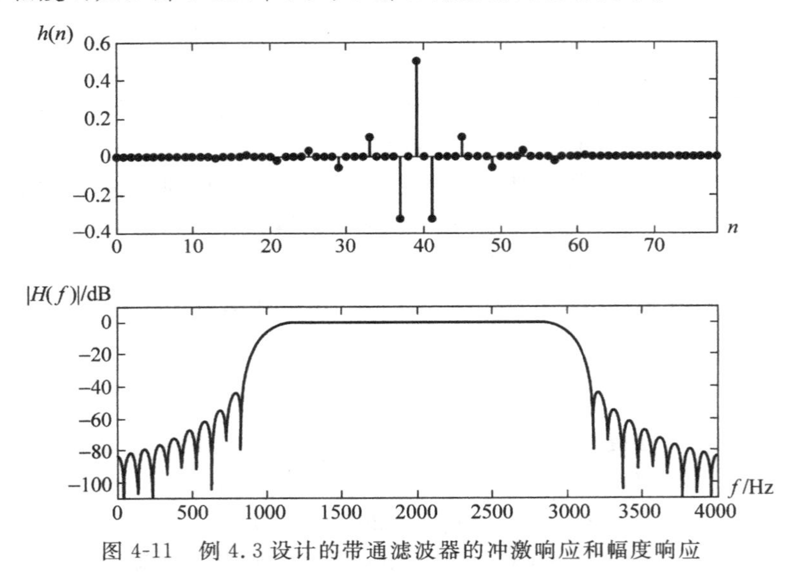

图4-11　例4.3设计的带通滤波器的冲激响应和幅度响应

4.2.3　Kaiser窗

表4-2列出的窗函数的缺点是不能通过调整窗函数的参数来改变频率响应，一旦选定了某个窗函数，就只能被动地接受相应的频率响应。虽然可以通过改变窗宽(即滤波器的阶)来调整过渡带宽度，但是不能调整通带波纹或阻带衰减。选用Kaiser窗，优点是能够通过改变窗函数的参数来调整滤波器的幅度响应。Kaiser窗函数定义为

$$w_{\text{K}}(n)=\frac{I_0\left[\beta\sqrt{1-\left(1-\frac{2n}{M}\right)^2}\right]}{I_0[\beta]},\quad 0\leqslant n\leqslant M \tag{4.31}$$

或

$$w_K(n)=\frac{I_0\left[\beta\sqrt{\left(\frac{M}{2}\right)^2-\left(n-\frac{M}{2}\right)^2}\right]}{I_0\left[\beta\frac{M}{2}\right]},\quad 0\leqslant n\leqslant M \tag{4.32}$$

式中，$I_0(x)$是零阶第一类修正贝塞尔函数，可以用以下幂级数展开式来生成

$$I_0(x)=1+\sum_{k=1}^{\infty}\left[\frac{(x/2)^k}{k!}\right]^2 \tag{4.33}$$

Kaiser 窗函数有两个参数，滤波器的阶 M 和控制窗函数形状的参数 β。通过调整这两个参数来调整主瓣宽度和旁瓣幅度之间的平衡，这一优点是其他窗函数所不具备的。从这个意义上说，Kaiser 窗是近似最优的。图 4-12 所示的是宽度为 $M+1$ 和不同 β 值的 Kaiser 窗，$\beta=0$ 对应于矩形窗，随着 β 增大 Kaiser 窗逐渐向中心收缩。

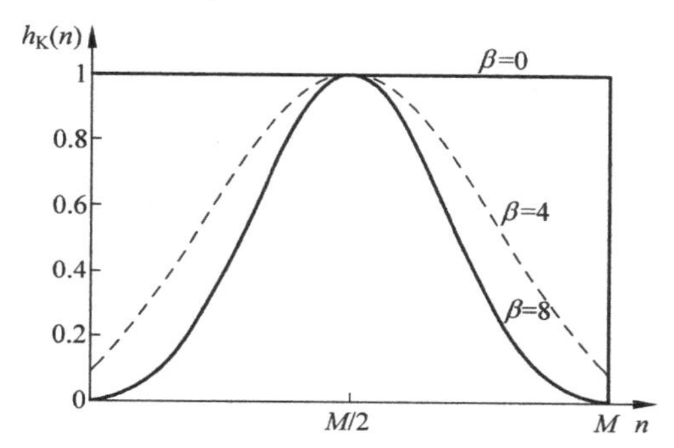

图 4-12 不同 β 值的宽度为 $M+1$ 的 Kaiser 窗的包络形状

图 4-13 所示的是不同 β 值 Kaiser 窗的对数谱(窗宽为 17)，随着 β 值增大，主瓣随之加宽，旁瓣幅度随之减小。图 4-14 所示的是不同宽度 Kaiser 窗的对数谱($\beta=4$)，随着窗宽变大，主瓣随之变窄，但最大旁瓣幅度基本不受影响。

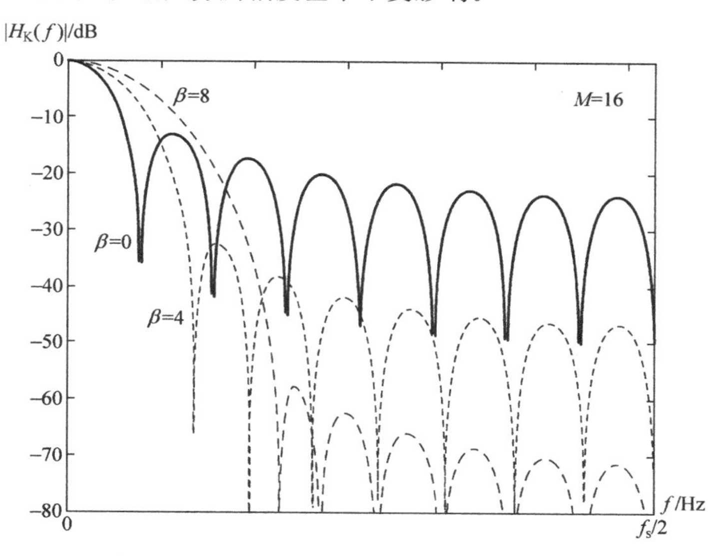

图 4-13 不同 β 值的 Kaiser 窗的对数谱($M=16$)

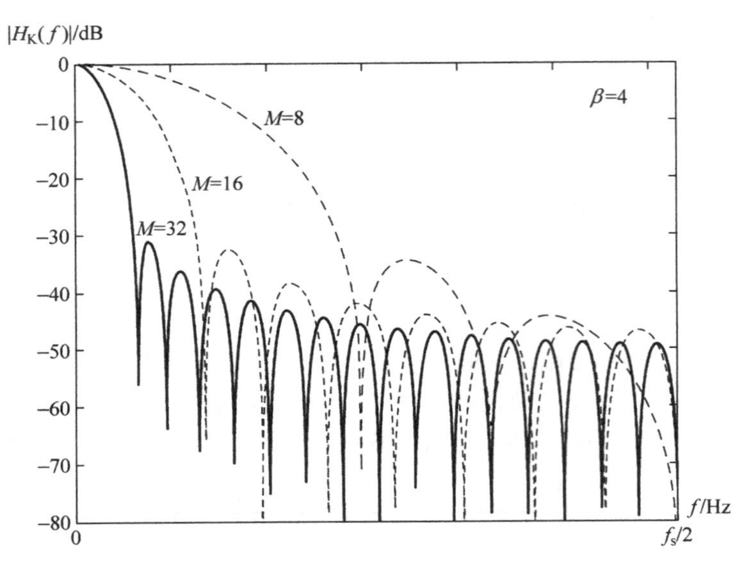

图 4-14　不同宽度的 Kaiser 窗的对数谱($\beta=4$)

表 4-4 列出了用不同 β 值的 Kaiser 窗设计的滤波器幅度响应的主要参数。

表 4-4　不同 β 值 Kaiser 窗设计的滤波器幅度响应参数

β 值	最大旁瓣/dB	过渡带宽度 $\Delta f/f_s$	阻带衰减/dB
2	−19	$1.5/M$	−29
3	−24	$2.0/M$	−37
4	−30	$2.6/M$	−45
5	−37	$3.2/M$	−54
6	−44	$3.8/M$	−63
7	−51	$4.5/M$	−72
8	−59	$5.1/M$	−81
9	−67	$5.7/M$	−90
10	−74	$6.4/M$	−99

采用 Kaiser 窗设计滤波器时常利用以下两个经验公式。

(1) 阻带衰减与 β 的关系

$$\beta=\begin{cases}0.1102(A_s-8.7), & A_s>50\\ 0.5842\,(A_s-21)^{0.4}+0.07886(A_s-21), & 21\leqslant A_s\leqslant 50\\ 0, & A_s<21\end{cases}\tag{4.34}$$

(2) 阶与过渡带宽度和阻带衰减的关系

$$M=\frac{A_s-7.95}{14.36\Delta f}f_s=\frac{A_s-7.95}{2.285\Delta\omega},\quad A_s\geqslant 21\tag{4.35}$$

在 $A_s<21$ 时，取 $M=0.9f_s/\Delta f=5.655/\Delta\omega$。

例 4.4　用 Kaiser 窗设计满足以下指标的线性相位高通 FIR 滤波器：$\omega_s=0.35\pi$，$\omega_p=0.5\pi$，$\delta_s=\delta_p=\delta=0.021$。

解 阻带衰减 $A_s=-20\lg(0.021)=33.5556\text{dB}$。由式(4.34)得

$$\beta=0.5842(33.5556-21)^{0.4}+0.07886(33.5556-21)\approx 2.6$$

$\Delta\omega=2\pi\Delta f/f_s=0.5\pi-0.35\pi=0.15\pi$,即 $\Delta f/f_s=0.075$,由式(4.35)得

$$M=\frac{A_s-7.95}{14.36}\frac{f_s}{\Delta f}=\frac{33.5556-7.95}{14.36\times 0.075}=23.7749$$

向上取整得 $M=24$,冲激响应延时 $p=M/2=12$。

理想高通滤波器的截断频率(见图 4-8)

$$\omega_0=\frac{2\pi F_0}{f_s}=\frac{\omega_s+\omega_p}{2}=\frac{0.35\pi+0.5\pi}{2}=0.425\pi$$

即 $F_0/f_s=0.2125$。

选用Ⅰ型线性相位 FIR 滤波器,利用表 4.1 列出的高通滤波器冲激响应计算公式

$$h_R(p)=h_R(12)=1-2F_0T=1-2F_0/f_s=1-2\times 0.2125=0.575$$

$$h_R(n)=\frac{-\sin[2\pi F_0T(n-p)]}{\pi(n-p)}=\frac{-\sin[0.425\pi(n-12)]}{\pi(n-12)},\quad 0\leqslant n\leqslant 24, n\neq 12$$

令 $N=M+1=25$ 和 beta=2.6,调用 MATLAB 函数 kaiser(N,beta)求出 kaiser 函数 $w_K(n)$的值

0.2814	0.3627	0.4466	0.5313	0.6145	0.6943	0.7684	0.8350	0.8921
0.9383	0.9723	0.9930	1.0000	0.9930	0.9723	0.9383	0.8921	0.8350
0.7684	0.6943	0.6145	0.5313	0.4466	0.3627	0.2814		

最后,得到设计的滤波器的冲激响应为

$$h_K(n)=\frac{-\sin[0.425\pi(n-12)]}{\pi(n-12)}w_K(n),\quad 0\leqslant n\leqslant 24$$

图 4-15 所示的是滤波器的冲激响应和幅度响应,可以看出满足设计指标要求。

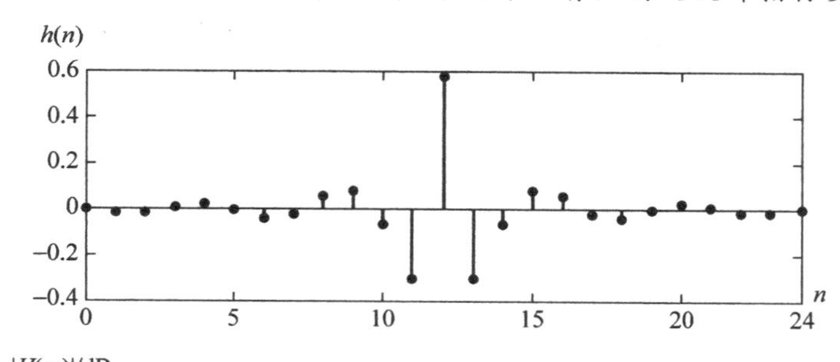

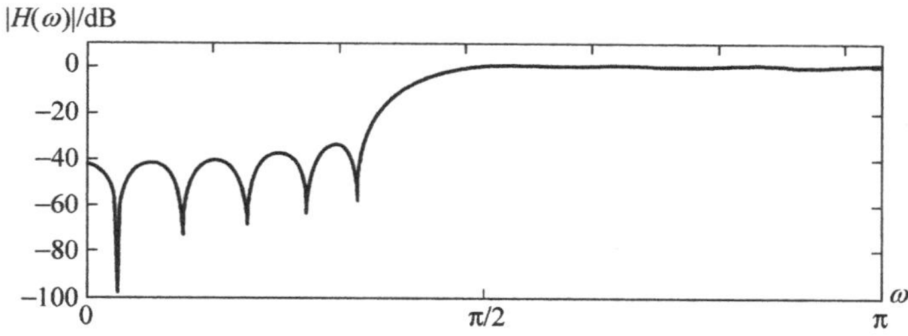

图 4-15 例 4.4 设计的滤波器的冲激响应和幅度响应

4.3 设计 FIR 滤波器的最小二乘法

令$[F_0, F_1, \cdots, F_q]$是$0 \leqslant f \leqslant f_s/2$频率范围内$q+1$个离散频率，其中$F_0=0$和$F_q=f_s/2$，且

$$F_0 < F_1 < \cdots < F_q \tag{4.36}$$

这些频率可以均匀分布，即$F_k = kf_s/(2q)$，$0 \leqslant k \leqslant q$；也可以非均匀分布。为了表示不同频率的相对重要性，引入加权函数$W(k)$，$0 \leqslant k \leqslant q$；$W(k)=1$表示均匀加权，即所有频率同等重要。定义加权误差函数

$$J_q = \sum_{k=0}^{q} W^2(k)[A(F_k) - A_d(F_k)]^2 \tag{4.37}$$

可以把式(4.37)看成式(4.30)的离散形式。按照J_q最小化准则设计 FIR 滤波器的方法，称为最小二乘设计法(least-squares method)。滤波器的振幅响应与滤波器系数的函数关系取决于线性相位滤波器的类型，下面以最常用的Ⅰ型线性相位滤波器为例，讨论 FIR 滤波器的最小二乘设计法。

Ⅰ型线性相位滤波器的冲激响应是偶对称的而且阶为偶数，即

$$h(n) = h(M-n), \quad 0 \leqslant n \leqslant M \tag{4.38}$$

式中，阶$M=2p \leqslant 2q$；p是冲激响应序列的中点；$q+1$是$0 \leqslant f \leqslant f_s/2$内离散频率的点数。Ⅰ型线性相位滤波器振幅响应为

$$A(f) = h(p) + 2\sum_{n=0}^{p-1} h(n)\cos[2\pi fT(n-p)] \tag{4.39}$$

为了方便，定义$c_n = h(n)(n \neq p)$和$c_p = h(p)/2$，于是式(4.39)简化表示为

$$A(f) = 2\sum_{n=0}^{p} c_n \cos[2\pi fT(n-p)] \tag{4.40}$$

式(4.40)建立了Ⅰ型线性相位滤波器的振幅响应与滤波器系数之间的函数关系。

将式(4.40)的离散形式$A(F_k)$代入式(4.37)，得到离散形式加权误差函数

$$J_q = \sum_{k=0}^{q} W^2(k)\left\{2\sum_{n=0}^{p} c_n \cos[2\pi F_k T(n-p)] - A_d(F_k)\right\}^2 \tag{4.41}$$

定义

$$\boldsymbol{G} \equiv \{2W(k)\cos[2\pi F_k T(n-p)]\}, \quad 0 \leqslant k \leqslant q, 0 \leqslant n \leqslant p \tag{4.42}$$

$$\boldsymbol{d} \equiv [d_k]^{\mathrm{T}} \equiv [W(k)A_d(F_k)]^{\mathrm{T}}, \quad 0 \leqslant k \leqslant q \tag{4.43}$$

$$\boldsymbol{c} \equiv [c_n]^{\mathrm{T}}, \quad 0 \leqslant n \leqslant p \tag{4.44}$$

其中，$\boldsymbol{G}$、$\boldsymbol{d}$和$\boldsymbol{c}$的维数分别是$(q+1)\times(p+1)$、$(q+1)\times 1$和$(p+1)\times 1$。于是，式(4.41)简化为

$$J_q(\boldsymbol{c}) = (\boldsymbol{Gc} - \boldsymbol{d})^{\mathrm{T}}(\boldsymbol{Gc} - \boldsymbol{d}) \tag{4.45}$$

令式(4.45)表示的J_q对$\boldsymbol{c}$的导数等于零，得到线性方程组

$$\boldsymbol{Gc} = \boldsymbol{d} \tag{4.46}$$

由于$q \geqslant p$，即方程数多于未知数的个数，式(4.46)是超定线性方程组，所以式(4.46)一般

无解。为求得最优系数矢量 $\boldsymbol{c}$,用 $\boldsymbol{G}^{\mathrm{T}}$ 左乘式(4.46)两边,得到规范方程组

$$\boldsymbol{G}^{\mathrm{T}}\boldsymbol{G}\boldsymbol{c} = \boldsymbol{G}^{\mathrm{T}}\boldsymbol{d} \tag{4.47}$$

式中,$\boldsymbol{G}^{\mathrm{T}}\boldsymbol{G}$ 是维数为$(p+1)\times(p+1)$的满秩矩阵,所以式(4.47)有唯一解,为

$$\boldsymbol{c} = (\boldsymbol{G}^{\mathrm{T}}\boldsymbol{G})^{-1}\boldsymbol{G}^{\mathrm{T}}\boldsymbol{d} = \boldsymbol{G}^{+}\boldsymbol{d} \tag{4.48}$$

式中,$\boldsymbol{G}^{+} \equiv (\boldsymbol{G}^{\mathrm{T}}\boldsymbol{G})^{-1}\boldsymbol{G}^{\mathrm{T}}$ 是 $\boldsymbol{G}$ 的伪逆(the pseudo-inverse)。

实际中,不需要用 $\boldsymbol{G}$ 的伪逆来求最优系数矢量 $\boldsymbol{c}$,可以直接求解式(4.47)的规范方程组。因为,当 p 很大时,直接求解式(4.47)可以节约近 1/3 的运算量。不过,当 p 很大时,式(4.47)有可能是病态的,在这种情况下常使用 Levinson-Durbin 迭代算法求解式(4.47)。最优系数矢量 $\boldsymbol{c}$ 求出后,利用下式得到滤波器的冲激响应序列

$$h(n) = \begin{cases} c_n, & 0 \leqslant n < p \\ 2c_p, & n = p \\ c_{2p-n}, & p < n \leqslant 2p \end{cases} \tag{4.49}$$

例 4.5 用最小二乘法设计一个通带频率为 $3f_s/16 \leqslant f \leqslant 5f_s/16$、过渡带宽度为 $\Delta f = f_s/32$ 的带通 FIR 滤波器。假设均匀分布的离散频率点数为 $2q+1=81$,滤波器的阶 $M=2p=40$,加权函数 $W(k)$ 在通带内等于10,在阻带内等于1。求滤波器的冲激响应和幅度响应,并画出它们在有加权和无加权两种情况下的图形。

解 离散频率为

$$F_k = \frac{kf_s}{2q} = \frac{kf_s}{80}, \quad 0 \leqslant k \leqslant 40$$

即

$$\frac{F_k}{f_s} = \frac{k}{80}, \quad 0 \leqslant k \leqslant 40$$

用离散频率点表示的通带频率范围为

$$15f_s/80 \leqslant f \leqslant 25f_s/80 \quad 或 \quad F_{15} \leqslant f \leqslant F_{25}$$

因此,滤波器的理想振幅响应为

$$A_d(F_k) = \begin{cases} 0, & 0 \leqslant k \leqslant 14 \\ 1, & 15 \leqslant k \leqslant 25 \\ 0, & 26 \leqslant k \leqslant 40 \end{cases}$$

加权函数 $W(k)$ 为

$$W(k) = \begin{cases} 1, & 0 \leqslant k \leqslant 14 \\ 10, & 15 \leqslant k \leqslant 25 \\ 1, & 26 \leqslant k \leqslant 40 \end{cases}$$

用式(4.42)计算矩阵 $\boldsymbol{G}$

$$\boldsymbol{G} \equiv \{2W(k)\cos[2\pi F_k T(n-p)]\}, \quad 0 \leqslant k \leqslant 40;\ 0 \leqslant n \leqslant 20$$

将 $F_kT = F_k/f_s = k/80$ 代入上式,得到

$$\boldsymbol{G} \equiv \{2W(k)\cos[\pi k(n-p)/40]\}, \quad 0 \leqslant k \leqslant 40;\ 0 \leqslant n \leqslant 20 \tag{4.50}$$

用式(4.43)计算列矢量 $\boldsymbol{d}$ 的元素

$$d_k = W(k)A_d(F_k) = \begin{cases} 0, & 0 \leqslant k \leqslant 14 \\ 10, & 15 \leqslant k \leqslant 25 \\ 0, & 26 \leqslant k \leqslant 40 \end{cases} \tag{4.51}$$

将 $\boldsymbol{G}$ 和 $\boldsymbol{d}$ 代入式(4.47),解出 $\boldsymbol{c}$。最后根据式(4.49)得到滤波器的冲激响应。对所有 $0 \leqslant k \leqslant 40$,令 $W(k)=1$,修改式(4.50)和式(4.51),便得到无加权情况下的冲激响应。图4-16和图4-17分别是无加权和有加权情况下滤波器的冲激响应和幅度响应。可以看出,有加权情况下幅度响应在通带内的波纹显著得到减小,但这是以降低阻带衰减为代价的。

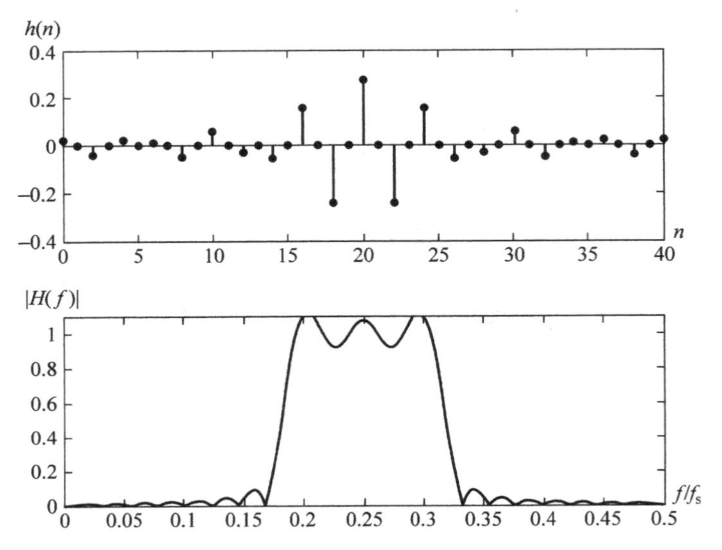

图 4-16　例 4.5 用最小二乘法设计的滤波器的冲激响应和幅度响应(无加权)

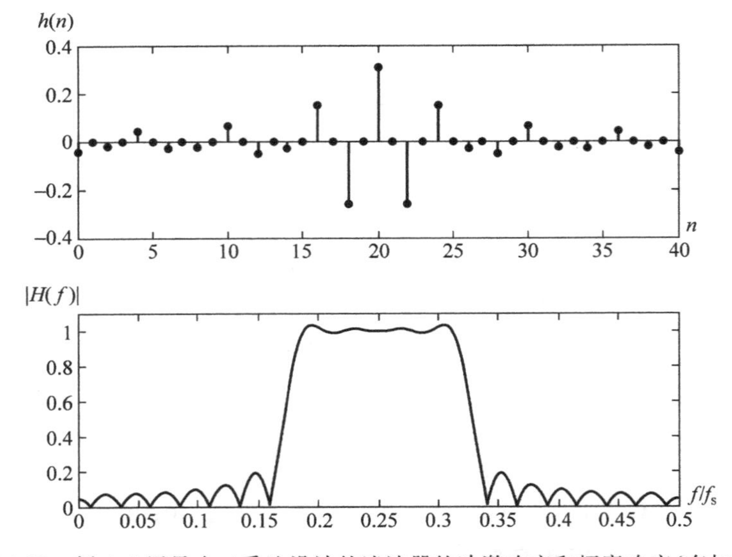

图 4-17　例 4.5 用最小二乘法设计的滤波器的冲激响应和幅度响应(有加权)

为了看清加权对阻带衰减的影响，图4-18画出了对数幅度响应。可以看出，无加权时阻带衰减为22dB，而有加权时降低为14dB，这是为了减小通带波纹付出的代价。

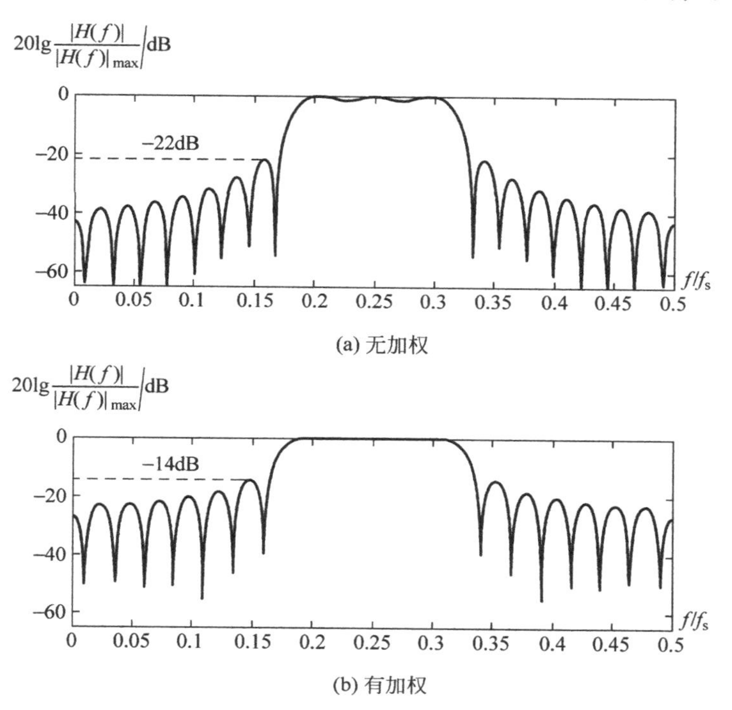

图4-18　例4.5所设计的滤波器的对数幅度响应

4.4　设计FIR滤波器的频率取样方法

频率取样方法的思路是：根据要求的理想频率响应 $H_d(f)$ 选定 N 个取样值 $H(k)$，计算 $H(k)$ 的 N 点IDFT得到冲激响应 $h(n)$，用 $h(n)$ 作为需要设计的FIR滤波器。可见，思路很简单。问题在于，$h(n)$ 的频率响应 $H(f)$ 是否准确等于要求的频率响应 $H_d(f)$？如果不是，怎样才能使 $H(f)$ 最好地逼近 $H_d(f)$？

4.4.1　频率取样方法的基本原理

设要求的理想频率响应 $H_d(f)$ 对应的冲激响应用 $h_d(n)$ 表示，在 $0 \leqslant f < f_s$ 范围内 N 个等间隔频率点 $f_k = kf_s/N$ 上对 $H_d(f)$ 取样，得到 $h_d(n)$ 的 N 点离散傅里叶变换 $H(k)$；利用离散傅里叶逆变换由 $H(k)$ 重构的序列用 $h(n)$ 表示，则由2.1.2节的讨论知道，$h(n)$ 与 $h_d(n)$ 之间存在周期延展关系（见式(2.15)）

$$h(n) = \sum_{r=-\infty}^{\infty} h_d(n - rN), \quad 0 \leqslant n \leqslant N-1 \tag{4.52}$$

重构序列 $h(n)$ 的 N 点 IDFT，就是设计得到的滤波器的频率响应 $H(f)$。根据 2.1.3 节的讨论，$H(f)$ 是内插函数的线性组合，其加权值是 $H(k)$；$H(f)$ 与 $H_d(f)$ 在 N 个等间隔频率点 f_k 上的值准确相等。因此，用频率取样法设计得到的滤波器，其频率响应和冲激响应与所要求的频率响应和冲激响应之间具有图 4-19 所示的关系。

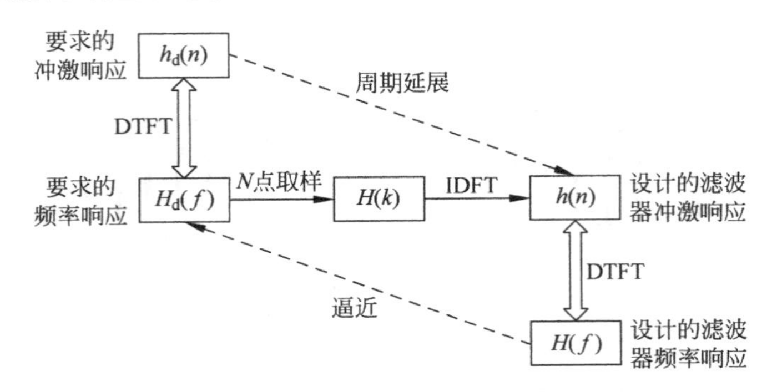

图 4-19 设计的滤波器与要求的滤波器之间的关系

下面以第一类(即Ⅰ型和Ⅱ型)线性相位 FIR 滤波器为例，推导频率取样法的冲激响应计算公式。

在 $0\leqslant f<f_s$ 内 N 个等间隔频率点 $f_k=kf_s/N$ 上对 $H_d(f)$ 取样，得到

$$H(k)=H_d(f_k)=A_d(f_k)e^{j\varphi(f_k)},\quad 0\leqslant k\leqslant N-1 \tag{4.53}$$

式中，$A_d(f_k)$ 是振幅响应，$\varphi(f_k)$ 是相位响应。对于线性相位滤波器，有

$$\varphi(f_k)=-\frac{M}{2}\omega_k=-\frac{M}{2}\left(2\pi\frac{f_k}{f_s}\right)=-\frac{M}{N}\pi k,\quad 0\leqslant k\leqslant N-1 \tag{4.54}$$

式中，$M=N-1$ 是滤波器的阶。计算 $H(k)$ 的 N 点 IDFT，并将式(4.54)代入，得到

$$\begin{aligned}h(n)&=\frac{1}{N}\sum_{k=0}^{N-1}H(k)e^{j2\pi kn/N}=\frac{1}{N}\sum_{k=0}^{N-1}\left[A_d(f_k)e^{-jM\pi k/N}\right]e^{j2\pi kn/N}\\&=\frac{1}{N}\sum_{k=0}^{N-1}A_d(f_k)\left\{\cos\left[\frac{2\pi k(n-0.5M)}{N}\right]+j\sin\left[\frac{2\pi k(n-0.5M)}{N}\right]\right\}\end{aligned}$$

若要求冲激响应是实序列，则由上式得出

$$h(n)=\frac{1}{N}\sum_{k=0}^{N-1}A_d(f_k)\cos\frac{2\pi k[n-0.5M]}{N},\quad 0\leqslant n\leqslant N-1 \tag{4.55}$$

利用实序列的 DFT 的对称性质 $A_d(f_k)=A_d(f_{N-k})$，可以将式(4.55)的计算量减少近一半，即

$$h(n)=\frac{A_d(0)}{N}+\frac{2}{N}\sum_{k=1}^{p}A_d(f_k)\cos\frac{2\pi k\left(n-\dfrac{M}{2}\right)}{N},\quad 0\leqslant n\leqslant N-1 \tag{4.56}$$

式中，对于Ⅰ型线性相位滤波器，M 为偶数，$p=M/2$；对于Ⅱ型线性相位滤波器，M 为奇数，$p=(M-1)/2=N/2-1$。

在利用式(4.56)计算 $h(n)$ 时，在要求的通带内指定 $A_d(f_k)=1$，在阻带内指定 $A_d(f_k)=0$。例如，对于带宽为 BW(以取样点数计)的低通滤波器，有

$$A_d(f_k)=\begin{cases}1, & 0\leqslant k\leqslant BW\\ 0, & BW+1\leqslant k\leqslant K\end{cases}\tag{4.57}$$

将式(4.57)代入式(4.56)，最后得到

$$h(n)=\frac{A_d(0)}{N}+\frac{2}{N}\sum_{k=1}^{BW}\cos\frac{2\pi k\left(n-\dfrac{M}{2}\right)}{N},\quad 0\leqslant n\leqslant N-1\tag{4.58}$$

例 4.6 用频率取样方法设计一个截断频率 $F_0=f_s/4$ 的线性相位低通 FIR 滤波器。假设滤波器的阶 $M=N-1=20$。画出冲激响应和幅度响应，并估计阻带衰减。

解 理想频率响应示于图 4-20(a)，圆圈表示振幅响应的取样值。考虑到频率响应的对称性，只画出了半个周期的图形。

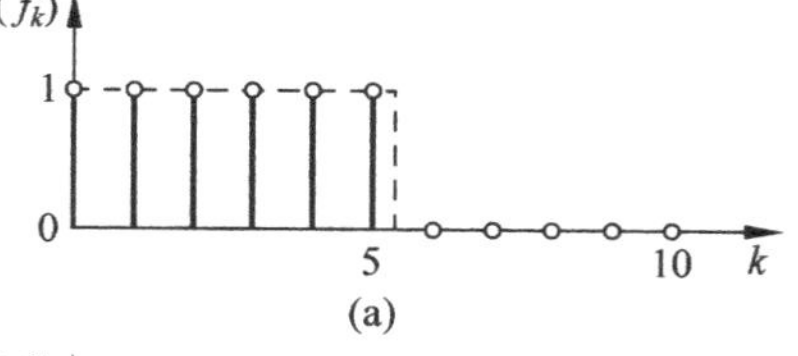

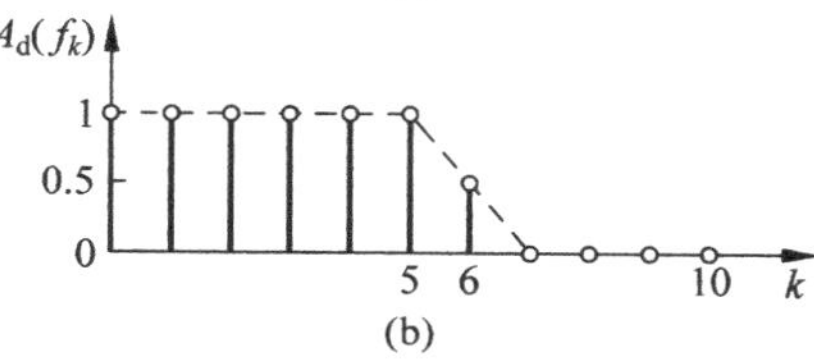

图 4-20 例 4.6 的振幅响应及其取样值

采用Ⅰ型线性相位滤波器，$p=M/2=10$，因此

$$A_d(f_k)=\begin{cases}1, & 0\leqslant k\leqslant 5\\ 0, & 6\leqslant k\leqslant 10\end{cases}$$

由式(4.58)得冲激响应

$$h(n)=\frac{1}{21}+\frac{2}{21}\sum_{k=1}^{5}\cos\frac{2\pi k(n-10)}{21},\quad 0\leqslant n\leqslant 20$$

计算 $h(n)$ 的 DTFT 得到频率响应。冲激响应和幅度响应如图 4-21 所示。可以看出，幅度响应准确通过频率取样点 f_k(圆点)，但是在这些取样点之间有很大波纹。根据对数幅度响应估计的阻带衰减约为 15.6dB。

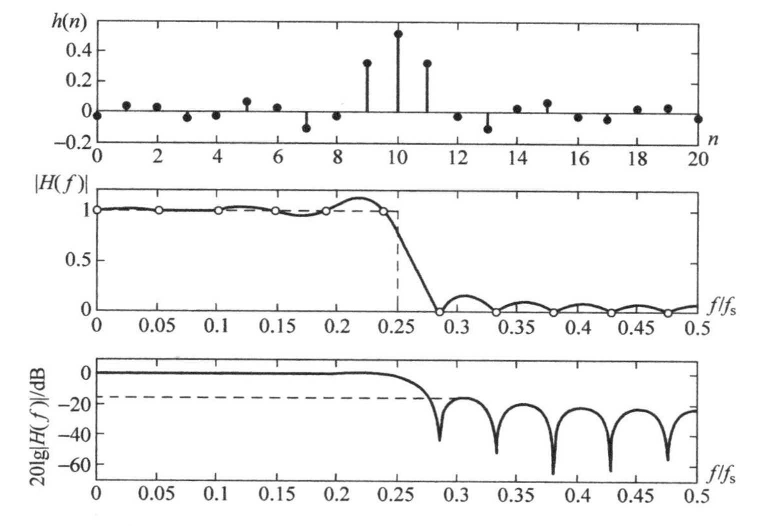

图 4-21 例 4.6 用频率取样方法设计的滤波器的冲激响应和幅度响应

4.4.2 频率取样设计方法对过渡带的优化

图 4-21 中幅度响应的波纹，是由于理想幅度响应取样值的突变(从 1 变为 0)引起的。窗函数设计法解决这个问题的办法是用非矩形窗减缓这种跳变。频率取样方法也可进行类似处理，即在通带和阻带之间插入一个或多个非零取样值，也就是说增加一个过渡带，如图 4-20(b)所示。实质上，这是以增加过渡带为代价来增加阻带衰减和减小通带波纹。

例 4.7 用频率取样方法重新设计例 4.6 的滤波器。要求在通带和阻带之间插入一个取样值 $A_d(f_6)=0.5$，如图 4-20(b)所示。画出冲激响应和幅度响应，估计阻带衰减，并与例 4.6 的结果比较。

解 插入一个过渡带取样值后，理想振幅响应的取样值为

$$A_d(f_k)=\begin{cases}1, & 0\leqslant k\leqslant 5\\ 0.5, & k=6\\ 0, & 7\leqslant k\leqslant 10\end{cases}$$

将上式代入式(4.56)得到冲激响应

$$h(n)=\frac{1}{21}+\frac{2}{21}\left[\sum_{k=1}^{5}\cos\frac{2\pi k(n-10)}{21}+0.5\,\frac{12\pi(n-10)}{21}\right],\quad 0\leqslant n\leqslant 20$$

计算 $h(n)$ 的 DTFT 得到频率响应，如图 4-22 所示。根据对数幅度响应估计的阻带衰减为 29.51dB。与例 4.6 的结果比较，通带波纹和阻带衰减都有显著改善。从图 4-21 和图 4-22 的 $|H(f)|$ 估计的过渡带宽度分别为 $0.05f_s$ 和 $0.075f_s$，例 4.7 过渡带宽度的增加是改善通带波纹和阻带衰减所付出的代价。

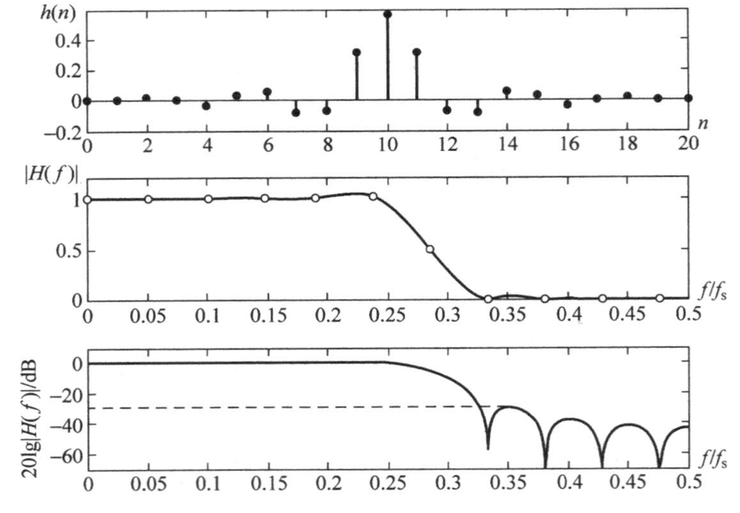

图 4-22 例 4.7 用频率取样法设计得到的滤波器的冲激响应和幅度响应

在例4.7中，插入过渡带取样值$A_d(f_6)=0.5$相当于在通带终点到阻带起点之间进行线性内插。显然，可以选择其他内插函数，例如2次或高次多项式内插函数。插入的过渡带取样值也可以不止一个。这样，就可以有多种不同的选择来调整幅度响应的形状，并在过渡带的宽度与通带波纹和阻带衰减之间取得某种折中。在许多情况下，常要求按照阻带衰减A_s最大化的目标确定过渡带取样值的个数和数值，这就是过渡带优化(transition-band optimization)技术。

例4.8 用频率取样方法重新设计例4.6的滤波器，仍然插入1个过渡带取样值。但是与例4.7不同，现在要求按照阻带衰减最大化来确定过渡带取样值的大小。

解 插入的过渡带取样值用x表示，理想振幅响应的取样值为

$$A_d(f_k)=\begin{cases}1, & 0\leqslant k\leqslant 5\\ x, & k=6\\ 0, & 7\leqslant k\leqslant 10\end{cases}$$

将上式代入式(4.56)，得到设计的滤波器冲激响应为

$$h(n)=\frac{1}{21}+\frac{2}{21}\left[\sum_{k=1}^{5}\cos\frac{2\pi k(n-10)}{21}+x\frac{12\pi(n-10)}{21}\right],\quad 0\leqslant n\leqslant 20 \tag{4.59}$$

式中，x的数值将按阻带衰减最大化准则确定，即求过渡带取样值$A_d(f_6)=x$使阻带衰减$A_s(x)$最大。为此，首先需要建立$A_s(x)$与x之间的函数关系。一种简单办法是在$0<x<1$范围内任意选取3个不同的x值，例如$x=(x_1,x_2,x_3)$，计算相应的阻带衰减$A_s(x)$；并假设阻带衰减与x之间有以下函数关系

$$A_s(x)=c_1+c_2x+c_3x^2 \tag{4.60}$$

由此得到下列方程组

$$\begin{bmatrix}1 & x_1 & x_1^2\\ 1 & x_2 & x_2^2\\ 1 & x_3 & x_3^2\end{bmatrix}\begin{bmatrix}c_1\\ c_2\\ c_3\end{bmatrix}=\begin{bmatrix}A_s(x_1)\\ A_s(x_2)\\ A_s(x_3)\end{bmatrix} \tag{4.61}$$

对$c=(c_1,c_2,c_3)$求解该方程组，并将结果代入式(4.60)，便得到阻带衰减$A_s(x)$与过渡带取样值x之间的函数关系。求$A_s(x)$对x的导数，并令其等于零，得到

$$\frac{\partial A_s(x)}{\partial x}=c_2+\frac{c_3}{2}x=0 \tag{4.62}$$

由式(4.62)解出

$$x_{\max}=\frac{-c_2}{2c_3} \tag{4.63}$$

这就是使阻带衰减最大化的过渡带取样值。

例如，取$(x_1,x_2,x_3)=(0.25,0.5,0.75)$，按照例4.7的方法，求得$A_s(x_1)=28.98\text{dB}$，$A_s(x_2)=29.51\text{dB}$，$A_s(x_3)=19.94\text{dB}$。将这些数值代入式(4.61)

$$\begin{bmatrix}1 & 0.25 & 0.25^2\\ 1 & 0.5 & 0.5^2\\ 1 & 0.75 & 0.75^2\end{bmatrix}\begin{bmatrix}c_1\\ c_2\\ c_3\end{bmatrix}=\begin{bmatrix}28.98\\ 29.51\\ 19.94\end{bmatrix}$$

解该方程组,得到

$$(c_1, c_2, c_3) = (18.35, 62.72, -80.80)$$

由式(4.63)求出最优过渡带取样值

$$x_{\max} = \frac{-c_2}{2c_3} = \frac{-62.72}{-2\times 80.80} = 0.3881$$

将优化的 $x_{\max}$ 值代入式(4.59),得到

$$h(n) = \frac{1}{21} + \frac{2}{21}\left[\sum_{k=1}^{5}\cos\frac{2\pi k(n-10)}{21} + 0.3881\,\frac{12\pi(n-10)}{21}\right],\quad 0\leqslant n\leqslant 20$$

这就是利用一个最优过渡带取样值,用频率取样方法设计得到的线性 FIR 滤波器的冲激响应表达式。从图 4-23 的幅度响应看出,过渡带宽度约为 $0.0725f_s$,比例 4.7 的值还略小;阻带衰减增加为 40dB,这是插入一个过渡带取样值所能够获得的最大阻带衰减。

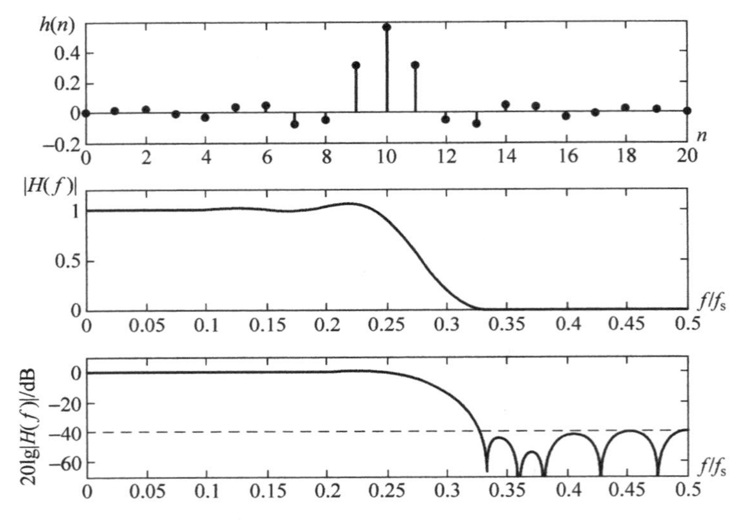

图 4-23　插入一个最优过渡带取样值后设计得到的滤波器的冲激响应和幅度响应

对于第Ⅱ类线性相位滤波器,频率取样设计方法的冲激响应计算公式可以直接由式(4.28)得到

$$h(n) = \frac{-2}{N}\sum_{k=1}^{BW}A_d(f_k)\sin\frac{2\pi k\left(n-\dfrac{M}{2}\right)}{N},\quad 0\leqslant n\leqslant N-1 \tag{4.64}$$

在过渡带插入一个最优取样值以获得最大阻带衰减的方法,可以推广到在过渡带插入多个取样值。人们已将最优取样值的数据制成设计表格。

频率取样设计方法与 3.4 节讨论的频率取样结构是两个不同性质的问题,前者是 FIR 滤波器的一种设计方法,而后者是实现 FIR 滤波器的一种结构。但是二者之间有一定联系。具体说,前者首先对频率响应取样,然后利用离散傅里叶逆变换由取样值得到滤波器的冲激响应;而后者则是用离散傅里叶变换表示传输函数,然后根据传输函数实现滤波器的结构。因此,频率取样设计方法所依据的期望频率响应的取样值,正是频率取样结构的系数。频率取样设计方法具有其他任何设计方法不能代替的优点,就是它具

有非常高的计算效率，在窄带滤波器(例如，通带宽度小于 1/5 取样频率)等应用场合，是一种非常重要的设计方法。

4.5 最优等波纹线性相位 FIR 滤波器的设计：Parks-McClellan 算法

窗函数法的主要优点是简单，通常能够设计出性能较好的滤波器。主要缺点是：①不能分别控制通带和阻带的波纹，因此，设计的滤波器在通带和阻带的波纹幅度基本相等。但是，通常要求阻带波纹幅度远比通带小，因此，当阻带波纹满足设计要求时，通带波纹幅度往往远优于设计指标，即通带波纹是“过设计”的。②通带或阻带内的波纹都不是等幅的，过渡带附近的波纹一般最大，远离过渡带的波纹幅度逐渐减小，因此，总是以过渡带附近的最大波纹幅度作为设计指标。因此，远离过渡带的波纹是过设计的。

窗函数法、最小二乘法和频率取样法都使用了优化技术。本节介绍的 Parks-McClellan 设计方法也是一种优化设计方法，其优化准则是使通带和阻带内幅度响应误差的最大绝对值最小化。用此方法设计的滤波器，在通带和阻带内均具有等波纹，波纹幅度比窗函数方法设计的滤波器的平均波纹幅度小，因此性能更优。

4.5.1 Minimax 误差准则

为了简化分析，下面集中讨论最广泛应用的Ⅰ型线性相位 FIR 滤波器的设计。滤波器的阶 M 为偶数；冲激响应偶对称，长度 $N=M+1$，中点 $L=M/2$；振幅响应为

$$A(\omega) = \sum_{n=0}^{L} a_n \cos(\omega n) \tag{4.65}$$

式中，a_n 与 $h(n)$的关系是

$$a_n = \begin{cases} h(L), & n = L \\ 2h(L-n), & 0 \leqslant n < L \end{cases} \tag{4.66}$$

或

$$h(n) = \begin{cases} a_{L-n}/2, & 0 \leqslant n < L \\ a_L, & n = L \\ a_{n-L}/2, & L < n \leqslant 2L \end{cases} \tag{4.67}$$

式中，第 3 个等式根据冲激响应的偶对称性质得出。这里的 a_n 定义在 $0 \leqslant n \leqslant M$ 上。

设计最优等波纹线性相位 FIR 滤波器，采用下式定义的加权误差函数来优化系数 a_n

$$E(\omega) = W(\omega)[A_{\mathrm{d}}(\omega) - A(\omega)] \tag{4.68}$$

式中，$A_{\mathrm{d}}(\omega)$和 $A(\omega)$分别是理想振幅响应和实际振幅响应；$W(\omega)$是逼近误差的加权函数。

Parks-McClellan算法的基本思想，是把振幅响应 $A(\omega)$ 表示成Chebyshev多项式，从而把滤波器设计问题描述成用Chebyshev多项式逼近理想振幅响应函数 $A_d(\omega)$ 的问题。

n 阶Chebyshev多项式定义为

$$V_n(x)=\begin{cases}\cos(n\arccos x), & |x|\leqslant 1\\ \operatorname{ch}(n\operatorname{arcch}x), & |x|>1\end{cases} \tag{4.69}$$

它可以用下式迭代产生

$$V_{n+1}(x)=2V_n(x)-V_{n-1}(x) \tag{4.70}$$

初始条件为 $V_0(x)=1$ 和 $V_1(x)=x$。迭代产生的 $V_n(x)$ 是 x 的 n 次多项式，表示为

$$V_n(x)=\sum_{i=0}^{n}\beta_{ni}x^i$$

Chebyshev多项式的重要性质之一是谐波生成性质，即当 $x=\cos\omega$ 时

$$V_n[x]\equiv V_n[\cos\omega]=\cos(n\omega),\quad n\geqslant 0 \tag{4.71}$$

利用这个性质，可以将式(4.65)的余弦级数用Chebyshev多项式表示为

$$A(\omega)=\sum_{n=0}^{L}a_n\Big[\sum_{i=0}^{n}\beta_{ni}x^i\Big]_{x=\cos\omega}=\sum_{n=0}^{L}a'_n(\cos\omega)^n \tag{4.72}$$

即 $A(\omega)$ 是 $x=\cos\omega$ 的 L 次余弦多项式。

低通滤波器的理想振幅响应为

$$A_d(\omega)=\begin{cases}1, & 0\leqslant\omega\leqslant\omega_p\\ 0, & \omega_s\leqslant\omega\leqslant\pi\end{cases} \tag{4.73}$$

引入加权函数 $W(\omega)$ 的目的是分别控制通带和阻带内的逼近误差。一种方便的控制方法是令阻带内逼近误差的加权值为1，通带内逼近误差的加权值为 δ_s/δ_p，即

$$W(\omega)=\begin{cases}\delta_s/\delta_p, & 0\leqslant\omega\leqslant\omega_p\\ 1, & \omega_s\leqslant\omega\leqslant\pi\end{cases} \tag{4.74}$$

这意味着，如果 $\delta_s<\delta_p$，则以阻带逼近误差作为必须满足的设计指标，而通带逼近误差以小于1的比值 δ_s/δ_p 加权。

若将自变量 ω 改变成 $x=\cos\omega$，则通带和阻带的频率范围 $0\leqslant\omega\leqslant\omega_p$ 和 $\omega_s\leqslant\omega\leqslant\pi$ 相应地改变成 $\cos\omega_p\leqslant\omega\leqslant 1$ 和 $-1\leqslant\omega\leqslant\cos\omega_s$。因此，式(4.68)的加权逼近误差函数、式(4.73)的期望理想振幅响应和式(4.74)的加权函数分别变成

$$E(x)=W(\cos\omega)[A_d(x)-A(x)] \tag{4.75}$$

$$A_d(x)=\begin{cases}1, & \cos\omega_p\leqslant x\leqslant 1\\ 0, & -1\leqslant x\leqslant\cos\omega_s\end{cases} \tag{4.76}$$

$$W(x)=\begin{cases}\delta_s/\delta_p, & \cos\omega_p\leqslant x\leqslant 1\\ 1, & -1\leqslant x\leqslant\cos\omega_s\end{cases} \tag{4.77}$$

因此，将自变量 ω 改变成 $x=\cos\omega$ 后，振幅响应和加权误差函数的形状也改变了，图4-24

和图 4-25 是自变量改变前后振幅响应和加权误差函数的图形。下面将介绍的交替定理对 $E(\omega)$和 $E(x)$同样适用。

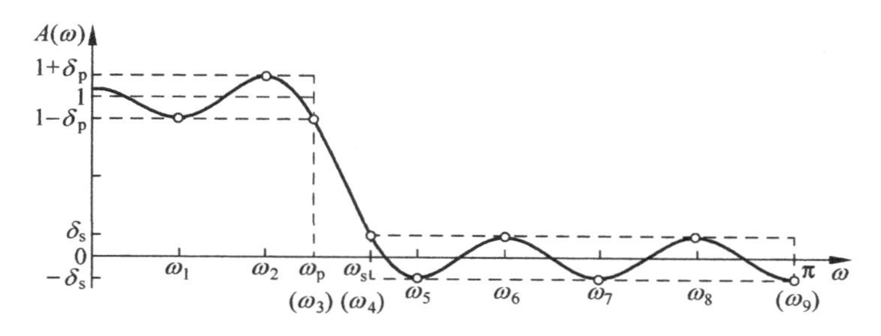

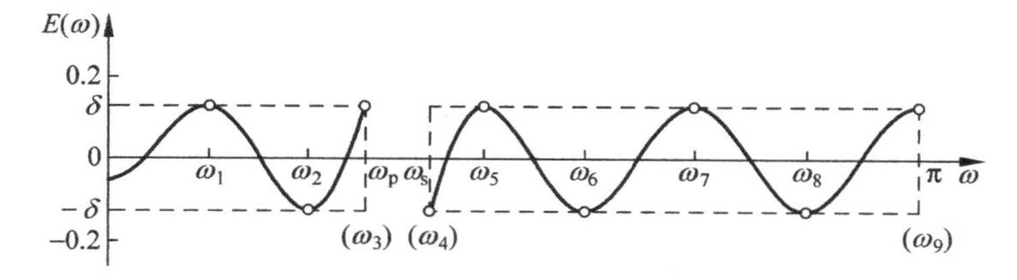

图 4-24　以 ω 为自变量画出的逼近振幅响应和加权误差函数的图形

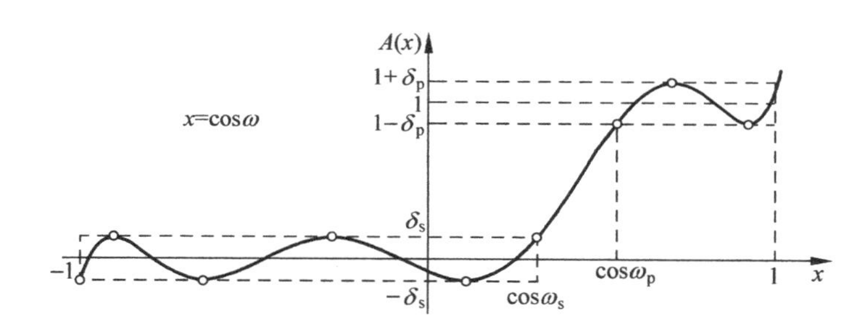

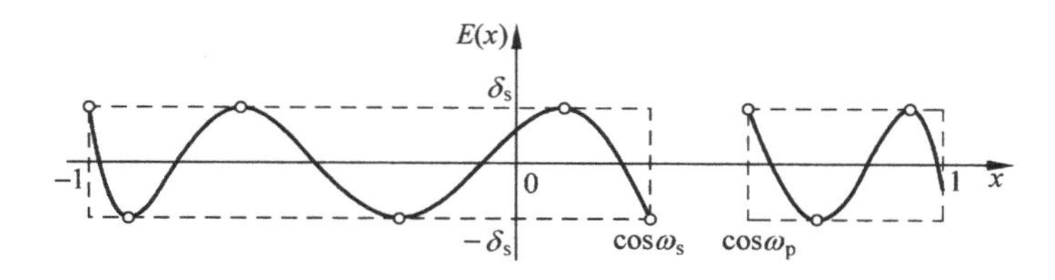

图 4-25　以 $x=\cos\omega$ 为自变量画出的逼近振幅响应和加权误差函数的图形

频率选择性滤波器的设计指标通常是通带和阻带内的振幅响应，不涉及或不关心过渡带。令 F 表示要求的振幅响应所在的频率集合，它是频率区间$[0,\pi]$内的紧子集。例如，对于低通滤波器

$$F=[0,\omega_{\mathrm{p}}]\cup[\omega_{\mathrm{s}},\pi] \tag{4.78}$$

即 F 是两个不相交频率集合的并。表 4-5 列出了 4 种基本滤波器的频率集合(闭子集)。

表 4-5 4 种基本类型频率选择性滤波器的频率集合

滤波器类型	给定的频率集合 F
低通	$[0,\omega_p]\cup[\omega_s,\pi]$
高通	$[0,\omega_s]\cup[\omega_p,\pi]$
带通	$[0,\omega_{s1}]\cup[\omega_{p1},\omega_{p2}]\cup[\omega_{s2},\pi]$
带阻	$[0,\omega_{p1}]\cup[\omega_{s1},\omega_{s2}]\cup[\omega_{p2},\pi]$

滤波器的设计目标，是对给定的频率集合和误差加权函数，寻找式(4.72)中的 a'_n(称为 Chebyshev 系数)，使式(4.68)定义的加权误差函数 $E(\omega)$的最大绝对值最小。这意味着，要寻求一个式(4.72)表示的最优多项式，使它在给定的频率集合 F 上逼近理想振幅响应函数 $A_d(\omega)$，依据的优化准则是加权逼近误差 $E(\omega)$的最大绝对值最小，即

$$\delta=\min_{a\in R^{L+1}}\{\max_{\omega\in F}[\mid E(\omega)\mid]\} \tag{4.79}$$

式中，δ 是通带和阻带内最大绝对误差的最小值，即最优波纹幅度。a 是 Chebyshev 系数矢量

$$a=[a'_0,a'_1,\cdots,a'_L]^{\mathrm{T}} \tag{4.80}$$

式(4.79)称为最大绝对误差最小化准则，简称为最大最小化准则或 Minimax 准则，也称为 Chebyshev 准则。一旦求出 a，即可根据式(4.67)求出滤波器的冲激响应。

4.5.2 交替定理

Parks-McCLellan 算法利用式(4.72)把振幅响应表示成 $x=\cos\omega$ 的多项式，从而把滤波器设计问题转换成式(4.79)描述的频率集合 F 上的多项式最优逼近问题，并利用多项式逼近理论中的交替定理求解。

交替定理：令 F 是频率区间$[0,\pi]$上的紧子集，多项式(4.72)成为理想振幅响应 $A_d(\omega)$的唯一最大最小化逼近，或式(4.72)表示的函数 $A(\omega)$是式(4.79)的最大最小优化问题的唯一解，充分和必要条件是式(4.68)定义的加权误差函数 $E(\omega)$在 F 上存在至少 $L+2$ 个交替频率或极值频率 $\omega_0<\omega_1<\cdots<\omega_{L+1}$(简称为交替)，在这些交替上

$$E(\omega_{n+1})=-E(\omega_n),\quad 0\leqslant n\leqslant L+1 \tag{4.81}$$

$$\mid E(\omega_n)\mid=\delta,\quad 0\leqslant n\leqslant L+1 \tag{4.82}$$

这说明，交替上误差的符号交替出现，交替上误差绝对值达到最大。

期望的理想振幅响应 $A_d(\omega)$、设计得到的实际振幅响应 $A(\omega)$、加权函数 $W(\omega)$和加权误差函数 $E(\omega)$都是 F 上的连续函数，$W(\omega)$还是正函数。交替频率是根据 $E(\omega)$函数定义的，但是直接通过 $A(\omega)$函数来考察更方便。因此，交替频率包括 $A(\omega)$的斜率等于零的频率(即局部极值点的频率)，通带和阻带的 4 个边界频率($0,\omega_p$、ω_s 和 π)。由于 $A(\omega)$是 L 次多项式，因此它的导数是 $L-1$ 次多项式，所以局部极值点共有 $L-1$ 个。因此，对于Ⅰ型低通滤波器，交替频率的数目最多可能达到 $L+3$ 个。

可以证明：①在通带和阻带的 4 个边界频率中，ω_p 和 ω_s 一定是交替频率；②最优滤波器的振幅响应在通带和阻带内一定是等波纹的，但 $\omega=0$ 或 $\omega=\pi$ 可以除外；③交替定

理指出，用 $A(\omega)$ 最优逼近 $A_d(\omega)$ 至少需要有 $L+2$ 个交替频率，但是，并不排除可以多于 $L+2$ 个交替频率。例如，低通滤波器的交替频率最多可能达到 $L+3$ 个。

4.5.3 Parks-McClellan 算法

交替定理为设计最大最小化意义上的最优滤波器，给出了加权误差函数必须满足的必要和充分条件。虽然它没有明确说明怎样得到最优滤波器，但是它是最优滤波器设计的基础。下面以Ⅰ型线性相位低通滤波器为例说明最优滤波器的设计步骤。

根据交替定理，最优滤波器的振幅响应 $A(\omega)$ 满足下列方程组

$$W(\omega_i)[A_d(\omega_i)-A(\omega_i)]=(-1)^i\delta,\quad 0\leqslant i\leqslant L+1 \tag{4.83}$$

式中，δ 是加权误差函数 $E(\omega)$ 的极值，称为最优误差。如果 $W(\omega)$ 按照式(4.74)选取，则 $\delta=\delta_s$。$A(\omega)$ 由式(4.72)决定。

将式(4.83)改写成下列形式

$$A(\omega_i)+\frac{(-1)^i\delta}{W(\omega_i)}=A_d(\omega_i),\quad 0\leqslant i\leqslant L+1 \tag{4.84}$$

将式(4.72)代入式(4.84)，得到

$$\sum_{n=0}^{L}a_n(\cos\omega_i)^n+\frac{(-1)^i\delta}{W(\omega_i)}=A_d(\omega_i),\quad 0\leqslant i\leqslant L+1 \tag{4.85}$$

式中，为了简化符号，已将系数 a_n' 简写为 a_n，$0\leqslant n\leqslant L$。将式(4.85)写成矩阵形式

$$\begin{bmatrix} 1 & x_0 & x_0^2 & \cdots & x_0^L & \dfrac{1}{W(\omega_0)} \\ 1 & x_1 & x_1^2 & \cdots & x_1^L & \dfrac{-1}{W(\omega_1)} \\ \vdots & \vdots & \vdots & \ddots & \vdots & \vdots \\ 1 & x_{L+1} & x_{L+1}^2 & \cdots & x_{L+1}^L & \dfrac{(-1)^{L+1}}{W(\omega_{L+1})} \end{bmatrix}\begin{bmatrix} a_0 \\ a_1 \\ a_2 \\ \vdots \\ a_L \\ \delta \end{bmatrix}=\begin{bmatrix} A_d(\omega_0) \\ A_d(\omega_1) \\ \vdots \\ A_d(\omega_{L+1}) \end{bmatrix} \tag{4.86}$$

式中，$x_i=\cos\omega_i$，$0\leqslant i\leqslant L+1$。

如果已知极值频率 ω_i，$0\leqslant i\leqslant L+1$，则可直接解方程组(4.86)求出最优滤波器的系数$(a_0,a_1,\cdots,a_{L+1})$和最优波纹幅度 δ。遗憾的是，实际中并不知道 ω_i。为此，需要首先利用 Remez 交换算法求出极值频率 ω_i。Remez 交换算法是一个迭代算法，需要假设一组初始极值频率 $\omega_i(0\leqslant i\leqslant L+1)$。根据前面的讨论，$\omega_p$ 和 ω_s 必须是固定的极值频率，也就是说，如果 $\omega_i=\omega_p$，那么 $\omega_{i+1}=\omega_s$。将初始极值频率 ω_i 代入式(4.86)，解出系数 a_n 和 δ；然后用式(4.68)计算误差函数 $E(\omega)$。如果 $|E(\omega)|<\delta+\varepsilon$（$\varepsilon$ 是预设的某个容差），则认为迭代计算收敛并结束迭代；反之，如果 $|E(\omega)|\geqslant\delta+\varepsilon$，则需选择更密的至少 $16M$ 个频率点（称为频栅），用式(4.68)计算频栅上的 $E(\omega)$ 值，并将其中 $L+2$ 个最大峰值的频率作为新的极值频率。重复以上过程，直至 $|E(\omega)|<\delta+\varepsilon$，终止迭代计算，得到最后确定的 $L+2$ 个极值频率。

上述迭代算法需要反复求解方程组(4.86)，因而效率不高。Parks 和 McClellan 将

Remez 交换算法与多项式插值方法相结合，推导出一种更有效的算法，称为 Parks-McClellan 算法。这种算法在选定初始交替频率 $\omega_i(0\leqslant i\leqslant L+1)$后，首先利用下式计算 δ

$$\delta=\frac{\sum_{i=0}^{L+1}\alpha_i A_{\mathrm{d}}(\omega_i)}{\sum_{i=0}^{L+1}\frac{(-1)^i\alpha_i}{W(\omega_i)}} \tag{4.87}$$

其中

$$\alpha_i=\prod_{\substack{n=0\\n\neq i}}^{L+1}\frac{1}{x_i-x_n} \tag{4.88}$$

式中，$x_n=\cos\omega_n$。式(4.87)可以直接由方程组(4.86)推导得到[35,36]。如果 $A(\omega)$由满足方程(4.86)的一组系数 a_k 确定，δ 由式(4.87)给出，那么加权误差函数 $E(\omega)$将在 $L+2$ 个频率 ω_i 上等于$\pm\delta$；即 $A(\omega)$在 $0\leqslant\omega_i\leqslant\omega_{\mathrm{p}}$ 内的这些频率上的取值为 $1\pm K\delta$，在 $\omega_{\mathrm{s}}\leqslant\omega_i\leqslant\pi$ 内的这些频率上的取值为$\pm\delta$，这里 $\delta=\delta_{\mathrm{s}}$，$K=\delta_{\mathrm{p}}/\delta_{\mathrm{s}}$。

由于已知 $A(\omega)$是 L 次多项式，所以，可以通过已知的对应于 $E(\omega_i)$的 $L+2$ 个 $A(\omega_i)$值得到 Lagrange 插值多项式[35,36]

$$A(\omega)=\frac{\sum_{n=0}^{L}\frac{d_n}{x-x_n}C_n}{\sum_{n=0}^{L}\frac{d_n}{x-x_n}} \tag{4.89}$$

式中，$x=\cos\omega$，$x_n=\cos\omega_n$

$$C_n=A_{\mathrm{d}}(\omega_n)-\frac{(-1)^n\delta}{W(\omega_n)} \tag{4.90}$$

$$d_n=\prod_{\substack{i=0\\i\neq n}}^{L}\frac{1}{(x_n-x_i)}=b_n(x_n-x_{L+2}) \tag{4.91}$$

虽然在拟合式(4.89)的 L 次插值多项式时只使用了频率 ω_0、ω_1、…、ω_L，但由于得到的 $A(\omega)$满足方程(4.86)，所以拟合的 L 次多项式在 ω_{L+1}上的取值无疑也是正确的。这样，就可以利用式(4.89)计算插值多项式 $A(\omega)$在任何希望的频率上的值，而不需要解方程组(4.86)求系数 a_n。在得到插值多项式 $A(\omega)$后，即可利用式(4.89)计算 $A(\omega)$在通带和阻带内的细化频栅上的值以及 $E(\omega)$的值。如果在通带和阻带内所有频率上的$|E(\omega)|\leqslant\delta$，那么，求出的 $A(\omega)$就是最优逼近；否则，必须寻找一组新的交替频率。

下面以Ⅰ型低通滤波器为例，说明 Parks-McClellan 算法的等波纹逼近过程。设图 4-26 所示的是达到最优逼近之前的情况。

图 4-26 中，圆圈表示用来求 δ 的频率集 ω_i，显然这些频率上的 δ 值不是极值点(太小)。利用 Remez 方法，将原来假设的极值点频率(圆圈)更换成一组完全新的频率，它们是误差曲线的 $L+2$ 个最大峰值所在的频率(黑点)。注意，仍然必须把 ω_{p} 和 ω_{s} 选作极值点频率，在图中它们分别充当 ω_4 和 ω_5，在逼近过程中永远不要替换。在开区间 $0<\omega<\omega_{\mathrm{p}}$ 和 $\omega_{\mathrm{s}}<\omega<\pi$ 内，最多有 $L-1$ 个局部最大和最小值，其余极值可能出现在 $\omega=0$ 或 $\omega=\pi$ 上。如果误差函数在 $\omega=0$ 和 $\omega=\pi$ 上都有最大值，那么，最大误差对应的频率就作为

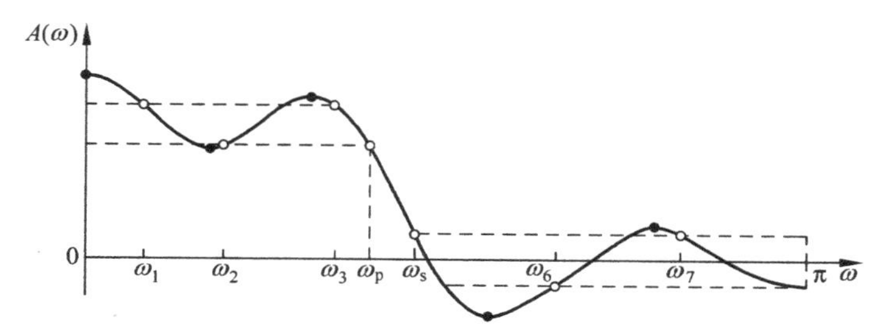

图 4-26 Parks-McClellan 算法的等波纹逼近过程示意图

其余极值点频率中的新估计频率。因此，Parks-McClellan 算法的迭代计算过程为：计算 δ 值→用假设的误差峰值拟合多项式→确定实际误差峰值的位置。重复这个迭代过程，直到 δ 的变化不超过预设的某个误差范围，这时的 δ 值就是加权逼近误差最大绝对值的最小值。图 4-27 所示的是算法流图。

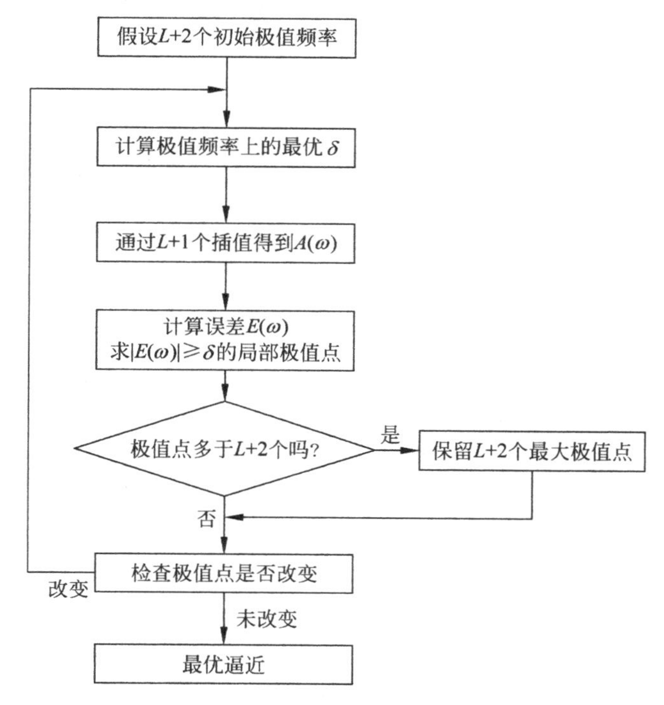

图 4-27 Parks-McClellan 算法流图

可以看出，Parks-McClellan 算法每次迭代都暗含着替换冲激响应的所有数值，但实际上没有明确地加以计算。算法收敛后，根据多项式表示式的取样值，计算离散傅里叶反变换，即可得到设计的滤波器的冲激响应。最后得到的最大绝对误差的最小值 δ，可能满足也可能不满足阻带指标要求，这取决于选择的滤波器的阶。如果不满足阻带指标要求，即 $\delta>\delta_s$，则增加滤波器的阶 M。Kaiser 提出了一个估计滤波器的阶的简化公式[34]

$$M \approx \text{ceil}\left[\frac{-[10\lg(\delta_p\delta_s)+13]}{14.6\,\hat{B}}+1\right] \tag{4.92}$$

式中，ceil[x]表示大于 x 的最小整数，即 x“向上取整”。

$$\hat{B}=\frac{|\omega_s-\omega_p|}{2\pi} \quad 或 \quad \hat{B}=\frac{|F_s-F_p|}{f_s} \tag{4.93}$$

是用取样频率归一化的过渡带宽度。某些文献中将式(4.93)代入式(4.92)，得出估计滤波器的阶的另外一种形式的公式

$$M\approx \text{ceil}\left[\frac{-[10\lg(\delta_p\delta_s)+13]}{2.32|\omega_s-\omega_p|}+1\right] \tag{4.94}$$

式(4.92)或式(4.94)是比较保守的估计，但可用来作为滤波器的阶的初始值。将式(4.94)与 Kaiser 窗函数法的式(4.35)比较看出，在 $\delta_p=\delta_s=\delta$ 情况下，对于给定的 M 值，等波纹最优逼近设计方法为逼近误差提供了大约 5dB 的好处。等波纹滤波器的另一个优点是 δ_p 与 δ_s 可以不相等，但窗函数法却必须相等。

4.6 设计线性相位 FIR 滤波器的 MATLAB 方法

当滤波器的阶很高时，前面介绍的 4 种设计 FIR 滤波器的方法用笔算几乎是不可能完成的，而且很容易出错。但是利用 MATLAB 却很方便。利用 MATLAB 有 3 种形式：①按照设计原理编写 m 文件；②直接调用滤波器设计函数；③利用设计滤波器的 GUI 界面。前两种有助于加深对设计原理的理解，本节和 4.7 节予以介绍；后一种操作简单，实用，能迅速获得直观结果，修改设计也十分方便，将在第 5 章介绍。

4.6.1 按照算法原理编写 m 文件

例 4.9 分别用窗函数法、频率取样法和最小二乘法设计一个满足以下技术指标要求的线性相位 FIR 带通滤波器。

$$[F_{s1},F_{p1},F_{p2},F_{s2}]=[250,350,550,650]\text{Hz}$$
$$[\delta_{s1},\delta_p,\delta_{s2}]=[0.003,0.003,0.003]$$
$$f_s=2000\text{Hz}$$

解 两个过渡带的宽度

$$\Delta f_1=\Delta f_2=\Delta f=350-250=100\text{Hz}$$

阻带衰减和通带波纹分别为

$$A_s=-20\lg\delta_s=-20\lg0.003=50.46\text{dB}$$
$$A_p=-20\lg(1-\delta_p)=-20\lg(1-0.003)=0.026\text{dB}$$

两个截断频率分别为

$$F_0=\frac{F_{p1}+F_{s1}}{2}=\frac{350+250}{2}=300\text{Hz}$$

$$F_1=\frac{F_{p1}+F_{s1}}{2}=\frac{650+550}{2}=600\text{Hz}$$

1. 窗函数法

(1) 根据阻带衰减 A_s=50.46dB，查表 4-3 可知，Hamming 窗、Blackman 窗和 Kaiser

窗都合乎要求。选择 Hamming 窗，因为三者中它的过渡带宽度和阻带衰减相对最小。

MATLAB 中提供的常用窗函数有

```
wd = boxcar(N)          % N 点矩形窗函数列矢量
wd = triang(N)          % N 点三角窗函数列矢量
wd = hanning(N)         % N 点 hanning 窗函数列矢量
wd = hamming(N)         % N 点 hamming 窗函数列矢量
wd = blackman(N)        % N 点 Blackman 窗函数列矢量
wd = kaiser(N,beta)     % N 点 kaiser 窗函数列矢量(β = beta)
```

归一化过渡带宽度

$$\frac{\Delta f}{f_s}=\frac{100}{2000}=0.05$$

查表 4-3，由 Hamming 窗过渡带宽度估计滤波器的阶

$$M=\text{ceil}\left(\frac{3.3}{0.05}\right)=66$$

(2) 利用表 4-1 中的公式计算理想带通滤波器的冲激响应

$$h_d(n)=\begin{cases}2(F_1-F_0)T, & n=p\\ \dfrac{\sin[2\pi F_1T(n-p)]-\sin[2\pi F_0T(n-p)]}{\pi(n-p)}, & n\neq p\end{cases}$$

其中，$p=M/2=66/2=33$，$T=1/f_s=1/2000=0.5\times10^{-3}$。$h_d(n)$乘以 $w_{HAM}(n)$，得到所设计的滤波器的冲激响应 $h(n)$。

(3) 根据 $h(n)$的幅度响应，计算通带波纹和阻带衰减，检验是否满足设计指标要求。如不满足，则增加阶数或选择其他窗函数。重复以上步骤，直到满足指标要求为止。

根据以上步骤编写的 MATLAB 的 m 文件如下(不包括绘图语句)：

```
% 窗函数法
Fs1 = 250; Fp1 = 350; Fp2 = 550; Fs2 = 650;
F0 = (Fp1 + Fs1)/2; F1 = (Fp2 + Fs2)/2;
deltas1 = 0.003; deltap = 0.006; deltas2 = 0.003;
fs = 2000; T = 1/fs; deltaf = Fp1 - Fs1;
As = - 20 * log10(deltas1); Ap = - 20 * log10(1 - deltap);
M = ceil(3.3/(deltaf/fs));              % 估计滤波器的阶
M = M + mod(M,2);                       % 保证Ⅰ型线性相位滤波器的阶为偶数
w = hamming(M + 1);                     % 窗宽为 M + 1
n = 0:M; p = M/2;
m = n - p + eps;                        % 避免在下面计算 hd 时出现以零作除数的情况
hdp = 2 * (F1 - F0) * T;
a = sin(2 * pi * F1 * T * m); b = sin(2 * pi * F0 * T * m);
hd = (a - b)./(pi * m);
h = w'. * hd;                           % 窗函数是列矢量
[H,f] = freqz(h,1,512,fs); mag = abs(H);
Hdb = 20 * log10((mag + eps)/max(mag));
delta_f = fs/1024;
nFp1 = fix(Fp1/delta_f);nFp2 = fix(Fp2/delta_f);
```

```
nFs1 = fix(Fs1/delta_f);nFs2 = fix(Fs2/delta_f);
Apr = - min(Hdb(nFp1:1: nFp2 + 1));    % 实际通带波纹
Asr = - round(max(max(Hdb(1:1:nFs1 + 1)), max(Hdb(nFs2:1:512))));    % 实际阻带衰减
```

运行以上 m 文件,得 $M=66$,$A_p=0.0523$,$A_s=50.4576$,$A_{pr}=0.0728$,$A_{sr}=43$。通带波纹和阻带衰减都不满足设计指标要求。增加阶数直到 $M=70$ 时,得到 $A_{pr}=0.0408$ 和 $A_{sr}=51$,达到设计指标。图 4-28 是最后得到的冲激响应和幅度响应。

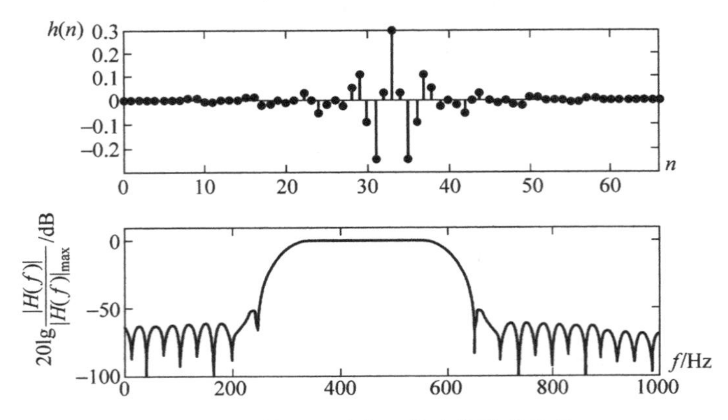

图 4-28　例 4.9 用窗函数法设计的结果

2. 频率取样法

假设滤波器的阶 $N=33$,在过渡带内插入 1 个取样值 $x=0.35360718$。利用式(4.56)计算冲激响应

$$h(n)=\frac{A_d(0)}{N}+\frac{2}{N}\sum_{k=1}^{BW}A_d(f_k)\cos\frac{2\pi k(n-p)}{N}$$

$$=\frac{2}{N}\sum_{k=k_1}^{k_2}\cos\frac{2\pi k(n-p)}{N}$$

$$+\frac{2}{N}\left[\cos\frac{2\pi(k_1-1)(n-p)}{N}+\cos\frac{2\pi(k_2+1)(n-p)}{N}\right]$$

m 文件如下(省略绘图语句):

```
% 频率取样法
N = input('N = ');
x = input('x = ');
M = N - 1;
Fs1 = 250;Fp1 = 350; Fp2 = 550; Fs2 = 650; fs = 2000; p = M/2;
df = fs/N; k1 = fix(Fp1/df); k2 = fix(Fp2/df);
n = 0:M;
a = cos(2 * pi * k1 * (n - p)/N);
b = cos(2 * pi * k2 * (n - p)/N);
c = zeros(1,N);
for k = k1 + 1:k2 - 1
c = c + cos(2 * pi * k * (n - p)/N);
```

```
end
hd = 2 * (c + x * (a + b))/N;
w = hamming(N);
h = hd. * w';
[H,f] = freqz(h,1,512,fs);
```

可以像窗函数法一样计算实际通带波纹和实际阻带衰减。运行以上 m 文件，输入 $N=33$ 和 $x=0.3536$，得到的过渡带和阻带衰减都不满足指标要求；将阶增加为 $N=65$，这时过渡带最佳取样值 $x=0.352\,827\,45$，得到图 4-29 所示结果，满足设计指标要求。

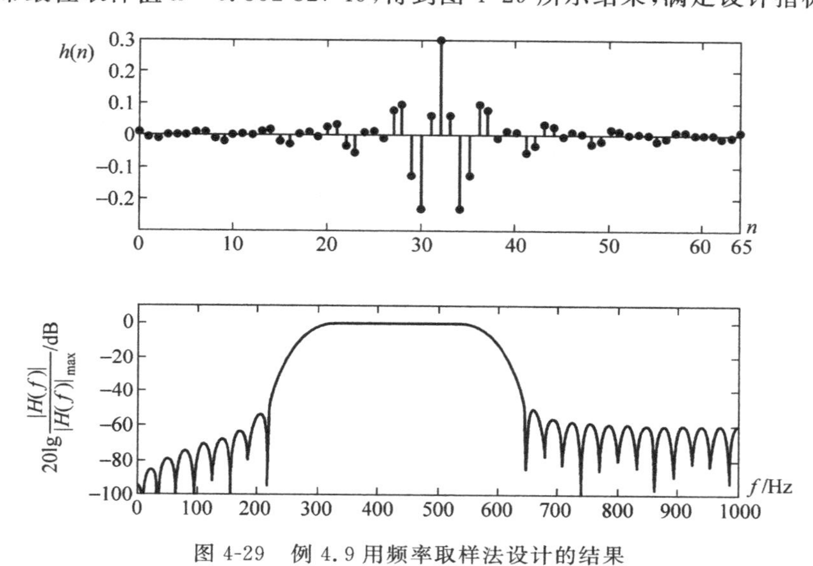

图 4-29　例 4.9 用频率取样法设计的结果

以上 m 文件利用了式(4.56)计算滤波器的冲激响应。实际上可以从频率取样法最基本的原理出发来编写 m 文件，即首先确定要求设计的理想幅度响应 A(令通带内的值等于 1，阻带内的值等于 0，每个过渡带内插入 1 个取样值 x)，然后计算 ifft 并取其实部，便得到理想冲激响应 h_d，乘以窗函数 w=hamming(N)，即得到设计的滤波器的冲激响应 h。按照基本原理编写的 m 文件如下，其中省略了与前面两个 m 文件重复的语句。

```
% 频率取样法(直接按照算法原理)
k1 = fix(F0/df); k2 = fix(F1/df);
A = [zeros(1,k1),x,ones(1,k2 - k1 - 1),x,zeros(1,N - k2 - 1)];
n = 0:M;
theta = - pi * n * M/N;
H = A. * exp(i * theta);
hd = real(ifft(H));
w = hamming(N);
h = hd. * w';
[H,f] = freqz(h,1,512,fs); mag = abs(H);
```

运行该 m 文件，输入 $N=65$ 和 $x=0.3528$，得到如图 4-30 所示的结果，可以看出完全满足设计指标要求。

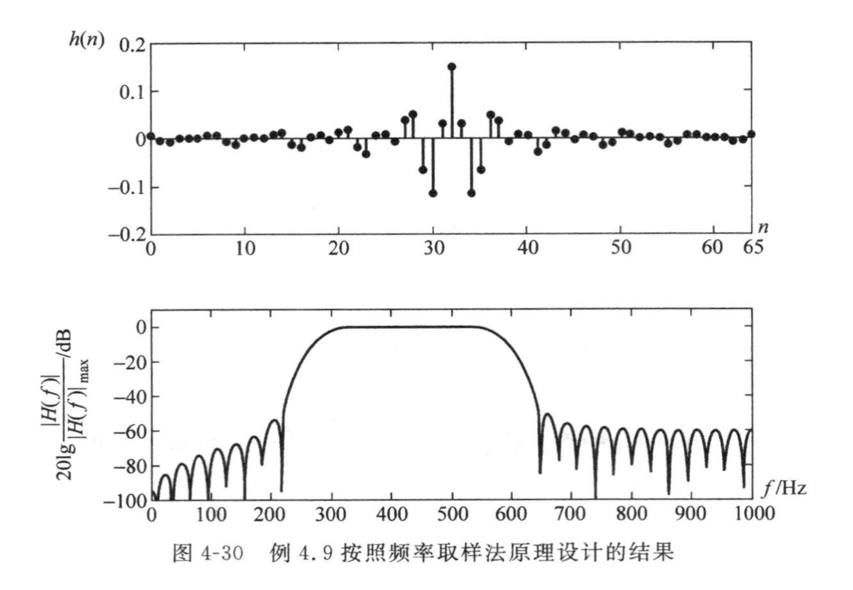

图 4-30　例 4.9 按照频率取样法原理设计的结果

3. 最小二乘法

设计指标：

通带频率范围 $F_{p1}\leqslant f\leqslant F_{p2}$；

过渡带宽度 $\Delta f=F_{p1}-F_{s1}=F_{s2}-F_{p2}$；

取样频率 f_s，取样间隔 $T=1/f_s$；

选择Ⅰ型线性相位滤波器，滤波器的阶 $M=2p$；

离散频率点数 $2q+1$；

加权函数 $w(k)$在通带内的值等于 a，在阻带内的值等于 b。

给定离散频率点数，通带内为 N_p，阻带内为 N_{s1} 和 N_{s2}，因此$[0,f_s/2]$内为 $2q+1$，其中，$q=N_{s1}+N_p+N_{s2}$；设各频带内离散频率点均匀分布，频率矢量分别为 F_{ks1}、F_{kp} 和 F_{ks2}，则$[0,f_s/2]$内频率矢量为 $\boldsymbol{F}_k=[F_{ks1}\quad F_{kp}\quad F_{ks2}]$。期望振幅响应和加权函数分别为

$$\boldsymbol{A}=\Big[\underbrace{0,\ \cdots,\ 0}_{N_{s1}},\ \underbrace{1,\ \cdots,\ 1}_{N_{p1}},\ \underbrace{0,\ \cdots,\ 0}_{N_{s2}}\Big]$$

和

$$\boldsymbol{W}=\Big[\underbrace{b,\ \cdots,\ b}_{N_{s1}},\ \underbrace{a,\ \cdots,\ a}_{N_{p1}},\ \underbrace{b,\ \cdots,\ b}_{N_{s2}}\Big]$$

用 $\boldsymbol{W}$ 的元素作为对角线上的元素构成对角矩阵 $\boldsymbol{Wd}=\mathrm{diag}(\boldsymbol{W})$，频率矢量 $\boldsymbol{F}_k$(行矢量)转置成为列矢量 $\boldsymbol{F}_k^{\mathrm{T}}$，定义行矢量 $\boldsymbol{n}=[0,1,\cdots,p]$，则由式(4.42)计算矩阵 $\boldsymbol{G}$

$$\boldsymbol{G}\equiv 2\boldsymbol{Wd}\cos\left[\frac{2\pi T}{f_s}F_k^{\mathrm{T}}\boldsymbol{n}\right]$$

由式(4.43)计算列矢量 $\boldsymbol{d}$

$$\boldsymbol{d} \equiv [d_k]^{\mathrm{T}} = [w(k)A(F_k)]^{\mathrm{T}}, \quad 0 \leqslant k \leqslant q$$

解方程 $\boldsymbol{G}^{\mathrm{T}}\boldsymbol{G}\boldsymbol{c}=\boldsymbol{G}^{\mathrm{T}}\boldsymbol{d}$,并由所得的解求滤波器的冲激响应

$$h(n) = \begin{cases} c_n, & 0 \leqslant n < p \\ 2c_p, & n = p \\ c_{2p-n}, & p < n \leqslant 2p \end{cases}$$

按照以上计算步骤编写的 m 文件如下(省略了绘图语句):

```
% 最小二乘法
M = input('M = ');p = M/2;a = input('a = ');b = input('b = ');
Ns1 = input('Ns1 = '); Np = input('Np = ');Ns2 = input('Ns2 = ');
Fs1 = 250; Fp1 = 350; Fp2 = 550; Fs2 = 650; fs = 2000;T = 1/fs;
Fks1 = linspace(0,Fs1,Ns1);
Fkp = linspace(Fp1,Fp2,Np);
Fks2 = linspace(Fs2,fs/2,Ns2);Fk = [Fks1,Fkp,Fks2];
q = Ns1 + Np + Ns2; n = 0:p;
W = [b * ones(1,Ns1),a * ones(1,Np),b * ones(1,Ns2)];
G = 2 * diag(W) * cos(2 * pi * Fk' * (n - p)/fs);
A = [zeros(1,Ns1),ones(1,Np),zeros(1,Ns2)];
x = W. * A;
d = G' * x';
B = G' * G;
c = (B\d)';
m = 0:2 * p;
h = [c(1:p),2 * c(p + 1),fliplr(c(1:p))];
[H,f] = freqz(h,1,512,fs);
```

运行以上 m 文件,输入参数 $M=64$,$a=1$,$b=1$,$N_{s1}=50$,$N_p=50$,$N_{s2}=50$,得到图 4-31 所示的冲激响应和幅度响应。可以看出,阻带衰减和通带波纹都达到了设计指标要求。注意,现在对阻带的加权与通带一样,若选择阻带的加权比通带的大。例如,$a=1$ 和 $b=10$ 则将进一步获得更大的阻带衰减,当然通带波纹幅度也将有所增加。

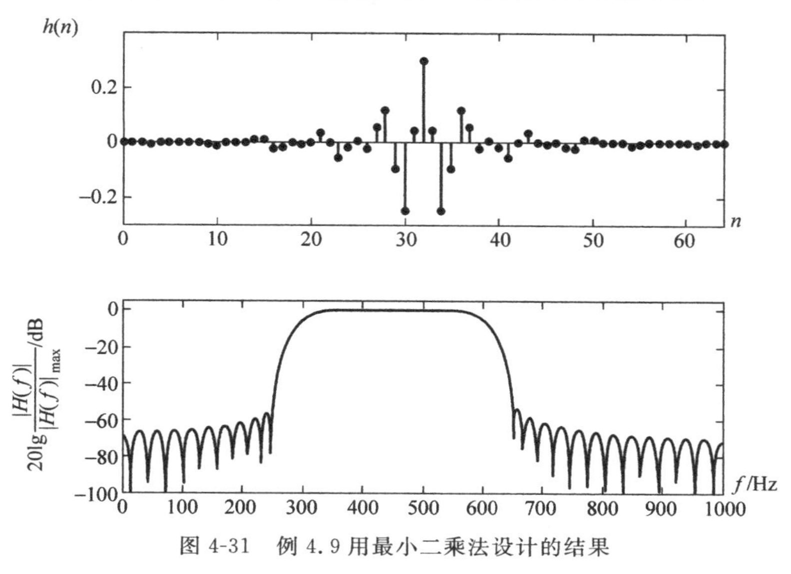

图 4-31　例 4.9 用最小二乘法设计的结果

4.6.2 Kaiser窗设计方法的MATLAB实现

采用Kaiser窗时，仍然遵循窗函数法的一般设计原则：①由于通带和阻带波纹幅度相等，故应以要求较高的波纹(通常是阻带波纹)作为设计指标；②需要计算理想振幅响应的截断频率，例如，低通滤波器的$\omega_c=(\omega_p+\omega_s)/2$；③利用表4-1所列公式计算采用矩形窗时的低通、高通、带通或带阻滤波器的冲激响应。例如，低通滤波器冲激响应的计算公式为

$$h(n)=\frac{\sin[2\pi F_0 T(n-p)]}{\pi(n-p)}=\frac{\sin[\omega_c(n-p)]}{\pi(n-p)}$$

式中，$p=M/2$。此外不同的是，还需要计算Kaiser窗函数的参数。与其他窗函数不同，Kaiser窗函数有两个参数，即宽度$N=M+1$和参数β

$$M=\frac{A_s-7.95}{2.285\Delta\omega},\quad \beta=0.1102(A_s-8.7)$$

为此，需要首先计算出阻带衰减A_s和过渡带宽度$\Delta\omega$

$$A_s=-20\lg\delta_s,\quad \Delta\omega=\omega_s-\omega_p$$

有了$N=M+1$和β，就可以调用函数w=Kaiser(N,beta)生成Kaiser窗函数。

例4.10 用窗函数法(采用Kaiser窗)设计一个满足以下技术指标的线性相位低通FIR滤波器：$\omega_p=0.4\pi,\omega_s=0.6\pi,\delta_p=0.01,\delta_s=0.001$。并画出滤波器的冲激响应、对数幅度响应和逼近误差的图形。

解 % 用Kaiser窗函数设计低通滤波器(略去绘图语句)

```
omegap = 0.4 * pi;omegas = 0.6 * pi;deltap = 0.01;deltas = 0.001;
omegac = (omegap + omegas)/2; deltaomega = omegas - omegap;
As = - 20 * log10(deltas); beta = 0.1102 * (As - 8.7);
M = ceil((As - 8)/(2.285 * deltaomega));
n = 0:M; p = M/2; wk = kaiser(M + 1,beta);
h = (sin(omegac * (n - p))./(pi * (n - p + eps))). * wk';
[H,w] = freqz(h,1);
Nc = fix(omegac/(pi/length(w)));
Hd = [ones(1,Nc),zeros(1,length(w) - Nc)];
N = length(h);L = N/2;
b = 2 * (h(L: - 1:1));k = [1:1:L];k = k - 0.5;w1 = [0:1:511]' * pi/512;
A2 = cos(w1 * k) * b'; E = Hd - A2';
```

运行以上m文件，得到图4-32所示的结果和$M=38$。可以看出，与用任何窗函数设计的滤波器一样，在通带和阻带内的逼近误差近似相等，在理想频率响应间断点两边的误差最大，远离间断点的误差将逐渐变小。

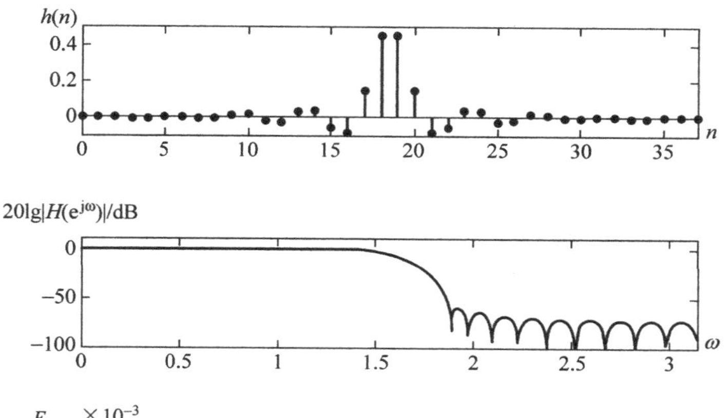

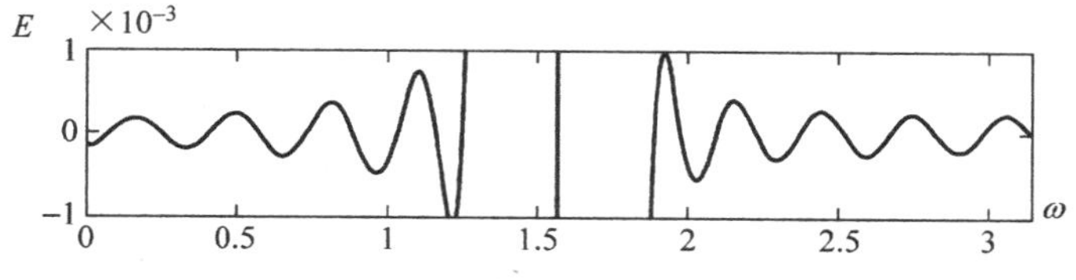

图 4-32 例 4.10 用 Kaiser 窗函数设计的低通滤波器

4.6.3 设计线性相位 FIR 滤波器的 MATLAB 函数

几乎所有设计线性相位 FIR 滤波器的方法，在 MATLAB 中都有专门的函数可以调用。这里介绍窗函数法、频率取样法和最小二乘法的 MATLAB 函数，关于设计最优等波纹线性相位 FIR 滤波器的函数将在 4.7 节介绍。

1. 窗函数法设计函数 fir1

调用该函数用窗函数法设计标准低通、高通、带通和带阻滤波器。按约定，滤波器在通带中心频率的幅度响应归一化为 0dB。函数调用方式：

(1) b=fir1(n,Wn)

输入参数：

n 滤波器的阶。

Wn 归一化截断频率，介于 0 与 1 之间，1 对应于 Nyquist 频率。若 W_n 是两元素的矢量，即 $W_n=[w_1,w_2]$，则设计的滤波器是带通滤波器，通带为 $w_1<w<w_2$。若 W_n 是多个元素的矢量，即 $W_n=[w_1,w_2,\cdots,w_n]$，则设计的滤波器是多频带滤波器，频带为 $0<w<w_1, w_1<w<w_2,\cdots,w_n<w<1$。

输出参数：

b n 阶低通滤波器的 $n+1$ 个系数组成的行矢量，采用 Hamming 窗。系数按 z 的降幂（z^{-1} 的升幂）次序排列，即

$$B(z)=b(1)+b(2)z^{-1}+\cdots+b(n+1)z^{-n}$$

(2) b=fir1(n,Wn,'ftype')：与(1)不同的是增加了输入参数'ftype'，用来指定滤波器的形式。

'high'　截断频率为 W_n 的高通滤波器。

'stop'　若 $W_n=[w_1,w_2]$，则为带阻滤波器，阻带为 $w_1<w<w_2$。

'DC-1'　第一个频带为通带的多带滤波器。

'DC-0'　第一个频带为阻带的多带滤波器。

根据线性相位 FIR 滤波器的性质，当滤波器的阶为奇数时，频率响应在 Nyquist 频率上恒等于 0，所以对于高通和带阻滤波器，函数 fir1 总是将滤波器的阶设为偶数。如果设计高通和带阻滤波器时给定的阶为奇数，函数 fir1 将自动地将阶增加 1 使之成为偶数。

(3) b=fir1(n,Wn,window)：输入参数 window 是一个长为 $n+1$ 的列矢量，用来指定设计所使用的窗函数。没有输入参数 window 时，则约定使用长为 $n+1$ 的 Hamming 窗，如前两种调用形式。

(4) b=fir1(n,Wn, 'ftype',window)：既指定滤波器的形式，又指定设计时所使用的窗函数。

(5) b=fir1(…,'normalization',…)：输入参数'normalization'指定滤波器的幅度是否归一化。该参数约定为'scale'，表示滤波器在通带中心频率的幅度响应归一化为 0dB；若该参数为'nonscale'，则表示滤波器的幅度响应不要归一化。

调用函数 fir1 设计的滤波器的群延时等于 $n/2$。

例 4.11　调用函数 fir1 设计一个通带为 $0.35\pi\leqslant\omega\leqslant0.65\pi$ 的 48 阶 FIR 带通滤波器。(本例引自 MathWorks 公司的数学软件 MATLAB R2007a 版)

解

```
b = fir1(48,[0.35,0.65]);
freqz(b,1,512)
```

运行以上两个语句，得到图 4-33 所示的滤波器的幅度响应和相位响应。

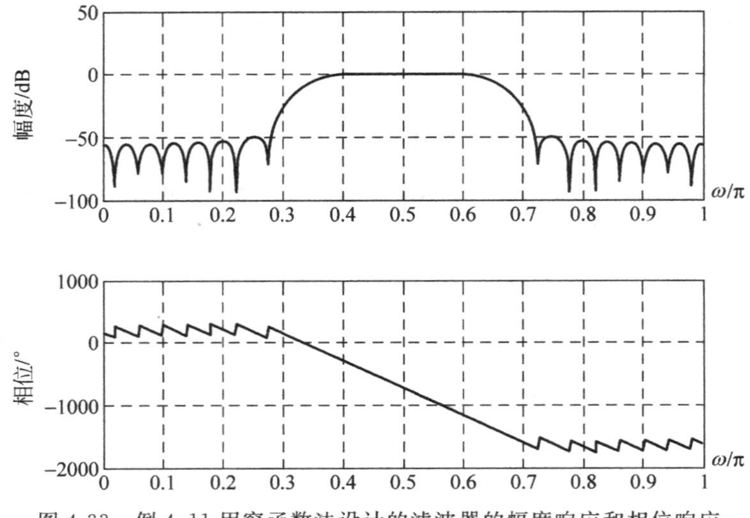

图 4-33　例 4.11 用窗函数法设计的滤波器的幅度响应和相位响应

2. 频率取样法设计函数 fir2

调用该函数用频率取样法设计具有任意形状频率响应的 FIR 滤波器。调用形式：

(1) b=fir2 (n , f , m)

输入参数：

n 滤波器的阶。

f 期望的理想幅度响应的频率点组成的列矢量，其元素(频率)的值介于 0 与 1 之间，1 对应于 Nyquist 频率。列矢量第一个值必须是 0，最后一个值必须是 1。频率按从小到大顺序排列。

m 期望的理想幅度响应在 f 指定的频率点上的值组成的列矢量，与 f 的长度相同。

如果在过渡带插入优化取样值，可以获得更好的结果。优化取样值可以利用附录中的表格获得。利用 plot(f,m)可以查看滤波器频率响应的形状。

输出参数：

b n 阶低通滤波器的 $n+1$ 个系数组成的行矢量，采用 Hamming 窗。系数按 z 的降幂(z^{-1}的升幂)次序排列。

根据线性相位 FIR 滤波器的性质，当滤波器的阶为奇数时，频率响应在 Nyquist 频率上恒等于 0，所以，如果滤波器有一个通带包含 Nyquist 频率，则函数 fir2 总是将滤波器的阶设为偶数。如果设计滤波器时给定的阶为奇数，函数 fir2 将自动地将阶增加 1 使之成为偶数。

(2) b=fir2 (n , f , m , window)：输入参数 window 是一个长为 $n+1$ 的列矢量，用来指定设计所使用的窗函数。没有输入参数 window 时，则约定使用长为 $n+1$ 的 Hamming 窗，如前一种调用形式。

(3) b=fir2 (n , f , m ,npt) 或 b=fir2 (n , f , m , npt , window)：输入参数 npt 指定对频率响应的插值频率点数，同时可以指定也可以不指定使用的窗函数。

(4) b=fir2 (n , f , m ,npt , lap) 或 b=fir2 (n , f , m , npt , lap ,window)：输入参数 lap 指定复制频率点附近插值范围的大小，同时可以指定也可以不指定使用的窗函数。

例 4.12 调用函数 fir2 用频率取样法设计一个截断频率为 0.6π 的 30 阶 FIR 低通滤波器。将期望频率响应与实际频率响应画在同一张图中进行比较(本例引自 MathWorks 公司的数学软件 MATLAB R2007a 版)。

解

```
n = 30;
b = fir2(30 , [0 0.6 0.6 1], [1 1 0 0]);
[h,w] = freqz(b,1,128);
plot (f , m , w/pi , abs (h))
legend('Ideal','fir2 Designed')
title('Comparison of Frequency Response Magnitudes')
```

这里未设置过渡带取样值，因此没有对过渡带进行优化。程序运行结果如图 4-34 所示。

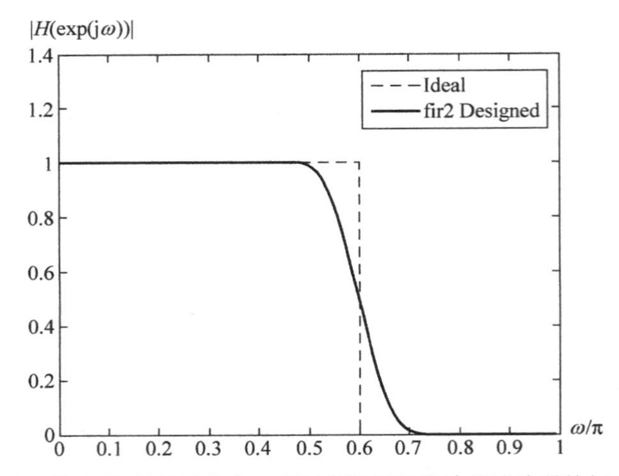

图 4-34 例 4.12 调用函数 fir2 用频率取样法设计的滤波器的幅度响应

3. 最小二乘法设计函数 firls

调用该函数用最小二乘法设计线性相位 FIR 滤波器。调用形式：

(1) b=firls (n , f , a)

输入参数：

n 滤波器的阶。

f 期望的理想幅度响应的频率行矢量，介于 0 与 1 之间的频率由小到大顺序排列，1 对应于 Nyquist 频率。每个频带有一对频率。

a 期望的理想幅度响应在 f 指定的频率点上的值组成的行矢量，与 f 的长度相同。将 k 为奇数的每一对点 $(f(k),a(k))$ 与 $(f(k+1),a(k+1))$ 用直线连接，得到期望的理想幅度响应。k 为偶数的每一对频率 $f(k)$ 与 $f(k+1)$ 之间的振幅响应未加定义，是"不关心"的过渡带。f 与 a 的长度必须相等，而且必须是偶数。

输出参数：

b n 阶低通滤波器的 $n+1$ 个系数组成的行矢量，采用 Hamming 窗。系数按 z 的降幂(z^{-1} 的升幂)次序排列。

由于当滤波器的阶为奇数时，频率响应在 Nyquist 频率上恒等于 0，所以，如果滤波器有一个通带包含 Nyquist 频率，则函数 firls 总是会自动地将滤波器的阶增加 1 使阶成为偶数。如果设计滤波器时给定的阶为奇数，函数 fir2 将会让阶增加 1 使之成为偶数。

(2) b=firls(n,f,a,w)：输入参数 w 是长度等于 f(或 a)的长度的一半的矢量，指定每个频带的逼近误差的加权值。

(3) b=firls (n , f , a , 'ftype')和 b=firls (n , f , a , 'ftype')：输入参数'ftype'指定滤波器的类型，具体包括：

- 'hilbert'：hilbert 滤波器。
- 'differentiator'：微分器。

例 4.13 调用函数 firls 用最小二乘法设计一个通带和阻带截止频率分别为 0.25π

和 0.3π 的低通 FIR 滤波器。滤波器的阶取为 255。(本例引自 MathWorks 公司的数学软件 MATLAB R2007a 版)

解

```
b=firls(255, [0, 0.25, 0.3, 1], [1,1,0,0]);
freqz(b,1,512)
```

程序运行结果如图 4-35 所示。

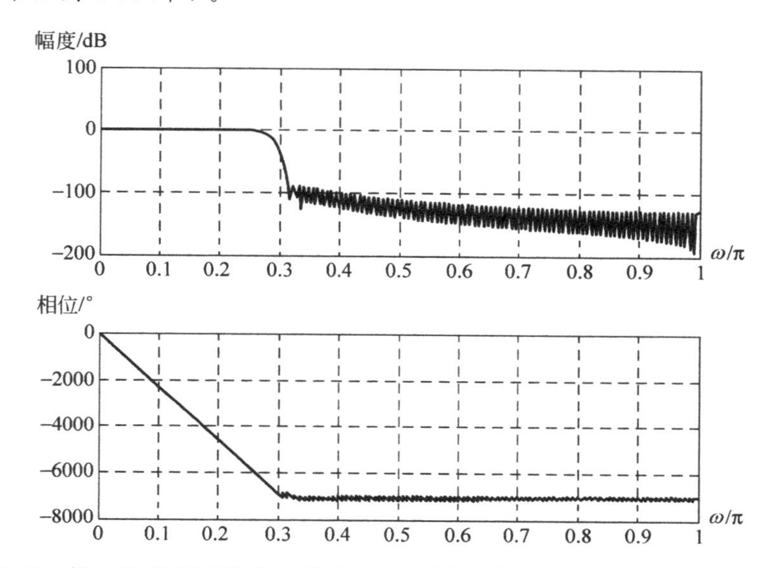

图 4-35　例 4.13 调用函数 firls 用最小二乘法设计的低通 FIR 滤波器的频率响应

4.7　用 MATLAB 设计最优等波纹线性相位 FIR 滤波器

Parks-McClellan 算法是一个比较复杂的迭代算法，一般情况下需要借助计算机编程来完成。在 MATLAB 中，可以调用函数 firpm(在旧版本 MATLAB 中调用函数 remez)来实现最优等波纹滤波器的设计。调用该函数的基本形式是

```
[h,err,res]=firpm(M,F,Hd,W)
```

输入参数：

M　滤波器的阶，初始阶用式(4.92)估计。

F　频带的边界频率组成的矢量，每个频带有两个边界频率，所以 F 由成对的频率组成。频率取值介于 0 和 1 之间，由小到大顺序排列。使用数字频率时，1 对应于 π；使用实际频率时，1 对应于二分之一取样频率。要求至少有一个频带的宽度不等于零。

Hd　期望(理想)振幅响应矢量，长度与 F 相同，为实数矢量。

W　逼近误差权矢量，每个频带有一个权值，所以权矢量的长度等于 F 或 H_d 矢量长度的一半。逼近误差定义为期望(理想)振幅响应与实际振幅响应之差。

输出参数：

h　线性相位 FIR 滤波器冲激响应，长度为 $N+1$ 的行矢量，元素为实数；具有偶对称或奇对称性质，对称中心 $M/2$ 可以是整数也可以不是整数，取决于 M 是偶数或奇数；在最大最小化的意义上，它是期望频率响应(由 F 和 H_d 给定)的最优逼近。

err　滤波器振幅响应的最大波纹幅度。

res　包含以下域的输出结构：

res. fgrid　优化过程中使用的密集频率点(频栅)列矢量；

res. des　频栅上的期望响应列矢量；

res. wt　频栅上的权列矢量；

res. H　频栅上的实际频率响应列矢量；

res. error　频栅上每点逼近误差列矢量(res. des－res. H)；

res. iextr　频栅矢量 res. fgrid 中极值频率的下标列矢量；

res. fextr　极值点频率列矢量。

例 4.14　用 Parks-McClellan 算法设计一个满足下列指标的最优等波纹线性相位 FIR 低通滤波器：$\omega_p=0.4\pi, \omega_s=0.6\pi, \delta_p=0.01, \delta_s=0.001$。

解　$\Delta\omega=\omega_s-\omega_p=0.6\pi-0.4\pi=0.2\pi$，用式(4.94)计算初始阶

$$M=\frac{-10\lg(\delta_p\delta_s)-13}{2.32\Delta\omega}+1=\frac{-10\lg(10^{-5})-13}{2.32\times 0.2\pi}+1=25.1329\approx 26$$

编写的 MATLAB m 文件如下(不包括绘图语句)：

```
% 最优等波纹 FIR 低通滤波器设计
omegap = 0.4 * pi;omegas = 0.6 * pi;deltap = 0.01;deltas = 0.001;
deltaomega = omegas - omegap;
M = ceil(( - 10 * log10(deltap * deltas) - 13)/(2.324 * deltaomega));
F = [0,omegap,omegas,pi]/pi; Ad = [1,1,0,0];
K = deltap/deltas;W = [1/K,1];
[h,err,res] = firpm(M,F,Ad,W);
[H,w] = freqz(h,1);
L = M/2; n = 0:M;
a = [h(L + 1),2 * h(L: - 1:1)];
k = [0:1:L];w1 = [0:1:511]' * pi/512;
A = cos(w1 * k) * a';
```

运行以上 m 文件后，查看 res 输出结构知道，res. fgrid、res. des、res. wt、res. H 和 res. error 都是长 180 点的列矢量，res. iextr 和 res. fextr 都是长 15 点的列矢量。滤波器冲激响应、振幅响应、对数幅度响应和逼近误差函数如图 4-36 所示。对数幅度响应可用以下语句画出

```
plot(res.fgrid,20 * log10(abs(res.H)))
```

这样可以省去调用函数 freqz 求 H。注意，这两种方法画出的对数幅度响应的过渡带形状是不同的，原因是 res. H 并不考虑过渡带的计算，而 freqz 却要考虑。图中画出的是通带和阻带内未加权的逼近误差，加权后的逼近误差与未加权的逼近误差形状完全相同，只是应该将通带内的逼近误差除以 K，对于该例的情况 $K=0.01/0.001=10$。从逼近误差的函数曲线可以清楚地看出交替频率。具体说，在通带内有 8 个、阻带内有 7 个交替

频率。因为 $M=26$，属于Ⅰ型线性相位滤波器，逼近多项式的阶 $L=M/2=13$，所以交替频率最少有 $L+2=15$ 个。因此，图 4-36 所表示的滤波器是最优的。但是，从输出参数 err=0.0012 看出，通带和阻带内最大逼近误差幅度尚不满足设计指标 $\delta=\delta_s=0.001$ 的要求(从逼近误差曲线也可以看出来)。为此，将滤波器的阶增加为 $M=27$，重新运行该 m 文件，图 4-37 是得到的结果。进一步检查输出参数 err=0.00091473，可以看出，现在已达到设计指标的要求。但应注意，$M=26$ 对应于Ⅰ型线性相位滤波器，而 $M=27$ 对应于Ⅱ型线性相位滤波器，因此在计算振幅响应时所使用的公式是不同的。具体说，$M=27$ 时，m 文件中计算振幅响应的语句应该改写成下列形式：

```
L = (M - 1)/2; b = 2 * [h(L + 1: - 1:1)]; k = [1:1:L + 1];k = k - 0.5; w1 = [0:1:511]' * pi/512;
A = cos(w1 * k) * b';
```

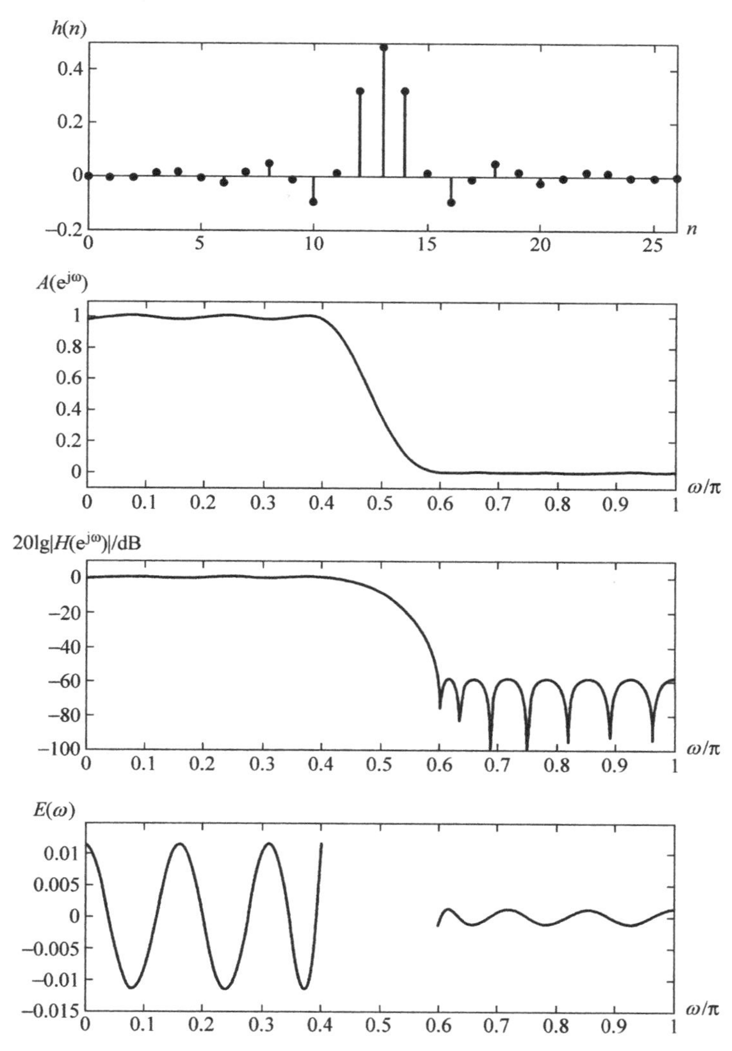

图 4-36 例 4.14 用 Parks-McClellan 方法设计的最优等波纹低通滤波器的冲激响应、振幅响应、对数幅度响应和逼近误差(未加权)

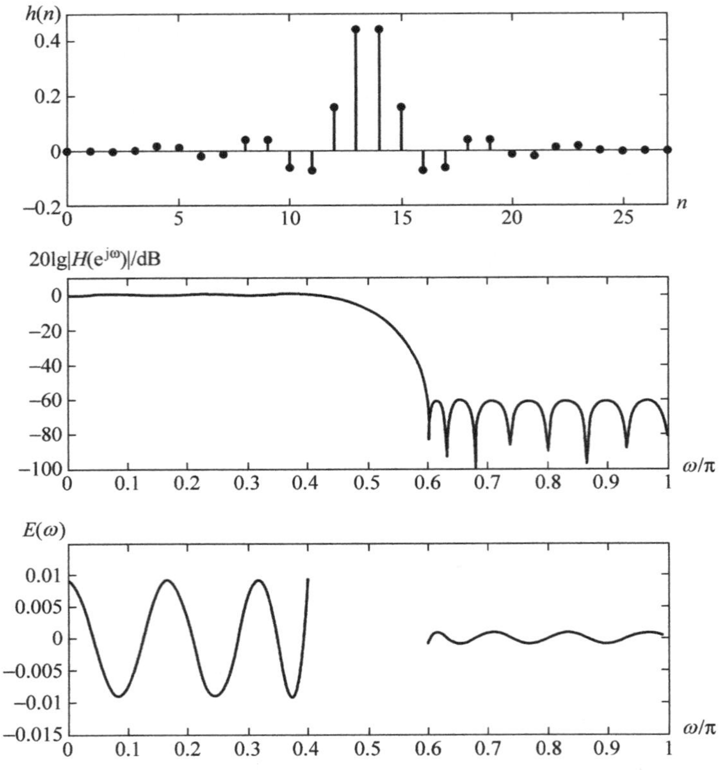

图 4-37 例 4.14 将阶增加为 $M=27$ 后用 Parks-McClellan 方法设计的滤波器的冲激响应、对数幅度响应和逼近误差(未加权)

从图 4-37 的逼近误差曲线再次看出,通带内有 8 个、阻带内有 7 个交替,总数仍然是 15 个。但由于 $M=27$ 对应于Ⅱ型线性相位滤波器,逼近多项式的阶 $L=(M-1)/2=13$,交替最少仍然有 $L+2=15$ 个。注意,Ⅱ型线性相位滤波器的传输函数在 $z=-1$ 或 $\omega=\pi$ 有 1 个零点,从图 4-37 的幅度响应和逼近误差函数都可以清楚地看出这个特点。

把该例的结果与 Kaiser 窗函数法设计的结果(例 4.10)比较,可以看出,Kaiser 窗函数法设计得到的滤波器的阶要求不低于 $M=38$,才能满足设计指标的要求;而用最优等波纹设计方法,却只需要 $M=27$。之所以有这样的差别,主要是因为窗函数法设计出来的滤波器,在通带和阻带内的最大逼近误差几乎是相等的,而 Parks-McClellan 设计方法允许通带与阻带内的逼近误差不等。

习题

4.1 已知一个 1 阶 IIR 滤波器的传输函数为

$$H(z)=\frac{0.5(1-0.9z^{-1})}{1+0.3z^{-1}}$$

(1) 计算并画出滤波器的幅度响应特性曲线。

(2) 这是一个什么形式的滤波器(低通、高通、带通、带阻)?

(3) 假设 $F_p=0.4f_s$，求通带波纹 δ_p。

(4) 假设 $F_s=0.2f_s$，求阻带衰减 δ_s。

4.2 已知一个带通滤波器取样频率 $f_s=8000\text{Hz}$，并满足以下设计指标

$$[F_{s1},F_{p1},F_{p2},F_{s2},\delta_p,\delta_s]=[250,350,600,800,0.10,0.05]$$

(1) 求对数幅度响应设计指标：通带波纹 A_p 和阻带衰减 A_s。

(2) 利用对数尺度，画出幅度响应并用阴影表明通带和阻带范围。

4.3 一个带阻滤波器取样频率 $f_s=8000\text{Hz}$，并满足以下指标

$$[F_{p1},F_{s1},F_{s2},F_{p2},A_p,A_s]=[30,40,60,80,2,30]$$

(1) 求线性幅度响应设计指标：通带波纹 δ_p 和阻带衰减 δ_s。

(2) 利用线性尺度，画出幅度响应并用阴影表明通带和阻带范围。

4.4 需要设计一个低通数字滤波器，用于对 2kHz 以下频率的信号进行滤波。要求幅度响应在通带内的增益变化小于 0.01，对 3kHz 以上频率的信号的增益不高于 0.001。假设输入信号是以 $f_s=10\text{kHz}$ 的速率对模拟信号取样得到的。试用图形表示滤波器的线性幅度响应和对数幅度响应设计指标，标明数字频率和实际频率的数值。

4.5 在数字信号处理中，抽取运算是一种很重要的运算，其中常常需要用到一种特殊的线性相位 FIR 滤波器，其过渡带的中心频率恰为 $f_s/4$，因此，其频率响应关于 $f_s/4$ 对称，这种滤波器称为半带滤波器(the half-band filter)。用冲激响应截断法(即矩形窗函数法)设计一个满足下列技术指标的半带低通 FIR 滤波器：$f_s=100\text{Hz}$，$N=40$。画出所设计的滤波器的冲激响应，观察它有什么特点。画出滤波器的幅度响应和相位响应。解释相位响应为什么会出现许多跳变。

4.6 4 种类型的线性相位 FIR 滤波器，它们的冲激响应的对称性、传输函数的零点位置各具有不同的限制，因而它们适用于不同频率响应的滤波器。完成表 4-6 对以上特点进行比较。

表 4-6 4 种线性相位 FIR 滤波器特点比较

线性相位滤波器类型		Ⅰ型	Ⅱ型	Ⅲ型	Ⅳ型
冲激响应对称性					
阶数的奇偶性					
零点位置	$\omega=0$				
	$\omega=\pi$				
适合应用场合	低通				
	高通				
	带通				
	带阻				

4.7 证明在式(4.30)定义的均方误差函数最小的意义上，(矩形窗)窗函数法设计的滤波器是最优的。

4.8 用 Hanning 窗、Hamming 窗和 Blackman 窗等 3 种不同窗函数，设计题 4.5 要求的半带低通 FIR 滤波器，画出它们的幅度响应并进行比较。

4.9 用窗函数法设计一个截断频率为 $F_0=f_s/8$ 和 $F_1=3f_s/8$ 的线性相位带通 FIR 滤波器(见图 4-8)。假设选用 Blackman 窗,滤波器的阶 $N=80$,取样频率 $f_s=1000\text{Hz}$,求过渡带的宽度,并画出幅度响应。

4.10 设计一个满足以下技术指标的线性相位低通 FIR 滤波器,并画出滤波器的单位冲激响应和幅度响应的图形。要求过渡带的宽度不要过大,刚好满足要求即可。

$$\begin{cases}0.99\leqslant|H(\mathrm{e}^{\mathrm{j}\omega})|\leqslant 1.01, & 0\leqslant|\omega|\leqslant 0.19\pi\\ |H(\mathrm{e}^{\mathrm{j}\omega})|\leqslant 0.01, & 0.21\leqslant|\omega|\leqslant\pi\end{cases}$$

改用 Kaiser 窗重新进行设计,并与原来的设计结果进行比较。

4.11 设计一个低通 FIR 滤波器,满足以下指标:取样频率 $f_s=10\text{kHz}$;截断频率 $F_0=2\text{kHz}$;过渡带宽 $\Delta f=500\text{Hz}$;阻带衰减 $A_s=50\text{dB}$。

4.12 用 Kaiser 窗设计一个低通 FIR 滤波器,要求截断频率 $\omega_0=\pi/2$;过渡带宽 $\Delta\omega\leqslant 0.1\pi$;阻带衰减 $\delta_s\leqslant 0.1\pi$。试估计 Kaiser 窗的参数 β 和滤波器的阶 N。

4.13 设计一个满足以下技术指标的线性相位带通 FIR 滤波器,并画出滤波器的单位冲激响应和幅度响应(要求采用 Blackman 窗)。

$$\begin{cases}|H(\mathrm{e}^{\mathrm{j}\omega})|\leqslant 0.01, & 0\leqslant|\omega|\leqslant 0.2\pi\\ 0.95\leqslant|H(\mathrm{e}^{\mathrm{j}\omega})|\leqslant 1.05, & 0.3\pi\leqslant|\omega|\leqslant 0.7\pi\\ |H(\mathrm{e}^{\mathrm{j}\omega})|\leqslant 0.02, & 0.8\pi\leqslant|\omega|\leqslant\pi\end{cases}$$

4.14 用频率取样法设计一个线性相位 FIR 低通滤波器,已知滤波器的阶 $N=15$ 和振幅响应的取样值

$$A_d(f_k)=\begin{cases}1, & 0\leqslant k\leqslant 3\\ 0, & 4\leqslant k\leqslant 7\end{cases}$$

求滤波器的冲激响应 $h(n)$。

4.15 已知滤波器的阶 $N=15$,振幅响应的取样值

$$A_d(f_k)=\begin{cases}1, & 0\leqslant k\leqslant 3\\ 0.4, & k=4\\ 0, & 5\leqslant k\leqslant 7\end{cases}$$

求滤波器的冲激响应 $h(n)$。

4.16 用频率取样方法设计一个满足以下指标要求的线性相位 FIR 带通滤波器:取样频率 $f_s=1000\text{Hz}$;截断频率 $F_1=100\text{Hz}$,$F_2=300\text{Hz}$;阶 $M=60$。要求写出冲激响应的数学表达式。

4.17 用频率取样方法设计一个满足以下指标要求的线性相位 FIR 低通滤波器:截断频率 $F_0=0.2f_s$;阶 $M=31$;设置 1 个过渡带取样值 $x=0.5$。假设选择Ⅱ型线性相位滤波器。

(1) 写出振幅响应取样值 $A_d(f_k)$的表达式。

(2) 写出冲激响应表达式。

4.18 假设过渡带取样值 x 按照阻带衰减最大的准则选取,重做习题 4.17。

4.19 用频率取样法设计一个线性相位 FIR 低通滤波器，已知 $N=15,\alpha=0$ 和

$$A_d(f_k)=\begin{cases}1, & 0\leqslant k\leqslant 3\\ x, & k=4\\ 0, & 5\leqslant k\leqslant 7\end{cases}$$

利用附录中的表格求最优过渡带取样值 x 和阻带衰减。

4.20 用频率取样法设计一个线性相位 FIR 带通滤波器，已知 $N=32,\alpha=0,f_{p1}=0.2f_s,f_{p2}=0.35f_s$；$f_{s1}=0.1f_s$ 和 $f_{s2}=0.425f_s$。在每个过渡带各设置 1 个取样值。利用附录中的表格求最优过渡带取样值 x 和阻带衰减。

4.21 用最小二乘法设计Ⅲ型线性相位 FIR 滤波器，假设滤波器的阶 $M=2r$，试推导与式(4.40)类似的振幅响应 $A_d(f)$ 的表达式。

4.22 用习题 4.21 的结果，推导用最小二乘法设计Ⅲ型线性相位 FIR 滤波器的规范方程(类似于式(4.47))。

4.23 假设要设计一个 4 阶等波纹线性相位低通 FIR 滤波器，设计指标如下

$$(f_s,F_p,F_s)=(10,2,3)\text{Hz}$$
$$(\delta_p,\delta_s)=(0.05,0.1)$$

选择的初始极值频率是 $(F_0,F_1,F_2,F_3)=(0,F_p,F_s,f_s/2)$。

(1) 求误差加权函数 $W(F_i)$，$0\leqslant i\leqslant 3$。

(2) 求期望振幅响应 $A_d(F_i)$，$0\leqslant i\leqslant 3$。

(3) 求极值数字频率 $\omega_i=2\pi F_i T$，$0\leqslant i\leqslant 3$。

写出求取最优等波纹滤波器系数和波纹幅度 δ 的方程组(类似于式(4.86))。

4.24 图 4-38 是用 Parks-McClellan 算法设计的一个Ⅰ型线性相位 FIR 高通滤波器的幅度响应。已知阻带截止频率 $\omega_s=0.4\pi$；通带截止频率 $\omega_p=0.5\pi$；阻带波纹 $\delta_s=0.0574$；通带波纹 $\delta_p=0.1722$。

(1) 求误差加权函数 $W(\omega)$。求冲激响应的长度。

(2) 确定传输函数的零点在 z 平面上的位置。

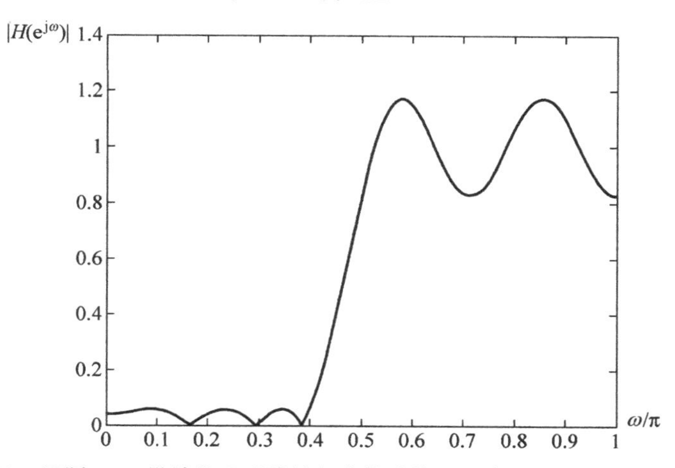

图 4-38 习题 4.24 设计的Ⅰ型线性相位等波纹 FIR 高通滤波器的幅度响应

4.25 设计一个阶数为$M=30$的等波纹Ⅰ型线性相位FIR带通滤波器

(1) 设计该滤波器时,误差函数至少应该有多少次交替?

(2) 交替数最多可以达到多少?

4.26 设计一个等波纹线性相位FIR带阻滤波器,要求达到以下指标

$$0.98 \leqslant |H(e^{j\omega})| \leqslant 1.02, 0 \leqslant \omega \leqslant 0.2\pi$$

$$|H(e^{j\omega})| < 0.001, 0.22\pi \leqslant \omega \leqslant 0.78\pi$$

$$0.98 \leqslant |H(e^{j\omega})| \leqslant 1.05, 0.8 \leqslant \omega \leqslant \pi$$

(1) 求所需滤波器阶数M。

(2) 求设计滤波器时所用的误差加权函数$W(\omega)$。

(3) 极值频率最少必须有多少个,滤波器才是最优的?

4.27 已知一个滤波器的冲激响应为$h(n)=[1,2,3,4,3,2,1]/15$。

(1) 求该滤波器的振幅响应$A(\omega)$的表达式。

(2) 画出$A(\omega)$和误差函数$E(\omega)$的图形。

(3) 标出交替频率。讨论该滤波器是否最优等波纹滤波器。

4.28 已知一个等波纹FIR高通滤波器的设计指标:阶$M=64$;$\delta_p=0.01$;$\delta_s=0.001$;$\omega_p=0.72\pi$。求阻带截止频率ω_s。

4.29 设计一个线性相位FIR低通滤波器,给定设计指标:$M=63$;$\omega_p=0.3\pi$;$\omega_p=0.32\pi$。

(1) 采用Kaiser窗的窗函数法设计,可以得到的阻带衰减近似为多少?

(2) 采用最优等波纹法设计,可以得到的阻带衰减近似为多少(设$\delta_p=\delta_s$)?

4.30 在设计出滤波器得到冲激响应后,可以调用MATLAB中的函数freqz计算滤波器的频率响应,进而调用函数abs和angle得到滤波器的幅度响应和相位响应。但是,没有专门的函数来计算滤波器的振幅响应。针对4种类型的线性相位FIR滤波器,编写计算它们的振幅响应的m文件或函数。

4.31 在MATLAB平台上,用窗函数法设计满足以下指标要求的FIR低通滤波器。

$$\omega_p = 0.2\pi, \omega_s = 0.3\pi, A_p = 0.25\text{dB}, A_s = 50\text{dB}$$

(1) 根据设计指标选择适当的窗函数和滤波器的阶。

(2) 编写MATLAB的m文件。

(3) 画出冲激响应、振幅响应和相位响应的图形。

4.32 选择Kaiser窗,重新完成习题4.31。

4.33 在MATLAB平台上,用窗函数法设计满足以下指标要求的FIR带通滤波器。

$$\omega_{s1} = 0.2\pi,\quad \omega_{p1} = 0.3\pi,\quad \omega_{p2} = 0.7\pi,\quad \omega_{s2} = 0.8\pi$$

$$A_{s1} = 50\text{dB},\quad A_p = 0.5\text{dB},\quad A_{s2} = 50\text{dB}$$

(1) 根据设计指标选择适当的窗函数和滤波器的阶。

(2) 编写MATLAB的m文件。

(3) 画出冲激响应、振幅响应和相位响应的图形。

4.34 调用函数 fir1 完成习题 4.33 的设计。

4.35 在 MATLAB 平台上,用频率取样法设计满足以下指标要求的 FIR 低通滤波器。

$$\omega_p = 0.2\pi, \quad \omega_s = 0.3\pi, \quad A_p = 0.25\text{dB}, \quad A_s = 50\text{dB}$$

(1) 根据设计指标选择适当的窗函数和滤波器的阶。

(2) 编写 MATLAB 的 m 文件。

(3) 画出冲激响应、振幅响应和相位响应的图形。

4.36 在过渡带设置 1 个取样值 $x=0.5$,重做习题 4.35。

4.37 在过渡带设置 1 个最优取样值 x,重做习题 4.35。最优取样值 x 由附录中的表格查出。

4.38 在过渡带设置 2 个最优取样值 x_1 和 x_2,重做习题 4.35。最优取样值由附录中的表格查出。

4.39 调用函数 fir2 完成习题 4.38 的设计。

4.40 在 MATLAB 平台上,用最小二乘法完成习题 4.35 的设计。

4.41 调用函数 firls 完成习题 4.40。

4.42 调用函数 firpm,用 Parks-McClellan 算法完成习题 4.35 的设计。

4.43 调用函数 firpm,用 Parks-McClellan 算法设计一个具有图 4-39 所示幅度响应的 FIR 滤波器。

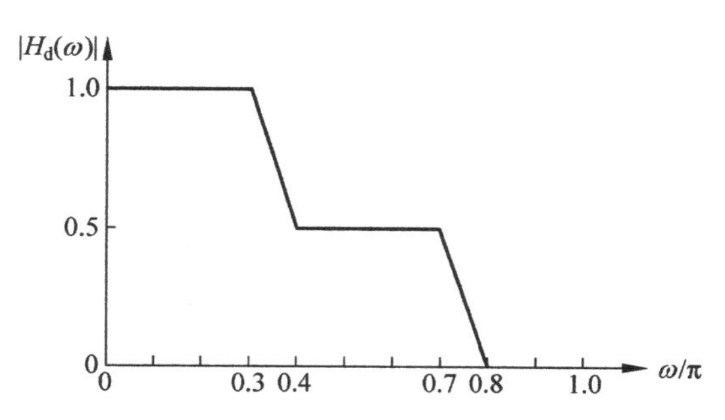

图 4-39 习题 4.43 要设计的滤波器的幅度响应

第5章 IIR数字滤波器设计

5.1 设计 IIR 数字滤波器的一般方法

设计 IIR 数字滤波器最流行的方法是：首先，设计一个频率归一化的模拟低通滤波器，称为原型滤波器(the prototype filter)；然后，将原型滤波器变换成具有期望频率特性的数字滤波器。这种设计方法之所以广为流行，是因为模拟滤波器的设计技术已很成熟，有现成的计算公式、设计资料和算法程序可以利用。

5.1.1 设计 IIR 数字滤波器的两种方案

将原型滤波器变换成具有期望频率响应的数字滤波器，有如图 5-1 所示的两种方案。

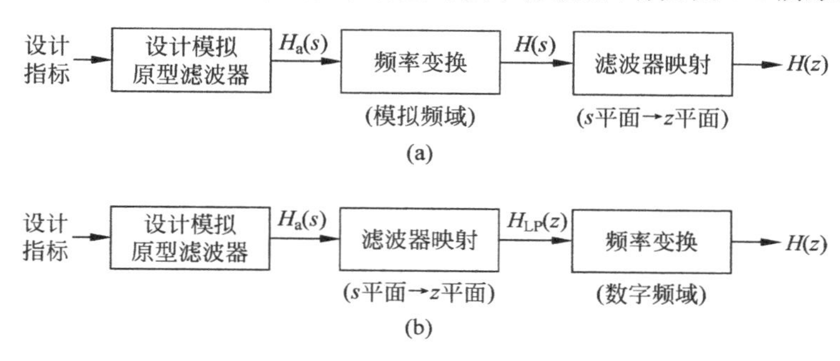

图 5-1 设计 IIR 数字滤波器的两种方案

原型滤波器设计完成后，得到一个频率归一化的模拟低通传输函数 $H_a(s)$。在图 5-1(a)所示的第一方案中，首先在模拟频域内进行频率变换，把 $H_a(s)$变换成具有期望频率响应的模拟传输函数 $H(s)$，然后把 $H(s)$从 s 平面映射到 z 平面，得到具有期望频率响应的数字滤波器的传输函数 $H(z)$。这个方案的缺点是从模拟频域转换成数字频域可能产生混叠失真，因此不能用冲激响应不变法来转换高通和带阻滤波器。在图 5-1(b)所示的第二方案中，首先进行 s 平面到 z 平面的映射，把 $H_a(s)$映射成数字低通传输函数 $H_{LP}(z)$，然后在数字频域进行频率变换，把 $H_{LP}(z)$变换成具有期望频率响应的数字滤波器 $H(z)$。

可以看出，两个方案使用的技术基本相同，区别在于：第一个方案先进行频率变换然后进行滤波器映射，频率变换在模拟频域进行；而第二个方案则先进行滤波器映射然后进行频率变换，频率变换在数字频域进行。

5.1.2 模拟低通滤波器的技术指标

设计 IIR 数字滤波器需要首先设计原型滤波器，原型滤波器是模拟低通滤波器，因此首先要把给定的 IIR 数字滤波器的技术指标转换成模拟低通滤波器的技术指标。模拟低通滤波器的技术指标常用图 5-2 所示的平方幅度响应定义。图中，模拟角频率 Ω 以

rad/s 为单位，$|H_a(j\Omega)|^2$ 是幅度响应的平方，它在通带和阻带内被限制在以下允许范围内

$$\begin{cases} \dfrac{1}{1+\varepsilon^2} \leqslant |H_a(j\Omega)|^2 \leqslant 1, & 0 \leqslant \Omega \leqslant \Omega_p \\ 0 \leqslant |H_a(j\Omega)|^2 \leqslant \dfrac{1}{A^2}, & \Omega_s \leqslant \Omega < \infty \end{cases} \tag{5.1}$$

即通带内幅度响应的最大值归一化为 1，通带和阻带波纹幅度分别用参数 ε 和 1/A 控制。

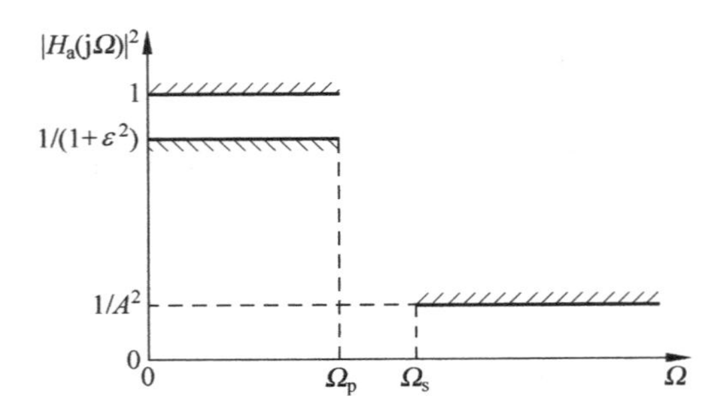

图 5-2 设计模拟低通滤波器的技术指标

如果 IIR 数字低通滤波器的技术指标由图 4-5 给出，即

$$\begin{cases} 1-\delta_p \leqslant |H(e^{j\omega})| \leqslant 1, & 0 \leqslant \omega \leqslant \omega_p \\ 0 \leqslant |H(e^{j\omega})| \leqslant \delta_s, & \omega_s \leqslant \omega \leqslant \pi \end{cases} \tag{5.2}$$

将式(5.2)与式(5.1)对照，得出

$$\frac{1}{\sqrt{1+\varepsilon^2}} = 1-\delta_p \quad 和 \quad \frac{1}{A} = \delta_s$$

即数字低通滤波器与等效的模拟低通滤波器线性波纹参数之间的关系是

$$\varepsilon = [(1-\delta_p)^{-2} - 1]^{1/2} \tag{5.3}$$

和

$$A = \delta_s^{-1} \tag{5.4}$$

如果 IIR 数字低通滤波器的技术指标由图 4-6 的对数参数给出，即

$$A_p = -20\lg(1-\delta_p)(\text{dB})$$

$$A_s = -20\lg(\delta_s)(\text{dB})$$

则由于 $(1-\delta_p)^{-2} = 10^{0.1A_p}$ 和 $\delta_s^{-2} = 10^{0.1A_s}$，所以由式(5.3)和式(5.4)得出数字低通滤波器与等效的模拟低通滤波器的对数参数之间的关系

$$\varepsilon = [10^{0.1A_p} - 1]^{1/2} \tag{5.5}$$

和

$$A = \delta_s^{-1} = 10^{0.1A_s/2} \tag{5.6}$$

式中，A_p 和 A_s 都以 dB 为单位。

为了简化设计公式，引入以下两个辅助参数：

(1) 选择性因子(the selectivity factor)

$$r \equiv \frac{\Omega_{\mathrm{p}}}{\Omega_{\mathrm{s}}} \tag{5.7}$$

对于理想模拟低通滤波器,由于没有过渡带,即 $\Omega_{\mathrm{p}}=\Omega_{\mathrm{s}}$,所以 $r=1$;而对于实际(非理想)模拟低通滤波器,$\Omega_{\mathrm{p}}<\Omega_{\mathrm{s}}$,所以 $r<1$。

(2) 鉴别因子(the discrimination factor)

$$d \equiv \frac{\varepsilon}{\sqrt{A^2-1}} = \left[\frac{(1-\delta_{\mathrm{p}})^{-2}-1}{\delta_{\mathrm{s}}^{-2}-1}\right]^{\frac{1}{2}} = \left[\frac{10^{0.1A_{\mathrm{p}}}-1}{10^{0.1A_{\mathrm{s}}}-1}\right]^{\frac{1}{2}} \tag{5.8}$$

当 $\delta_{\mathrm{p}}=0$ 或 $\delta_{\mathrm{s}}=0$ 时,$d=0$。所以,理想模拟低通滤波器的鉴别因子 $d=0$,实际模拟低通滤波器的鉴别因子 $d>0$。

5.1.3 平方幅度响应与传输函数

模拟滤波器的设计指标由平方幅度响应给出,而平方幅度响应不包含相位信息,所以模拟滤波器仅根据幅度响应来设计。假设模拟滤波器的传输函数 $H_{\mathrm{a}}(s)$是实有理函数,且关于虚轴对称,则可将平方幅度响应表示为

$$|H_{\mathrm{a}}(\mathrm{j}\Omega)|^2 = H_{\mathrm{a}}(\mathrm{j}\Omega)H_{\mathrm{a}}^*(\mathrm{j}\Omega) = H_{\mathrm{a}}(\mathrm{j}\Omega)H_{\mathrm{a}}(-\mathrm{j}\Omega) = H_{\mathrm{a}}(s)H_{\mathrm{a}}(-s)\big|_{s=\mathrm{j}\Omega} \tag{5.9}$$

或

$$H_{\mathrm{a}}(s)H_{\mathrm{a}}(-s) = |H_{\mathrm{a}}(\mathrm{j}\Omega)|^2\big|_{\Omega=s/\mathrm{j}} \tag{5.10}$$

这意味着,模拟滤波器的传输函数 $H_{\mathrm{a}}(s)$可以根据平方幅度响应来得到。式(5.10)是利用期望的幅度响应合成模拟滤波器的传输函数的基本公式。

由于 $H_{\mathrm{a}}(s)$是实系数有理函数,从式(5.10)看出,若 $H_{\mathrm{a}}(s)$在 s_i 有一个极点或零点,则 $H_{\mathrm{a}}(-s)$必在 $-s_i$ 也有一个极点或零点。因此,若 $H_{\mathrm{a}}(s)$的极点或零点位于负实轴上,则 $H_{\mathrm{a}}(-s)$的相应极点或零点必落在正实轴上;若 $H_{\mathrm{a}}(s)$的极点或零点位于 $-\sigma\pm\mathrm{j}\Omega$,则 $H_{\mathrm{a}}(-s)$的相应极点或零点必位于 $\sigma\mp\mathrm{j}\Omega$;虚轴上的极点或零点(即纯虚数极点或零点)必定是偶数阶的。总起来说,平方幅度响应的零点、极点关于 s 平面的虚轴 $\mathrm{j}\Omega$ 和实轴 σ 都成镜像对称分布(即象限对称),如图 5-3 所示。

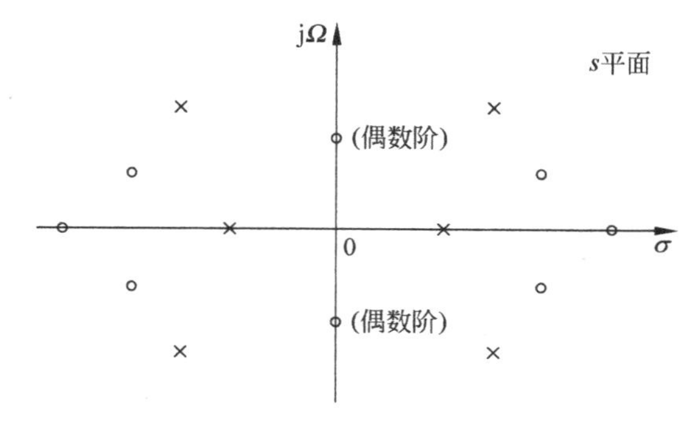

图 5-3 平方幅度函数的零点-极点分布

设计的模拟滤波器必须是因果和稳定的,即传输函数 $H_a(s)$的极点必须全部在左半平面内,但不包含虚轴;这样,右半平面的全部极点属于 $H_a(-s)$。至于零点,它们可以分布在 s 平面上的任何位置,因为零点的任意组合都不会影响幅度响应;但是,零点分布将影响相位响应,例如,当 $H_a(s)$的零点全部分布在左半平面时,得到的是最小相位滤波器。

由于 $s^2=-\Omega^2$,所以式(5.10)又可表示成

$$H_a(s)H_a(-s) = \left|H_a(\mathrm{j}\Omega)\right|^2\Big|_{\Omega^2=-s^2} \tag{5.11}$$

即平方幅度响应$|H_a(\mathrm{j}\Omega)|^2$是以 Ω^2 为自变量的函数。由于已假设 $H_a(s)$是有理函数,故可将$|H_a(\mathrm{j}\Omega)|^2$ 表示成

$$\left|H_a(\mathrm{j}\Omega)\right|^2 = K\frac{\sum\limits_{k=0}^{N} c_k\Omega^{2k}}{\sum\limits_{k=0}^{N} d_k\Omega^{2k}} \tag{5.12}$$

前面说过,$H_a(s)H_a(-s)$是象限对称的有理函数。如果进一步假设 $H_a(s)$还是最小相位的,则 s 平面的左半平面内的零点和极点都属于 $H_a(s)$;虚轴上的任何零点都是偶次的,其中一半属于 $H_a(s)$;将幅度响应$|H_a(\mathrm{j}\Omega)|$与传输函数 $H_a(s)$的低频特性或高频特性进行对比,即可确定传输函数的增益常数 K。这样,根据所求出的零点、极点和增益常数,便可得到滤波器的传输函数 $H_a(s)$。

由以上讨论可知,根据平方幅度函数$|H_a(\mathrm{j}\Omega)|^2$ 确定模拟滤波器的传输函数$H_a(s)$,关键是需要知道式(5.12)的平方幅度函数$|H_a(\mathrm{j}\Omega)|^2$。一般来说,获取平方幅度函数的问题是一个没有唯一解的函数逼近问题。为了简化问题,常以归一化低通滤波器的函数逼近为基础,然后利用频率变换的方法,把归一化低通传输函数变换成所需要的(低通、高通、带通和带阻)传输函数。若将式(5.12)的分子多项式简化为常数,则得到最简单的低通平方幅度函数,即

$$\left|H_a(\mathrm{j}\Omega)\right|^2 = \frac{d_0}{\sum\limits_{k=0}^{N} d_k\Omega^{2k}} \tag{5.13}$$

这意味着所有零点集中在 $s=\infty$处,直流增益调整为 1。在高频端,式(5.13)近似为

$$\left|H_a(\mathrm{j}\Omega)\right|^2 \approx \frac{d_0/d_N}{\Omega^{2N}},\quad \Omega\to\infty \tag{5.14}$$

这相当于每倍频程 $6N$dB 的衰减,这也是任何 N 阶低通滤波器在高频端的衰减速度。

例 5.1 已知平方幅度函数

$$\left|H_a(\mathrm{j}\Omega)\right|^2 = \frac{25(4-\Omega^2)^2}{(9+\Omega^2)(16+\Omega^2)}$$

试确定模拟滤波器的传输函数 $H_a(s)$。

解 因为$|H_a(\mathrm{j}\Omega)|^2$ 是 Ω^2 的非负有理函数,且在 $\mathrm{j}\Omega$ 轴上的零点是偶数阶,所以满足平方幅度函数的条件。将 $\Omega^2=-s^2$ 代入,得到

$$H_a(s)H_a(-s) = \frac{25(4+s^2)^2}{(9-s^2)(16-s^2)}$$

零点为 $s=\pm j2$(2 阶)，极点为 $s=\pm 3$ 和 $s=\pm 4$。选出左半平面的两个极点 $s=-3$ 和 $s=-4$，以及虚轴上的两个零点 $s=\pm j2$(1 阶)。根据条件

$$H_a(s)\big|_{s=0}=\big|H_a(j\Omega)\big|\Big|_{\Omega=0}$$

其中

$$H_a(s)\Big|_{s=0}=\frac{K(s^2+4)}{(s+3)(s+4)}\Big|_{s=0}=\frac{K}{3}$$

$$\big|H_a(j\Omega)\big|\Big|_{\Omega=0}=\left[\frac{25(4-\Omega^2)^2}{(9+\Omega^2)(16+\Omega^2)}\right]^{\frac{1}{2}}\Big|_{\Omega=0}=\frac{5}{3}$$

求出增益常数 $K=5$。用得到的极点、零点和增益常数构成模拟滤波器的传输函数，得到

$$H_a(s)=5\frac{(s-2j)(s+2j)}{(s+3)(s+4)}=\frac{5s^2+20}{s^2+7s+12}$$

5.2 常用的 4 种原型滤波器

设计 IIR 数字滤波器时，常用 4 种模拟低通滤波器作为原型滤波器。它们是 Butterworth 滤波器、Chebyshev Ⅰ 型滤波器、Chebyshev Ⅱ 型滤波器和椭圆滤波器。Butterworth 滤波器的幅度响应在通带和阻带内都是单调减少的；Chebyshev Ⅰ 型滤波器的幅度响应在通带内是等波纹的，在阻带内是单调减少的；Chebyshev Ⅱ 型滤波器的幅度响应在通带内是单调减少的，在阻带内是等波纹的；椭圆滤波器在通带和阻带内都是等波纹的。

5.2.1 Butterworth 滤波器

1. Butterworth 滤波器的平方幅度响应及其性质

Butterworth 滤波器的平方幅度函数定义为

$$\big|H_a(j\Omega)\big|^2=\frac{1}{1+(\Omega/\Omega_c)^{2N}}=\frac{1}{1+\varepsilon^2(\Omega/\Omega_P)^{2N}} \tag{5.15}$$

式中，N 是滤波器的阶。由于 $|H_a(j\Omega_c)|^2=0.5$，因此

$$20\lg|H_a(j\Omega_c)|=10\lg 0.5\approx-3\text{dB}$$

所以 Ω_c 称为 3dB 截止频率或半功率点截止频率。ε 是控制通带波纹幅度的参数，当 $\Omega=\Omega_P$ 时，$|H_a(j\Omega)|^2=1/(1+\varepsilon^2)$。图 5-4 是不同阶数的 Butterworth 滤波器的平方幅度函数。用 Butterworth 平方幅度函数逼近模拟低通滤波器时，常选择 $\Omega_c=1\text{rad/s}$ 对频率归一化，这样得到的滤波器称为 Butterworth 模拟低通原型滤波器。

从图 5-4 看出，Butterworth 滤波器的幅度响应在通带和阻带内都是单调减少的。此外，它还具有以下性质：

(1) 定义滤波器的增益函数(the gain function)或衰减函数(loss function)

$$G(\Omega)=10\lg|H_a(j\Omega)|^2=20\lg|H_a(j\Omega)|\,(\text{dB}) \tag{5.16}$$

由于 Butterworth 滤波器的平方幅度函数 $|H_a(j\Omega)|^2$ 在 $\Omega=0$ 处等于 1，在 $\Omega=\Omega_c$ 处等于 0.5，在 $\Omega\to\infty$ 时等于 0，因此，衰减函数 $G(\Omega)$ 在 $\Omega=0$ 处等于 0dB，在 $\Omega=\Omega_c$ 处等于 -3dB，在 $\Omega\to\infty$ 时趋于 $-\infty$。

(2) 随着阶数增加，Butterworth 滤波器的平方幅度响应在通带内越来越平，在阻带内衰减越来越快，过渡带变得越来越窄。在极限情况即当 $N\to\infty$ 时，在整个通带内等于 1，在整个阻带内等于零，过渡带的宽度等于零，即变成理想低通滤波器的平方幅度响应。

(3) 可以证明，$|H_a(j\Omega)|^2$ 在 $\Omega=0$ 处的 $2N-1$ 阶以下的各阶导数都存在，而且都等于零。这意味着，在所有的 N 阶滤波器中，Butterworth 滤波器的幅度响应在 $\Omega=0$ 点是最平的，因此，Butterworth 滤波器被称为最平幅度响应滤波器或最平滤波器(the maximatlly flat filters)。

(4) 可以证明，在 $\Omega\gg\Omega_c$ 的高频范围内，随着 Ω 的增加，N 阶 Butterworth 滤波器的幅度响应每倍频程衰减大约 $6N$dB；这意味着，滤波器的阶数每增加 1 阶，在阻带内的衰减每倍频程增加 6dB 或每 10 倍频程增加 20dB。

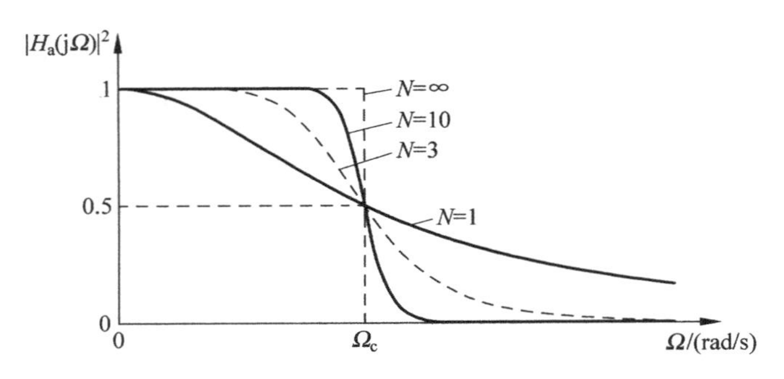

图 5-4　不同阶数的 Butterworth 滤波器的平方幅度函数

2. Butterworth 滤波器平方幅度响应的参数

式(5.15)定义的 Butterworth 平方幅度响应仅取决于 N 和 Ω_c。这两个参数可根据 Ω_p、Ω_s、δ_p 和 δ_s(或 A_p、ε 和 A_s、A)计算得到。

在通带和阻带截止频率上，式(5.15)受下式约束

$$\begin{cases}\dfrac{1}{1+(\Omega_p/\Omega_c)^{2N}}=(1-\delta_p)^2\\[2ex]\dfrac{1}{1+(\Omega_s/\Omega_c)^{2N}}=\delta_s^2\end{cases}\tag{5.17}$$

由式(5.17)解出 N

$$N=\frac{\lg\left[\dfrac{(1-\delta_p)^{-2}-1}{\delta_s^{-2}-1}\right]^{1/2}}{\lg(\Omega_p/\Omega_s)}\tag{5.18}$$

将 N 向上取成整数，得出滤波器的阶。由于 N 是向上取整，所以通带和阻带波纹是过设计的。为了准确满足通带波纹指标的要求，将整数 N 代入式(5.17)的第一个方程，解出的 Ω_c 用 Ω_{cp} 表示

$$\Omega_{cp} = \frac{\Omega_p}{[(1-\delta_p)^{-2}-1]^{1/(2N)}} \tag{5.19}$$

若以此作为设计指标,则阻带衰减指标是过设计的。反之,为了准确满足阻带波纹指标的要求,将整数 N 代入式(5.17)的第二个方程,解出的 Ω_c 用 Ω_{cs} 表示

$$\Omega_{cs} = \frac{\Omega_s}{(\delta_s^{-2}-1)^{1/(2N)}} \tag{5.20}$$

如果把 Ω_{cs} 作为设计指标,则通带波纹是过设计的。如果把 Ω_{cp} 与 Ω_{cs} 的算术平均值 Ω_c 作为设计指标,即

$$\Omega_c = \frac{\Omega_{cp}+\Omega_{cs}}{2} \tag{5.21}$$

则通带波纹和阻带衰减都满足或超过设计指标的要求。

考虑到式(5.7)和式(5.8),式(5.18)可以表示成以下 3 种不同形式

$$N = \frac{\lg d}{\lg r} = \frac{\lg\left(\frac{10^{0.1A_p}-1}{10^{0.1A_s}-1}\right)^{1/2}}{\lg(\Omega_p/\Omega_s)} = \frac{\lg\left(\frac{\varepsilon}{\sqrt{A^2-1}}\right)}{\lg(\Omega_p/\Omega_s)} \tag{5.22}$$

式中,A_p 和 A_s 都以 dB 为单位。

例 5.2 给定技术指标:$\Omega_p=10\pi, \Omega_s=20\pi, \delta_p=0.2, \delta_s=0.1$。求 Butterworth 模拟低通滤波器的阶和 3dB 截止频率。

解 (1) 计算滤波器的阶

$$r = \frac{\Omega_p}{\Omega_s} = \frac{10\pi}{20\pi} = 0.5$$

$$d = \left[\frac{(1-\delta_p)^{-2}-1}{\delta_s^{-2}-1}\right]^{\frac{1}{2}} = \left[\frac{(1-0.2)^{-2}-1}{0.1^{-2}-1}\right]^{\frac{1}{2}} = 0.0754$$

$$N = \frac{\lg d}{\lg r} = \frac{\lg(0.0754)}{\lg(0.5)} = 3.7293, \quad \text{向上取整 } N=4$$

(2) 确定 3dB 截止频率

$$\Omega_{cp} = \frac{\Omega_p}{[(1-\delta_p)^{-2}-1]^{1/(2N)}} = \frac{10\pi}{[(1-0.2)^{-2}-1]^{1/(2\times 4)}} = 10.746\pi$$

$$\Omega_{cs} = \frac{\Omega_s}{(\delta_s^{-2}-1)^{1/(2N)}} = \frac{20\pi}{(0.1^{-2}-1)^{1/(2\times 4)}} = 11.261\pi$$

$$\Omega_c = \frac{\Omega_{cp}+\Omega_{cs}}{2} = \frac{10.746\pi+11.261\pi}{2} \approx 11\pi$$

3. Butterworth 滤波器的传输函数

根据式(5.15)的平方幅度函数 $|H_a(j\Omega)|^2$ 可以构造出 Butterworth 滤波器的传输函数。为此,首先考察 $H_a(s)H_a(-s)$ 的极点。将式(5.15)代入式(5.10),得到

$$H_a(s)H_a(-s) = |H_a(j\Omega)|^2\Big|_{\Omega=s/j} = \frac{1}{1+(s/j\Omega_c)^{2N}} \tag{5.23}$$

式(5.23)分母多项式的根,即 $H_a(s)H_a(-s)$ 的极点

$$
\begin{aligned}
p_k &= \mathrm{j}\Omega_c(-1)^{1/(2N)} \\
&= \Omega_c \exp\left[\mathrm{j}\left(\frac{\pi}{2}+\frac{(2k+1)\pi}{2N}\right)\right], \quad k=0,1,\cdots,2N-1
\end{aligned} \tag{5.24}
$$

式中,$\pi/2$ 是 j 的辐角。注意,$(-1)^{1/(2N)}$ 的 $2N$ 个根是 $\exp[(2k+1)\pi/(2N)]$($k=0,1,\cdots,2N-1$)。式(5.24)表明,$H_a(s)H_a(-s)$的 $2N$ 个极点等间隔分布在半径为 Ω_c 的圆上,相邻极点的间隔(辐角差)为 π/N;$k=0$ 对应的极点 p_0 的辐角是$(\pi/2)+\pi/(2N)$。图 5-5 所示的是 $N=5$ 和 $N=6$ 两种情况下,$H_a(s)H_a(-s)$的 $2N=12$ 个极点在 s 平面上的分布情况。注意,前 N 个极点$\{p_0,p_1,\cdots,p_{N-1}\}$在左半平面内,为了保证滤波器的稳定性,选择它们作为 $H_a(s)$的极点;后 N 个极点$\{p_N,p_{N+1},\cdots,p_{2N-1}\}$在右半平面内,属于 $H_a(-s)$。这样,由式(5.23)得出 Butterworth 低通滤波器的传输函数

$$
H_a(s)=\frac{\Omega_c^N}{\prod_{k=0}^{N-1}(s-p_k)} \tag{5.25}
$$

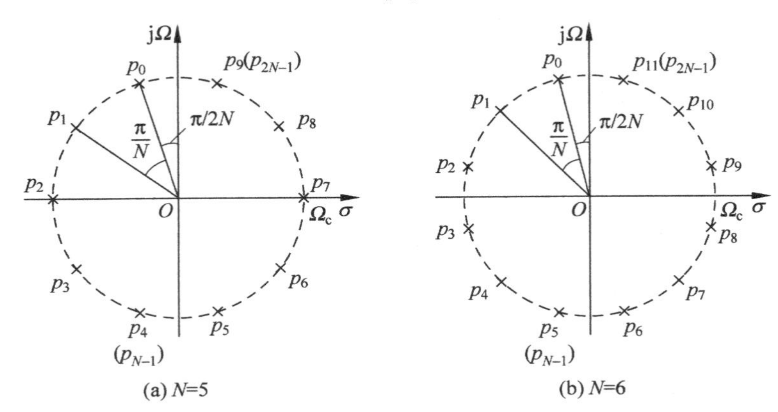

图 5-5 Butterworth 滤波器的 $H_a(s)H_a(-s)$的极点分布

例 5.3 求例 5.2 的 Butterworth 模拟低通滤波器的传输函数。

解 (1) 将例 5.2 的结果 $N=4$ 和 $\Omega_c=11\pi$ 代入式(5.15),得到

$$
|H_a(\mathrm{j}\Omega)|^2=\frac{1}{1+(\Omega/11\pi)^8}
$$

(2) 由式(5.24)求平方幅度响应的极点

$$
p_k=(11\pi)\exp\left[\mathrm{j}\left(\frac{\pi}{2}+\frac{\pi}{8}(2k+1)\right)\right], \quad k=0,1,\cdots,7
$$

(3) 选出左半平面的 $N=4$ 个极点构成传输函数

$$
H_a(s)=\frac{(11\pi)^4}{\prod_{k=0}^{3}(s-p_k)}=\frac{1.4262\times10^4}{\prod_{k=0}^{3}(s-p_k)}
$$

其中

$$
p_k=(11\pi)\exp\left[\mathrm{j}\left(\frac{\pi}{2}+\frac{\pi}{8}(2k+1)\right)\right]
$$

$$= 34.5575\exp[\mathrm{j}(1.9635 + 0.7854k)], \quad k = 0,1,2,3$$

具体数值列于下表

p_0	p_1	p_2	p_3
−13.2247+j31.9269	−31.9271+j13.2244	−31.9269−j13.2248	−13.2243−j31.9271

将表中列出的极点数值代入传输函数表示式，并将分母中所有因式相乘，最后得到

$$H_a(s) = \frac{1.4262}{0.000\,001s^4 + 0.000\,09s^3 + 0.0041s^2 + 0.1078s + 1.4262}$$

在阶数不高的情况下，求出滤波器的阶和 3dB 截止频率后，也可以直接利用查表法来得到滤波器的传输函数，从而省去计算极点的烦琐过程。为此，首先利用查表法得出频率归一化(即 Ω_c=1rad/s)的 Butterworth 模拟低通滤波器的传输函数，表示为

$$H_{\mathrm{NOR}}(s) = \frac{a_N}{\sum_{k=0}^{N} a_k s^{N-k}}, \quad a_0 = 1 \tag{5.26}$$

其中的系数由表 5-1 查出。

表 5-1　归一化 Butterworth 模拟低通滤波器传输函数的系数

N	a_1	a_2	a_3	a_4	a_5	a_6	a_7	a_8
1	1.0000							
2	1.4142	1.0000						
3	2.0000	2.0000	1.0000					
4	2.6131	3.4142	2.6131	1.0000				
5	3.3261	5.2361	5.2361	3.3261	1.0000			
6	3.8637	7.4641	9.1416	7.4641	3.8637	1.0000		
7	4.4940	10.0978	14.5918	14.5918	10.0978	4.4940	1.0000	
8	5.1258	13.1371	21.8462	25.6884	21.8462	13.1371	5.1258	1.0000

接着，用 s/Ω_c 替代式(5.26)中的 s，便得到 3dB 截止频率为 Ω_c 的 N 阶 Butterworth 低通滤波器的传输函数

$$H_a(s) = \frac{\Omega_c^N}{\sum_{k=0}^{N} \Omega_c^k a_k s^{N-k}}, \quad a_0 = 1 \tag{5.27}$$

这里，用 s/Ω_c 替代 s 仅仅是模拟频率变换的一个简单例子，还有其他多种频率变换的方法将在 5.4 节介绍。

例 5.4　利用查表法重新计算例 5.3 的传输函数。

解　例 5.3 已经求得 $N=4$ 和 $\Omega_c=11\pi$。由表 5-1 查出归一化的 4 阶 Butterworth 传输函数的系数，代入式(5.27)，便可以直接得出所求滤波器的传输函数

$$H_a(s)=\frac{(11\pi)^4 a_4}{\sum_{k=0}^{4} a_k (11\pi)^k s^{4-k}}$$

$$=\frac{(11\pi)^4}{s^4+2.6131\times 11\pi s^3+3.4142\times(11\pi)^2 s^2+2.6131\times(11\pi)^3 s+(11\pi)^4}$$

$$=\frac{1.4262\times 10^6}{s^4+90.3023s^3+4.0773\times 10^3 s^2+1.0784\times 10^5 s+1.4262\times 10^6}$$

$$=\frac{1.4262}{0.000001s^4+0.00009s^3+0.0041s^2+0.1078s+1.4262}$$

与例 5.3 的结果完全相同，但计算过程更简单。

5.2.2 Chebyshev Ⅰ型滤波器

Butterworth 滤波器的幅度响应是单调下降的，而且在所有同阶滤波器中在通带内是最平的。但缺点是过渡带不可能做得很窄。减小过渡带宽度的一种有效办法是允许通带或阻带内存在波纹。Chebyshev Ⅰ型滤波器就是在通带内有波纹从而使过渡带宽度得以减小的一种滤波器。它的平方幅度响应定义为

$$|H_a(\mathrm{j}\Omega)|^2=\frac{k}{1+\varepsilon^2 V_N^2(\Omega/\Omega_p)} \tag{5.28}$$

式中，$V_N(x)$是第一类 Chebyshev 多项式，它是 x 的 N 次多项式，见 4.5.1 节；N 是滤波器的阶；ε 是通带波纹参数，见图 5-2 和式(5.3)；Ω_p 是通带截止(角)频率；k 是调整直流增益的系数，通常取为 1。

在初始条件 $V_0(x)=1$ 和 $V_1(x)=x$ 下，任何阶 Chebyshev 多项式可以用式(4.70)迭代产生(见 4.5.1 节)。表 5-2 列出了前 9 阶 Chebyshev 多项式。

表 5-2　第一类 Chebyshev 多项式

N	$V_N(x)$
0	1
1	x
2	$2x^2-1$
3	$4x^3-3x$
4	$8x^4-8x^2+1$
5	$16x^5-20x^3+5x$
6	$32x^6-48x^4+18x^2-1$
7	$64x^7-112x^5+56x^3-7x$
8	$128x^8-256x^6+160x^4-32x^2+1$

图 5-6 是第一类 Chebyshev 多项式的函数曲线。偶数阶时为偶函数，奇数阶时为奇函数。对于$|x|<1$，函数在$[-1,\ 1]$之间呈等幅振荡，阶越大振荡频率越高；对于$|x|>1$，随着$|x|$的增加，函数值按双曲函数单调上升，阶越大曲线上升越快。对于 $x<-1$，随着$|x|$增加，函数值按双曲余弦函数单调下降；对于 $x>1$，随着$|x|$增加，函数值按双曲余弦

函数单调上升。这些性质对于设计模拟低通滤波器非常有用。

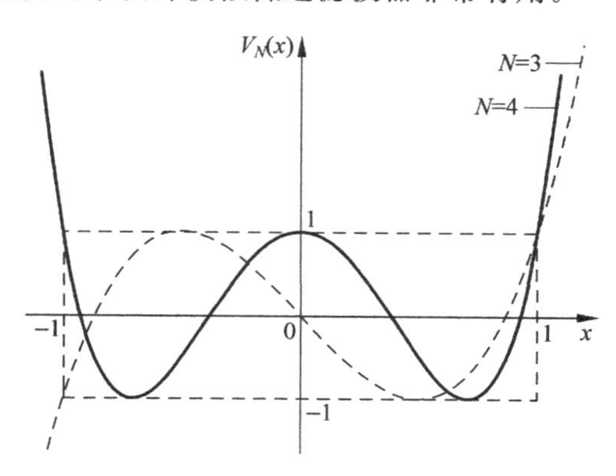

图 5-6 第一类 Chebyshev 多项式的函数曲线

图 5-7 是奇数阶和偶数阶 Chebyshev Ⅰ型滤波器的平方幅度响应的两个例子。

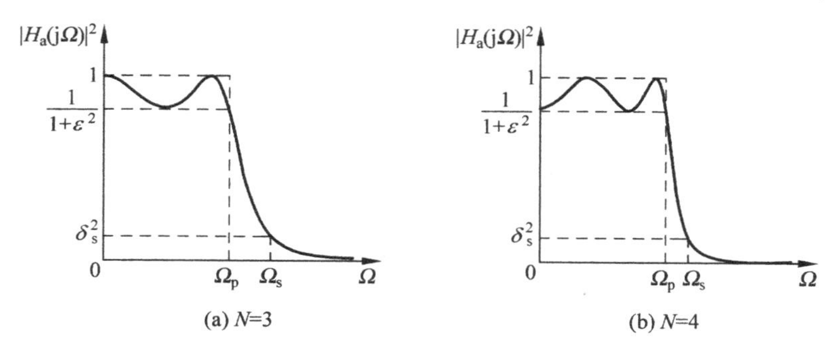

图 5-7 Chebyshev Ⅰ型滤波器平方幅度响应举例

从图 5-7 看出，Chebyshev Ⅰ型滤波器的平方幅度响应在通带内呈等幅振荡，变化范围介于 1 与 $1/(1+\varepsilon^2)$之间；在阻带内则单调减小。当 N 为奇数时，直流增益$|H_a(0)|^2$是最大值，若希望直流增益等于 1，则应当取 $k=1$；当 N 为偶数时，$|H_a(0)|^2$ 是最小值，若仍希望直流增等于 1，则必须取 $k=1+\varepsilon^2$，在此情况下最大增益将大于 1；在某些情况下，希望把最大增益调整为 1，相当于式(5.28)中的 $k=1$。在这种情况下，当 N 为偶数时，直流增益将小于 1。通带内的振荡次数随着 N 的增加而增多，具体说，在通带$[-\Omega_p,\Omega_p]$内的振荡次数，或在$[0,\Omega_p]$内的最大值和最小值的数目恰等于 N。过渡带的宽度随着 N 的增加而减小。在通带截止频率上有$|H_a(j\Omega_p)|^2=1/(1+\varepsilon^2)$，即通带波纹幅度由 ε 决定；ε 由 δ_p 或 A_p 决定(见式(5.3)和式(5.5))。由于 Chebyshev Ⅰ型滤波器的幅度响应在通带内呈等幅振荡，所以又称为等波纹滤波器(the equiripple filters)，从这个意义上说，Chebyshev Ⅰ型滤波器是最优滤波器。

Butterworth 滤波器的幅度响应在 Ω_c 上等于 $1/\sqrt{2}$，对应于 3dB 的衰减，所以称 Ω_c 为 3dB 截止频率。而对于 Chebyshev Ⅰ型滤波器，当 $\varepsilon=1$ 时，$\Omega=\Omega_p$ 处的幅度响应恰有 3dB 的衰减，所以 Chebyshev Ⅰ型滤波器的 3dB 截止频率是 Ω_p。

Chebyshev Ⅰ型滤波器与 Butterworth 滤波器都是全极点滤波器。但是，与 Butterworth 滤波器不同，Chebyshev Ⅰ型滤波器的平方幅度响应的 $2N$ 个极点不是均匀分布在圆上，而是分布在椭圆上，可以证明，椭圆的长轴 a 和短轴 b 分别用下式计算

$$a = \frac{\Omega_0}{2}(\alpha^{1/N} + \alpha^{-1/N}) \tag{5.29}$$

$$b = \frac{\Omega_0}{2}(\alpha^{1/N} - \alpha^{-1/N}) \tag{5.30}$$

式中

$$\Omega_0 = \Omega_p \quad \alpha = \varepsilon^{-1} + \sqrt{1+\varepsilon^{-2}} \tag{5.31}$$

极点在椭圆上的位置按照以下方法确定：

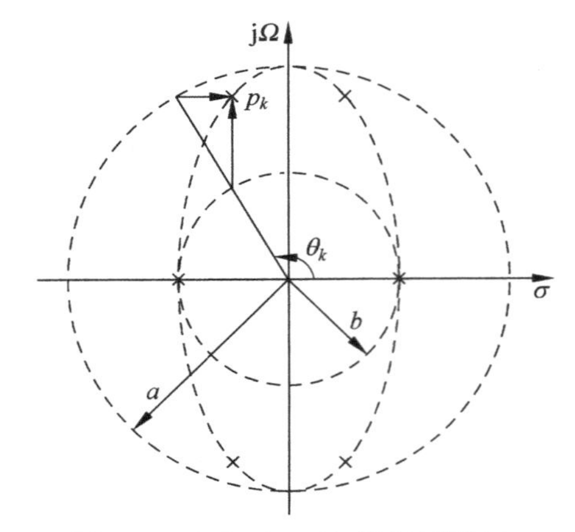

图 5-8 Chebyshev Ⅰ型滤波器极点位置的确定方法

(1) 分别以椭圆长轴 a 和短轴 b 为半径画出两个辅助圆，如图 5-8 所示(设 $N=3$)。

(2) 按照 π/N 的辐角间隔找到两个辅助圆上的等间隔点，这些点关于虚轴对称，但没有一个落在虚轴上，N 为奇数时有 2 个落在实轴上，N 为偶数时则没有。显然，这些点就是等价的 N 阶 Butterworth 滤波器在半径为 a 或半径为 b 的圆上的极点。

(3) 根据等价的 Butterworth 滤波器在大圆上的极点和在小圆上的极点，确定 Chebyshev Ⅰ型滤波器各极点的纵坐标和横坐标。具体说，设等价的 Butterworth 滤波器的极点的辐角是

$$\theta_k = \frac{\pi}{2} + \frac{(2k+1)\pi}{2N}, \quad k = 0,1,\cdots,N-1 \tag{5.32}$$

则 Chebyshev Ⅰ型滤波器的极点用下式计算

$$p_k = \sigma_k + \mathrm{j}\Omega_k = a\cos\theta_k + \mathrm{j}b\sin\theta_k, \quad k = 0,1,\cdots,N-1 \tag{5.33}$$

其中，σ_k 和 Ω_k 分别是极点的纵坐标和横坐标

$$\begin{cases} \sigma_k = a\cos\theta_k \\ \Omega_k = b\sin\theta_k \end{cases}, \quad k = 0,1,\cdots,N-1 \tag{5.34}$$

注意，式(5.32)实际上是 N 阶 Butterworth 滤波器的极点，参见式(5.24)。

Chebyshev Ⅰ型滤波器的阶由阻带衰减确定。式(5.28)在阻带截止频率 Ω_s 上应满足指标 δ_s 的要求，即

$$\frac{1}{1+\varepsilon^2 V_N^2(\Omega_s/\Omega_p)} = \delta_s^2$$

上式两端取对数，得到

$$-10\lg\left[\frac{1}{1+\varepsilon^2 V_N^2(\Omega_s/\Omega_p)}\right] = -10\lg(\delta_s^2)$$

由于$A_s=-20\lg(\delta_s)$，所以可以将上式写成

$$10\lg[1+\varepsilon^2 V_N^2(\Omega_s/\Omega_p)]=A_s$$

由此得出

$$V_N\left(\frac{\Omega_s}{\Omega_p}\right)=\frac{(10^{0.1A_s}-1)^{1/2}}{\varepsilon} \tag{5.35}$$

根据N阶第一类Chebyshev多项式的定义（见式(4.69)）

$$V_N\left(\frac{\Omega_s}{\Omega_p}\right)=\mathrm{ch}\left(N\mathrm{ch}^{-1}\left(\frac{\Omega_s}{\Omega_p}\right)\right)$$

得到

$$N=\frac{\mathrm{ch}^{-1}V_N(\Omega_s/\Omega_p)}{\mathrm{ch}^{-1}(\Omega_s/\Omega_p)}$$

将式(5.35)代入上式，得到

$$N=\frac{\mathrm{ch}^{-1}[(10^{0.1A_s}-1)^{1/2}\varepsilon^{-1}]}{\mathrm{ch}^{-1}(\Omega_s/\Omega_p)} \tag{5.36}$$

用类似方法可以推导出估计Chebyshev Ⅰ型滤波器的阶的一个实用公式

$$N=\frac{\lg(d^{-1}+\sqrt{d^{-2}-1})}{\lg(r^{-1}+\sqrt{r^{-2}-1})} \tag{5.37}$$

前面说过，Chebyshev Ⅰ型滤波器的平方幅度响应在$\Omega=0$处等于1或$1/(1+\varepsilon^2)$，取决于N是奇数或偶数，即

$$|H_a(0)|^2=\begin{cases}1, & N\text{为奇数}\\ \dfrac{1}{1+\varepsilon^2}, & N\text{为偶数}\end{cases} \tag{5.38}$$

因此，根据平方幅度响应左半平面极点可构造出滤波器的传输函数

$$H_a(s)=\frac{\beta|H_a(0)|}{\prod\limits_{k=0}^{N-1}(s-p_k)} \tag{5.39}$$

式中

$$\beta=(-1)^N\prod_{k=0}^{N-1}p_k \tag{5.40}$$

例5.5 设计一个2阶Chebyshev Ⅰ型滤波器，要求通带衰减$A_p=1\text{dB}$，通带截止频率$\Omega_p=1\text{rad/s}$，直流增益$|H_a(0)|=1$。求该滤波器的传输函数$H_a(s)$。

解 (1) 求平方幅度响应

用式(5.5)计算通带波纹参数ε

$$\varepsilon^2=10^{0.1A_p}-1=0.2589$$

由于是偶数阶，直流增益是最小值，为了满足$|H_a(0)|=1$的要求，必须选择

$$k=1+\varepsilon^2=1+0.2589=1.2589$$

查表5-2得2阶第一类Chebyshev多项式$V_2(x)=2x^2-1$，代入式(5.28)得到

$$|H_a(\mathrm{j}\Omega)|^2=\frac{k}{1+\varepsilon^2\left[2\left(\dfrac{\Omega}{\Omega_p}\right)^2-1\right]^2}=\frac{1.2589}{1+0.2589[2\Omega^2-1]^2}$$

$$= \frac{1.2589}{1.0356\Omega^4 - 1.0356\Omega^2 + 1.2589}$$

(2) 求传输函数

令 $\Omega^2 = -s^2$,代入上面得出的 $|H_a(j\Omega)|^2$ 表达式,得到

$$H_a(s)H_a(-s) = \frac{1.2589}{1.0356s^4 + 1.0356s^2 + 1.2589}$$

$$= \frac{1.2156}{s^4 + s^2 + 1.2156} = \frac{1.1025^2}{s^4 + s^2 + 1.2156}$$

计算分母多项式的根,得极点

$$p_0 = -0.5489 + j0.8951 \quad p_2 = 0.5489 + j0.8951$$

$$p_1 = -0.5489 - j0.8951 \quad p_3 = 0.5489 - j0.8951$$

由左半平面的极点 p_0 和 p_1 构成传输函数

$$H_a(s) = \frac{1.1025}{(s + 0.5489 - j0.8951)(s + 0.5489 + j0.8951)}$$

$$= \frac{1.1025}{s^2 + 1.0978s + 1.1025}$$

传输函数分子上的常数,也可以直接用式(5.40)计算。因为要求 $|H_a(0)| = 1$,所以根据式(5.40),这个常数就是 β,即

$$\beta = (-1)^N \prod_{k=0}^{N-1} p_k = p_0 p_1 = 1.1025$$

5.2.3 Chebyshev Ⅱ型滤波器

Chebyshev Ⅱ型滤波器的平方幅度响应定义为

$$|H_a(j\Omega)|^2 = \frac{\varepsilon^2 V_N^2(\Omega_s/\Omega)}{1 + \varepsilon^2 V_N^2(\Omega_s/\Omega)} \tag{5.41}$$

注意它与Ⅰ型的以下区别:

(1) Ⅰ型的平方幅度响应的自变量 Ω/Ω_p 已经被 Ω_s/Ω 所取代,这意味着Ⅱ型的极点恰处于Ⅰ型的极点的倒数位置,即若Ⅰ型的极点 $p_k = \sigma_k + j\Omega_k$ 用式(5.33)定义,则Ⅱ型的极点为

$$q_k = \frac{\Omega_s^2}{p_k}, \quad k = 0, 1, \cdots, N-1 \tag{5.42}$$

但应注意,在计算椭圆长轴 a 和短轴 b 的式(5.29)和式(5.30)中,必须令 $\Omega_0 = \Omega_s$。

(2) Ⅰ型的平方幅度响应(式(5.28))的分子是常数,所以Ⅰ型是全极点滤波器。但是,Ⅱ型的平方幅度响应(式(5.41))的分子不是常数而是一个 $2N$ 阶多项式,所以Ⅱ型滤波器还有 N 或 $N-1$ 个零点,即它是一个零点-极点滤波器。Ⅱ型滤波器的 N 个零点分布在虚轴上,具体位置为

$$r_k = j\frac{\Omega_s}{\sin\theta_k}, \quad k = 0, 1, \cdots, N-1 \tag{5.43}$$

式中,θ_k 由式(5.32)确定

$$\theta_k = \frac{\pi}{2} + \frac{(2k+1)\pi}{2N} = (2k+1+N)\frac{\pi}{2N}$$

当 N 为偶数时，N 个零点都是有限零点；但是，当 N 为奇数时，由于

$$\theta_{(N-1)/2} = (N-1+1+N)\frac{\pi}{2N} = \pi$$

因此，$k=(N-1)/2$ 对应的零点为无限零点，所以只有 $N-1$ 个零点是有限零点。

(3) Chebyshev Ⅰ型滤波器的直流增益在 N 为奇数时等于1，在 N 为偶数时等于 $1/(1+\varepsilon^2)^{1/2}$，见式(5.38)。而 Chebyshev Ⅱ型滤波器的直流增益永远等于1。令

$$\beta = \begin{cases} \prod_{k=0}^{N-1} q_k \Big/ \prod_{\substack{k=0 \\ k\neq(N-1)/2}}^{N-1} r_k, & N\text{ 为奇数} \\ \prod_{k=0}^{N-1} q_k \Big/ \prod_{k=0}^{N-1} r_k, & N\text{ 为偶数} \end{cases} \tag{5.44}$$

Chebyshev Ⅱ型滤波器的传输函数由左半平面的极点和虚轴上的一半零点构成，即

$$H_a(s) = \frac{\beta \prod_{k=0}^{N-1}(s-r_k)}{\prod_{k=0}^{N-1}(s-q_k)} \tag{5.45}$$

仍应注意，在 N 为奇数时，应当去掉分子中的因子 $(s-r_{(N-1)/2})$。

图5-9是 Chebyshev Ⅱ型滤波器的平方幅度响应的两个示例，分别对应于奇数和偶数阶。可以看出，与 Chebyshev Ⅰ型滤波器不同，Chebyshev Ⅱ型滤波器在通带内单调减少而在阻带内呈等幅振荡，在此意义上，Chebyshev Ⅱ型滤波器也是最优滤波器。

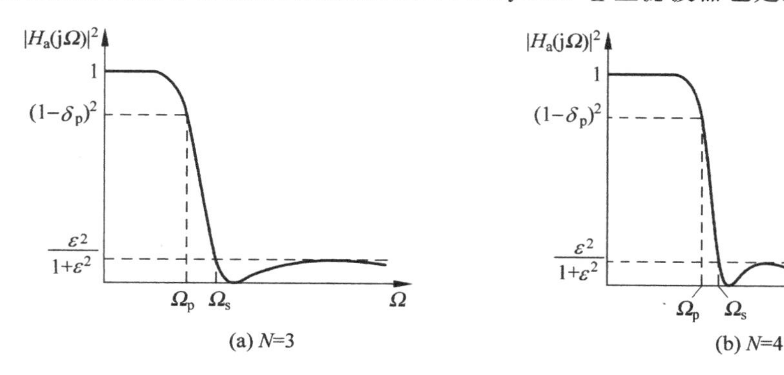

图5-9 Chebyshev Ⅱ型滤波器的平方幅度响应

Chebyshev Ⅱ型滤波器的平方幅度响应也用参数 N 和 ε 描述。N 仍用式(5.36)或式(5.37)计算。因此，它所需要的阶也比 Butterworth 滤波器低。

根据式(5.41)，在阻带截止频率 $\Omega=\Omega_s$ 上，有

$$|H_a(j\Omega)|^2 = \frac{\varepsilon^2}{1+\varepsilon^2} \tag{5.46}$$

令 $\varepsilon^2/(1+\varepsilon^2)=\delta_s^2$，解出

$$\varepsilon = \delta_s(1-\delta_s^2)^{-1/2} \tag{5.47}$$

因此,波纹因子 ε 可以根据阻带衰减确定。这样确定的 ε,设计的滤波器准确地满足阻带衰减指标 δ_s 的要求,而当用式(5.36)计算的阶不是整数时,通带波纹指标是过设计的。

5.2.4 椭圆滤波器

椭圆滤波器又称 Cauer 滤波器,它在通带和阻带内都是等波纹的。因此,它的幅度响应类似于用 Parks-McClellan 算法设计的最优等波纹线性相位 FIR 滤波器。N 阶椭圆滤波器的平方幅度响应定义为

$$|H_a(j\Omega)|^2 = \frac{1}{1+\varepsilon^2 U_N(\Omega/\Omega_p)} \tag{5.48}$$

式中,U_N 是 N 阶 Jacobian 椭圆函数,也称为 Chebyshev 有理函数。由于椭圆滤波器的幅度响应在通带和阻带内都是等波纹的,所以能够获得最窄的过渡带。图 5-10 是 4 阶椭圆滤波器的平方幅度响应的图形。

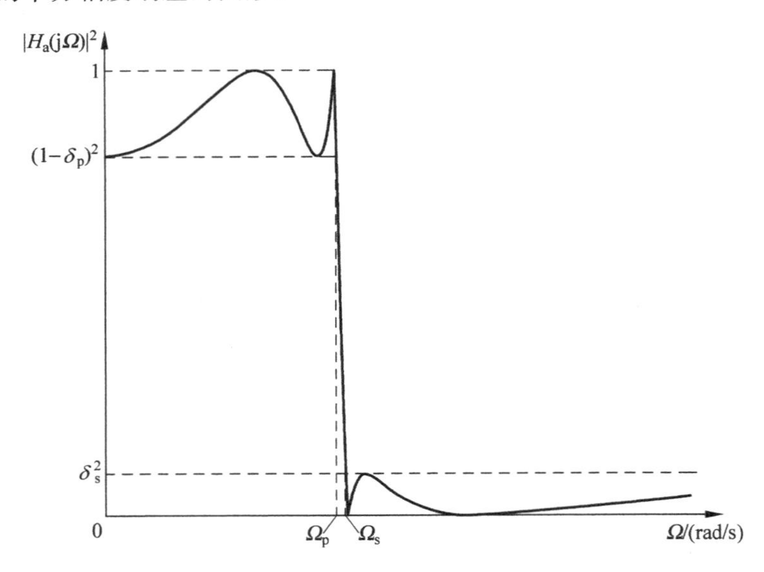

图 5-10 4 阶椭圆滤波器的平方幅度响应

与 Chebyshev 滤波器类似,椭圆滤波器的设计参数也是波纹参数 ε 和阶 N。根据 Jacobian 椭圆函数的性质,对所有 N 有 $U_N(1)=1$,所以由式(5.48)得出

$$|H_a(j\Omega_p)|^2 = \frac{1}{1+\varepsilon^2} \tag{5.49}$$

即与 Chebyshev Ⅰ型滤波器的 $|H_a(j\Omega_p)|^2$ 相同。因此,若按照式(5.3)确定 ε,则设计的椭圆滤波器将准确地满足通带波纹指标 δ_p 的要求。

为了求出椭圆滤波器的极点和零点,需要求解由积分组成的非线性代数方程,其分析和设计比 Butterworth 滤波器和 Chebyshev 滤波器更加复杂[37]。

椭圆滤波器的阶可以用下式估计

$$N=\frac{g(r^2)g(\sqrt{1-d^2})}{g(\sqrt{1-r^2})g(d^2)} \tag{5.50}$$

式中，$g(x)$是第一类完全椭圆积分，定义为

$$g(x)=\int_0^{\pi/2}\frac{\mathrm{d}\theta}{\sqrt{1-x^2\sin^2\theta}}$$

如果用式(5.50)得到的N不是整数，需要向上取整。按照这个阶设计的椭圆滤波器，它的通带波纹准确地满足设计指标，而阻带衰减是过设计的。

例 5.6 已知一个模拟低通滤波器的技术指标

$$[F_p,F_s,\delta_p,\delta_s]=[1000\text{Hz},2000\text{Hz},0.05,0.05]$$

试比较用 Butterworth 滤波器、Chebyshev Ⅰ型滤波器、Chebyshev Ⅱ型滤波器和椭圆滤波器逼近时，所需的滤波器的阶N。

解 用式(5.7)和式(5.8)计算选择性因子r和鉴别因子d

$$r=\frac{\Omega_p}{\Omega_s}=\frac{F_p}{F_s}=\frac{1000}{2000}=0.5$$

$$d=\left[\frac{(1-\delta_p)^{-2}-1}{\delta_s^{-2}-1}\right]^{\frac{1}{2}}=\left[\frac{(1-0.05)^{-2}-1}{0.05^{-2}-1}\right]^{\frac{1}{2}}=0.0165$$

计算滤波器的最低阶：

(1) 用式(5.22)计算 Butterworth 滤波器的阶

$$N_B=\frac{\lg d}{\lg r}=\frac{\lg 0.0165}{\lg 0.5}=5.9124,\quad 取\ N_B=6$$

(2) 用式(5.37)计算 Chebyshev Ⅰ型和Ⅱ型滤波器的阶

$$N_C=\frac{\lg\left((0.0165)^{-1}+\sqrt{(0.0165)^{-2}-1}\right)}{\lg\left(0.5^{-1}+\sqrt{0.5^{-2}-1}\right)}=3.6428,\quad 取\ N_C=4$$

(3) 用式(5.50)计算椭圆滤波器的阶

$$N_E=\frac{g(r^2)g(\sqrt{1-d^2})}{g(\sqrt{1-r^2})g(d^2)}=\frac{g(0.5^2)g(\sqrt{1-0.0165^2})}{g(\sqrt{1-0.5^2})g(0.0165^2)}$$

$$=\frac{g(0.25)g(0.9999)}{g(0.866)g(2.7225\times10^{-4})}$$

为了利用椭圆积分数值表，需要以下数值

$$\arcsin(0.25)=0.2527\text{rad}=14.4786^\circ$$

$$\arcsin(0.9999)=1.5567\text{rad}=89.1923^\circ$$

$$\arcsin(0.866)=1.0471\text{rad}=59.9944^\circ$$

$$\arcsin(2.7225\times10^{-4})=2.7225\times10^{-4}\text{rad}=0.0156^\circ$$

查椭圆积分数值表，得出

$$14^\circ\rightarrow1.5946,\quad 15^\circ\rightarrow1.5981,\quad g(0.25)\approx1.5963$$

$$89^\circ\rightarrow5.4349,\quad g(0.9999)\approx5.4349$$

$$60^\circ\rightarrow2.1565,\quad g(0.866)\approx2.1565$$

$$0.0156^\circ\approx0^\circ\rightarrow1.5708,\quad g(2.7225\times10^{-4})\approx1.5708$$

将椭圆积分值代入计算阶的公式

$$N_E=\frac{1.5963\times 5.4349}{2.1565\times 1.5708}=2.5612,\quad 取\ N_E=3$$

可以看出，为了满足同样的技术指标，Butterworth 滤波器要 6 阶，Chebyshev Ⅰ型和Ⅱ型滤波器只需要 4 阶，而椭圆滤波器需要的阶最低只有 3 阶。

例 5.6 的结论具有普遍意义。正如在讨论 FIR 滤波器的设计时所知道的，当把逼近误差同时分散到通带和阻带时，从减小误差的角度来看，可以获得最优的滤波器。椭圆滤波器达到了这种效果。从满足给定的技术指标选择不同的滤波器进行逼近的观点来看，椭圆滤波器所需的阶是最低的。反过来说，如果将阶数固定，则椭圆滤波器可以获得最窄的过渡带。尽管如此，椭圆滤波器也有自己的缺点，这就是它的相位响应在 4 种滤波器中是最差的，特别是在通带截止频率附近，它的相位响应的非线性非常严重。所以，在相位响应不是无关紧要的应用场合，人们还是选择其他 3 种滤波器来逼近低通滤波器。

5.3 模拟滤波器到数字滤波器的映射

上面讨论了 4 种可供选择的(模拟低通)原型滤波器，接下来的问题自然是怎样把它们映射成数字滤波器。最基本的映射方法，是将模拟滤波器的冲激响应 $h_a(t)$映射成数字滤波器的单位冲激响应 $h(n)$，或将模拟滤波器的传输函数 $H_a(s)$映射成数字滤波器的传输函数 $H(z)$。这种映射应该满足两个基本要求：

(1) 映射后得到的数字滤波器的频率响应必须与映射前的模拟滤波器的频率响应基本相同，这意味着必须把 s 平面的虚轴映射成 z 平面的单位圆。

(2) 稳定的模拟滤波器应当映射成稳定的数字滤波器，这意味着左半 s 平面内的极点应当映射到 z 平面的单位圆内。

下面讨论两种最常用的映射方法，冲激响应不变法和双线性变换法。

5.3.1 冲激响应不变法

冲激响应不变法力图保持数字滤波器的冲激响应 $h(n)$的包络与模拟滤波器的冲激响应 $h_a(t)$相同。只要以足够小的间隔 T_s 对 $h_a(t)$进行取样就能够满足这一要求，即

$$h(n)=h_a(nT_s) \tag{5.51}$$

下面将会看到，由于设计 IIR 滤波器时，给出的是数字滤波器的技术指标，所以式(5.51)中的参数 T_s 实际上不起任何作用。在选择设计方法时，一般习惯于指定 T_s，且不一定与 A/D 和 D/C 转换器的取样周期相同。

冲激响应不变法特别关心数字滤波器与模拟滤波器频率响应之间的关系。根据取样定理，用式(5.51)得到的数字滤波器的频率响应 $H(e^{j\omega})$与原模拟滤波器的频率响应 $H_a(j\Omega)$之间具有关系

$$H(e^{j\omega})=\frac{1}{T_s}\sum_{k=-\infty}^{\infty}H_a\left(j\frac{\omega}{T_s}+j\frac{2\pi}{T_s}k\right) \tag{5.52}$$

式中，数字频率 ω 与模拟频率 Ω 的关系是 $\Omega=\omega/T_s$。该式表明，$H(e^{j\omega})$ 是 $H_a(j\Omega)$ 的周期性重复、叠加和频率尺度变换 $\omega=\Omega T_s$ 的结果。若模拟滤波器的频带受到限制，例如

$$H_a(j\Omega)=0,\quad |\Omega|\geqslant \pi/T_s \tag{5.53}$$

则

$$H(e^{j\omega})=\frac{1}{T_s}H_a\left(j\frac{\omega}{T_s}\right),\quad |\omega|\leqslant\pi \tag{5.54}$$

即数字滤波器与模拟滤波器的频率响应之间只是幅度和频率进行线性尺度变换的关系，这意味着没有频率混叠失真。但是，阶数有限的任何实际模拟滤波器都不可能是真正限带的。因此，式(5.52)中各项之间存在干扰，即频率混叠失真不可避免。然而，如果模拟滤波器的频率响应在高频时趋近于零，则频率混叠失真可以忽略。因此，冲激响应不变法适用于频带有限或频率响应在高频时趋近于零的模拟滤波器。

根据 $\omega=\Omega T_s$，有

$$e^{j\omega}=e^{j\Omega T_s} \tag{5.55}$$

即

$$z=e^{sT_s} \tag{5.56}$$

这就是 s 平面与 z 平面之间的映射关系，如图 5-11 所示。

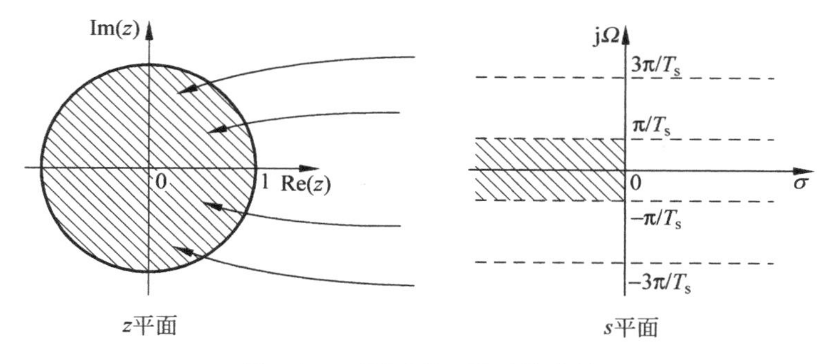

图 5-11 s 平面到 z 平面的映射

虽然 s 平面的虚轴 $s=j\Omega$ 映射成 z 平面的单位圆 $z=e^{j\omega}$，但这不是一对一而是多对一的映射。具体说，$j\Omega$ 轴上长为 $2\pi/T_s$ 的每一段都映射成单位圆，这就是频率响应的混叠现象。左半 s 平面内的点映射成 z 平面单位圆内的点，因此，左半 s 平面内宽度为 $2\pi/T_s$ 的每个横带(如阴影所示)被映射成 z 平面单位圆内的区域。利用式(5.56)的映射关系把式(5.52)推广到复平面，即

$$H(z)\big|_{z=\exp(sT_s)}=\frac{1}{T_s}\sum_{k=-\infty}^{\infty}H_a\left(s+j\frac{2\pi}{T_s}k\right) \tag{5.57}$$

当没有频率混叠失真或频率混叠失真可以忽略时，有

$$H(z)\big|_{z=\exp(sT_s)}=\frac{1}{T_s}H_a(s) \tag{5.58}$$

实际给出的是数字滤波器的设计指标。为了设计原型滤波器，必须首先用下式把数字频率转换为模拟频率

$$\Omega=\omega/T_s \tag{5.59}$$

原型滤波器设计完成后得到传输函数 $H_a(s)$，即可利用式(5.58)把 $H_a(s)$ 映射成 $H(z)$。值得注意的是，这样得到的数字滤波器 $H(z)$ 的频率响应 $H(e^{j\omega})$ 是通过式(5.52)与模拟滤波器的频率响应 $H_a(j\Omega)$ 相联系的。这意味着，计算数字滤波器 $H(z)$ 的频率响应 $H(e^{j\omega})$ 时，再一次利用了式(5.59)的频率轴变换。因此，不能用取样周期 T_s 来控制频率混叠。由于设计指标是用数字频率给出的，如果增加取样频率(即减小取样周期 T_s)，则模拟滤波器的截止频率也会呈比例增加。实际上，为了补偿在由 $H_a(s)$ 变换成 $H(z)$ 时所引入的频率混叠失真，可以让模拟滤波器是过设计的。也就是说，在设计模拟滤波器时，常有意地超过设计指标的要求，特别是超过阻带设计指标的要求。

由于冲激响应不变法是通过时域中对模拟滤波器的冲激响应进行取样来定义的，所以很容易通过对传输函数进行变换来实现。为了推导传输函数的变换关系，现将模拟滤波器的传输函数表示成部分分式的形式

$$H_a(s)=\sum_{k=0}^{N-1}\frac{A_k}{s-p_k} \tag{5.60}$$

为了简化推导，假设 $H_a(s)$ 只有1阶极点。这种情况下，式(5.60)对应的冲激响应为

$$h_a(t)=\begin{cases}\dfrac{1}{T_s}\displaystyle\sum_{k=0}^{N-1}A_k e^{p_k t}, & t\geqslant 0\\ 0, & t<0\end{cases} \tag{5.61}$$

将式(5.61)代入式(5.51)，得到数字滤波器的冲激响应

$$h(n)=h_a(nT_s)=\frac{1}{T_s}\sum_{k=0}^{N-1}A_k(e^{p_kT_s})^n u(n) \tag{5.62}$$

计算式(5.62)的 z 变换，得到数字滤波器的传输函数

$$H(z)=\frac{1}{T_s}\sum_{k=0}^{N-1}\frac{A_k}{1-e^{p_kT_s}z^{-1}} \tag{5.63}$$

将式(5.63)与式(5.60)比较看出，s 平面上的极点 $s=p_k$ 被变换成 z 平面上的极点 $z=e^{p_kT_s}$。如果不考虑尺度因子 $1/T_s$，则 $H(z)$ 与 $H_a(s)$ 具有相同的系数。如果模拟滤波器是稳定的，极点 p_k 的实部小于零，因此 $e^{p_kT_s}$ 的模小于1，即 $H(z)$ 的对应极点位于单位圆内，所以对应的因果数字滤波器也是稳定的。

注意，按照式(5.56)即 $z=e^{sT_s}$ 把 s 平面上的极点变换成 z 平面上的极点，并不是简单地按照这个关系式把 s 平面映射到 z 平面上。由于 $H(z)$ 的零点由极点 p_k 和部分分式的系数 A_k 共同决定，所以并没有对零点进行和极点同样的映射。

例 5.7 利用 Butterworth 滤波器作为原型滤波器，用冲激响应不变法设计一个满足以下技术指标的低通 IIR 数字滤波器，其中，通带波纹技术指标必须准确满足

$$[\omega_p,\omega_s,A_p,A_s]=[0.2\pi,0.3\pi,1\text{dB},15\text{dB}]$$

(1) 求低通 IIR 数字滤波器的传输函数(由2阶子系统组成的级联型和直接型)。

(2) 用 MATLAB 画出滤波器的线性和对数幅度响应，并验证阻带波纹指标。

解 (1) 将给定的数字滤波器技术指标换算成模拟滤波器的技术指标(设 $T_s=1$)

$$\Omega_p = \omega_p/T_s = 0.2\pi,\quad \Omega_s = \omega_s/T_s = 0.3\pi$$

$$\delta_p = 1 - 10^{-A_p/20} = 1 - 10^{-1/20} = 0.1087$$

$$\delta_s = 10^{-A_s/20} = 10^{-15/20} = 0.1778$$

(2) 计算选择性因子 r 和鉴别因子 d，用式(5.22)估计滤波器的阶

$$r = \Omega_p/\Omega_s = 0.02\pi/(0.03\pi) = 0.6667$$

$$d = \left(\frac{10^{0.1A_p}-1}{10^{0.1A_s}-1}\right)^{1/2} = \left(\frac{10^{0.1}-1}{10^{0.1\times 15}-1}\right)^{1/2} = 0.0920$$

$$N = \frac{\lg d}{\lg r} = \frac{\lg 0.092}{\lg 0.6667} = 5.9952,\quad \text{向上取整得 } N = 6$$

利用式(5.19)计算 3dB 截止频率

$$\Omega_c = \frac{\Omega_p}{[(1-\delta_p)^{-2}-1]^{1/(2N)}} = \frac{0.2\pi}{[(1-0.1087)^{-2}-1]^{1/12}} = 0.7034$$

用式(5.24)计算 6 阶 Butterworth 滤波器的极点

$$p_k = \Omega_c \exp\left[\mathrm{j}\left(\frac{\pi}{2}+\frac{(2k+1)\pi}{2N}\right)\right]$$

$$= 0.7034\exp\left[\mathrm{j}\left(\frac{\pi}{2}+\frac{(2k+1)\pi}{12}\right)\right],\quad k = 0,1,\cdots,5$$

$$p_0 = p_5^* = -0.1821 + \mathrm{j}0.6794$$

$$p_1 = p_4^* = -0.4974 + \mathrm{j}0.4974$$

$$p_2 = p_3^* = -0.6794 + \mathrm{j}0.1821$$

根据极点构造 6 阶 Butterworth 滤波器的传输函数

$$H_a(s) = \frac{\Omega_c^6}{\prod_{k=0}^{5}(s-p_k)}$$

$$= \frac{0.1211}{s^6 + 2.7177s^5 + 3.693s^4 + 3.1815s^3 + 1.8272s^2 + 0.6653s + 0.1211}$$

(3) 将 $H_a(s)$ 展开成部分分式

$$H_a(s) = \frac{0.1436+\mathrm{j}0.2487}{s-(-0.1812+\mathrm{j}0.6794)} + \frac{0.1436-\mathrm{j}0.2487}{s-(-0.1812-\mathrm{j}0.6794)}$$

$$+\frac{-1.0717}{s-(-0.4974+\mathrm{j}0.4974)} + \frac{-1.0717}{s-(-0.4974-\mathrm{j}0.4974)}$$

$$+\frac{0.9281-\mathrm{j}1.6076}{s-(-0.6794+\mathrm{j}0.1821)} + \frac{0.9281+\mathrm{j}1.6076}{s-(-0.6794-\mathrm{j}0.1821)}$$

将部分分式每个部分从 s 平面变换到 z 平面，即

$$\frac{1}{s-p_k} \to \frac{1}{1-\exp(p_k)z^{-1}}$$

并将共轭极点对组成 2 阶子系统，得到级联结构的传输函数

$$H(z) = \frac{0.2872 - 0.4471z^{-1}}{1-1.2980z^{-1}+0.6960z^{-2}} + \frac{-2.1434+1.1454z^{-1}}{1-1.0688z^{-1}+0.3698z^{-2}}$$

$$+\frac{1.8562-0.6302z^{-1}}{1-0.9970z^{-1}+0.2569z^{-2}}$$

将3个分式合并，得到直接型结构的传输函数

$$H(z)=\frac{0.0007z^{-1}+0.0097z^{-2}+0.0167z^{-3}+0.0039z^{-4}+0.0001z^{-5}}{1-3.3638z^{-1}+5.0697z^{-2}-4.2777z^{-3}+2.1078z^{-4}-0.571z^{-5}+0.0661z^{-6}}$$

(4) 线性和对数幅度响应如图5-12所示。可以看出，满足通带和阻带波纹指标的要求。

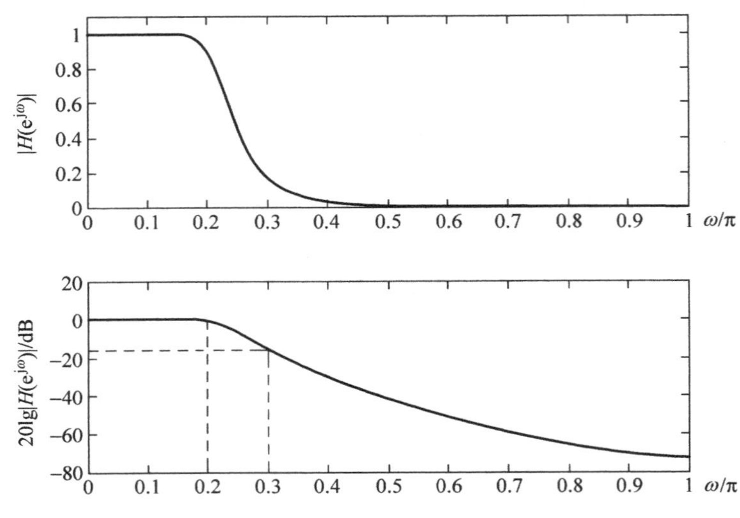

图5-12 例5.7用冲激响应不变法设计的滤波器的幅度响应

5.3.2 双线性变换法

在复变函数理论中，双线性变换是将某个变量的复平面上的函数映射到另一个变量的复平面上的一种方法，它将圆和直线分别映射成直线和圆。从 s 平面映射到 z 平面的双线性变换定义为

$$s=\frac{2}{T_s}\left(\frac{1-z^{-1}}{1+z^{-1}}\right) \tag{5.64}$$

式中，T_s 是取样周期。由式(5.64)解出 z，得到双线性变换的一种等效形式

$$z=\frac{1+sT_s/2}{1-sT_s/2} \tag{5.65}$$

将 $s=\sigma+j\Omega$ 代入上式，并计算 z 的模，得到

$$|z|=\sqrt{\frac{(1+\sigma T_s/2)^2+(\sigma T_s/2)^2}{(1-\sigma T_s/2)^2+(\sigma T_s/2)^2}} \tag{5.66}$$

从式(5.66)看出，当 $\sigma<0$ 时，$|z|<1$，即左半 s 平面映射成 z 平面单位圆的内部；当 $\sigma>0$ 时，$|z|>1$，即右半 s 平面映射成 z 平面单位圆的外部。因此，如果映射前的模拟滤波器是因果和稳定的，则映射后得到的数字滤波器也是因果和稳定的。当 $\sigma=0$ 时，$|z|=1$，即 s 平面的虚轴映射成 z 平面的单位圆。应当记得，冲激响应不变法利用式(5.56)即 $z=e^{sT_s}$ 进行 s 平面到 z 平面的映射，把 s 平面虚轴 $j\Omega$ 上长为 $2\pi/T_s$ 的每一段都映射成

z 平面的单位圆，因此虚轴到单位圆的映射是多对一的映射，从而引起了频率混叠现象。而双线性变换则利用式(5.64)进行简单的代数映射，把 s 平面的整个虚轴 $\mathrm{j}\Omega(-\infty\leqslant\Omega\leqslant\infty)$ 映射成 z 平面的单位圆($-\pi\leqslant\omega\leqslant\pi$)，是一对一的映射，从根本上避免了发生频率混叠。此外，双线性变换法映射简单，只需用式(5.64)取代 $H_a(s)$ 中的 s 即得到 $H(z)$，因此获得了广泛应用。

双线性变换法与冲激响应不变法的最重要区别是，前者把整个 s 平面映射成 z 平面，而后者则把 s 平面上高度为 $2\pi/T_s$ 的一个横带映射成 z 平面。为了进一步深入了解双线性变换对滤波器频率特性的影响，将 $z=\mathrm{e}^{\mathrm{j}\omega}$ 和 $s=\mathrm{j}\Omega$ 同时代入式(5.64)，得到

$$\mathrm{j}\Omega=\frac{2}{T_s}\left(\frac{1-\mathrm{e}^{-\mathrm{j}\omega}}{1+\mathrm{e}^{-\mathrm{j}\omega}}\right)=\mathrm{j}\,\frac{2}{T_s}\tan\frac{\omega}{2}$$

即

$$\Omega=\frac{2}{T_s}\tan\frac{\omega}{2}\tag{5.67}$$

或

$$\omega=2\arctan\frac{\Omega T_s}{2}\tag{5.68}$$

从式(5.68)看出，双线性变换从模拟频率 Ω 变换成数字频率 ω，是图 5-13 所示的非线性变换关系。应当记得，在冲激响应不变法中，Ω 与 ω 之间是线性变换关系 $\omega=\Omega T_s$。

图 5-13 只画出了 $0\leqslant\Omega\leqslant\infty$ 范围内的图形。根据正切函数的性质，当 Ω 从 0 变到 $+\infty$ 时，ω 将从 0 变到 π；而当 Ω 从 0 变到 $-\infty$ 时，ω 将从 0 变到 $-\pi$。因此，双线性变换把模拟滤波器在 $-\infty\leqslant\Omega\leqslant+\infty$ 范围内的频率特性 $|H_a(\mathrm{j}\Omega)|$ 压缩成为数字滤波器在 $-\pi<\omega\leqslant\pi$ 范围内的频率特性 $|H(\mathrm{e}^{\mathrm{j}\omega})|$。这种非线性在低频段并不明显，因此对低通滤波器进行双线性变换所引起的频率失真一般很小。这种非线性可以用频率预失真方法补偿，即预先把给定的数字滤波器频率指标用双线性变换式(5.67)进行换算，得到

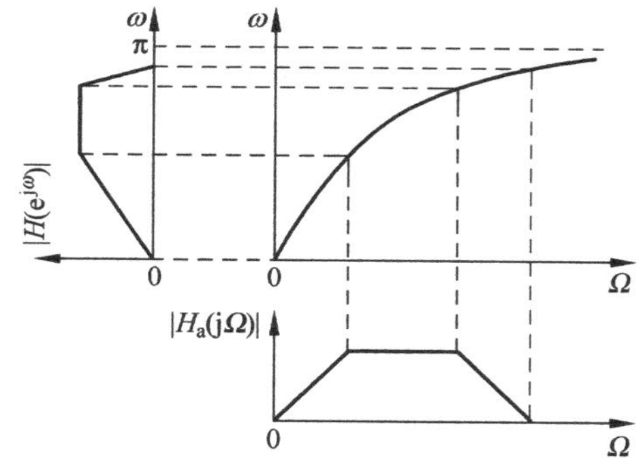

图 5-13 双线性变换中模拟频率 Ω 与数字频率 ω 之间的非线性变换关系

$$\Omega_p=\frac{2}{T_s}\tan\frac{\omega_p}{2}\quad 和\quad \Omega_s=\frac{2}{T_s}\tan\frac{\omega_s}{2}$$

因此，式(5.67)称为频率预失真函数。对于幅度响应基本上分段恒定的其他类型滤波器，如高通、带通和带阻滤波器，采取预失真补偿方法都能取得良好效果。但对于幅度响应起伏很大，例如梳形滤波器、微分器和线性相位响应滤波器，双线性变换方法是不适用的。

与冲激响应不变法一样，双线性变换式(5.64)中的参数 T_s 在设计中不起任何作用。虽然式(5.64)中有参数 T_s，但在设计过程中可以将它取成任何便于计算的数值，例如取

$T_s=2$,则式(5.64)、式(5.65)、式(5.7)和式(5.8)中都将不包含参数 T_s。

例 5.8 采用双线性变换方法重新设计例 5.7 的低通滤波器。

解 (1) 将给定的数字滤波器技术指标换算成模拟滤波器的技术指标。

利用式(5.67)进行频率预失真,为计算方便,取 $T_s=1$

$$\Omega_p = \frac{2}{T_s}\tan\frac{\omega_p}{2} = 2\tan\frac{0.2\pi}{2} = 0.6498$$

$$\Omega_s = \frac{2}{T_s}\tan\frac{\omega_s}{2} = 2\tan\frac{0.3\pi}{2} = 1.0191$$

将对数波纹指标换算成线性波纹指标

$$\delta_p = 1-10^{-A_p/20} = 1-10^{-1/20} = 0.1087$$

$$\delta_s = 10^{-A_s/20} = 10^{-15/20} = 0.1778$$

(2) 用式(5.22)估计滤波器的阶

$$r = \Omega_p/\Omega_s = 0.6498/1.0191 = 0.6376$$

$$d = \left(\frac{10^{0.1A_p}-1}{10^{0.1A_s}-1}\right)^{1/2} = \left(\frac{10^{0.1}-1}{10^{0.1\times 15}-1}\right)^{1/2} = 0.0920$$

$$N = \frac{\lg d}{\lg r} = \frac{\lg 0.092}{\lg 0.6376} = 5.3003,\quad \text{向上取整得 } N=6$$

由于双线性变换法没有频率混叠问题,因此可以根据阻带波纹指标确定 3dB 截止频率,这样得到的通带波纹是过设计的。由式(5.20)得到

$$\Omega_c = \frac{\Omega_s}{(\delta_s^{-2}-1)^{1/(2N)}} = \frac{1.0191}{(0.1778^{-2}-1)^{1/12}} = 0.7662$$

用式(5.24)计算 6 阶 Butterworth 滤波器的极点

$$\begin{aligned} p_k &= \Omega_c \exp\left[\mathrm{j}\left(\frac{\pi}{2}+\frac{(2k+1)\pi}{2N}\right)\right] \\ &= 0.7662\exp\left[\mathrm{j}\left(\frac{\pi}{2}+\frac{(2k+1)\pi}{12}\right)\right],\quad k=0,1,\cdots,5 \end{aligned}$$

$$p_0 = p_5^* = -0.1983+\mathrm{j}0.7401$$

$$p_1 = p_4^* = -0.5418+\mathrm{j}0.5418$$

$$p_2 = p_3^* = -0.7401+\mathrm{j}0.1983$$

根据以上极点构造 6 阶 Butterworth 模拟滤波器的传输函数

$$\begin{aligned} H_a(s) &= \frac{\Omega_c^6}{\prod_{k=0}^{5}(s-p_k)} \\ &= \frac{0.2024}{(s^2+0.3966s+0.5871)(s^2+1.0836s+0.5871)(s^2+1.4802s+0.5871)} \end{aligned}$$

(3) 将式(5.64)代入 $H_a(s)$,经整理和化简后得到

$$H(z) = \frac{7.3794\times 10^{-4}(1+z^{-1})^6}{(1-1.2687z^{-1}+0.7052z^{-2})(1-1.0106z^{-1}+0.3583z^{-2})(1-0.9044z^{-1}+0.2155z^{-2})}$$

或

$$H(z)=\frac{7.3794\times10^{-4}(1+6z^{-1}+15z^{-2}+20z^{-3}+15z^{-4}+6z^{-5}+z^{-6})}{1-3.1837z^{-1}+4.6225z^{-2}-3.7798z^{-3}+1.8138z^{-4}-0.4801z^{-5}+0.0545z^{-6}}$$

图 5-14 是滤波器的线性幅度响应和对数幅度响应。可以看出，基本满足设计指标。

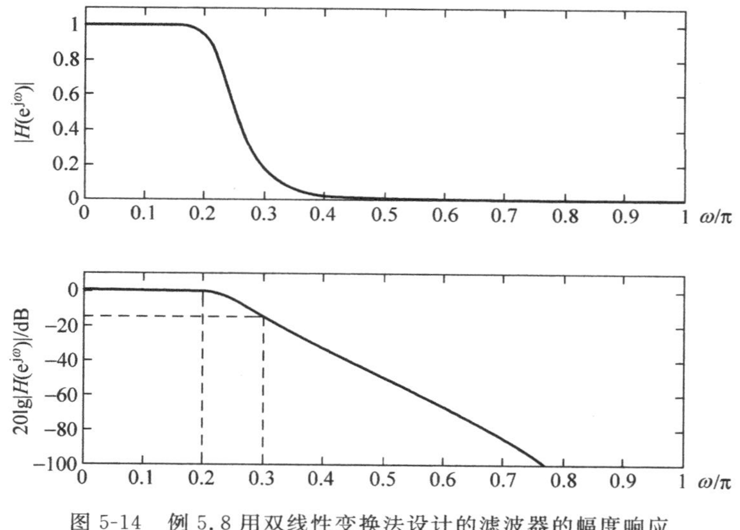

图 5-14　例 5.8 用双线性变换法设计的滤波器的幅度响应

5.4　模拟频率变换

通过频率归一化模拟低通滤波器(原型滤波器)设计 IIR 数字滤波器，有图 5-1 所示两个方案，它们都包括频率变换的步骤。第一个方案需要进行模拟频率变换，即在模拟频域内把原型滤波器变换成具有希望频率特性的模拟滤波器；第二个方案则需要进行数字频率变换，即在数字频域内把频率归一化的数字低通滤波器变换成具有希望频率特性的数字滤波器。本节和 5.5 节分别介绍这两种频率变换的原理和方法。

模拟频率变换的目的是把原型滤波器变换成具有任意频率特性(低通、高通、带通和带阻)的模拟滤波器。设原型滤波器的传输函数和频率响应分别用 $H_{\mathrm{NOR}}(\bar{s})$ 和 $H_{\mathrm{NOR}}(\mathrm{j}\bar{\Omega})$ 表示，经模拟频率变换后得到的模拟滤波器的传输函数和频率响应分别用 $H_{\mathrm{a}}(s)$ 和 $H_{\mathrm{a}}(\mathrm{j}\Omega)$ 表示。为完成这种变换，需进行从变量 $\bar{s}$ 到变量 s，或等效地从模拟频率 $\bar{\Omega}$ 到模拟频率 Ω 的变换，表示为

$$\bar{s}=F(s)\quad 或 \quad \mathrm{j}\bar{\Omega}=F(\mathrm{j}\Omega) \tag{5.69}$$

式(5.69)称为频率变换函数。因此

$$H_{\mathrm{a}}(s)=H_{\mathrm{NOR}}(\bar{s})\big|_{\bar{s}=F(s)}=H_{\mathrm{NOR}}(F(s)) \tag{5.70}$$

式中，$F(s)$ 是变换函数。设 $H_{\mathrm{NOR}}(\bar{s})$ 是有理函数，为了使 $H_{\mathrm{a}}(s)$ 是有理函数，要求 $F(s)$ 也是有理函数。并非任何有理函数都可以作为变换函数，变换函数还必须满足：①为了保证变换后的滤波器是稳定的，要求 $\bar{s}$ 平面的虚轴 $\mathrm{j}\bar{\Omega}$、左半和右半平面分别映射成 s 平面的虚轴 $\mathrm{j}\Omega$、左半和右半平面；②从式(5.69)看出，对所有 Ω，频率变换函数 $F(\mathrm{j}\Omega)$ 必须是

纯虚数。但是,频率变换并不要求必须是一对一的映射。下列形式的有理函数满足以上要求

$$\bar{s}=F(s)=\frac{k(s^2+b_1^2)(s^2+b_2^2)\cdots}{s(s^2+a_1^2)(s^2+a_2^2)\cdots} \tag{5.71}$$

式中,参数 k、a_i 和 b_i 都是实数。根据式(5.71)可以构造出常用的模拟频率变换函数。

5.4.1 从模拟原型滤波器到模拟低通滤波器的变换

图 5-15 左上图是原型滤波器($\bar{\Omega}_p=1$ 的低通滤波器)的幅度响应,下图是频率变换后得到的通带截止频率为 Ω_p 的低通滤波器的幅度响应,二者在几个典型频率点上的对应关系是:

(1) $\bar{\Omega}=0$ 对应于 $\Omega=0$;

(2) $\bar{\Omega}=\infty$ 对应于 $\Omega=\infty$;

(3) $\bar{\Omega}=-\infty$ 对应于 $\Omega=-\infty$;

(4) $\bar{\Omega}=\pm\bar{\Omega}_p=\pm1$ 对应于 $\Omega=\pm\Omega_p$。

显然,变换前后的频率轴 $\bar{\Omega}$ 与 Ω 呈线性变换关系,仅有尺度(或带宽)的改变。式(5.71)的最简单线性形式是

$$\bar{s}=ks \quad 即 \quad \bar{s}=\frac{k(s^2+b_1^2)}{s},\quad b_1=0 \tag{5.72}$$

式(5.72)对任何 k 值都满足上述前 3 项对应关系,常数 k 由(4)的对应关系确定,即 $\pm1=\pm k\Omega_p$,由此得到 $k=1/\Omega_p$。因此,式(5.72)变成

$$\bar{s}=\frac{s}{\Omega_p} \quad 或 \quad \bar{\Omega}=\frac{\Omega}{\Omega_p} \tag{5.73}$$

$\bar{\Omega}$ 与 Ω 的线性函数关系如图 5-15 的右上图所示。

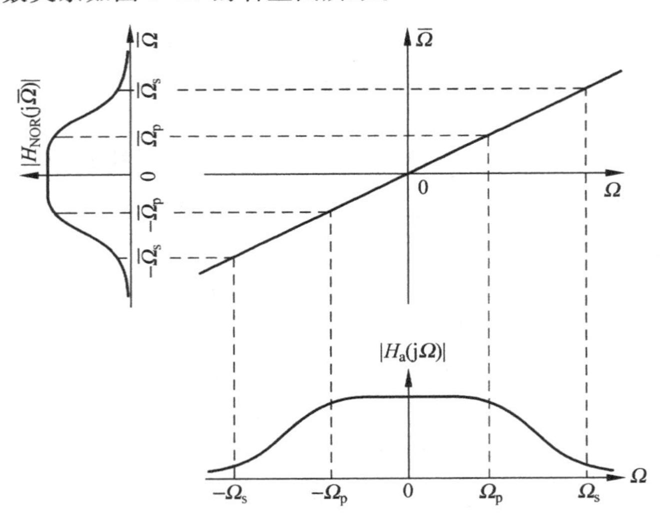

图 5-15 低通滤波器到低通滤波器的频率变换

回记 5.2.1 节中设计 Butterworth 模拟低通滤波器的查表法，通过查表得出归一化($\Omega_c=1$rad/s)传输函数 $H_{NOR}(s)$后，用s/Ω_c替代 $H_{NOR}(s)$中的 s 便得到任意 Ω_c 值的 Butterworth 低通滤波器的传输函数，那便是模拟频率变换的一个简单例子。

5.4.2 从模拟原型滤波器到模拟高通滤波器的变换

图 5-16 的下图是通带截止频率为 Ω_p 的高通滤波器的幅度响应，将其与左上图的原型滤波器幅度响应对照可以看出，它们的幅度响应沿频率轴方向刚好相反，因此，要将后者变换成前者，需要把低频段与高频段对换，这只要让 $\bar{\Omega}$ 与 Ω 呈倒数关系就可以了。式(5.71)最简单的倒数关系是$\bar{s}=k/s$，其中，系数 k 根据 $\bar{\Omega}$ 与 Ω 的对应关系求出。

由$\bar{s}=k/s$ 得到$\bar{\Omega}=-k/\Omega$，由此可以得出 $\bar{\Omega}$ 与 Ω 的变换关系：$\bar{\Omega}$ 从$-\infty$变到 0，变换成 Ω 从 0 变到$+\infty$；$\bar{\Omega}$ 从 0 变到$+\infty$，变换成 Ω 从$-\infty$变到 0；$\bar{\Omega}_p=1$ 变换成$-\Omega_p$，即 $1=-k/(-\Omega_p)$，由此得到 $k=\Omega_p$。这样，由低通到高通的频率变换关系为

$$\bar{s}=\frac{\Omega_p}{s} \quad 或 \quad \bar{\Omega}=-\frac{\Omega_p}{\Omega} \tag{5.74}$$

如图 5-16 右上图所示。

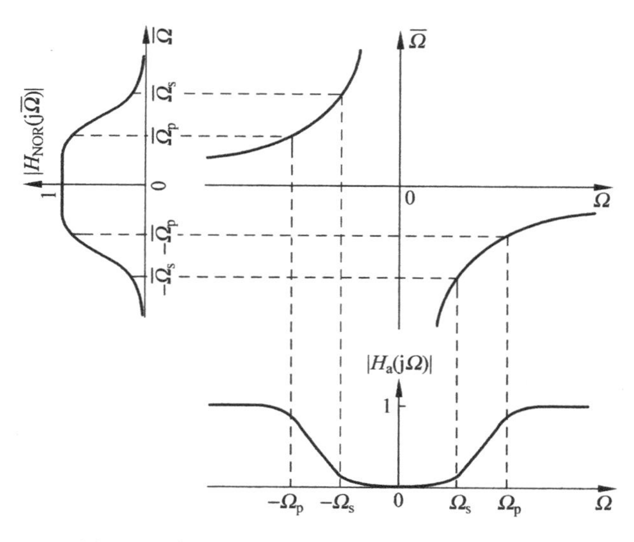

图 5-16 低通滤波器到高通滤波器的频率变换

例 5.9 用 3 阶 Butterworth 滤波器作原型滤波器，用模拟频率变换方法将其变换成通带频率为 $\Omega_p=2$rad/s 的高通滤波器，并用 MATLAB 画出原型滤波器与高通滤波器的幅度响应。

解 查表 5-1，直接写出 3 阶 Butterworth 原型滤波器的传输函数表达式

$$H_{NOR}(\bar{s})=\frac{1}{\bar{s}^3+2\bar{s}^2+2\bar{s}+1}$$

将$\bar{s}=\Omega_p/s=2/s$代入上式，得到高通滤波器的传输函数

$$H_a(s)=\frac{1}{(2/s)^3+2(2/s)^2+2(2/s)+1}=\frac{s^3}{s^3+4s^2+8s+8}$$

用 MATLAB 绘制幅度响应的 m 文件如下：

```
b = [0 0 0 1]; a = [1 2 2 1]; [HNOR,w] = freqs(b,a);
b1 = [1 0 0 0]; a1 = [1 4 8 8]; [Ha,w] = freqs(b1,a1);
subplot(2,1,1)
plot(w,abs(HNOR))
subplot(2,1,2)
plot(w,abs(Ha))
```

运行程序得原型滤波器和高通滤波器的幅度响应如图 5-17 所示。

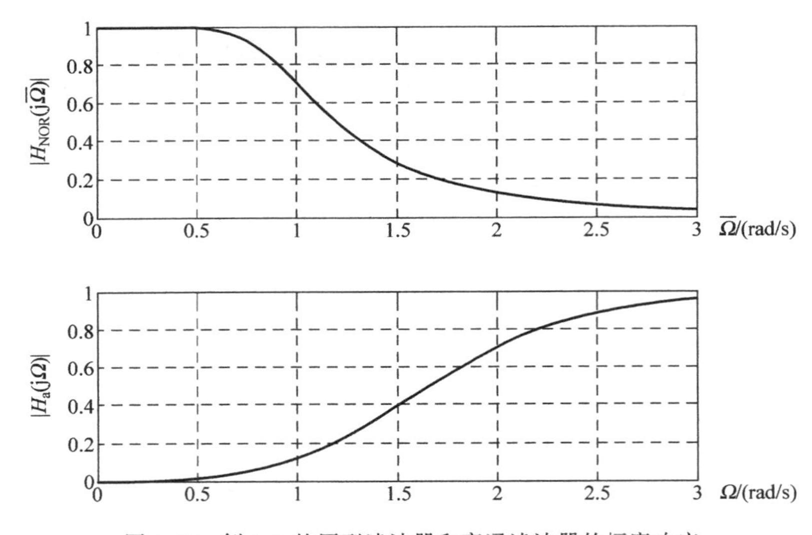

图 5-17　例 5.9 的原型滤波器和高通滤波器的幅度响应

5.4.3　从模拟原型滤波器到模拟带通滤波器的变换

图 5-18 中的下图是带通滤波器幅度响应$|H_a(j\Omega)|$的图形，通带截止频率为Ω_{p1}和Ω_{p2}，阻带截止频率为Ω_{s1}和Ω_{s2}；与左上图所示的原型滤波器幅度响应$|H_{NOR}(j\bar{\Omega})|$对照，可以看出频率Ω与$\bar{\Omega}$的变换关系：

(1) $\bar{\Omega}=\infty$变换为$\Omega=\infty$；

(2) $\bar{\Omega}=-\infty$变换为$\Omega=0$；

(3) $\bar{\Omega}=0$ 变换为$\Omega=\Omega_0$，其中Ω_0是通带的中心频率；

(4) $\bar{\Omega}=\bar{\Omega}_p=1$ 变换到$\Omega=\Omega_{p2}$，$\bar{\Omega}=-\bar{\Omega}_p=-1$ 变换到$\Omega=\Omega_{p1}$。

按照以上变换关系，原型滤波器的全频带被变换成带通滤波器正频率轴和负频率轴两部分，即它是一对二的多值变换。这意味着$\bar{\Omega}$至少是Ω的二次函数，因此$\bar{s}=F(s)$至

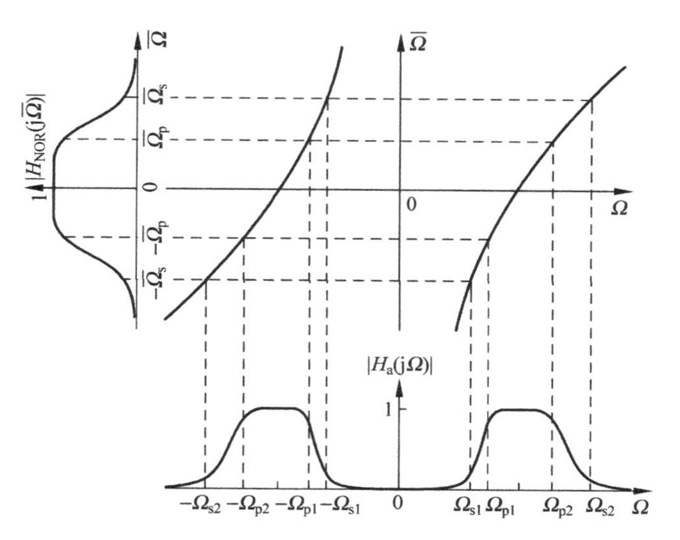

图 5-18　低通滤波器到带通滤波器的频率变换

少是二次函数。为了满足变换关系(1)，$\bar{s}=F(s)$的分子多项式的次数应当比分母多项式高1次，因此，将式(5.71)用于带通变换最简单的函数关系是

$$\bar{s}=\frac{ks(s^2+b_1^2)}{s^2+a_1^2} \quad 或 \quad \bar{\Omega}=\frac{k\Omega(-\Omega^2+b_1^2)}{-\Omega^2+a_1^2} \tag{5.75}$$

可以看出，对于任何k、a_1和b_1，都能保证把$\bar{\Omega}=\infty$变换为$\Omega=\infty$。常数k、a_1和b_1可以利用上述其他变换关系求出。具体说，根据变换关系(2)，$\Omega=0$与$\bar{\Omega}=-\infty$是一对变换，为此必须选择$a_1=0$。这样，式(5.75)简化为

$$\bar{s}=\frac{k(s^2+b_1^2)}{s} \quad 或 \quad \bar{\Omega}=\frac{-k(-\Omega^2+b_1^2)}{\Omega} \tag{5.76}$$

利用变换关系(4)，得到

$$1=\frac{-k(-\Omega_{p2}^2+b_1^2)}{\Omega_{p2}} \quad 和 \quad -1=\frac{-k(-\Omega_{p1}^2+b_1^2)}{\Omega_{p1}}$$

联合求解以上两方程，得到

$$b_1^2=\Omega_{p1}\Omega_{p2}\equiv\Omega_{0p}^2 \tag{5.77}$$

$$k=\frac{1}{\Omega_{p2}-\Omega_{p1}}=\frac{1}{B_p} \tag{5.78}$$

式中，$B_p=\Omega_{p2}-\Omega_{p1}$是带通滤波器的通带宽度；$b_1=\sqrt{\Omega_{p1}\Omega_{p2}}\equiv\Omega_{0p}$是通带的两个截止频率的几何均值，称为通带的中心频率。将式(5.77)和式(5.78)代入式(5.76)，得出从原型低通滤波器到带通滤波器的频率变换公式

$$\bar{s}=\frac{s^2+\Omega_{p1}\Omega_{p2}}{s(\Omega_{p2}-\Omega_{p1})}=\frac{s^2+\Omega_{0p}^2}{B_p s} \tag{5.79}$$

或

$$\bar{\Omega}=\frac{\Omega^2-\Omega_{p1}\Omega_{p2}}{B_p\Omega}=\frac{\Omega^2-\Omega_{0p}^2}{B_p\Omega} \tag{5.80}$$

根据式(5.80)画出的由低通到带通的频率变换函数关系曲线如图5-18的右上图所示。可以看出,右半平面和左半平面的两条曲线,分别将原型低通的幅度响应变换成Ω的正负频率轴上的带通幅度响应。

例5.10 用Butterworth滤波器作原型滤波器,用模拟频率变换方法将其变换成满足以下技术指标的带通滤波器

$$[F_{s1},F_{p1},F_{p2},F_{s2},A_{s1},A_p,A_{s2}]$$
$$=[400\text{Hz},1000\text{Hz},2000\text{Hz},4000\text{Hz},30\text{dB},3\text{dB},30\text{dB}]$$

并用MATLAB画出原型滤波器与带通滤波器的幅度响应。

解 (1) 求频率变换函数。

$$\Omega_{0p}^2=\Omega_{p1}\Omega_{p2}=(2\pi\times1000)(2\pi\times2000)=8\pi^2\times10^6$$

$$B_p=\Omega_{p2}-\Omega_{p1}=2\pi(2000-1000)=2\pi\times10^3$$

$$\bar{s}=\frac{s^2+\Omega_{0p}^2}{B_p s}=\frac{s^2+8\pi^2\times10^6}{2\pi\times10^3 s}\quad 或\quad \bar{\Omega}=-\frac{\Omega^2-8\pi^2\times10^6}{2\pi\times10^3\Omega}\tag{5.81}$$

(2) 设计Butterworth原型滤波器。

首先用式(5.22)估计滤波器的阶,为此需要将给出的阻带截止频率换算成原型(低通)滤波器的阻带截止频率

$$\bar{\Omega}_{s1}=F(\Omega_{s1})=-\frac{\Omega_{s1}^2-8\pi^2\times10^6}{2\pi\times10^3\Omega_{s1}}=-\frac{(2\pi\times400)^2-8\pi^2\times10^6}{(2\pi)^2\times4\times10^5}=-4.6$$

$$\bar{\Omega}_{s2}=F(\Omega_{s2})=-\frac{\Omega_{s2}^2-8\pi^2\times10^6}{2\pi\times10^3\Omega_{s2}}=-\frac{(2\pi\times4000)^2-8\pi^2\times10^6}{(2\pi)^2\times4\times10^6}=3.5$$

注意,带通滤波器的两个阻带截止频率Ω_{s2}和Ω_{s1}分别与原型(低通)滤波器的正负阻带截止频率$\bar{\Omega}_{s2}$和$\bar{\Omega}_{s1}$相对应,即$\bar{\Omega}_{s2}\Leftrightarrow\Omega_{s2}$和$\bar{\Omega}_{s1}\Leftrightarrow\Omega_{s1}$。但是在本例题中,$\bar{\Omega}_{s2}\neq-\bar{\Omega}_{s1}$;这与通带截止频率的对应关系不同,通带截止频率始终存在关系$-\bar{\Omega}_{p1}=\bar{\Omega}_{p2}=\Omega_p=1$。因此,在确定原型滤波器的设计指标时,必须考虑在$\bar{\Omega}\leqslant\bar{\Omega}_{s1}$和$\bar{\Omega}\geqslant\bar{\Omega}_{s2}$两个频率范围内都应当满足设计指标的要求,即保证至少有$A_s=30\text{dB}$的衰减。因此应当把$\bar{\Omega}_{s1}$和$\bar{\Omega}_{s2}$二者中绝对值较小者作为原型滤波器的阻带截止频率,即选择$\bar{\Omega}_s=3.5$。这样,本例的原型滤波器的设计指标为:$\bar{\Omega}_p=1,\bar{\Omega}_s=3.5,A_p=1,A_s=30$。

由式(5.22)估计滤波器的阶

$$N=\frac{\lg\left(\dfrac{10^{0.1A_p}-1}{10^{0.1A_s}-1}\right)^{1/2}}{\lg(\Omega_p/\Omega_s)}=\frac{\lg\left(\dfrac{10^{0.1}-1}{10^{0.1\times20}-1}\right)^{1/2}}{\lg(1/3.5)}=2.3732884$$

向上取整得到$N=3$。查表5-1直接得出3阶Butterworth原型滤波器的传输函数表达式

$$H_{\text{NOR}}(\bar{s})=\frac{1}{\bar{s}^3+2\bar{s}^2+2\bar{s}+1}$$

(3) 模拟频率变换

将式(5.81)代入上式便可得到带通滤波器的传输函数。但为了计算方便,先将原型滤波器的传输函数表达式改写成以下形式

$$H_{\mathrm{NOR}}(\bar{s})=\frac{1}{(\bar{s}+1)(\bar{s}^2+\bar{s}+1)}$$

然后将式(5.81)代入，得到的带通滤波器的传输函数为

$$\begin{aligned}H_a(s)&=\frac{1}{\left(\dfrac{s^2+8\pi^2\times10^6}{2\pi\times10^3 s}+1\right)\left[\left(\dfrac{s^2+8\pi^2\times10^6}{2\pi\times10^3 s}\right)^2+\dfrac{s^2+8\pi^2\times10^6}{2\pi\times10^3 s}+1\right]}\\&=\frac{(B_p s)^3}{(s^2+B_p s+\Omega_{0p}^2)[(s^2+\Omega_{0p}^2)^2+(s^2+\Omega_{0p}^2)(B_p s)+(B_p s)^2]}\end{aligned}$$

用 MATLAB 画出的幅度响应如图 5-19 所示。

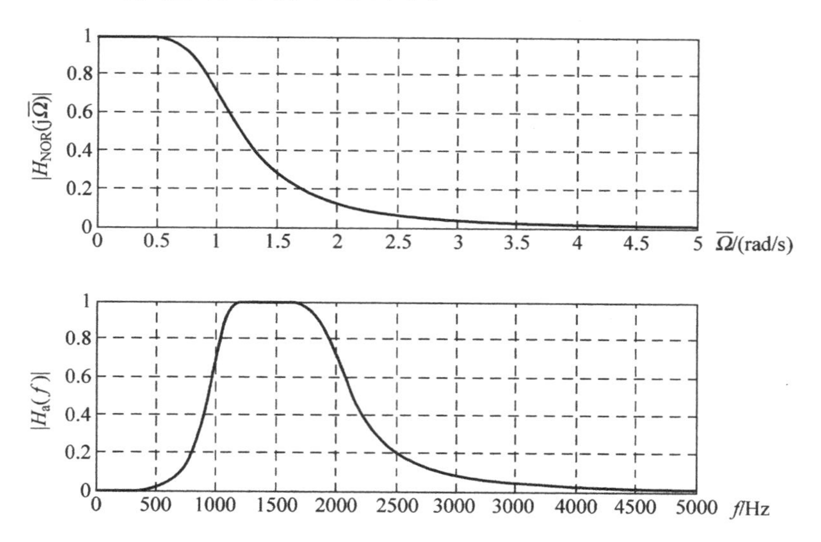

图 5-19　例 5.10 的原型滤波器和带通滤波器的幅度响应

5.4.4　从模拟原型滤波器到模拟带阻滤波器的变换

图 5-20 下部是带阻滤波器的幅度响应 $|H_a(j\Omega)|$，其中，Ω_{s1} 和 Ω_{s2} 是阻带截止频率，Ω_{p1} 和 Ω_{p2} 是通带截止频率。左上部是原型滤波器的幅度响应 $|H_{\mathrm{NOR}}(j\bar{\Omega})|$。将 $|H_a(j\Omega)|$ 与 $|H_{\mathrm{NOR}}(j\bar{\Omega})|$ 对照可以看出，频率 Ω 与 $\bar{\Omega}$ 具有下列对应关系：

$$\bar{\Omega}=0\Leftrightarrow\Omega=0\quad 和\quad \bar{\Omega}=0\Leftrightarrow\Omega=\infty$$

因此，一种可能选择是将式(5.71)取为

$$\bar{s}=\frac{ks}{s^2+a_1^2}\quad 或\quad \bar{\Omega}=\frac{k\Omega}{-\Omega^2+a_1^2}\tag{5.82}$$

此外，Ω 与 $\bar{\Omega}$ 还具有对应关系：$\bar{\Omega}_s\Leftrightarrow\Omega_{s1}$ 和 $-\bar{\Omega}_s\Leftrightarrow\Omega_{s2}$，即

$$\bar{\Omega}_s=\frac{k\Omega_{s1}}{-\Omega_{s1}^2+a_1^2}\quad 和\quad -\bar{\Omega}_s=\frac{k\Omega_{s2}}{-\Omega_{s2}^2+a_1^2}$$

联合求解上列两个方程，得到

$$a_1^2 = \Omega_{s1}\Omega_{s2} \equiv \Omega_{0s}^2 \tag{5.83}$$

$$k = \Omega_s(\Omega_{s2} - \Omega_{s1}) = B_s\Omega_s \tag{5.84}$$

式中，$B_s = \Omega_{s2} - \Omega_{s1}$ 是阻带宽度；$a_1 = \sqrt{\Omega_{s1}\Omega_{s2}} \equiv \Omega_{0s}$ 是两个阻带截止频率的几何均值，称为阻带中心频率。将式(5.83)和式(5.84)代入式(5.82)，最后得出从原型低通滤波器到带阻滤波器的频率变换公式

$$\bar{s} = \frac{\Omega_s(\Omega_{s2} - \Omega_{s1})s}{s^2 + \Omega_{s1}\Omega_{s2}} = \frac{\Omega_s B_s s}{s^2 + \Omega_{0s}^2} \tag{5.85}$$

或

$$\bar{\Omega} = \frac{\Omega_s(\Omega_{s2} - \Omega_{s1})\Omega}{-\Omega^2 + \Omega_{s1}\Omega_{s2}} = \frac{\Omega_s B_s \Omega}{-\Omega^2 + \Omega_{0s}^2} \tag{5.86}$$

根据式(5.86)画出由低通滤波器到带阻滤波器的频率变换函数关系曲线如图 5-20 的右上图所示。参数 Ω_s 实际上不影响变换结果，因此可以任意选取，为了方便，可以根据 $\Omega_p = 1$ 来决定 Ω_s 的值。

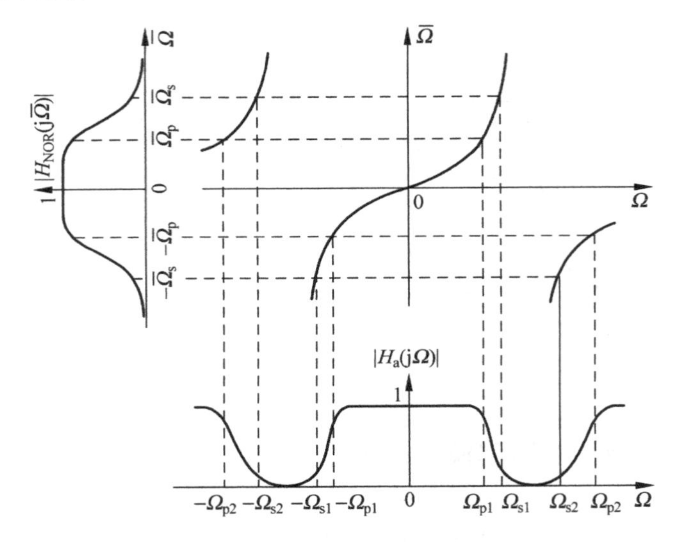

图 5-20　低通滤波器到带阻滤波器的频率变换

例 5.11　用模拟频率变换方法设计一个满足以下指标的带阻滤波器。

$$F_{s1} = 400\text{Hz}, F_{s2} = 600\text{Hz}, A_s = 25\text{dB}$$

$$F_{p1} = 100\text{Hz}, F_{p2} = 900\text{Hz}, A_{p1} = A_{p2} = 3\text{dB}$$

解　(1) 由式(5.85)和式(5.86)得到频率变换函数

$$\bar{s} = \frac{2\pi(600 - 400)\Omega_s s}{s^2 + 4\pi^2 \times 24 \times 10^4} \quad 和 \quad \bar{\Omega} = \frac{2\pi \times 200\Omega_s\Omega}{-\Omega^2 + 4\pi^2 \times 24 \times 10^4}$$

(2) 设计原型滤波器

$$\bar{\Omega}_{p1} = F(\Omega_{p1}) = \frac{2\pi \times 200\Omega_s(2\pi \times 100)}{-(2\pi \times 100)^2 + 4\pi^2 \times 24 \times 10^4} = 0.087\Omega_s$$

$$\bar{\Omega}_{p2}=F(\Omega_{p2})=\frac{2\pi\times200\Omega_s(2\pi\times900)}{-(2\pi\times900)^2+4\pi^2\times24\times10^4}=-0.316\Omega_s$$

为了使通带($\bar{\Omega}\leqslant\bar{\Omega}_{p1}=0.087\Omega_s$ 和 $\bar{\Omega}\geqslant\bar{\Omega}_{p2}=0.316\Omega_s$)内最大衰减不超过 $A_p=3\text{dB}$,选择 $\bar{\Omega}_p=\bar{\Omega}_{p2}=0.316\Omega_s$。由于原型滤波器的 $\bar{\Omega}_p=1$,所以得到 $\Omega_s=\bar{\Omega}_p/0.316=1/0.316=3.1646$。因此,需要设计的原型滤波器必须满足以下技术指标

$$\Omega_p=1\text{rad/s},\quad A_p=3\text{dB},\quad \Omega_s=3.1646\text{rad/s},\quad A_s=25\text{dB}$$

由式(5.22)估计滤波器的阶

$$N=\frac{\lg\left(\frac{10^{0.1A_p}-1}{10^{0.1A_s}-1}\right)^{1/2}}{\lg(\Omega_p/\Omega_s)}=\frac{\lg\left(\frac{10^{0.3}-1}{10^{0.1\times25}-1}\right)^{1/2}}{\lg(1/3.1646)}=2.1962$$

向上取整得 $N=3$。查表 5-1,得 3 阶 Butterworth 滤波器的传输函数表达式

$$H_{\text{NOR}}(\bar{s})=\frac{1}{\bar{s}^3+2\bar{s}^2+2\bar{s}+1}=\frac{1}{(\bar{s}+1)(\bar{s}^2+\bar{s}+1)}$$

将(1)得到的频率变换函数代入上式,经整理后得到

$$H_a(s)=\frac{s^6+3\Omega_{0p}^2s^4+3\Omega_{0p}^4s^2+\Omega_{0p}^6}{s^6+2B_ps^5+(2B_p^2+3\Omega_{0p}^2)s^4+(4B_p\Omega_{0p}^2+B_p^3)s^3+(3\Omega_{0p}^4+2B_p^2\Omega_{0p}^2)s^2+2B_p\Omega_{0p}^4s+\Omega_{0p}^6}$$

其中,$B_p=3.16\times400\pi$,$\Omega_{0p}^2=96\pi^2\times10^4$。用 $s=\text{j}\Omega$ 代入 $|H_a(s)|$,即得到带阻滤波器的幅度响应,如图 5-21 所示。

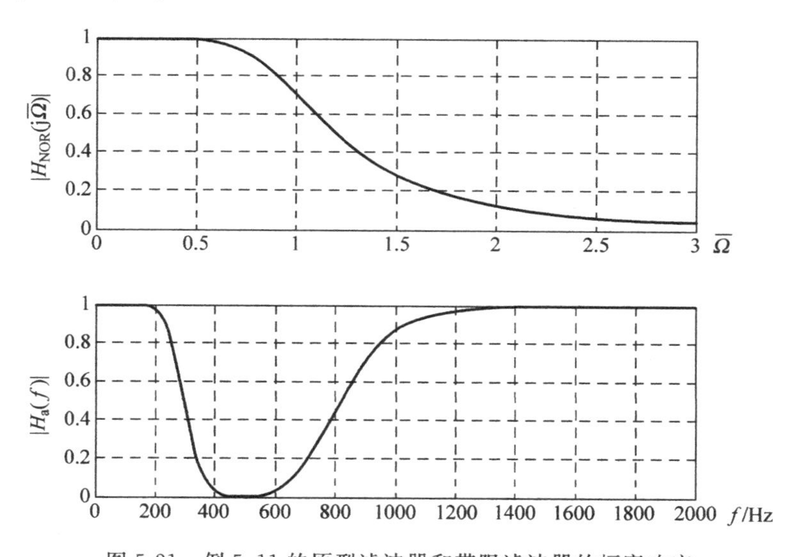

图 5-21 例 5.11 的原型滤波器和带阻滤波器的幅度响应

表 5-3 总结了 4 种基本形式的模拟频率变换。注意:①变换前的原型滤波器是 3dB 截止频率 $\Omega_c=1\text{rad/s}$ 的模拟低通滤波器 $H_{\text{NOR}}(\bar{s})$,变换后得到的模拟滤波器的传输函数为 $H_s(s)$;②原型到高通与原型到低通、原型到带阻与原型到带通,它们的变换函数具有倒数关系。

表 5-3　常用模拟频率变换 $H_a(s)=H_{NOR}[F(s)]$

$H_a(s)$	$\bar{s}=F(s)$
通带截止频率为 Ω_p 的低通滤波器	$\dfrac{s}{\Omega_p}$
通带截止频率为 Ω_p 的高通滤波器	$\dfrac{\Omega_p}{s}$
通带截止频率为 Ω_{p1} 和 Ω_{p2} 的带通滤波器	$\dfrac{s^2+\Omega_{p1}\Omega_{p2}}{(\Omega_{p2}-\Omega_{p1})s}$
阻带截止频率为 Ω_{s1} 和 Ω_{s2} 的带阻滤波器	$\dfrac{\Omega_s(\Omega_{s2}-\Omega_{s1})s}{s^2+\Omega_{s1}\Omega_{s2}}$

5.5　数字频率变换

在图 5-1 所示的设计 IIR 数字滤波器的第二个方案中，原型滤波器设计完成后，得到频率归一化的模拟低通传输函数 $H_a(s)$；然后，通过 s 平面到 z 平面的映射把 $H_a(s)$映射成数字低通传输函数 $H_{LP}(z)$；最后，在数字频域进行频率变换，把 $H_{LP}(z)$变换成具有期望频率响应的数字滤波器 $H(z)$。为了便于区分，下面将变换前后的复平面分别称为 v 平面和 z 平面，将数字频率变量分别用 θ 和 ω 表示。因此，变换前后数字滤波器的传输函数分别为 $H_{LP}(v)$和 $H(z)$，而频率响应分别为 $H_{LP}(e^{j\theta})$和 $H(e^{j\omega})$。

设 v 平面到 z 平面的变换函数为

$$v^{-1}=F(z^{-1})\quad 或 \quad e^{-j\theta}=F(e^{-j\omega}) \tag{5.87}$$

为了使有理函数 $H_{LP}(v)$变换成有理函数 $H(z)$，$F(z^{-1})$应该是有理函数；为了使因果和稳定的 $H_{LP}(v)$变换成因果和稳定的 $H(z)$，v 平面的单位圆内部区域应当映射成 z 平面的单位圆内部区域。因此，若把式(5.87)的映射表示成

$$e^{-j\theta}=|F(e^{-j\omega})|\exp\{j\arg[F(e^{-j\omega})]\}$$

则映射条件为

$$\begin{cases}|F(e^{-j\omega})|=1\\ \theta=-\arg[F(e^{-j\omega})]\end{cases} \tag{5.88}$$

这意味着，变换函数 $F(z^{-1})$是一个全通函数，可以表示为

$$F(z^{-1})=\pm\prod_{k=1}^{N}\frac{z^{-1}-\alpha_k}{1-\alpha_k z^{-1}} \tag{5.89}$$

式中，α_k 是 $F(z^{-1})$的极点，必须在单位圆内，即$|a_k|<1$。选择不同的 N 和 α_k，可得到不同的变换函数。

5.5.1　数字低通滤波器到数字低通滤波器的频率变换

图 5-22 的右下图和左上图分别是变换前后的幅度响应，它们都是低通函数，只是截止频率改变了。具体说，当 θ 由 0 变到 π 时，ω 相应地也由 0 变到 π；这相当于将

$v=1$ 映射成 $z=1$，和将 $v=-1$ 映射成 $z=-1$。若选择 $N=1$，则式(5.89)具有最简单形式

$$v^{-1}=F(z^{-1})=\frac{z^{-1}-a}{1-az^{-1}} \tag{5.90}$$

式(5.90)显然满足 v 与 z 之间的映射关系。

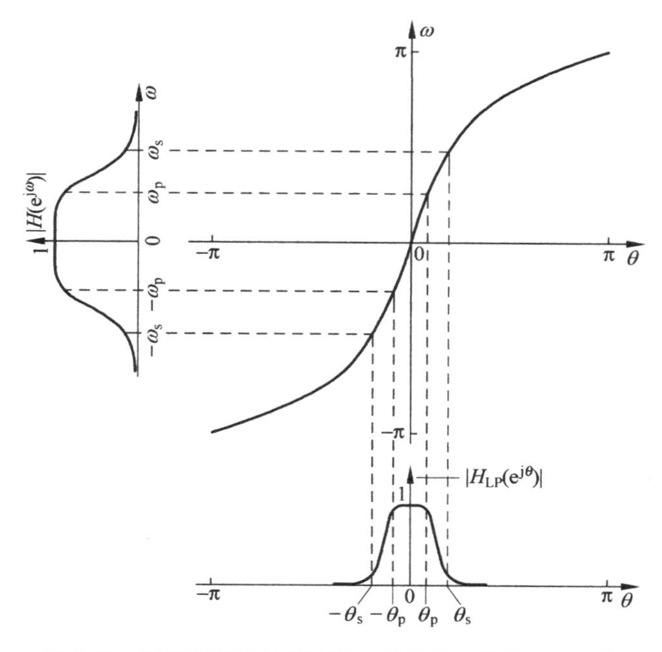

图 5-22　数字低通滤波器到数字低通滤波器的频率变换

将 $v=e^{j\theta}$ 和 $z=e^{j\omega}$ 代入式(5.90)，得到数字频率映射关系

$$e^{-j\theta}=\frac{e^{-j\omega}-a}{1-ae^{-j\omega}} \quad 或 \quad e^{-j\omega}=\frac{a+e^{-j\theta}}{1+ae^{-j\theta}} \tag{5.91}$$

由式(5.91)可推导出

$$\omega=\arctan\left[\frac{(1-a^2)\sin\theta}{2a+(1+a^2)\cos\theta}\right] \tag{5.92}$$

图 5-22 的右上图是取 $a=-0.5$ 时根据式(5.92)画出的 ω 与 θ 之间的函数关系曲线。若取 $a=0$，则有 $\omega=\theta$，即 ω 与 θ 之间的函数关系曲线是一条通过坐标原点倾斜 45°的直线；$a<0$ 意味着频率轴扩展，而 $a>0$ 意味着频率轴压缩；如图 5-23 所示。

参数 a 可以利用频率映射关系 $\theta_p\Leftrightarrow\omega_p$ 求出，由式(5.91)

$$e^{-j\theta_p}=\frac{e^{-j\omega_p}-a}{1-ae^{-j\omega_p}}$$

解出

$$a=\frac{e^{-j\omega_p}-e^{-j\theta_p}}{1-e^{-j(\theta_p+\omega_p)}}=\frac{\sin[(\theta_p-\omega_p)/2]}{\sin[(\theta_p+\omega_p)/2]} \tag{5.93}$$

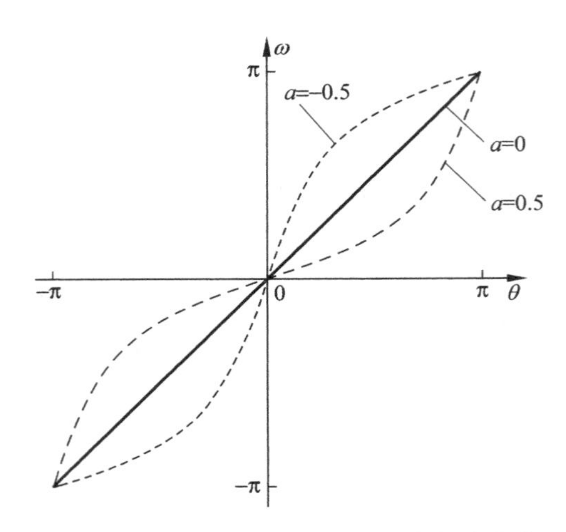

图 5-23　对应不同参数 a 的低通到低通数字频率变换函数曲线

5.5.2　数字低通滤波器到数字高通滤波器的频率变换

用 $-z$ 取代传输函数 $H(z)$ 中的 z，相当于频率响应沿数字频率轴移位 π(或沿单位圆循环移位 π)，这样，低通滤波器变成高通滤波器。因此，只要在低通频率变换公式(5.90)中用 $-z$ 取代 z，即可得出高通频率变换公式，即

$$v^{-1}=F(-z^{-1})=-\frac{z^{-1}+a}{1+az^{-1}} \tag{5.94}$$

在单位圆上有

$$\mathrm{e}^{-\mathrm{j}\theta}=-\frac{\mathrm{e}^{-\mathrm{j}\omega}+a}{1+a\mathrm{e}^{-\mathrm{j}\omega}} \tag{5.95}$$

将图 5-24 中右下图所示的原型低通滤波器与左上图所示的高通滤波器的幅度响应进行比较可以看出，高通频率变换的映射关系是：$\omega=0\Leftrightarrow\theta=\pm\pi$ 和 $\omega=\pm\pi\Leftrightarrow\theta=0$，式(5.95)的确满足这两个映射关系，因为

$$\mathrm{e}^{\pm\mathrm{j}\pi}=-\frac{\mathrm{e}^{-\mathrm{j}0}+a}{1+a\mathrm{e}^{-\mathrm{j}0}}\quad 和\quad \mathrm{e}^{-\mathrm{j}0}=-\frac{\mathrm{e}^{\pm\mathrm{j}\pi}+a}{1+a\mathrm{e}^{\pm\mathrm{j}\pi}}$$

参数 a 根据映射关系 $\omega=\omega_{\mathrm{p}}\Leftrightarrow\theta=\theta_{\mathrm{p}}$ 求出，由式(5.95)

$$\mathrm{e}^{-\mathrm{j}\theta_{\mathrm{p}}}=-\frac{\mathrm{e}^{-\mathrm{j}\omega_{\mathrm{p}}}+a}{1+a\mathrm{e}^{-\mathrm{j}\omega_{\mathrm{p}}}}$$

解出

$$a=-\frac{\cos[(\theta_{\mathrm{p}}-\omega_{\mathrm{p}})/2]}{\cos[(\theta_{\mathrm{p}}+\omega_{\mathrm{p}})/2]} \tag{5.96}$$

将式(5.96)确定的参数 a 代入式(5.95)，得到的高通频率变换函数曲线示于图 5-24 的右上图(设 $\theta_{\mathrm{p}}=1$ 和 $\omega_{\mathrm{p}}=1.2$)，曲线位于第一和第三象限内。

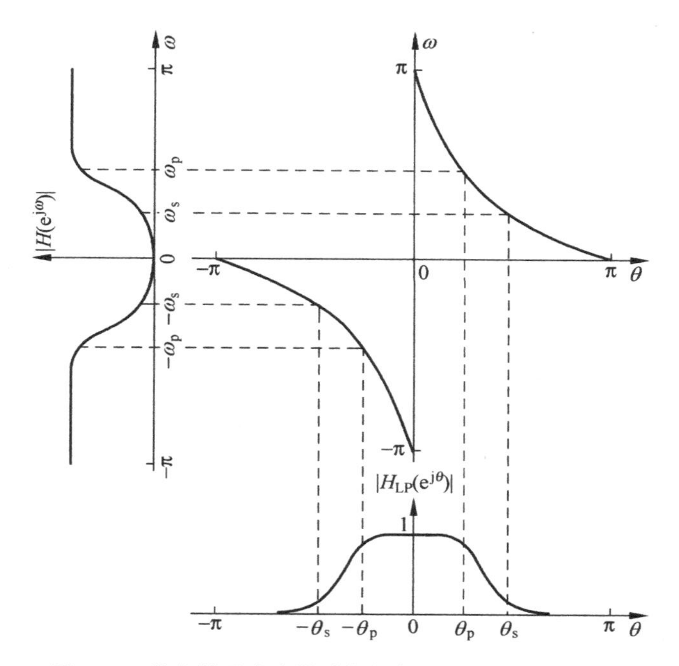

图 5-24　数字低通滤波器到数字高通滤波器的频率变换

参数 a 也可以根据映射关系 $\omega=\omega_p \Leftrightarrow \theta=-\theta_p$ 推导，这种情况下有

$$e^{j\theta_p}=-\frac{e^{-j\omega_p}+a}{1+a e^{-j\omega_p}}$$

由此解出的参数 a 的计算公式为

$$a=-\frac{\cos[(\theta_p+\omega_p)/2]}{\cos[(\theta_p-\omega_p)/2]} \tag{5.97}$$

将式(5.97)确定的参数 a 代入式(5.95)，得到的高通频率变换函数曲线出现在第二和第四象限内。

用式(5.96)或式(5.97)确定参数 a，得到的滤波器的幅度响应相同，只是相位响应有区别。此外，取 $\theta_p=1$ 和不同的 ω_p 值时，两种情况下的频率变换函数曲线如图 5-25 所示，图中只画出了第一和第二象限的图形。

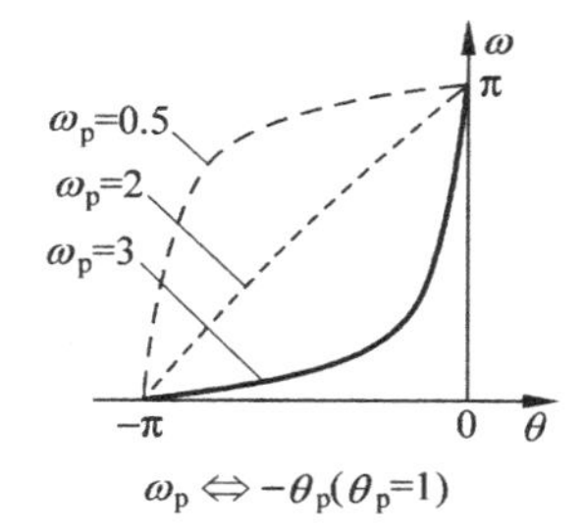

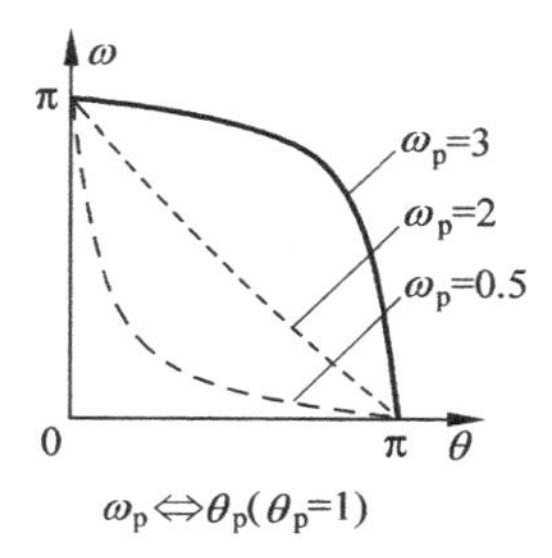

图 5-25　$\theta_p=1$ 和不同的 ω_p 值时的高通频率变换函数曲线

按照同样思路，也可以在低通频率变换公式(5.90)中用$-v$取代v来导出高通频率变换公式，这样可以得出另外一种形式的变换公式

$$v^{-1}=-F(z^{-1})=-\frac{z^{-1}-a}{1-az^{-1}} \tag{5.98}$$

其中，参数a如果根据映射关系$\omega=\omega_p \Leftrightarrow \theta=\theta_p$推导，则得出

$$a=\frac{\cos[(\theta_p-\omega_p)/2]}{\cos[(\theta_p+\omega_p)/2]} \tag{5.99}$$

式(5.99)与式(5.96)仅仅符号不同。如果对比式(5.98)与式(5.94)，这是很自然的结果，因为式(5.98)与式(5.94)中的参数a本来就相差一个符号。

5.5.3 数字低通滤波器到数字带通滤波器的频率变换

将图5-26右下方的低通原型幅度响应与左上方的带通进行比较，可以看出，带通的中心频率ω_0对应于低通原型的零频率$\theta=0$；当带通的频率从ω_0变到π时，由通带走向阻带，对应于θ从0变到π；而当ω由ω_0变到$-\pi$时，也是由通带走向阻带，但却对应于θ从0变到$-\pi$。这样，当ω由0变到π时，θ相应地从$-\pi$变到π，总共变化2π。这就决定了式(5.89)所定义的全通函数必须是一个2次函数，即

$$F(z^{-1})=\pm\frac{z^{-1}-\alpha_1}{1-\alpha_1 z^{-1}}\cdot\frac{z^{-1}-\alpha_2}{1-\alpha_2 z^{-1}}=\pm\frac{z^{-2}+a_1 z^{-1}+a_2}{a_2 z^{-2}+a_1 z^{-1}+1} \tag{5.100}$$

与前面两种变换类似，式中的参数a_1和a_2可以根据通带截止频率的下列映射关系来确定

$$\omega_{p1}\Leftrightarrow-\theta_p \quad 和 \quad \omega_{p2}\Leftrightarrow\theta_p$$

推导结果如表5-4所示。

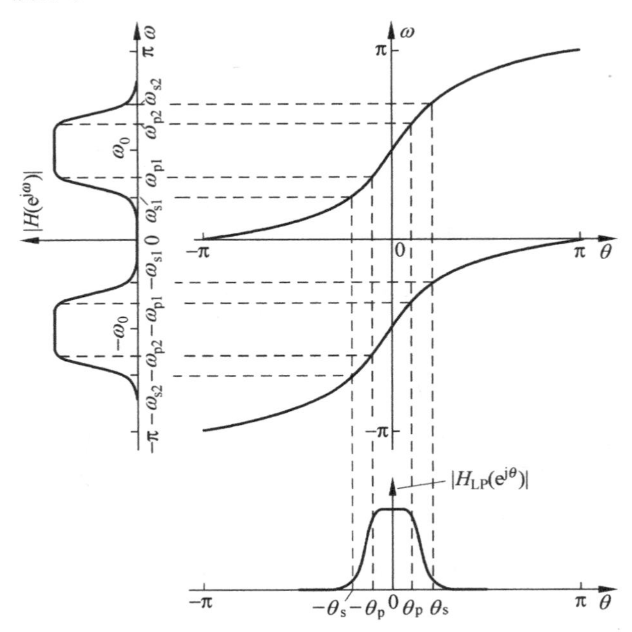

图5-26 数字低通滤波器到数字带通滤波器的频率变换

5.5.4 数字低通滤波器到数字带阻滤波器的频率变换

从低通到带阻的变换，同样可以将带通变换中的 z 用 $-z$ 取代来得到。图 5-27 所示的是频率变换函数以及变换前后幅度响应的示意图。

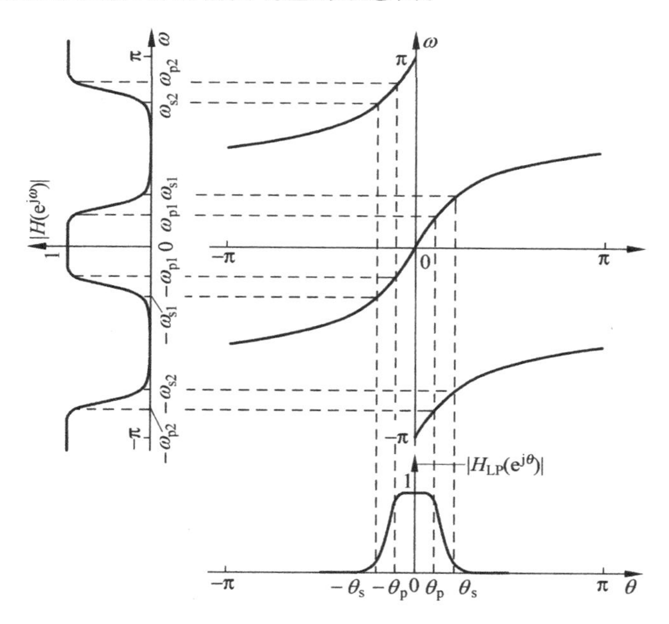

图 5-27 数字低通滤波器到数字带阻滤波器的频率变换

表 5-4 总结了以上 4 种数字频率变换。其中，θ_p 是变换前的数字低通原型滤波器的通带截止频率。

表 5-4 常用的数字频率变换 $H(z)=H_{LP}[F(z^{-1})]$

$H(z)$	$v^{-1}=F(z^{-1})$	参　数
通带截止频率为 ω_p 的低通滤波器	$\frac{z^{-1}-a}{1-az^{-1}}$	$a=\frac{\sin[(\theta_p-\omega_p)/2]}{\sin[(\theta_p+\omega_p)/2]}$
通带截止频率为 ω_p 的高通滤波器	$-\frac{z^{-1}+a}{1+az^{-1}}$	$a=-\frac{\cos[(\theta_p-\omega_p)/2]}{\cos[(\theta_p+\omega_p)/2]}$
通带截止频率为 ω_{p1} 和 ω_{p2} 的带通滤波器	$-\frac{z^{-2}+a_1z^{-1}+a_2}{a_2z^{-2}+a_1z^{-1}+1}$	$a_1=-2\alpha\beta/(\beta+1)$ $a_2=(\beta-1)/(\beta+1)$ $\alpha=\frac{\cos[(\omega_{p2}+\omega_{p1})/2]}{\cos[(\omega_{p2}-\omega_{p1})/2]}$ $\beta=\cot\frac{\omega_{p2}-\omega_{p1}}{2}\tan\frac{\theta_p}{2}$

续表

$H(z)$	$v^{-1}=F(z^{-1})$	参　数
通带截止频率为 ω_{p1} 和 ω_{p2} 的带阻滤波器	$\dfrac{z^{-2}+a_1z^{-1}+a_2}{a_2z^{-2}+a_1z^{-1}+1}$	$a_1=-2\alpha/(\beta+1)$ $a_2=(1-\beta)/(\beta+1)$ $\alpha=\dfrac{\cos[(\omega_{p2}+\omega_{p1})/2]}{\cos[(\omega_{p2}-\omega_{p1})/2]}$ $\beta=\tan\dfrac{\omega_{p2}-\omega_{p1}}{2}\tan\dfrac{\theta_p}{2}$

5.6 设计 IIR 数字滤波器的一般步骤

第一步：将给出的数字滤波器设计指标换算成原型滤波器设计指标。

原型滤波器是指频率归一化的低通模拟滤波器。首先需要把已知的数字滤波器设计指标转换成模拟滤波器指标，然后转换成低通模拟滤波器指标，并进行频率归一化。

第二步：设计原型滤波器。

按照应用要求选择 5.2 节中某种滤波器作为原型滤波器，根据原型滤波器技术指标设计归一化的低通模拟滤波器(原型滤波器)。

第三步：选择一种设计方案。

(1) 图 5-1(a)的方案：利用模拟频率变换方法，将第二步设计的原型滤波器变换成具有希望频率特性的模拟滤波器。

(2) 图 5-1(b)的方案：利用冲激响应不变法或双线性变换法，将第二步设计的原型滤波器映射成频率归一化的低通数字滤波器(称为原型数字滤波器)。

第四步：与第三步相对应有两种不同方案。

(1) 图 5-1(a)的方案：利用冲激响应不变法或双线性变换法，把第三步(1)得到的模拟滤波器映射成具有希望频率特性的数字滤波器。

(2) 图 5-1(b)的方案：利用数字频率变换方法，把第三步(2)得到的原型数字滤波器变换成具有希望频率特性的数字滤波器。

关于第一步需要进一步加以说明。把已知的数字滤波器设计指标转换成相应的模拟滤波器指标，主要是把数字频率转换成模拟频率，而通带波纹和阻带衰减保持不变。将数字频率转换成模拟频率，可以采用冲激响应不变法，即利用式(5.59)进行线性频率变换

$$\Omega=\omega/T_s$$

也可以采用双线性变换法，即利用式(5.67)进行非线性频率变换

$$\Omega=\frac{2}{T_s}\tan\frac{\omega}{2}$$

采用何种频率变换方法，取决于把模拟滤波器转换成数字滤波器时将要采用何种映射方法。

将任意低通滤波器截止频率 Ω_p 和 Ω_s 转换成原型滤波器截止频率 $\bar{\Omega}_p$ 和 $\bar{\Omega}_s$ 的方法

很简单，只需用 Ω_p 归一化就可以了，即 $\bar{\Omega}_p=\Omega_p/\Omega_p=1$ 和 $\bar{\Omega}_s=\Omega_s/\Omega_p$。将高通滤波器截止频率 Ω_p 和 Ω_s 转换成原型滤波器截止频率 $\bar{\Omega}_p$ 和 $\bar{\Omega}_s$ 的方法仍然是用 Ω_p 归一化，但与低通滤波器的情况不同的是，转换前后的频率 Ω 与 $\bar{\Omega}$ 之间的关系是 $\bar{\Omega}=\Omega_p/\Omega$ 而不是 $\bar{\Omega}=\Omega/\Omega_p$。

将带通滤波器截止频率 Ω_{p1}、Ω_{p2}、Ω_{s1}、Ω_{s2} 转换成原型滤波器截止频率 $\bar{\Omega}_p$ 和 $\bar{\Omega}_s$ 的方法比较复杂，具体方法是：

（1）计算通带宽度和通带中心频率的平方

$$B_p=\Omega_{p2}-\Omega_{p1},\quad \Omega_{0p}^2=\Omega_{p1}\Omega_{p2}$$

（2）用式(5.80)的频率变换函数计算阻带截止频率 $\bar{\Omega}_{s1}$ 和 $\bar{\Omega}_{s2}$

$$\bar{\Omega}_{s1}=\frac{\Omega_{s1}^2-\Omega_{0p}^2}{B_p\Omega_{s1}},\quad \bar{\Omega}_{s2}=\frac{\Omega_{s2}^2-\Omega_{0p}^2}{B_p\Omega_{s2}}$$

选择二者中绝对值较小者作为原型滤波器的阻带截止频率，即

$$\bar{\Omega}_s=\min(|\bar{\Omega}_{s1}|,\quad |\bar{\Omega}_{s2}|)$$

（3）最后得到原型滤波器的设计指标：$\bar{\Omega}_p=1$，$\bar{\Omega}_s$、A_p 和 A_s。

将带阻滤波器截止频率转换成原型滤波器截止频率的方法与带通滤波器类似，具体方法是：

（1）计算阻带宽度和阻带中心频率的平方

$$B_s=\Omega_{s2}-\Omega_{s1},\quad \Omega_{0s}^2=\Omega_{s1}\Omega_{s2}$$

（2）用式(5.86)的频率变换函数计算通带截止频率 $\bar{\Omega}_{p1}$ 和 $\bar{\Omega}_{p2}$

$$\bar{\Omega}_{p1}=\frac{\Omega_s B_s\Omega_{p1}}{-\Omega_{p1}^2+\Omega_{0s}^2},\quad \bar{\Omega}_{p2}=\frac{\Omega_s B_s\Omega_{p2}}{-\Omega_{p2}^2+\Omega_{0s}^2}$$

选择二者中绝对值较大者作为通带截止频率，即

$$\Omega_p=\max(|\bar{\Omega}_{p1}|,|\bar{\Omega}_{p2}|)$$

将其归一化后，得到原型滤波器的通带截止频率，即 $\bar{\Omega}_p=\Omega_p/\Omega_p=1$；并以此确定 Ω_s，即

$$\bar{\Omega}_s=\bar{\Omega}_p/\Omega_p=1/\Omega_p$$

（3）最后得到原型滤波器的设计指标：$\bar{\Omega}_p=1$，$\bar{\Omega}_s$、A_p 和 A_s。

例 5.12 用 Butterworth 滤波器作原型滤波器，采用双线性变换方法，设计一个满足以下指标的带通滤波器：$F_{s1}=1\text{kHz}$，$F_{s2}=3\text{kHz}$，$F_{p1}=1.4\text{kHz}$，$F_{p2}=2.6\text{kHz}$，$A_p=3\text{dB}$，$A_s=15\text{dB}$，$f_s=8\text{kHz}$。利用图 5-1(a)的方案进行设计。

解 第一步：将给出的数字滤波器设计指标换算成原型（模拟低通）滤波器设计指标。

$$\omega_{s1}=2\pi F_{s1}/f_s=2\pi\times 1000/8000=0.25\pi$$

$$\omega_{s2}=2\pi F_{s2}/f_s=2\pi\times 3000/8000=0.75\pi$$

$$\omega_{p1}=2\pi F_{p1}/f_s=2\pi\times 1400/8000=0.35\pi$$

$$\omega_{p2}=2\pi F_{p2}/f_s=2\pi\times 2600/8000=0.65\pi$$

$$\Omega_{s1}=\tan\frac{\omega_{s1}}{2}=\tan\frac{0.25\pi}{2}=0.4142$$

$$\Omega_{s2} = \tan\frac{\omega_{s2}}{2} = \tan\frac{0.75\pi}{2} = 2.4142$$

$$\Omega_{p1} = \tan\frac{\omega_{p1}}{2} = \tan\frac{0.35\pi}{2} = 0.6128$$

$$\Omega_{p2} = \tan\frac{\omega_{p2}}{2} = \tan\frac{0.65\pi}{2} = 1.6319$$

$$B_p = \Omega_{p2} - \Omega_{p1} = 1.6319 - 0.6128 = 1.0191$$

$$\Omega_{0p}^2 = \Omega_{p1}\Omega_{p2} = 0.6128 \times 1.6319 = 1$$

$$\bar{\Omega}_{s1} = \frac{\Omega_{s1}^2 - \Omega_{0p}^2}{B_p\Omega_{s1}} = \frac{0.4142^2 - 1}{1.0191 \times 0.4142} = -1.9626$$

$$\bar{\Omega}_{s2} = \frac{\Omega_{s2}^2 - \Omega_{0p}^2}{B_p\Omega_{s2}} = \frac{2.4142^2 - 1}{1.0191 \times 2.4142} = 1.9626$$

$$\bar{\Omega}_s = \min(|\bar{\Omega}_s|, |\bar{\Omega}_{s2}|) = 1.9625$$

最后得到原型滤波器的设计指标：

$$\bar{\Omega}_p = 1,\quad \bar{\Omega}_s = 1.9625,\quad A_p = 3\text{dB},\quad A_s = 15\text{dB}$$

第二步：设计原型滤波器。

用式(5.37)估计滤波器的阶

$$r = \frac{\bar{\Omega}_p}{\bar{\Omega}_s} = \frac{1}{1.9625} = 0.5096$$

$$d = \left[\frac{10^{0.1A_p} - 1}{10^{0.1A_s} - 1}\right]^{\frac{1}{2}} = \left[\frac{10^{0.3} - 1}{10^{1.5} - 1}\right]^{\frac{1}{2}} = 0.1803$$

$$N = \frac{\lg d}{\lg r} = \frac{\lg 0.1803}{\lg 0.5096} = 2.5409,\quad \text{取 } N = 3$$

查表5-1得出归一化Butterworth模拟低通滤波器传输函数的系数，从而得到原型滤波器的传输函数

$$H_{LP}(\bar{s}) = \frac{1}{\bar{s}^3 + 2\bar{s}^2 + 2\bar{s} + 1}$$

第三步：模拟频率变换。

将式(5.79)的变换函数$\bar{s} = \frac{s^2 + \Omega_{0p}^2}{B_p s} = \frac{s^2+1}{1.0191s}$代入$H_{LP}(\bar{s})$，化简后得到

$$H(s) = \frac{1}{\left(\frac{s^2+1}{1.0191s}\right)^3 + 2\left(\frac{s^2+1}{1.0191s}\right)^2 + 2\left(\frac{s^2+1}{1.0191s}\right) + 1}$$

$$= \frac{1.0584s^3}{s^6 + 2.0382s^5 + 5.0772s^4 + 5.1348s^3 + 5.0772s^2 + 2.0382s + 1}$$

第四步：双线性变换。

将$s = \frac{z-1}{z+1}$代入$H(s)$，得到

$$H(z) = \frac{1.0584(z^6 - 3z^4 + 3z^2 - 1)}{21.3654z^6 + 24.8234z^4 + 14.8682z^2 + 2.9432}$$

$$= \frac{z^6 - 3z^4 + 3z^2 - 1}{20.1865z^6 + 23.4537z^4 + 14.0478z^2 + 2.7808}$$

$$= \frac{1 - 3z^2 + 3z^4 - z^6}{20.1865 + 23.4537z^{-2} + 14.0478z^{-4} + 2.7808z^{-6}}$$

图 5-28 所示的是例 5.12 设计的滤波器的频率特性。

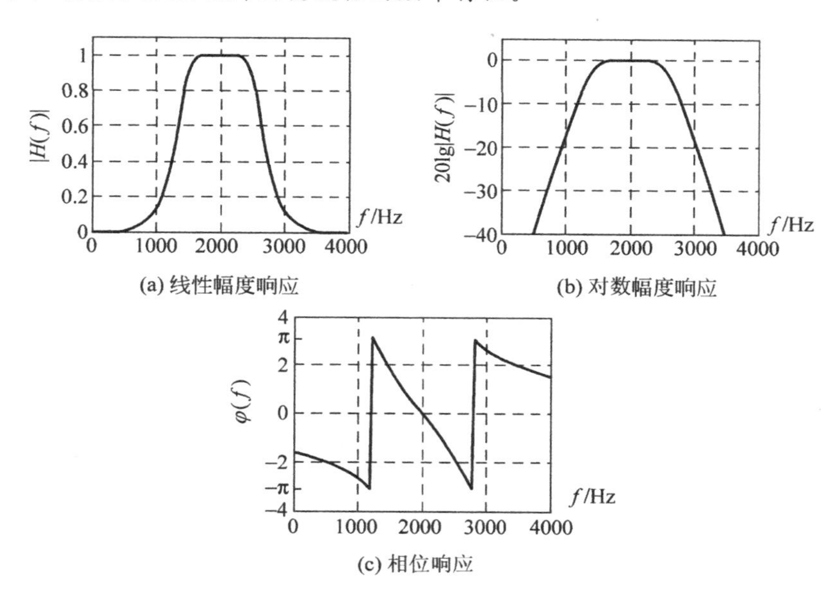

(a) 线性幅度响应

(b) 对数幅度响应

(c) 相位响应

图 5-28　例 5.12 设计的带通滤波器的频率特性

例 5.13　利用图 5-1(b)的方案完成例 5.12 的设计。

解　第一步和第二步与例 5.12 完全相同,故不重复。下面继续第三步。

第三步:利用双线性变换法,将第二步设计的原型滤波器映射成数字滤波器(所谓原型数字滤波器)。第二步得到的原型滤波器的传输函数为

$$H_{LP}(\bar{s}) = \frac{1}{\bar{s}^3 + 2\bar{s}^2 + 2\bar{s} + 1}$$

将$\bar{s} = \frac{v-1}{v+1}$代入 $H_{LP}(\bar{s})$,得到

$$H_{LP}(v) = \frac{1}{\left(\frac{v-1}{v+1}\right)^3 + 2\left(\frac{v-1}{v+1}\right)^2 + 2\left(\frac{v-1}{v+1}\right) + 1} = \frac{(v+1)^3}{6v^3 + 2v} = \frac{(1+v^{-1})^3}{6 + 2v^{-2}}$$

第四步:数字频率变换。从数字低通(原型)变换成数字带通。查表 5-4,得到

$$\alpha = \frac{\cos[(\omega_{p2} + \omega_{p1})/2]}{\cos[(\omega_{p2} - \omega_{p1})/2]} = \frac{\cos[(0.65 + 0.35)/2]}{\cos[(0.65 - 0.35)/2]} = 0$$

由 $\bar{\Omega} = \tan(\theta/2)$(设 $T_s = 2$),即 $\theta = 2\arctan\Omega$,得到

$$\theta_p = 2\arctan\Omega_p = 2\arctan 1 = 1.5708$$

$$\beta=\cot\frac{\omega_{p2}-\omega_{p1}}{2}\tan\frac{\theta_p}{2}=\cot\frac{(0.65-0.35)\pi}{2}\tan\frac{1.5708}{2}=1.9626$$

$$a_1=-2\alpha\beta/(\beta+1)=0$$

$$a_2=\frac{\beta-1}{\beta+1}=\frac{1.9626-1}{1.9626+1}=0.3249$$

变换函数为

$$v^{-1}=-\frac{z^{-2}-a_1z^{-1}+a_2}{a_2z^{-2}-a_1z^{-1}+1}=-\frac{z^{-2}+0.3249}{0.3249z^{-2}+1}$$

将以上变换函数代入 $H_{LP}(v)$,得到

$$H(z)=\frac{\left(1-\dfrac{z^{-2}+0.3249}{0.3249z^{-2}+1}\right)^3}{6+2\left(-\dfrac{z^{-2}+0.3249}{0.3249z^{-2}+1}\right)^2}$$

$$=\frac{0.3077(-z^{-6}+3z^{-4}-3z^{-2}+1)}{-0.8556z^{-6}+4.3224z^{-4}+7.2164z^{-2}+6.2111}$$

$$=\frac{1-3z^{-2}+3z^{-4}-z^{-6}}{20.1856+23.4527z^{-2}+14.0474z^{-4}+2.7806z^{-6}}$$

本例在数字域而例 5.12 则在模拟域进行频率变换。可以看出,除非常小的数值误差外,二者得到的 $H_a(s)$相同。这是因为,采用双线性变换方法不存在频率混叠问题,所以无论是在模拟频域或是在数字频域进行频率变换,都不会影响设计结果。图 5-29 所示的是例 5.13 设计的滤波器的频率特性,可以看到它们与图 5-28 基本一致。

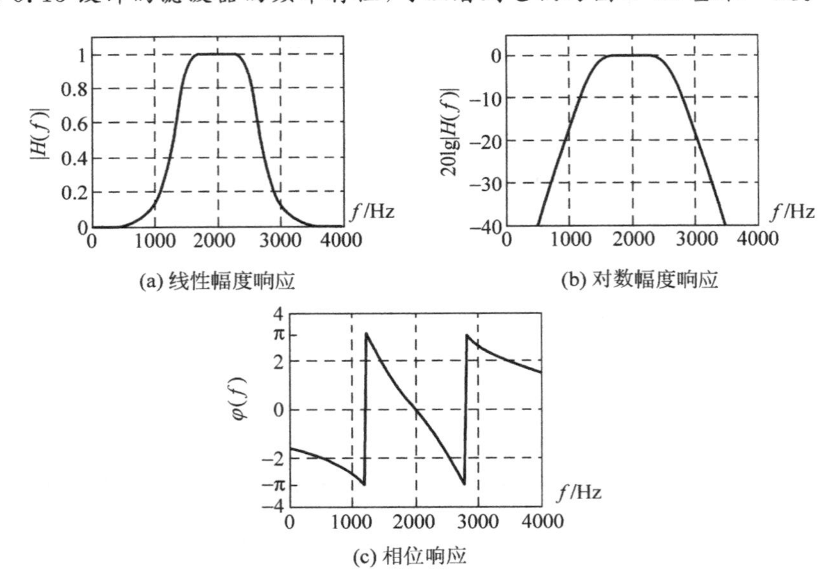

图 5-29 例 5.13 设计的带通滤波器的频率特性

5.7 用于设计 IIR 数字滤波器的主要 MATLAB 函数

5.7.1 模拟滤波器设计

1. 模拟原型滤波器设计

MATLAB 中用于模拟原型滤波器设计的函数有 buttap、cheb1ap、cheb2ap 和 ellipap，这些函数名的最后两个字母 ap 代表 analog prototype(模拟原型)。它们的调用方式基本相同。

(1) [z,p,k]=buttap(N)：只需一个输入参数 N，它是滤波器的阶。3 个输出参数 z、p 和 k，分别是 N 阶 Butterworth 模拟低通滤波器原型的零点、极点和增益。因为没有零点，所以 z 是空矩阵；p 是长为 N 的列矢量；k 是标量。用这些参数表示的滤波器传输函数为

$$H(s)=\frac{k}{\prod_{i=1}^{N}(s-p_i)}$$

因此有：z=[ ]；p=exp(sqrt(−1) * (pi * (1:2:2 * N−1)/(2 * N)+pi/2))；k=real(prod(−p))；

(2) [z,p,k]=cheb1ap(N,Ap)：输入参数除了阶数 N 外，还指定通带波纹幅度 Ap。输出参数是 N 阶 Chebyshev Ⅰ型模拟低通原型滤波器的零点、极点和增益。

(3) [z,p,k]=cheb2ap(N,As)：Chebyshev Ⅱ型模拟低通滤波器原型与 Chebyshev Ⅰ型的主要区别在于它在阻带有等波纹，因此，输入参数指定了阻带衰减 As；此外，它将阻带截止频率归一化，即 $\Omega_c=\Omega_s=1$ 是 3dB 截止频率；最后，极点和零点都是长为 N 的列矢量，如果 N 为奇数则 z 的长度为 N−1。传输函数为

$$H(s)=\frac{k\prod_{i=1}^{N}(s-z_i)}{\prod_{i=1}^{N}(s-p_i)} \quad 或 \quad H(s)=\frac{k\prod_{i=1}^{N-1}(s-z_i)}{\prod_{i=1}^{N}(s-p_i)}$$

(4) [z,p,k]=ellipap(N,Ap,As)：需要输入阶、通带波纹和阻带衰减等 3 个参数。输出为 N 阶椭圆模拟低通滤波器原型的零点、极点和增益。零点和极点都是长为 N 的列矢量，N 为奇数时则 z 的长度为 N−1。频率归一化是对通带截止频率进行的。

图 5-30 是参数设为 N=6、Ap=1 和 As=15 时，由上列 4 个函数产生的模拟原型滤波器的幅度响应的图形。

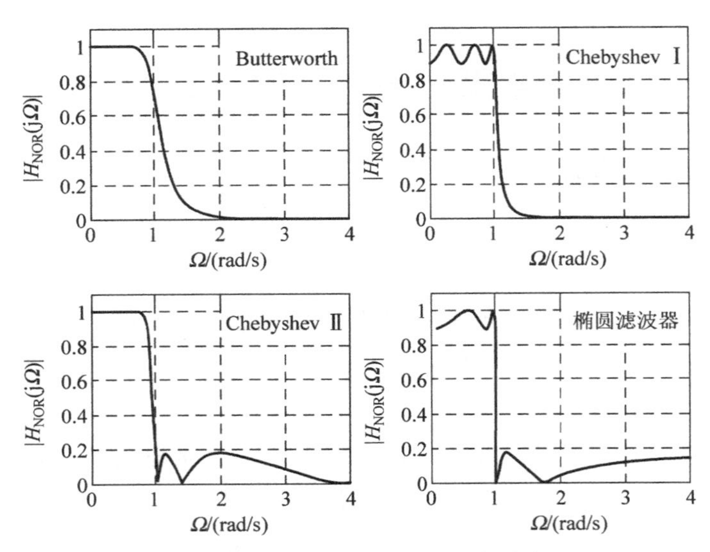

图 5-30　MATLAB 函数产生的模拟原型滤波器的幅度响应(N=6,Ap=1,As=15)

2. 未归一化模拟低通滤波器设计

(1) 未归一化 Butterworth 模拟低通滤波器

由于 Butterworth 原型滤波器的极点位于单位圆上,而未归一化的 Butterworth 模拟低通滤波器的极点位于半径为 Ω_c 的圆上,所以,只需将极点乘以 Ω_c,即可由 Butterworth 模拟原型滤波器得到 Ω_c 为任意值的未归一化模拟低通滤波器;与此同时,应当将增益 k 乘以 Ω_c^N。即设计未归一化 Butterworth 模拟低通滤波器的语句为

```
[z,p,k] = buttap(N);
p = p * Omegac; a = real(poly(p));
k = k * Omegac^N; b = real(poly(z)); b = k * b;
```

最后得到的 b 和 a 分别是未归一化模拟低通滤波器的传输函数的分子和分母多项式的系数矢量,分子和分母多项式都以 z^{-1} 的升幂(即 z 的降幂)排列。

(2) 未归一化 Chebyshev Ⅰ型模拟低通滤波器

与 Butterworth 模拟低通滤波器类似,未归一化的 Chebyshev Ⅰ型滤波器的极点,也可以由 Chebyshev Ⅰ型原型滤波器的极点乘以 Ω_c 得到。但增益的计算有所不同。具体说,Chebyshev Ⅰ型滤波器的幅度响应在 $\Omega=0$ 处的值为(见式(5.38))

$$|H(0)|=\begin{cases}1, & N\text{ 为奇数}\\ 1/\sqrt{1+\varepsilon^2}, & N\text{ 为偶数}\end{cases}$$

所以,未归一化的 Chebyshev Ⅰ型滤波器的增益,应当由原型滤波器的增益乘以比值

$$k_0=|H(0)|/|H_{NOR}(0)|$$

来确定,式中,$|H(0)|$ 和 $|H_{NOR}(0)|$ 分别是未归一化和原型 Chebyshev Ⅰ型滤波器在 $\Omega=0$ 处的增益值。这样,可以写出由 Chebyshev Ⅰ型原型滤波器设计未归一化的滤波

器的 MATLAB 语句

```
[z,p,k] = cheb1ap(N,Ap);
a = real(poly(p));
aNn = a(N+1); p = p * Omegac; a = real(poly(p));
aNu = a(N+1); k = k * aNu/aNn; b = real(poly(z)); b = k * b;
```

(3) 未归一化 Chebyshev Ⅱ型模拟低通滤波器

与 Chebyshev Ⅰ型滤波器不同,Chebyshev Ⅱ型滤波器具有零点,所以,还必须考虑将 z 乘以Ω_c。这样,由 Chebyshev Ⅱ型原型滤波器求未归一化的 Chebyshev Ⅱ型滤波器的 MATLAB 语句为

```
[z,p,k] = cheb2ap(N,As);
a = real(poly(p));
aNn = a(N+1); p = p * Omegac; a = real(poly(p));
aNu = a(N+1); b = real(poly(z)); M = length(b);
bNn = b(M); z = z * Omegac; b = real(poly(z));
bNu = b(M); k = k * (aNu * bNn)/(aNn * bNu); b = k * b;
```

(4) 未归一化椭圆模拟低通滤波器

由椭圆原型滤波器求未归一化的椭圆低通滤波器,方法与 Chebyshev Ⅱ型滤波器相同。

3. 模拟低通滤波器的阶

上面介绍了设计模拟低通滤波器的基本方法,即先设计原型滤波器,然后将其转换成未归一化的低通滤波器。模拟低通滤波器的设计指标通常是 Ω_p、Ω_s、A_p 和 A_s,因此,首先需要根据这些设计指标估计 N 和Ω_c。

Butterworth 滤波器的 N 由式(5.22)计算,Ω_c 用式(5.19)或式(5.20)计算

$$N=\frac{\lg d}{\lg r}=\frac{\lg\left(\dfrac{10^{0.1A_p}-1}{10^{0.1A_s}-1}\right)^{1/2}}{\lg(\Omega_p/\Omega_s)}=\frac{\lg\left(\dfrac{\varepsilon}{\sqrt{A^2-1}}\right)}{\lg(\Omega_p/\Omega_s)}$$

$$\Omega_{cp}=\frac{\Omega_p}{[(1-\delta_p)^{-2}-1]^{1/(2N)}}\quad 或\quad \Omega_{cs}=\frac{\Omega_s}{(\delta_s^{-2}-1)^{1/(2N)}}$$

Chebyshev Ⅰ型和Ⅱ型滤波器的阶由式(5.37)确定

$$N=\frac{\lg(d^{-1}+\sqrt{d^{-2}-1})}{\lg(r^{-1}+\sqrt{r^{-2}-1})}$$

其中,参数 r 和 d 分别由式(5.7)和式(5.8)计算

$$r\equiv\frac{\Omega_p}{\Omega_s},\quad d\equiv\frac{\varepsilon}{\sqrt{A^2-2}}=\left[\frac{(1-\delta_p)^{-2}-1}{\delta_s^{-2}-1}\right]^{\frac{1}{2}}=\left[\frac{10^{0.1A_p}-1}{10^{0.1A_s}-1}\right]^{\frac{1}{2}}$$

椭圆滤波器的阶用式(5.50)计算

$$N=\frac{g(r^2)g(\sqrt{1-d^2})}{g(\sqrt{1-r^2})g(d^2)}$$

式中,$g(x)$是第一类完全椭圆积分。

以上述公式为基础,MATLAB 提供了估计 4 种滤波器的阶的函数,分别是

```
(1) [n,wn] = buttord(wp,ws,Ap,As,'s')
(2) [n,wp] = cheb1ord(wp,ws,Ap,As,'s')
(3) [n,ws] = cheb2ord(wp,ws,Ap,As,'s')
(4) [n,wp] = ellipord(wp,ws,Ap,As,'s')
```

这些函数不仅适用于模拟滤波器,也适用于数字滤波器;不仅适用于低通滤波器,也适用于其他选频滤波器。输入参数'*s*'表示模拟滤波器,没有参数'*s*'时表示数字滤波器。通带和阻带截止角频率 wp 和 ws 的数值介于 0 与 1 之间,1 对应于归一化 Nyquist 频率或 1/2 取样频率(角频率 π)。当 wp 和 ws 是 2 元素行矢量时,对应于带通或带阻滤波器。

例 5.14 利用 MATLAB 设计一个 Buttworth 模拟低通滤波器,满足以下设计指标

$$[F_p, F_s, A_p, A_s] = [1\text{kHz}, 1.5\text{kHz}, 1\text{dB}, 15\text{dB}]$$

(1) 求原型滤波器和设计的低通滤波器的传输函数。

(2) 计算通带波纹和阻带衰减。

(3) 画出滤波器的线性幅度响应和对数幅度响应。

解 m 文件如下(略去了绘图语句):

```
% 例 5.14
Fp = 1000;Fs = 1500; Ap = 1; As = 15;
Omegap = 2 * Fp; Omegas = 2 * Fs;
[N,Omegac] = buttord(Omegap,Omegas,Ap,As);
[za,pa,ka] = buttap(N);
aa = real(poly(pa)); ba = real(poly(za));
p = pa * Omegac; a = real(poly(p));
k = ka * Omegac^N; b = k * ba;
[H,w] = freqs(b,a);
Hdb = 20 * log10((abs(H) + eps)/max((abs(H) + eps));
```

(1) 3dB 截止频率 $\Omega_c = 7086.5\text{rad/s}$。

原型滤波器传输函数分子和分母多项式的系数为

```
ba = 1
aa = [1.0000,3.8637,7.4641,9.1416,7.4641,3.8637,1.0000]
```

所以,设计出的低通滤波器传输函数 $H(s)$分子和分母多项式的系数

$$b = 1.2665 \times 10^{23}$$

$$a = [0.0000, 0.0000, 0.0000, 0.0000, 0.0000, 0.0007, 1.2665] \times 10^{23}$$

最大系数为 $\Omega_c^N = (0.70865 \times 10^4)^6 = 1.2665 \times 10^{23}$。由于各系数的数量级相差悬殊,因此,分母多项式的前面 5 个系数相对来说无法表示。如果将传输函数 $H(s)$的自变量改为

$$\bar{s} = \frac{s}{\Omega_c} = \frac{s}{7086.5}$$

即使用原型滤波器的传输函数代替设计出的低通滤波器传输函数，则频率特性实际上并未发生改变，仅仅频率轴的尺度有所改变(用 Ω_c 归一化)。这样做，传输函数的分母多项式的系数都能完整地表示出来，因此，有利于比较准确地计算通带波纹和阻带衰减的数值。

(2) 通带波纹和阻带衰减

```
Omegax = [Omegap Omegas]/Omegac;
Hx = freqs(ba,aa,Omegax);
Hxdb = - 20 * log10((Hx)/max(abs(H));
```

(3) 滤波器的线性幅度响应和对数幅度响应如图 5-31 所示。

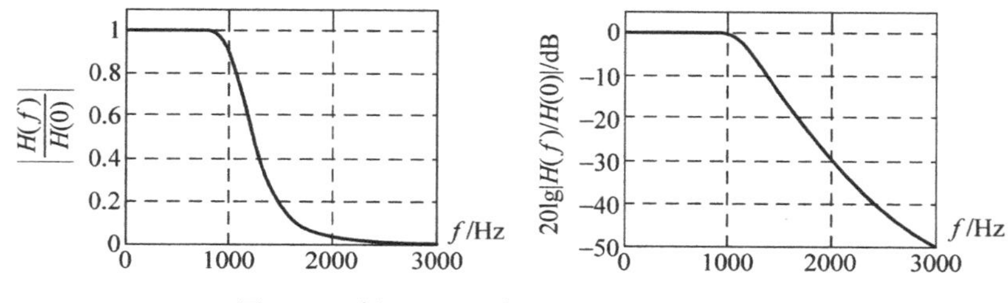

图 5-31　例 5.14 设计的滤波器的幅度响应

5.7.2　模拟滤波器到数字滤波器的映射

1. 冲激响应不变法

将模拟滤波器传输函数 $H_a(s)$ 映射成等效数字滤波器传输函数 $H(z)$，可以利用 MATLAB 中的函数 residue 和 residuez 来实现。具体说，首先利用 residue 求出 $H_a(s)$ 的极点，然后根据式(5.56)即 $z=\exp(ST_s)$ 把每个模拟极点映射成数字极点，得到

$$H(z)=\frac{1}{T_s}\sum_{k=0}^{N-1}\frac{A_k}{1-e^{p_kT_s}z^{-1}}$$

最后利用函数 residuez 把这个用极点表示的传输函数变换成有理函数。这一计算过程为

```
[Ra,pa,ka] = residue(ba,aa);
Ts = 1/fs; p = exp(pa * Ts);
[b,a] = residuez(Ra,p,ka); b = real(b')l; a = real(a');
```

其中，ba 和 aa 分别是模拟滤波器传输函数的分子和分母多项式系数矢量，b 和 a 分别是数字滤波器传输函数的分子和分母多项式系数矢量。多项式系数按照 s 的降幂顺序排列。Ts 是取样周期，fs 是取样频率。R、pa 和 k 是模拟滤波器传输函数的留数、极点和增益。

冲激响应不变法可以调用函数 impinvar 更方便地实现，它的调用形式为

```
[b,a] = impinvar(ba,aa,fs)
```

若输入参数中未指定 fs 或将其设为空矩阵，则约定 fs=1Hz。

2. 双线性变换法

双线性变换法按照式(5.64)将 s 平面映射成 z 平面。为补偿频率映射的非线性失真,需对频率轴进行预失真。映射前后能够准确匹配的频率称为匹配频率(the match frequency),用 fp 表示。采取频率预失真补偿后,jΩ 轴(Ω 从 $-\infty$ 到 $+\infty$)重复地映射成单位圆周 $\exp(j\omega)$(ω 从 $-\pi$ 到 π),即把 s 平面的频率 $2\pi f_p$(单位 rad/s)映射成 z 平面的归一化频率 $2\pi f_p/f_s$(单位 rad/s)。

设模拟滤波器传输函数为

$$H_a(s)=\frac{c_1 s^M+c_2 s^{M-1}+\cdots+c_M s+c_{M+1}}{d_1 s^N+d_2 s^{N-1}+\cdots+d_N s+d_{N+1}}$$

为简化符号,将双线性变换函数表示成

$$s=2f_s\frac{1-z^{-1}}{1+z^{-1}}=\frac{N(z)}{D(z)}$$

其中,$N(z)=2f_s(1-z^{-1})$和 $D(z)=1+z^{-1}$分别是变换函数的分子和分母多项式。将变换函数代入 $H_a(s)$,得到

$$H(z)=\frac{c_1\left(\frac{N(z)}{D(z)}\right)^M+c_2\left(\frac{N(z)}{D(z)}\right)^{M-1}+\cdots+c_M\left(\frac{N(z)}{D(z)}\right)+c_{M+1}}{d_1\left(\frac{N(z)}{D(z)}\right)^N+d_2\left(\frac{N(z)}{D(z)}\right)^{N-1}+\cdots+d_N\left(\frac{N(z)}{D(z)}\right)+d_{N+1}}$$

$$=\frac{c_1 N^M(z)D^{N-M}(z)+c_2 N^{M-1}(z)D^{N-M+1}(z)+\cdots+c_M N(z)D^{N-1}(z)+c_{M+1}D^N(z)}{d_1 N^N(z)+d_2 N^{N-1}(z)D(z)+\cdots+d_N N(z)D^{N-1}(z)+d_{N+1}D^N(z)}$$

可以看出,$H(z)$的分子和分母多项式中,每一项都由常数与 $N(z)$和 $D(z)$的幂的乘积组成,因此,可以多次调用 MATLAB 中完成多项式乘法运算的函数 conv 来实现双线性变换。通常 M≤N,为编程简单,可将分子多项式的阶增加为 N 以与分母多项式相同,所增加的项的系数设为零。下面是双线性变换程序:

```
% 双线性变换程序
M = length(c) - 1; N = length(d) - 1; L = N - M;
if L> = 0                                   % 调整分子和分母多项式具有相同的阶
c = [zeros(1,L),c];
else d = [zeros(1, - L),d];
end
Nz = 2 * fs * [1  - 1]; Dz = [1 1];          % 双线性变换函数分子和分母多项式的系数矢量
N = max(N,M);                               % 模拟滤波器的阶
b = 0; a = 0;                               % 模拟滤波器系数初始化
for k = 0:N                                 % 数字滤波器传输函数分子和分母多项式每项
   np = [1]; dp = [1];                      % 分子和分母多项式每项初始化
   for t = 0:k - 1                          % 分母多项式每项
       dp = conv(dp,Dz);
   end
for t = 0:N - k - 1                         % 分子多项式每项
       np = conv(np,Nz);
   end
```

```
b = b + c(k + 1) * conv(np,dp);                % 分子多项式系数矢量
a = a + d(k + 1) * conv(np,dp);                % 分母多项式系数矢量
end
a = a/a(1); b = b/a(1);                        % 使分母多项式成首一多项式
```

实现双线性变换的最简单方法是直接调用 MATLAB 专用函数 bilinear,调用方式分述如下。

(1) [z,p,k]= bilinear(za,pa,ka,fs) 或 [z,p,k]= bilinear(za,pa,ka,fs,fp): 其中,za、pa 和 ka 分别是模拟滤波器的零点、极点和增益; z、p 和 k 分别是数字滤波器的零点、极点和增益; fs 是取样频率(单位为 Hz); fp 是频率预失真补偿的匹配频率。具体分成以下 4 步:

① 若指定了输入参数 fp,首先要对其进行预失真: fp=2 * pi * fp; fs=fp/tan(fp/(fs/2)); 否则,取 fs=2 * fs。

② 排除±∞处的零点: z=z(finite(z))。

③ 对极点、零点和增益进行双线性变换。

```
p = (1 + pa/fs)./(1 - pa/fs); z = (1 + za/fs)./(1 - za/fs); k = real(ka * prod(fs - za./prod
(fs - pa)));
```

④ 加入-1 处的零点,以使分子和分母多项式具有相同的阶。

(2) [num,den]=bilinear(numa,dena,fs) 或 [num,den]=bilinear(numa,dena,fs,fp): 其中,numa 和 dena 分别是模拟滤波器传输函数分子和分母多项式的系数矢量; num 和 den 分别是数字滤波器传输函数分子和分母多项式的系数矢量; fs 是取样频率(单位为 Hz),可以任意选取,不一定等于真实的取样频率; fp 是频率预失真补偿的匹配频率。

例 5.15 分别利用上述"双线性变换程序"和函数 bilinear,验证例 5.13 第 3 步的结果。

解 令 c=1; d=[1 2 2 1]; fs=0.5; 运行上面的"双线性变换程序"。或令 numa=[0 0 0 1]; dena=[1 2 2 1]; fs=0.5; 调用函数[b,a]=bilinear(numa,dena,fs),都会得到

```
a = [1.0000   0   0.3333   0] 和 b = [0.1667   0.5000   0.5000 0.1667]
```

例 5.13 第 3 步的结果可化为 $H_{\mathrm{LP}}(v)=\dfrac{(1+v^{-1})^3}{6+2v^{-2}}\approx\dfrac{0.1667+0.5v^{-1}+0.5v^{-2}+0.1667v^{-3}}{1+0.3333v^{-2}}$

可见,本题与例 5.13 第 3 步的结果相同。

5.7.3 频率变换

1. 模拟频率变换

模拟频率变换的基本做法是利用表 5-3 所列变换函数 $\bar{s}=F(s)$ 将传输函数中的自变量 $\bar{s}$ 代之以 s,这与双线性变换的做法很类似,因此,其编程方法也相似,此处不再重复。MATLAB 中有 4 个完成模拟频率变换的函数,它们的调用方式分述如下。

(1) [bt,at]=lp2lp(b,a,W0): 将模拟原型(3dB 截止角频率为 1rad/s 的低通)滤波器,变换为截止角频率为 W0(单位为 rad/s)的模拟低通滤波器,即只改变模拟低通滤波

器的截止频率。输入参数 b 和 a 是原型滤波器的传输函数系数矢量,输出参数 bt 和 at 是变换后的模拟低通滤波器的传输函数系数矢量。变换前后滤波器传输函数的分子和分母多项式系数均以 s 的降幂顺序排列。所有系数矢量均为行矢量。

(2) [bt,at]=lp2hp(b,a,W0):将模拟原型滤波器变换为截止角频率为 W0 的模拟高通滤波器。

(3) [bt,at]=lp2bp(b,a,W0,Bw):将模拟原型滤波器变换为通带中心频率为 W0(单位为 rad/s)和通带宽度为 Bw 的模拟带通滤波器。通带中心频率定义为通带的上下截止频率的几何平均值,即 W0=sqrt(w1 * w2);通带宽度定义为 Bw=w2-w1。

(4) [bt,at]=lp2bs(b,a,Wo,Bw):将模拟原型滤波器变换为阻带中心频率为 W0 和阻带宽度为 Bw 的模拟带阻滤波器。阻带中心频率定义为阻带的上下截止频率的几何平均值,即 W0=sqrt(w1 * w2);阻带宽度定义为 Bw=w2-w1。

例 5.16 利用 MATLAB 函数 lp2bp 完成例 5.12 的第 3 步,并将结果进行比较。

解 运行 a=[1 2 2 1];b=[0 0 0 1];W0=1;Bw=1.0191;[bt,at]=lp2bp(b,a,W0,Bw);得到

```
bt = [1.0584   - 0.0000   - 0.0000   0.0000]
at = [1.0000   2.0382   5.0771   5.1348   5.0771   2.0382   1.0000]
```

与例 5.12 第 3 步的结果完全相同。

2. 数字频率变换

数字频率变换的基本做法是利用表 5-4 所列变换函数 $v^{-1}=F(z^{-1})$ 将传输函数中的自变量 v 代之以 z,这与模拟频率变换类似,因此其编程也与双线性变换的做法很类似。MATLAB 中有下面 4 个专用函数用来完成 IIR 数字滤波器的数字频率变换。

(1) [num,den]=iirlp2lp(b,a,wc,wd):该函数将传输函数分子和分母多项式系数为 b 和 a 的 IIR 数字低通滤波器,变换成传输函数分子和分母多项式系数为 num 和 den 的另外一个 IIR 数字低通滤波器。如果输入参数中进一步指定 wc 和 wd,则意味着要将变换前频率点 wc 上的幅度响应,映射成变换后频率点 wd 上的幅度响应。所有频率都归一化到区间[0,1],其中,1 对应于 Nyquist 频率(数字频率 π,或 1/2 取样频率)。注意,滤波器的阶在变换前后不改变。

(2) [num,den]=iirlp2hp(b,a,wc,wd):该函数将 b 和 a 表示的 IIR 数字低通滤波器变换成系数为 num 和 den 的 IIR 数字高通滤波器。低通频率点 wc 与高通频率点 wd 的幅度响应相对应。

(3) [Num,Den,AllpassNum,AllpassDen]=iirlp2bp(B,A,W0,Wt):该函数将 B 和 A 表示的 IIR 数字低通滤波器变换成系数矢量为 Num 和 Den 的 IIR 数字带通滤波器;同时,还输出全通映射滤波器的分子和分母多项式系数矢量 AllpassNum 和 AllpassDen。通过变换,把原型滤波器位于-W0 的幅度置于带通滤波器的频率点 Wt1,把+W0 的幅度置于频率点 Wt2,这里 Wt2>Wt1。这种变换具有“直流移动性”,即 Nyquist 频率不动,但直流移动到新的位置,取决于 Wt1 和 Wt2。原滤波器的其他幅

度响应的位置在变换后没有改变，这意味着，若选择原滤波器的两个频率 F1＜F2，则变换后两个频率仍然具有关系 F1＜F2，不过 F1 与 F2 之间的距离在变换前后不一样。

低通到带通的频率变换，不限于选择截止频率的幅度响应不变，一般而言，可以选择任意频率上的幅度响应不变，例如，阻带边界频率，直流频率，阻带衰减等。

Wt1 和 Wt2 之间的频率响应并未指定；但是，阻带中的幅度响应仍保留原低通滤波器的波纹性质，阻带幅度响应等于低通滤波器的最大幅度响应。为了精确地指定带通滤波器阻带内的幅度响应，应从低通滤波器的阻带中指定一个频率 W0。

(4) [Num,Den,AllpassNum,AllpassDen]＝iirlp2bp(B,A,W0,Wt)：该函数将 B 和 A 表示的 IIR 数字低通滤波器变换成系数矢量为 Num 和 Den 的 IIR 数字带阻滤波器；同时，还输出全通映射滤波器的分子和分母多项式系数矢量 AllpassNum 和 AllpassDen。

通过变换，原型滤波器位于－W0 的幅度变换到带阻滤波器的频率点 Wt1，把＋W0 的幅度变换到 Wt2＞Wt1。这种变换具有"Nyquist 移动性"，即直流不动，但是 Nyquist 频率移动到新的位置，取决于 Wt1 和 Wt2。原滤波器的其他幅度响应的相对位置在变换后将改变，这意味着，若选择原滤波器的两个频率 F1＜F2，则变换后将有 F1＞F2，然而，变换前后 F1 与 F2 之间的距离不同。

带阻滤波器的响应与低通滤波器阻带幅度和波纹相同。该函数之所以有用，是因为这种变换保持原滤波器幅度响应的形状不变。如果有一个低通滤波器，它的诸如滚降或通带波纹等特性非常满足要求，就可以利用这种变换产生一个具有相同特性的新的高通滤波器，而用不着从头设计。在某些情况下，使用这种变换有可能得到不正确的高通滤波器结果，这时可利用函数 fvtool 来验证变换得到的滤波器的幅度响应。

低通滤波器变换成高通滤波器后，原低通滤波器在一个频率上的幅度响应被移到高通滤波器一个新的频率位置。变换前后滤波器幅度响应轮廓一样，只是沿频率轴尺度有所伸缩。

例 5.17 调用 MATLAB 中的函数完成例 5.12 的设计。要求写出较完整的 m 文件，并将设计结果与例 5.12 的结果进行比较。

解 较完整的 m 文件如下。可以看出除去最后 5 行调用设计函数外，其余都是对数字滤波器技术指标的加工处理。

```
% 例 5.17
Fs1 = 1000;Fs2 = 3000;Fp1 = 1400;Fp2 = 2600;                % 数字滤波器技术指标
fs = 8000; Ap = 3; As = 15;
omegas1 = 2 * pi * Fs1/fs; omegas2 = 2 * pi * Fs2/fs;       % 实际频率折算成数字频率
omegap1 = 2 * pi * Fp1/fs; omegap2 = 2 * pi * Fp2/fs;
Omegas1 = tan(omegas1/2); Omegas2 = tan(omegas2/2);         % 模拟频率预失真
Omegap1 = tan(omegap1/2); Omegap2 = tan(omegap2/2);
Bp = Omegap2 - Omegap1; Omegap12 = Omegap1 * Omegap2; % 模拟带通滤波器参数
W0 = sqrt(Omegap12);                                        % 模拟带通滤波器中心频率
Omegas11 = ( Omegas1^2 - Omegap12)/(Bp * Omegas1);          % 阻带截止频率候选值
Omegas22 = ( Omegas2^2 - Omegap12)/(Bp * Omegas2);
Omegas = min( abs(Omegas11),abs( Omegas22));                % 原型滤波器阻带截止频率
Omegap = 1;                                                 % 原型滤波器通带截止频率
```

```
[N,Omegac] = buttord(Omegap,Omegas,Ap,As,'s');          % 模拟低通的阶和 3dB 截止频率
[za,pa,ka] = buttap(N);                                  % 设计 Butterworth 模拟原型滤波器
aa = real(poly(pa)); ba = real(poly(za));
[bt,at] = lp2bp(ba,aa,W0,Bp);                            % 将模拟原型变换成模拟带通
[num,den] = bilinear(bt,at,0.5);                % 将模拟带通变换成数字带通,选取 fs = 0.5 或 T = 2
```

运行该程序,检查以下参数与例5.12一致:N=3,Omegac=1.1096,Omegas=1.9625。

```
num = [0.0495 - 0.0000 - 0.1486 0.0000 0.1486 0.0000 - 0.0495]
den = [1.0000 - 0.0000 1.1619 - 0.0000 0.6959 - 0.0000 0.1378]
```

为了便于比较,将分子多项式化成首一多项式,得到

```
num = [1.0000   0   - 3.0020   0   3.0020   0   - 1.0000]
den = [20.2020   0   23.4727   0   14.0586   0   2.7838]
```

除了计算精度引起的微小误差外,与例5.12的结果一致。

例5.18 调用MATLAB中的函数完成例5.13的设计。

解 例5.17的m文件中,直到模拟原型滤波器设计的所有语句都可直接引用,即只需将那里的m文件中的最后两行改写为

```
fs = 0.5; Wt = [Omegap1 Omegap2];             % 选取 fs = 0.5 或 T = 2。带通滤波器的通带截止频率
W0 = 2 * atan(Omegap)/pi;                     % 模拟原型低通滤波器通带截止频率去预失真
[B,A] = bilinear(ba,aa,0.5);                  % 将模拟原型变换成数字原型
[Num,Den,AllpassNum,AllpassDen] = iirlp2bp(B,A,W0,Wt);
```

改写后的文件运行结果为

```
Num = [0.0495   0.0000   - 0.1486   0.0000   0.1486   - 0.0000   - 0.0495]
Den = [1.0000   - 0.0000   1.1619   - 0.0000   0.6959   - 0.0000   0.1378]
```

将分子多项式化成首一多项式,得到

```
Num = [1.0000   0   - 3.0020   0   3.0020   0   - 1.0000]
Den = [20.2020   0   23.4727   0   14.0586   0   2.7838]
```

与例5.13的结果相同。

5.7.4 专用于设计IIR滤波器的MATLAB函数

MATLAB中有4个专用于设计IIR滤波器(数字或模拟)的函数,直接以滤波器的设计指标作为调用时的输入参数。它们分别用于设计Butterworth、Chebyshev Ⅰ型、Chebyshev Ⅱ型和Ellip(椭圆)滤波器。除去状态变量形式外,每个函数各有8种调用方式,其中,对于模拟和数字滤波器,各有4种调用方式。模拟和数字滤波器,根据输入参数中是否有's'来区分。除了区别模拟或数字的参数's'外,输入参数还包括滤波器的阶N,归一化截止频率Wn和说明滤波器的频率响应类型的参数'ftype'。参数Wn和'ftype'的具体含义如下

频率响应类型	参数'ftype'	Wn	说　明
低通滤波器	'low'	标量	
高通滤波器	'high'	标量	
带通滤波器		[w1　w2]	通带为 w1<w<w2
带阻滤波器	'stop'	[w1　w2]	阻带为 w1<w<w2

截止频率是指幅度响应等于 $1/\sqrt{2}$ 所对应的频率(最大幅度响应等于 1),数字归一化截止频率必须在[0,1]区间取值,1 对应于 Nyquist 频率(即 1/2 取样频率 $f_s/2$ 或数字频率 π)。模拟截止频率的单位是 rad/s。输出参数可以是设计的滤波器的传输函数的零点 z、极点 p 和增益 k,也可以是分子和分母多项式的系数矢量 b 和 a;分子和分母多项式按照 z^{-1} 的升幂(数字滤波器)或 s 的降幂(模拟滤波器)顺序排列。

(1) butter

```
[b,a] = butter(N,Wn)
[b,a] = butter(N,Wn,'type')
[z,p,k] = butter(N,Wn)
[z,p,k] = butter(N,Wn,'type')
```

(2) cheby1

```
[b,a] = cheby1 (N,Wn)
[b,a] = cheby1 (N,Wn,'type')
[z,p,k] = cheby1 (N,Wn)
[z,p,k] = cheby1 (N,Wn,'type')
```

(3) cheby2

```
[b,a] = cheby2 (N,Wn)
[b,a] = cheby2 (N,Wn,'type')
[z,p,k] = cheby2 (N,Wn)
[z,p,k] = cheby2 (N,Wn,'type')
```

(4) ellip

```
[b,a] = ellip(N,Wn)
[b,a] = ellip (N,Wn,'type')
[z,p,k] = ellip (N,Wn)
[z,p,k] = ellip (N,Wn,'type')
```

例 5.19　直接调用 MATLAB 专用于设计 IIR 滤波器的函数完成例 5.12。

解　由前面几个例子已知:N=3;Wn=[0.35 0.65];直接调用函数 butter

```
[b,a] = butter(N,Wn);
```

文件运行结果得到

```
Num = [0.0495   0.0000   -0.1486   0.0000   0.1486   -0.0000   -0.0495]
Den = [1.0000   -0.0000   1.1619   -0.0000   0.6959   -0.0000   0.1378]
```

将分子多项式化成首一多项式,得到

```
Num = [1.0000   0   -3.0020   0   3.0020   0   -1.0000]
Den = [20.2020   0   23.4727   0   14.0586   0   2.7838]
```

与例 5.17 和例 5.18 的结果完全相同,与例 5.12 和例 5.13 的结果基本一致。

5.8 MATLAB 中的滤波器设计和分析工具

该工具名为 fdatool(filter design and analysis tool),以图形用户接口(GUI)形式提供,其功能是设计滤波器、分析滤波器和修改已有的滤波器设计。利用该工具,从 MATLAB 工作空间输入滤波器技术指标,即能迅速设计出数字 FIR 或 IIR 滤波器,也可以在工作空间对滤波器的零点和极点进行修改(增加、减少或移动)。该工具也可以对滤波器进行分析,如分析滤波器的幅度响应、相位响应和极-零点图等。

fdatool 无缝集成了 MathWorks 的几种产品,这里只简单介绍其中与滤波器设计工具箱(filter design toolbox)有关的部分内容,具体包括 FIR 和 IIR 滤波器的最新设计技术。

在 MATLAB 工作空间输入 fdatool,出现图 5-32 所示的 GUI 界面,它是设计滤波器的可视化工作平台。下面用例 5.12 的设计任务作为实例说明设计过程。

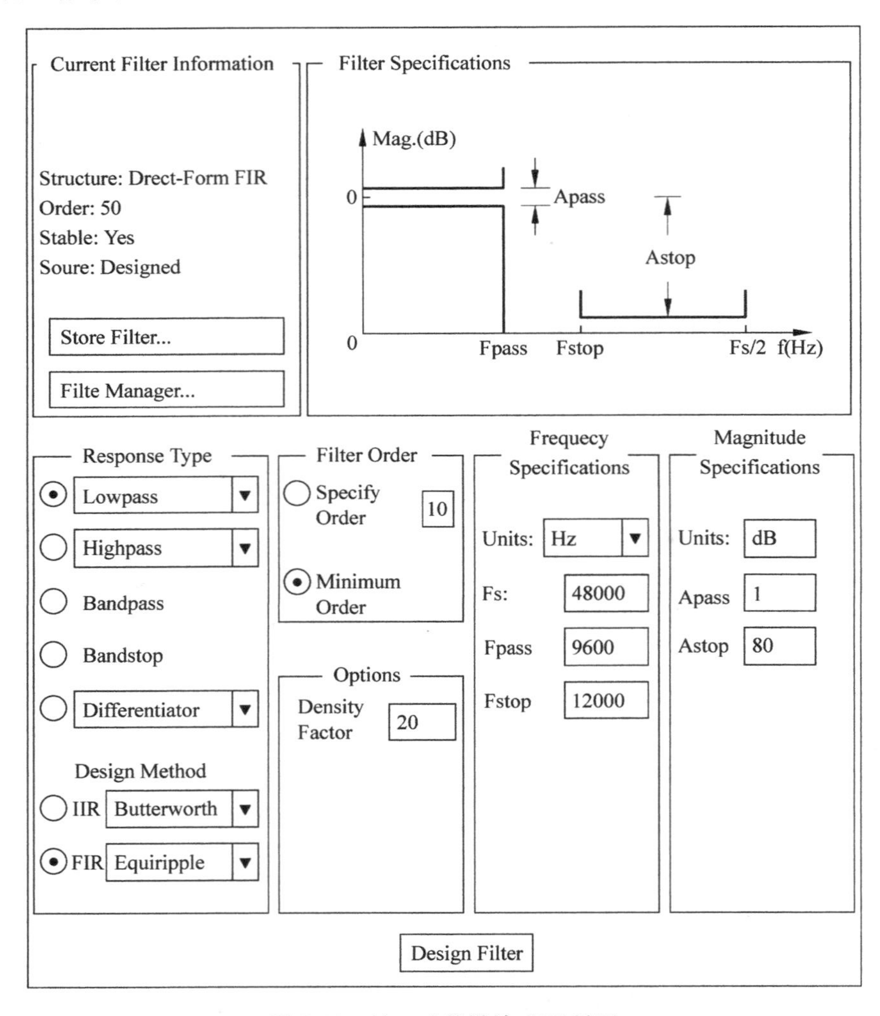

图 5-32 fdatool 的设计 GUI 界面

1）选择滤波器类型，输入频率响应设计指标

在界面下部（从左向右数）第一栏[Response Type]中，选择滤波器类型：Bandpass，图 5-32 所示界面立即变成图 5-33。在第三栏[Frequency Specifications]中，输入频率参数：Fs＝8000，Fstop1＝1000，Fpass1＝1400，Fpass2＝2600，Fstop2＝3000。在第四栏[Magnitude Specifications]中，输入幅度响应指标及其单位：Astop1＝15，Apass＝3，Astop2＝15，Units＝dB。

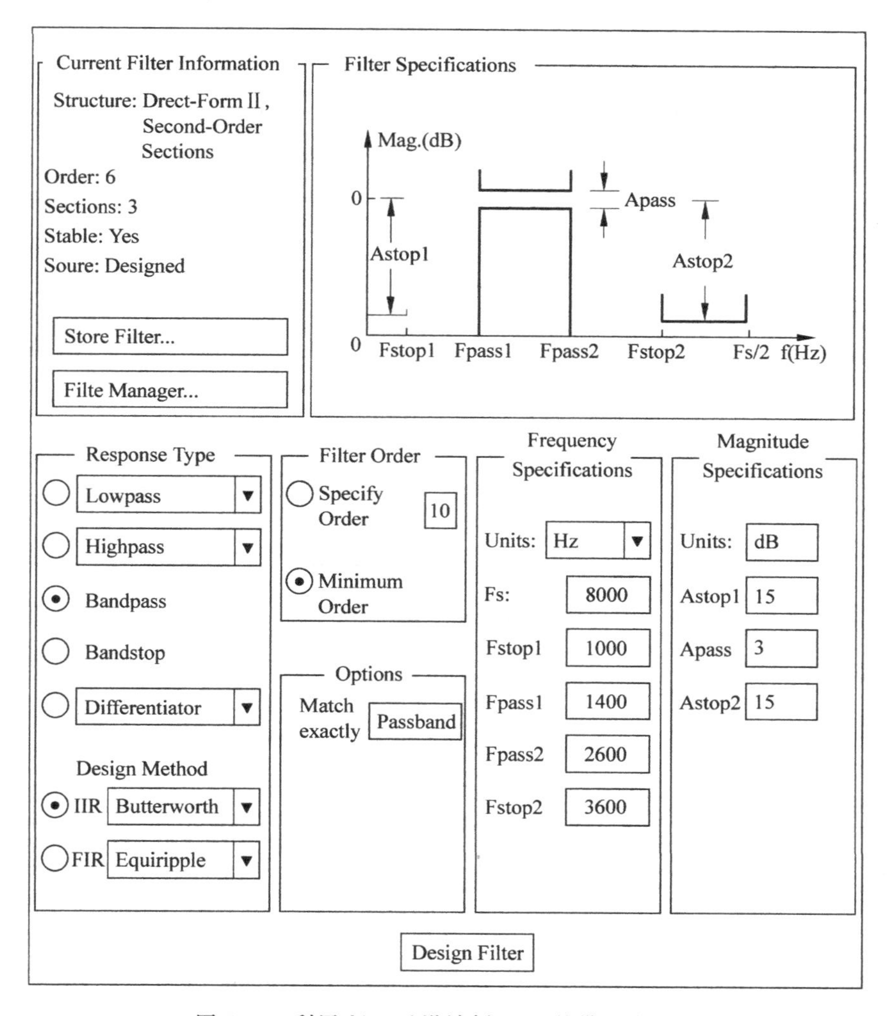

图 5-33　利用 fdatool 设计例 5.12 的带通滤波器

2）确定设计方法

在界面下部第一栏的下部[Design Methods]中确定设计方法：IIR，Butterworth。

3）选择滤波器的阶

在界面下部第二栏[Filter Order]选择滤波器的阶：Minimum orders；

准确匹配通带（Match exactly）：Passband

4）启动设计过程

按下界面底部中间的按钮[Design Filter]，很快就得出设计结果。

5）设计结果

设计结果在界面上部显示。在左边栏[Current Filter Information]内，用文字说明所设计的滤波器的当前有关信息，包括：滤波器结构(Filter structure)：Direct form Ⅱ，Second-Order Sections；阶(Order)：6；级数(Sections)：3；是否稳定(Stable)：Yes；来源(Source)：Designed。在右边栏内是设计结果的图形显示，其内容由界面第三行(图中未画出)所列的部分图标按钮控制，包括：滤波器指标[Filter Specifications]，幅度响应[Magnitude response]，相位响应[Phase response]，幅度和相位响应[Magnitude & phase response]，群延时响应[Group delay response]，相延时[Phase delay]；冲激响应[Impulse response]，阶跃响应[Step response]，极-零点图[Pole / zero plot]，滤波器系数[Filter coefficients]，滤波器信息[Filter information]，幅度响应估计[Magnitude response estimation]，舍入噪声功率谱[Round-off noise power spectrum]等选择。单击按钮[Filter Coefficients]，右上栏内显示所设计的滤波器的系数，可由[File]下拉菜单中的[Export]导出至 MATLAB 工作空间或指定的其他位置。得到

	第一级 2 阶节			第二级 2 阶节			第三级 2 阶节		
分子系数	1	0	−1	1	0	−1	1	0	−1
分母系数	1	0.6825	0.6510	1	−0.6825	0.6510	1	0	0.3246
增益系数	0.1745			0.7291			0.3900		

由三级 2 阶节求出直接型结构传输函数的分子和分母多项式系数和增益系数

	z^0	z^{-1}	z^{-2}	z^{-3}	z^{-4}	z^{-5}	z^{-6}
分子多项式系数	1	0	−3	0	3	0	−1
分母多项式系数	1	0	1.1608	0	0.6952	0	0.1376
增益系数	0.0496						

为便于比较，将分子多项式化成首一多项式，得到

$$H(z)=\frac{1-3z^{-2}+3z^{-4}-1}{20.1613+23.4032z^{-2}+14.0161z^{-4}+2.7748}$$

与例 5.12 的结果一致。

习题

5.1 设 IIR 数字低通滤波器的幅度响应满足约束条件

$$\begin{cases}1-\delta_p\leqslant|H(e^{j\omega})|\leqslant 1+\delta_p, & 0\leqslant\omega\leqslant\omega_p\\ 0\leqslant|H(e^{j\omega})|\leqslant\delta_s, & \omega_s\leqslant\omega\leqslant\pi\end{cases}$$

推导等效的模拟低通滤波器的参数 ε 和 A 与 δ_p 和 δ_s 之间的关系式。

5.2 推导 N 阶 Butterworth 模拟低通滤波器的平方幅度响应在 Ω_c 处的斜率与 N 之间的关系式。

5.3 证明 N 阶 Butterworth 模拟低通滤波器的平方幅度响应在 $\Omega=0$ 处的前 $2N-1$ 阶导数存在且等于零。

5.4 证明在 $\Omega \gg \Omega_c$ 的高频范围内，随着 Ω 的增加，N 阶 Butterworth 滤波器的幅度响应每倍频程衰减大约 $6N$dB。

5.5 为了设计一个满足以下指标的低通模拟滤波器

$$F_p=400\text{Hz},\quad F_s=500\text{Hz},\quad A_p=0.5\text{dB},\quad A_s=35\text{dB}$$

求选择性因子 r 和鉴别因子 d。

5.6 推导计算 Butterworth 低通滤波器的阶的公式(5.18)。

5.7 式(5.20)是根据在阻带截止频率上满足阻带衰减要求推导出来的。选择该数值作为 3dB 截止频率，即 $\Omega_c=\Omega_{cs}$，由此确定所需的滤波器的阶

$$N=\frac{\lg(\delta_s^{-2}-1)}{2\lg(\Omega_s/\Omega_c)}$$

假设按照以下技术指标设计 Butterworth 低通滤波器

$$[\Omega_c,\Omega_s,A_s]=[1000\pi,2000\pi,40\text{dB}]$$

求所需的滤波器的阶 N，确定滤波器的极点的表达式，并写出传输函数的表达式。

5.8 求频率归一化($\Omega_c=1\text{rad/s}$)的 3 阶 Butterworth 模拟低通滤波器的传输函数。

5.9 假设 3dB 截止频率 $F_c=10\text{Hz}$，这里 F_c 与 Ω_c 的关系是 $F_c=\Omega_c/2\pi$。

(1) 写出 3 阶 Butterworth 模拟低通滤波器的平方幅度函数 $|H_a(j\Omega)|^2$ 的表达式。

(2) 求 $H_a(s)H_a(-s)$ 的极点 p_k，画出极点在 s 平面上的分布图。

(3) 构造一个因果和稳定的低通滤波器的传输函数 $H_a(s)$。

5.10 利用查表法重做习题 5.8，并将结果与习题 5.8 的结果进行比较。

5.11 将滤波器的阶改成 4 阶，重做习题 5.8 和习题 5.10。

5.12 已知平方幅度函数

$$|H_a(j\Omega)|^2=\frac{\Omega^4-2\Omega^2+1}{\Omega^6+3\Omega^4-2\Omega^2+5}$$

据此构造一个因果和稳定的模拟滤波器的传输函数。

5.13 为了设计一个满足以下指标的 Butterworth 模拟低通滤波器

$$F_p=1000\text{Hz},\quad F_s=2000\text{Hz},\quad \delta_p=0.05,\quad \delta_s=0.05$$

(1) 确定滤波器的阶 N 和 3dB 截止频率 F_c。

(2) 若选择 $F_c=F_p$，求阻带衰减。

(3) 若选择 $F_c=F_s$，求通带波纹。

5.14 设计一个满足以下指标的 Butterworth 模拟低通滤波器

$$[F_p,F_s,\delta_p,\delta_s]=[300\text{Hz},500\text{Hz},0.1,0.05]$$

(1) 求滤波器所需的最小的阶。

(2) 为了准确满足通带波纹的指标要求,3dB截止频率 F_c 等于多少?

(3) 为了准确满足阻带波纹的指标要求,3dB截止频率 F_c 等于多少?

(4) 为了使通带和阻带波纹都是过设计的,3dB截止频率 F_c 应如何选取?

5.15 已知一个3阶模拟低通Butterworth滤波器的3dB截止频率 $F_c=4\text{Hz}$。求该滤波器的传输函数。

5.16 已知一个8阶模拟低通Butterworth滤波器的3dB截止频率 $F_c=1/\pi\text{Hz}$。画出该滤波器的极-零点图。

5.17 推导 N 阶Chebyshev Ⅰ型滤波器的极点计算公式(5.33),并证明所有极点位于一个长短轴分别等于 a 和 b 的椭圆上,a 和 b 分别用式(5.29)和式(5.30)定义。

5.18 推导计算Chebyshev Ⅰ型滤波器的阶的公式(5.37)。

5.19 求满足以下技术指标的Chebyshev Ⅰ型模拟低通滤波器的最小阶。

$$[F_p, F_s, \delta_p, \delta_s] = [100\text{Hz}, 200\text{Hz}, 0.03, 0.05]$$

5.20 已知 $F_p=10\text{Hz}$ 和 $\delta_p=0.1$,求一个2阶模拟低通Chebyshev Ⅰ型滤波器的传输函数。

5.21 为了设计一个满足以下技术指标的Chebyshev Ⅰ型模拟低通滤波器

$$[F_p, F_s, A_p, A_s] = [500\text{Hz}, 1000\text{Hz}, 1\text{dB}, 40\text{dB}]$$

试确定滤波器的阶和极点。

5.22 为了设计一个满足以下技术指标的模拟低通滤波器,当用Butterworth滤波器、Chebyshev Ⅰ型滤波器、Chebyshev Ⅱ型滤波器和椭圆滤波器逼近时,比较所需的滤波器的阶 N。

$$[F_p, F_s, \delta_p, \delta_s] = [50\text{Hz}, 60\text{Hz}, 0.05, 0.02]$$

5.23 已知一个模拟滤波器的传输函数为

$$H_a(s) = \frac{s+1}{s^2+5s+6}$$

利用冲激响应不变法将它映射成等效的数字滤波器。假设 $T_s=0.1\text{s}$。

5.24 本题是上题的一般化。已知原型模拟滤波器的传输函数为

$$H_a(s) = \frac{s+a}{(s+a)^2+b^2}$$

利用冲激响应不变法将它映射成等效的数字滤波器。

(1) 求数字滤波器的传输函数的表达式。

(2) 数字滤波器的零点由什么确定?

5.25 将模拟滤波器映射成数字滤波器,除了冲激响应不变法,还有一种方法是阶跃响应不变法。它的基本思想与冲激响应不变法相似,就是保持模拟滤波器的阶跃响应不变来得到数字滤波器的阶跃响应。更具体地说,将模拟滤波器的阶跃响应 $U_a(t)$ 取样得到数字滤波器的单位阶跃响应 $U(n)=U_a(nT_s)$。利用阶跃响应不变法重解习题5.24。

5.26 证明用冲激响应不变法设计数字滤波器,所得到的设计结果与取样周期

T_s 的数值没有关系。提示：需证明(1)滤波器的阶与 T_s 无关，(2)极点不受 T_s 的影响。

5.27 设 $H_a(s)$在 $s=s_0$ 处有 r 阶极点，则可以将 $H_a(s)$表示成

$$H_a(s) = G_a(s) + \sum_{k=1}^{r} \frac{A_k}{(s-s_0)^k}$$

其中，$G_a(s)$是只有 1 阶极点的传输函数。假设 $H_a(s)$是因果的。

(1) 推导计算 A_k 的公式。

(2) 推导计算 $H_a(s)$的冲激响应 $h_a(t)$的公式(用 s_0 和 $g_a(t)$表示)，这里 $g_a(t)$是 $G_a(s)$的拉普拉斯逆变换。

5.28 利用 Butterworth 滤波器作为原型滤波器，用冲激响应不变法设计一个满足以下技术指标的低通 IIR 数字滤波器。设计模拟原型滤波器时，要求采用查表法。并将设计结果与例 5.7 进行比较。

$$[\omega_p, \omega_s, A_p, A_s] = [0.2\pi, 0.3\pi, 1\text{dB}, 15\text{dB}]$$

5.29 推导式(5-67)。

提示：将$\frac{1-e^{-x}}{1+e^{-x}}$写成$\frac{e^{x/2}-e^{-x/2}}{e^{x/2}+e^{-x/2}}$的形式，然后利用 Eulerian 公式。

5.30 用 Chebyshev Ⅰ型滤波器作为原型滤波器，用双线性变换法设计一个满足习题 5.28 技术指标的低通 IIR 数字滤波器。

5.31 用 Butterworth 滤波器作为原型滤波器，用双线性变换法设计一个满足以下技术指标的低通 IIR 数字滤波器，假设取样频率 $f_s=20\text{Hz}$。

$$[f_p, f_s, \delta_p, \delta_s] = [2.5\text{Hz}, 7.5\text{Hz}, 0.1, 0.1]$$

按照通带波纹设计指标决定 3dB 截止频率 F_c。画出设计的数字滤波器的幅度响应。

5.32 利用冲激响应不变法将具有下列传输函数的模拟滤波器映射成数字滤波器，假设 $T_s=0.5$。

$$H_a(s) = \frac{s+0.1}{(s+0.1)^2+9}$$

5.33 已知一个模拟滤波器的传输函数为

$$H_a(s) = \frac{\Omega_c}{s+\Omega_c}$$

其中，Ω_c 是模拟滤波器的 3dB 截止频率。用双线性变换法设计一个 3dB 截止频率 $\omega_c=0.2\pi$ 的单极点 IIR 低通数字滤波器。

5.34 用 3 阶 Butterworth 模拟滤波器作原型滤波器，将其转换成 3dB 截止频率 $F_c=1000\text{Hz}$ 的模拟低通滤波器。求模拟低通滤波器的传输函数，并用 MATLAB 画出幅度响应。

5.35 用 1 阶 Butterworth 模拟滤波器作原型滤波器，将其转换成具有任意 3dB 截止频率 $\Omega_c$rad/s 的模拟低通滤波器，求滤波器的传输函数表达式。

5.36 将 1 阶 Butterworth 模拟原型滤波器转换成截止频率为 Ω_{p1} 和 Ω_{p2} 的模拟带通滤波器，求带通滤波器的传输函数表达式。

5.37 假设用1阶Butterworth模拟滤波器作为原型滤波器，采用双线性变换方法，设计一个满足以下技术指标的带阻数字滤波器：阻带带宽为$\Delta\omega$，阻带中心频率为ω_0，阻带衰减为$A_{s1}=A_{s2}=3\text{dB}$。求模拟带阻滤波器的传输函数。

5.38 推导式(5.92)。

5.39 假设采用式(5.98)作为低通到高通的频率变换函数，试推导式(5.99)。如果根据映射关系$\omega=\omega_p \Leftrightarrow \theta=-\theta_p$推导参数$a$，求计算$a$的公式。

5.40 利用fdatool解习题5.31。

附录　频率取样法设计线性相位 FIR 滤波器的过渡带优化取样值

表 1　$\alpha=0,1$ 个过渡带优化取样值

N 为奇数			N 为偶数		
BW	阻带衰减	x	BW	阻带衰减	x
$N=15$			$N=16$		
1	−42.309 322 83	0.433 782 96	1	−39.753 638 27	0.426 318 36
2	−41.262 992 86	0.417 938 23	2	−37.613 463 40	0.403 979 49
3	−41.253 337 86	0.410 478 36	3	−36.577 215 67	0.394 543 46
4	−41.949 077 13	0.404 058 84	4	−35.872 497 56	0.389 166 26
5	−44.371 245 38	0.392 681 89	5	−35.316 954 61	0.384 003 32
6	−56.014 165 88	0.357 665 25	6	−35.519 519 33	0.40155639
$N=33$			$N=32$		
1	−43.031 630 04	0.429 949 95	1	−42.247 289 18	0.428 564 45
2	−42.425 279 62	0.410 424 81	2	−41.293 705 94	0.407 739 26
3	−42.408 982 75	0.401 416 01	3	−41.038 103 58	0.396 624 76
4	−42.459 486 01	0.396 417 24	4	−40.934 963 23	0.389 251 71
5	−42.524 034 50	0.391 613 77	5	−40.851 834 77	0.378 979 49
8	−42.440 851 21	0.390 399 17	8	−40.750 326 16	0.369 903 56
10	−42.110 794 07	0.391 925 05	10	−40.545 621 40	0.359 289 55
12	−41.927 052 50	0.394 201 66	12	−39.934 454 51	0.344 879 15
14	−44.694 303 51	0.385 522 46	14	−38.919 932 37	0.344 073 49
15	−56.182 932 85	0.353 607 18			
$N=65$			$N=64$		
1	−43.169 359 68	0.429 193 12	1	−42.960 593 22	0.428 820 80
2	−42.619 455 81	0.409 033 20	2	−42.308 151 72	0.408 306 89
3	−42.709 063 05	0.399 206 54	3	−42.324 237 35	0.398 071 29
4	−42.869 973 18	0.393 359 37	4	−42.435 658 93	0.391 772 46
5	−43.019 996 64	0.389 508 06	5	−42.554 614 07	0.387 426 05
6	−43.145 788 19	0.386 798 09	6	−42.665 266 04	0.384 167 48
10	−44.448 083 40	0.381 292 72	10	−43.011 047 36	0.376 098 63
14	−43.546 854 96	0.379 461 67	14	−43.283 099 65	0.370 892 33
18	−43.481 736 18	0.379 553 22	18	−45.565 088 27	0.360 052 25
22	−43.195 382 12	0.381 628 42	22	−43.962 450 98	0.359 777 83
26	−42.447 256 09	0.287 469 48	26	−44.605 169 77	0.348 132 32
30	−44.762 286 19	0.384 173 58	30	−43.814 489 36	0.299 731 44
31	−59.216 737 75	0.352 827 45			

续表

N 为奇数			N 为偶数		
BW	阻带衰减	x	BW	阻带衰减	x
	N=125			N=128	
1	−43.205 015 66	0.428 991 70	1	−43.153 024 20	0.428 894 04
2	−42.669 711 11	0.408 673 10	2	−42.590 025 69	0.408 477 78
3	−42.774 389 74	0.398 687 74	3	−42.676 344 87	0.398 382 57
4	−42.950 510 50	0.392 681 89	4	−42.840 385 44	0.392 266 85
6	−43.258 546 83	0.385 791 01	5	−42.998 056 41	0.388 122 56
8	−43.479 174 61	0.381 958 01	7	−43.255 370 14	0.392 812 50
10	−43.637 504 10	0.379 541 02	10	−43.525 477 89	0.378 263 85
18	−43.955 893 99	0.375 183 11	18	−43.931 809 90	0.372 515 87
26	−44.059 131 15	0.373 840 33	26	−44.180 973 05	0.369 415 28
34	−44.056 724 55	0.373 718 26	34	−44.401 534 08	0.366 864 01
42	−43.947 087 76	0.374 700 93	42	−44.671 614 17	0.363 946 53
50	−43.584 734 92	0.377 978 51	50	−45.171 865 94	0.359 021 00
58	−42.149 254 32	0.390 863 04	58	−46.924 156 67	0.342 736 81
59	−42.606 232 64	0.390 631 10	62	−49.462 989 73	0.287 512 21
60	−44.780 620 10	0.383 837 13			
61	−56.225 478 65	0.352 630 62			

表 2　$\alpha=0$,2 个过渡带优化取样值

N 为奇数				N 为偶数			
BW	阻带衰减	x_1	x_2	BW	阻带衰减	x_1	x_2
	N=15				N=16		
1	−70.605 405 85	0.095 001 22	0.589 954 18	1	−65.276 936 53	0.107 031 25	0.605 593 57
2	−69.261 681 56	0.103 198 24	0.593 571 18	2	−62.859 378 29	0.123 846 44	0.622 016 31
3	−69.919 734 95	0.100 836 18	0.585 943 27	3	−62.965 049 06	0.128 271 48	0.628 554 07
4	−75.511 722 56	0.084 079 53	0.557 153 12	4	−66.039 424 85	0.121 301 27	0.619 527 04
5	−103.450 783 0	0.051 802 06	0.499 174 24	5	−71.739 974 98	0.110 662 84	0.609 792 04
	N=33				N=32		
1	−70.609 675 41	0.094 970 70	0.589 851 67	1	−67.370 203 97	0.096 105 96	0.590 452 12
2	−68.167 269 71	0.105 859 37	0.597 438 46	2	−63.931 046 96	0.112 634 28	0.605 602 35
3	−67.131 495 48	0.109 375 00	0.599 116 96	3	−62.497 879 03	0.119 317 63	0.611 925 46
5	−66.539 172 17	0.109 655 76	0.596 741 01	5	−61.282 045 36	0.125 415 04	0.618 240 23
7	−67.233 879 09	0.109 021 00	0.594 174 56	7	−60.820 491 31	0.129 077 15	0.623 070 31
9	−67.854 123 12	0.105 029 30	0.587 715 75	9	−59.749 281 67	0.120 684 81	0.606 855 86
11	−69.085 974 69	0.102 197 27	0.582 163 91	11	−62.486 833 57	0.130 041 50	0.628 215 02
13	−75.869 536 40	0.081 372 07	0.547 127 77	13	−70.645 718 57	0.110 179 14	0.606 709 43
14	−104.040 590 29	0.050 293 73	0.481 495 49				

续表

N 为奇数				N 为偶数			
BW	阻带衰减	x_1	x_2	BW	阻带衰减	x_1	x_2
$N=65$				$N=64$			
1	−70.660 149 57	0.094 726 56	0.589 459 43	1	−70.263 725 28	0.093 768 31	0.587 892 22
2	−68.896 223 07	0.104 046 63	0.594 761 27	2	−67.207 295 42	0.104 119 87	0.594 217 78
3	−67.902 344 70	0.107 202 15	0.595 774 49	3	−65.806 842 80	0.108 502 20	0.596 661 58
4	−67.240 037 92	0.107 269 29	0.594 157 63	4	−64.952 270 51	0.110 388 18	0.597 300 67
5	−66.860 659 60	0.106 890 87	0.592 530 47	5	−64.427 423 48	0.111 132 81	0.596 984 96
9	−66.275 611 88	0.105 487 06	0.588 459 83	9	−63.417 140 96	0.109 368 90	0.590 888 84
13	−65.964 170 46	0.104 663 09	0.586 604 85	13	−62.721 424 10	0.108 288 57	0.587 386 41
17	−66,164 046 29	0.106 494 14	0.588 620 41	17	−62.370 518 68	0.110 314 94	0.589 681 42
21	−66.764 568 33	0.107 019 04	0.588 945 73	21	−62.048 481 46	0.112 542 73	0.592 494 61
25	−68.134 079 93	0.103 271 48	0.583 208 31	25	−61.880 740 64	0.119 946 29	0.605 645 01
29	−75.983 130 46	0.080 694 58	0.545 003 79	29	−70.056 819 92	0.107 177 73	0.598 421 59
30	−104 920 837 40	0.049 784 85	0.489 651 81				
$N=125$				$N=128$			
1	−70.680 102 35	0.094 647 22	0.589 332 68	1	−70.589 929 58	0.094 451 90	0.589 009 96
2	−68.941 576 96	0.103 900 15	0.594 500 24	2	−68.624 216 08	0.103 497 31	0.593 790 58
3	−68.193 526 27	0.106 823 73	0.595 085 49	3	−67.667 016 98	0.107 012 94	0.595 060 81
5	−67.342 611 31	0.106 689 45	0.591 875 05	4	−66.951 966 29	0.106 854 25	0.592 989 26
7	−67.097 671 51	0.105 871 58	0.598 218 69	6	−66.327 189 45	0.105 969 24	0.589 538 45
9	−67.058 012 96	0.105 236 82	0.587 387 06	9	−66.013 154 98	0.104 711 91	0.585 939 06
17	−67.175 045 01	0.103 729 25	0.583 582 65	17	−66.894 224 17	0.102 880 86	0.580 973 54
25	−67.229 189 87	0.103 167 72	0.582 248 35	25	−65.926 442 15	0.101 824 95	0.578 123 08
33	−67.116 099 36	0.103 039 55	0.581 989 56	33	−65.955 778 12	0.100 964 36	0.575 764 37
41	−66.712 713 24	0.103 137 21	0.582 454 99	41	−65.976 980 21	0.100 946 04	0.574 516 94
49	−66.623 641 97	0.105 615 23	0.586 295 34	49	−65.679 198 27	0.098 651 12	0.569 274 20
57	−60.283 784 87	0.100 616 46	0.578 121 92	57	−64.615 145 68	0.098 455 81	0.566 044 84
58	−70.357 823 37	0.096 636 96	0.571 212 35	61	−71.765 893 94	0.104 968 26	0.594 522 77
59	−75.947 077 18	0.080 548 86	0.544 512 85				
60	−104.090 123 18	0.049 917 60	0.489 632 64				

表 3 $\alpha=1/2$,过渡带优化取样值

1 个过渡带优化取样值			2 个过渡带优化取样值			
BW	阻带衰减	x	BW	阻带衰减	x_1	x_2
$N=16$			$N=16$			
1	−51.606 687 07	0.266 748 05	1	−77.261 267 66	0.053 094 48	0.417 841 80
2	−47.480 002 40	0.321 490 48	2	−73.810 267 45	0.071 752 93	0.493 692 11
3	−45.197 468 28	0.348 101 81	3	−73.023 521 42	0.078 625 49	0.519 661 34
4	−44.328 626 16	0.363 085 94	4	−77.951 561 93	0.070 428 47	0.511 580 76
5	−45.683 476 92	0.366 619 87	5	−105.239 532 47	0.045 874 02	0.469 677 84
6	−56.637 001 99	0.343 273 93				

续表

1个过渡带优化取样值			2个过渡带优化取样值			
BW	阻带衰减	x	BW	阻带衰减	x_1	x_2
$N=32$			$N=32$			
1	−52.649 911 88	0.260 736 09	1	−80.494 641 30	0.047 253 42	0.403 573 83
2	−49.393 902 78	0.308 782 96	2	−73.925 134 66	0.070 947 27	0.491 292 55
3	−47.725 966 45	0.329 846 19	3	−72.408 630 37	0.080 126 95	0.521 539 83
4	−46.688 119 89	0.342 175 29	5	−70.950 473 79	0.089 355 47	0.548 059 08
6	−45.334 364 89	0.357 049 56	7	−70.223 839 76	0.094 036 87	0.560 314 10
8	−44.307 309 63	0.367 504 88	9	−69.944 027 90	0.096 289 06	0.566 379 87
10	−43.111 680 03	0.378 106 69	11	−70.824 238 78	0.093 237 31	0.562 269 52
12	−42.979 004 38	0.384 655 76	13	−104.856 426 24	0.048 828 12	0.484 790 68
14	−56.327 802 66	0.350 305 18				
$N=64$			$N=64$			
1	−52.903 756 62	0.259 234 62	1	−80.809 749 60	0.046 582 03	0.401 687 23
2	−49.740 464 21	0.306 036 38	2	−75.117 722 51	0.067 596 44	0.483 900 15
3	−48.380 889 89	0.325 109 86	3	−72.666 620 25	0.078 869 63	0.518 500 58
4	−47.478 630 07	0.335 955 81	4	−71.856 108 67	0.083 935 55	0.533 798 76
5	−46.886 551 86	0.342 877 20	5	−71.344 014 17	0.087 219 24	0.543 114 74
6	−46.462 305 55	0.347 741 70	9	−70.328 616 14	0.093 719 48	0.560 202 56
10	−45.461 414 34	0.358 593 75	13	−69.348 093 03	0.097 619 63	0.569 037 14
14	−44.859 881 88	0.364 703 37	17	−68.064 402 58	0.100 518 80	0.575 436 91
18	−44.343 026 16	0.369 836 43	21	−67.991 491 32	0.102 993 07	0.580 076 99
22	−43.698 353 77	0.375 860 59	25	−69.320 651 05	0.100 683 59	0.577 296 56
26	−42.456 413 75	0.386 242 68	29	−105.728 623 39	0.049 237 06	0.487 670 25
30	−56.250 240 33	0.352 001 95				
$N=128$			$N=128$			
1	−52.967 782 02	0.258 856 20	1	−80.893 478 39	0.046 398 93	0.401 171 95
2	−49.827 719 69	0.305 346 68	2	−77.225 805 83	0.062 957 76	0.473 995 21
3	−48.513 416 29	0.324 047 85	3	−73.437 862 40	0.076 489 26	0.513 612 78
4	−47.674 551 49	0.334 436 04	4	−71.936 752 32	0.083 459 47	0.532 662 51
5	−47.114 620 21	0.341 009 52	6	−71.108 504 30	0.088 806 15	0.547 696 75
7	−46.434 202 67	0.348 803 71	9	−70.536 001 21	0.092 553 71	0.557 529 59
10	−45.885 291 10	0.354 937 74	17	−69.958 900 45	0.096 289 06	0.566 769 12
18	−45.216 605 66	0.361 822 51	25	−69.299 773 22	0.098 345 95	0.571 373 01
26	−44.879 598 13	0.365 216 07	33	−68.751 397 13	0.100 775 15	0.575 946 41
34	−44.614 977 84	0.367 840 58	41	−67.896 879 20	0.101 837 16	0.578 631 42
42	−44.327 064 51	0.370 660 40	49	−66.761 201 86	0.102 642 82	0.581 235 60
50	−43.876 464 37	0.375 000 00	57	−69.215 258 60	0.191 574 71	0.579 463 95
58	−42.309 697 15	0.388 073 73	61	−104.574 329 38	0.049 707 03	0.489 006 85
62	−56.232 947 35	0.352 416 99				

参考文献

[1] 姚天任,江太辉.数字信号处理[M].3版.武汉：华中科技大学出版社,2007

[2] Antoniou A. On the Roots of Digital Signal Processing—Part Ⅰ [J]. IEEE Circuits and Systems Magazine, 2007, 7(1): 8-18

[3] Antoniou A. On the Roots of Digital Signal Processing—Part Ⅱ [J]. IEEE Circuits and Systems Magazine, 2007, 7(4): 8-19

[4] Atlas L, Duhamel P. Recent Developments in the Core of Digital Signal Processing[J]. IEEE Signal Processing Magazine. 1999, 16(1): 16-31

[5] Oshana R. Overview of Digital Signal Processing Algorithms, Part Ⅱ [J]. IEEE Instrumentation and Measurement Magazine, 2007, 10(2): 53-58

[6] Zacharias J J, Conrad J M. A Survey of Digital Signal Processing Education [J]. Proceedings of the IEEE, 2007, 95(3): 322-327

[7] Mousavinezhad S H, Abdel-Qader I M. Digital Signal Processing in Theory and Practice [J]. 31st ASEE/IEEE Annual Frontiers in Education Conference, 2001, T2C: 13-16

[8] McClellen J H, Schafer R W, Yoder M A. Digital Signal Processing First [J]. IEEE Signal Processing Magazine, 1999, 16(5): 29-34

[9] Cooley J W, Lewis P A W, Welch P D. Historical Notes on the Fast Fourier Transform [J]. Proceedings of the IEEE, 1967, 55(10): 1675-1677

[10] Cooley J W. How the FFT Gained Acceptance [J]. IEEE Signal Processing Magazine, 1992, 9(1): 10-13

[11] Johnson D. Rewarding the Pioneers [J]. IEEE Signal Processing Magazine, 1997, 14(2): 20-23

[12] Orsak G C. Collaborative DSP Education Using the Internet and MATLAB [J]. IEEE Signal Processing Magazine, 1995, 12(6): 23-32

[13] Taylor F J, Mellott J. An Academic DSP Workstation [J]. IEEE Signal Processing Magazine, 1995, 12(6): 33-37

[14] Ebel W J, Younan N. Counting on Computers in DSP Education [J]. IEEE Signal Processing Magazine, 1995, 12(6): 38-43

[15] Chen T, Katsaggelos A, Kung S Y. The Past, Present and Future of Multimedia Signal Processing [J]. IEEE Signal Processing Magazine, 1997, 14(4): 28-51

[16] 姚天任,孙洪.现代数字信号处理 [M].武汉：华中科技大学出版社,1999

[17] Giannakis G B. Highlights of Signal Processing for Communications [J]. IEEE Signal Processing Magazine, 1999, 16(2): 14-51

[18] Deller J, Wang Y. Highlights of Signal Processing Education [J]. IEEE Signal Processing Magazine, 1999, 16(5): 20-63

[19] Giannakis G B, Hua Y, Stoica P, et al. Signal Processing Advances in Wireless and Mobile Communications [M]. Prentice Hall PTR, 2001
中译本：无线通信与移动通信中信号处理研究的新进展 [M].刘郁林,邵怀宗,译.北京：电子工业出版社,2004

[20] 吴镇扬.数字信号处理 [M].北京：高等教育出版社,2004
[21] 陈后金,薛健,胡健.数字信号处理 [M].北京：高等教育出版社,2004
[22] Lyons R G. Understanding Digital Signal Processing(Second Edition)[M]. Pearson Education Inc.，Prentice Hall PTR，2004
[23] Mitra S K. Digital Signal Processing—A Computer-Based Approach(Second Edition) [M]. McGraw-Hill Companies，Inc. ，2001
中译本：数字信号处理——基于计算机的方法[M].2 版.孙洪,刘翔羽,等译.北京：电子工业出版社,2005
[24] Schiling R J，Harris S L. Fundamentals of Digital Signal Processing Using MATLAB(影印版)[M].西安：西安交通大学出版社,2005
[25] 海因斯 M H.数字信号处理[M].张建华,卓力,张延华,译.北京：科学出版社,2002
[26] Van de Vegte J.数字信号处理基础 [M].侯正信,王国安等,译.北京：电子工业出版社,2003
[27] Proakis J G，Manolakis D G. Digital Signal Processing：Principles，Algorithms，and Applications (Third Edition)[M]. Printice-Hall，Inc. ，1996
中译本：数字信号处理：原理、算法与应用[M].3 版.张晓林,译.北京：电子工业出版社,2004
[28] Oppenheim A V,Schafer R W. Digital Signal Processing [M]. Printice-Hall，Inc. ，1975
中译本：数字信号处理[M].董士嘉,杨耀增,译.北京：科学出版社,1983
[29] 胡广书.数字信号处理[M].2 版.北京：清华大学出版社,2003
[30] 陈怀琛.数字信号处理教程——MATLAB 释义与实现[M].北京：电子工业出版社,2004
[31] Rabiner L R，Gold B，McGonegal C A. An Approach to the Approximation Problem for Nonrecursive Digital Filers[J]. IEEE Tran. Audio and Electroacoustic，1970，AU-18：83-106
[32] Oppenheim A V,Schafer R W. Discrete-Time Signal Processing [M]. Printice-Hall，Inc. ，1999
[33] Remez E Y. General Computational Methods of Chebyshev Approximations [J]. Atomic Energy Translation 4491,Kiev，USSR，1957
[34] Rab iner L R，Schafer R W，Parks T W. FIR Filter Design Techniques Using Weighted Chebyshev Approximation [J]. Proc. IEEE,1975,63：595-610
[35] Parks S K，McClellan J H. Chebyshev Approximation for Nonrecursive Digital Filters with Linear Phase [J]. IEEE Trans. Circuit Theory，1972，CT-19：189-194
[36] Parks S K，McClellan J H. A Program for the Design of Linear Phase Finite Impulse Response Filters[J]，IEEE Trans. Audio Electroaccoustics，1972，AU-20(3)：195-199
[37] Parks S K，Burrus C S. Digital Filter Design [M]. New York：Wiley，1987
[38] Sorenson H V，Jones D L，Heideman M T，et al. Real-Valued Fast Fourier Transform Algoriths [J]. IEEE Transactions on Acoustics，Speech，and Signal Processing，1987，ASSP-35(6)
[39] Bracewell R. The Fourier Transform and Its Applications,2nd Edition，Recised [M]. New York：McGraw-Hill,1986
[40] Cobb F. Use Fast Fourier Transform Programs to Simplify，Enhance Filter Analysis [J]. EDN，1984
[41] Carlin F. Ada and Generic FFT Generated Routines Tailored to Your Needs.[J]. EDN，1992